U0240056

Python大数据架构全栈开发与应用

宋天龙　张伟松◎著

触脉咨询技术团队◎审校

电子工业出版社

Publishing House of Electronics Industry

北京·BEIJING

内 容 简 介

本书介绍了如何使用 Python 实现企业级的大数据全栈式开发、设计和编程工作，涉及的知识点包括数据架构整体设计、数据源和数据采集、数据同步、消息队列、关系数据库、NoSQL 数据库、批处理、流处理、图计算、人工智能、数据产品开发。

本书既深入浅出地介绍了不同技术组件的基本原理，又通过详细对比介绍了如何根据不同场景选择最佳实践技术方案，并通过代码实操帮助读者快速掌握常用技术的应用过程，最后通过项目案例介绍了如何将所学知识应用于实际业务场景中。

本书适合高等院校的在校学生、数据运营人员、Python 开发者，以及希望转型为 Python 开发者的读者使用。

图书在版编目（CIP）数据

Python 大数据架构全栈开发与应用 / 宋天龙，张伟松著.—北京：电子工业出版社，2023.5

ISBN 978-7-121-45303-8

Ⅰ. ①P… Ⅱ. ①宋… ②张… Ⅲ. ①软件工具－程序设计 Ⅳ. ①TP311.561

中国国家版本馆 CIP 数据核字（2023）第 051758 号

责任编辑：符隆美　　　　特约编辑：田学清
印　　刷：天津千鹤文化传播有限公司
装　　订：天津千鹤文化传播有限公司
出版发行：电子工业出版社
　　　　　北京市海淀区万寿路 173 信箱　　　邮编：100036
开　　本：787×980　　1/16　　印张：27.75　　字数：607 千字
版　　次：2023 年 5 月第 1 版
印　　次：2023 年 5 月第 1 次印刷
定　　价：139.99 元

● **为什么要写这本书**

在企业技术开发实践中，往往存在众多技术栈。开发者可根据开发需求，选择不同技术栈及技术栈的组合，以快速、高效、稳健地开发应用程序和系统。

在众多技术栈中，Python 由于拥有众多独特优势，已经成为事实上的核心开发语言之一。围绕 Python 的开发生态、组件、第三方库也异常丰富，因此它能够适应几乎所有的开发需求和场景。

● **Python 技术栈的独特优势**

开源特性。开源意味着可以应用于任何用途且无须付费，包括 Python 自身，以及第三方库、组件等。

多平台支持。Python 支持 Windows、Linux、macOS 等多种系统和平台，并且是 Linux 和 UNIX 系统的预置语言。这种特性对跨系统、跨环境、跨应用、异构环境下的开发、迁移、部署等工作至关重要。

高效的开发效率。Python 语言语法简单、优美，因此更加易于开发。在相同的功能需求下，Python 的开发效率非常高，这意味着在相同时间内，Python 可以完成更多的开发项目。

数据科学与人工智能生态。Python 拥有众多的数据科学和人工智能框架、系统、库，这使得它成为最受欢迎的数据科学工作语言之一。

胶水特性。从功能上看，Python 可以开发任何应用程序，但这并不意味着 Python 在所有开发场景下都是最优选择。而 Python 可以通过多种 API、集成库来连接、调用不同的语言、系统和开发框架，这使得 Python 开发者可以在最合适的场景下选择最合适的技术组件，如统计工作调用 R 语言、使用 PySpark 在 Spark 框架上开发大数据应用等。

● **Python 的最佳实践和应用场景**

数据科学和人工智能。在数据科学和人工智能领域，Python 几乎是最流行、工业界使用最广泛的开发语言。除此之外，几乎没有其他选择。例如，TensorFlow、PyTorch 等深度学习框架就是基于 Python 开发实现封装的。

大数据开发。企业中流行的大数据框架，如 Hadoop、Spark、Flink 等均提供了 Python API，这使得 Python 开发者可以通过 Python 程序实现大数据系统和应用的开发，如使用 Spark 开发推荐系统、精准营销投放系统等。

数据分析。数据分析、统计学等是企业数据化运营必不可少的技术支撑。Python 的 Pandas、SciPy、Statistics、Bokeh、PyECharts、Matplotlib 等库提供了众多数据统计分析、数据处理、数据可视化等功能，简单易用、美观大方。

IT 运维。Python 可以通过多种方式与系统交互，基于众多的 Python 第三方库提供了丰富的、针对集群的环境配置、程序部署、持续集成、测试等功能，如 Ansible 的自动化脚本、psutil 的服务器监控等。另外，像 AWS 等云服务商也都提供了 Python 相关库开发来管理云服务和基础设置。

Web 开发。在 Web 开发领域，Django、Flask 是使用较广泛的开发框架，只需少量代码即可快速构建 Web 应用服务。

网络爬虫。在网络爬虫方面，Python 提供的 Requests、Httpx、Scrapy、Pyspider 等众多 HTTP 库及分布式爬虫框架可以满足多种数据抓取需求。配合 Python 的多线程等工作模式，抓取效率非常高。

● **本书特色定位**

在图书市场，已经出版了众多关于 Python 的技术类图书，但大多数都在介绍技术细节，如框架、入门代码、参数、简单示例等，往往让普通的开发者只关注技术实现和细节，即如何编程及如何更好地编程。长此以往就会出现"一叶障目，不见泰山"的问题。

在高级开发者和架构师视角中，他们首先关注的是场景和需求是什么，什么框架和组件最合适，如何实现技术迭代和升级，如何实现应用扩展和二次开发，如何平衡技术性能、稳定性、开发效率、运维便利性、技术趋势及成本等。本书的核心价值就在于此。

我希望开发者既拥有全面的视野和格局，又拥有技术编程和开发落地的本领。这也是写作本书的初衷。

● **读者对象**

高等院校的在校学生。在出校门前就掌握 Python 的核心技能能帮助学生在激烈的职场竞争中脱颖而出。尤其在从事与大数据、数据分析、数据学习和人工智能相关的工作时，Python 是必须要掌握的技能。

数据运营人员。企业的数据运营人员包括数据专员、数据分析师、DBA、业务分析师等。在数据运营中，往往涉及大量的数据收集、处理、分析等工作，使用 Python 能满足更多的场景、更大的数据量级、更复杂的数据格式的处理需求。

Python 开发者。作为一名 Python 开发者，拥有全栈技能不仅能帮助自己提升技术水平/竞争力，还能在职业成长路上更好地规划和设计未来的成长曲线；借助 Python 实现大数据和人工智能的全栈式开发，未来会更加光明。

希望转型为 Python 开发者的读者。如果您以前已经熟练使用 Java、C、.NET 甚至 PHP 等语言开发其他应用程序和框架，相信您只需几个小时就能熟练使用 Python 的基本语法。要了解 Python 全栈式、全生态的开发技术，本书会助您一臂之力。

● **如何阅读本书**

本书介绍了如何使用 Python 实现企业级的大数据全栈式开发、设计和编程工作，涉及数据架构整体设计、数据源和数据采集、数据同步、消息队列、关系数据库、NoSQL 数据库、批处理、流处理、图计算、人工智能、数据产品开发核心技术领域。从工作流程上看，这些内容是按照企业数据工作流程编写的，因此，如果您之前没有接触过完整的数据工作流程，推荐您从头开始学习和阅读本书。

如果您已经对企业级的数据流程非常熟悉，那么可以直接选择对应章节，查看所需的知识内容。需要注意的是，对于相同的内容，不同章节不会重复介绍，因此您可能需要翻阅前面对应的章节（书中均会标注）。

本书每章的知识脉络都是按照基本概念、应用场景、技术介绍、技术选型对比、代码实操、项目案例和常见问题的思路组织的。

● **勘误和支持**

由于作者水平有限，加之撰稿时间有限，书中难免会存在疏漏，恳请读者批评指正。读者可通过以下途径联系并反馈建议或意见。

微信沟通，即时通信：本书已经建立讨论群，读者可先添加我的个人微信（TonySong2013）反馈问题，同时我会将读者添加到本书的讨论群中。

电子邮件：发送 E-mail 到 517699029@qq.com。

网站留言：在"触脉咨询"网站或公众号留言。

● **致谢**

在本书的写作过程中，我得到了来自多方的指导、帮助和支持。

首先，感谢王晓东先生和柳辉先生。王晓东先生和柳辉先生作为"触脉咨询"的创始人，在企业高速发展期间，力邀我加入并委以重任，同时在业务探索中给予了极大的信任和试错空间，这使我具备了写作本书的知识基础、项目经验及实战沉淀。

其次，感谢在"触脉咨询"新业务探索过程中与我一起奋斗的张默宇、张璐、许曼、白迪、张伟松等伙伴。本书的写作离不开大家一起参与、实施和策划的项目经验，特别是张伟松，还参与了本书大量内容的写作。因为有你们，我才有更大的想象空间，以及更好的、可实现的未来。

再次，感谢电子工业出版社的符隆美老师。符隆美老师不仅邀请我来写作此书，并为此提供了方向和思路指导。另外，感谢全程参与审核、校对等工作的出版社的其他老师，以及其他在背后默默给予支持的出版工作者，你们的辛勤付出保证了本书的顺利出版。

　　最后，感谢我的家人和朋友，特别是我的夫人姜丽女士，是她在我写书的这段时间把家里的一切料理得井井有条，使得我有精力完成本书的写作。

　　谨以此书献给热爱数据工作并为之奋斗的朋友，愿大家身体健康、生活美满、事业有成。

宋天龙（Tony Song）

CONTENTS 目录

知识
导览
- 数据架构概述
- 数据架构设计的8个考虑因素
- 数据架构设计的4个核心内容
- 常见的6种数据架构
- 案例：某B2B企业的数据架构选型

1.1 数据架构概述

数据架构是数据工程中数据概念模型的要素集合。它从宏观角度阐述了数据功能实现的逻辑、依赖和保障性问题。

- 物理支持：数据实现清洗、存储、计算和应用所需的物理环境和物理资源的支持等。
- 功能设计：开发相关的功能模块级别的规划、逻辑、依赖、调用等。
- 技术实现：技术开发中涉及的具体框架、组件、技术、库等。
- 数据流转：在不同的场景和状态下，数据从输入到输出的完整流程。

1.2 数据架构设计的 8 个考虑因素

在进行数据架构设计时，一般需要考虑适用性、延伸性、安全性、易用性、高性能、成本限制、应用需求、运维管理 8 个因素，如图 1-1 所示。

适用性	延伸性	安全性	易用性
高性能	成本限制	应用需求	运维管理

图 1-1　数据架构设计的 8 个考虑因素

1.2.1　适用性

适用性即数据架构设计选择最合适的架构模式。适用性在平衡历史状态、技能储备、成本投入、开发周期、业务应用等多种因素下做出符合全局利益的最优选择。

如果确实不清楚哪种架构模式更适合企业需求，那么以下 3 种原则更容易在从 0 到 1 阶段促进数据架构落地。

- 从最小集群起步：基于单一需求，先从最小集群（甚至是单台服务器）开始做架构规划，然后逐步扩展到更多应用场景，并实现从单台服务器到小集群再到大规模集群的成长。
- 从单一技术起步：相较于多套框架，一套"多功能"框架在应对较为复杂的业务需求时，以及在开发、实施、运维等方面更加容易。
- 从开源技术起步：优先选择开源技术组件，降低软件成本和可能发生的服务费用，也利于自身技术能力的提升和二次开发的实现。

1.2.2　延伸性

延伸性即以发展的眼光看待问题，通过对未来一定周期内企业内、外部因素的预估，为架构升级和拓展等预留空间，以满足发展变化的需要。从概念范围上看，延伸性掩盖了可扩展性、可升级性、系统解耦、功能解耦等。延伸性的主要影响因素包括技术趋势、应用需求、业务状态。

- 技术趋势：技术的发展日新月异，在进行数据架构设计时，需要考虑技术体系、开发语言、架构模式等，这会影响后续系统的迁移、升级、扩展，以及数据功能的开发、集成、部署，甚至人员能力的覆盖度和人力资源的保障等问题。
- 应用需求：其经常性变更要求在服务状态、服务模式、场景分布、权限管理、负载均衡、应用集成与分离、数据与功能的隔离等方面更加弹性可控。
- 业务状态：企业在不同的发展阶段会面临不同的业务状态，可能会涉及从数据源、中间处理、数据计算到数据输出的全流程的需求变更，这对数据架构的重构、升级、扩展等提出了更高的要求。

与延伸性对应的核心内容如下。

- 服务器和节点扩展：服务器或集群必须支持弹性扩展，最好具备按需自动收缩和扩展的双重能力，以适应高峰和低谷两类不同的资源需求情况并弹性控制成本。
- 数据结构扩展：数据库选型和结构设计除需要满足现有需求外，还需要高度适应结构的动态变化；同时需要设计一套合理的数据规范和自动适配机制，以满足数据结构映射、功能对接、数据交换等方面的需求。
- 系统接口扩展：系统中的数据存储、计算、算法模型及数据结果等都需要通过接口的方式来提供能力输出，以满足可能产生的外部应用需求。

- 系统和功能解耦：在很多数据开发场景中，功能复杂度会随着需求逐步增加。此时会有越来越多的系统和功能集成到一个系统中。系统和功能解耦会让复杂系统的开发、测试、部署、运维更加容易，也更便于针对系统瓶颈进行模块化和针对性的升级。

1.2.3　安全性

安全性即要求数据工作的开展必须以数据安全为基准线。安全性很容易被忽略，原因是安全保障本身看似并没有太多的"技术"含量，因此不受技术人员重视。

对很多领域内的企业来说，数据安全高于一切，典型领域包括保险、证券、银行等，其中尤以上市公司最为严格。因此，全数据生命周期内的生产、流通、分发、销毁都要受到严格管控。与数据安全有关的架构要素如下。

- 技术架构成熟：框架缺陷少、技术成熟、已经经过业内多个企业的实践验证。
- 软件和硬件隔离：包括功能、角色、数据、服务等软件层面，以及服务器、容器、云空间、机房、机柜等硬件层面的绝对隔离。
- 权限管理完善：数据全流程监管，包含机房、机柜、服务器、云服务、数据库、数据表、数据字段等不同级别的权限，包括增加、查看、修改、删除、导出、下载、打印、加密、解密等。
- 灾备方案稳妥：数据可靠性（不丢失）的保障方案；根据业务重要程度，提供不同的实时性的恢复数据方案；在任何情况下都保证核心业务功能不受影响的技术方案等。
- 数据结果稳定：在任何情况下都有稳定的结果输出，包括系统稳定和模型稳定。系统稳定指系统可持续、不间断地工作；模型稳定指数据功能封装、算法模型对异常数据、异常字段、海量数据、稀疏数据等各种异常情况都能进行自动识别和处理。

1.2.4　易用性

易用性即简单易使用，目标主体是系统使用方。在数据项目中，相关数据使用方包括数据和技术开发人员、系统实施和运维人员、业务分析和应用人员。

1．数据和技术开发人员

数据和技术开发人员包括数据工程师、算法工程师、技术工程师等，数据架构设计要便于开发实施，核心要素是技术、框架、库、组件、算法，特别是技术开发和数据开发（核心是算法模块）技术选型的统一与复用。

2．系统实施和运维人员

系统实施和运维人员包括系统运维工程师等，数据架构设计要便于系统环境初始化和后期的系统运维，尽量避免具有复杂依赖关系的运维管理类工作。在其他因素相同的情况下，尽量选择"开箱即用"的云服务，将基本的部署、扩展、监控、预警等工作交给云服务商解决，而企业系统实施和运维人员则聚焦于与技术和业务逻辑相关的集成、实施和运维环节。

3. 业务分析和应用人员

业务分析和应用人员包括数据分析师、业务分析师、商业分析师、数据挖掘工程师等企业内部角色，以及外部企业服务、生态供应链服务等应用角色，尽量提供满足异构、多输出场景的数据服务或接口，构建易于应用的数据模型和权限管理机制，并提供统一的数据视图等。

1.2.5 高性能

高性能包括并发性能、实时性能、系统 I/O 性能、计算性能 4 部分。

1. 并发性能

并发性能指在有限的系统资源下同时处理海量应用需求的能力。高并发经常出现在企业或行业的重大活动场景中（如电商行业的"双 11"活动、企业的周年庆等）。高并发对数据工程的影响有以下两点。

- 数据量骤增：给后端的数据处理、计算和应用带来极大的挑战。
- 在线服务请求量骤增：给服务器负载、响应等带来极大的压力。

2. 实时性能

实时性能指系统能够基于实时数据请求反馈实时结果的能力。实时数据反馈根据不同的应用场景，在时间延迟性上的要求不同。例如，在线推荐系统要求以毫秒级别反馈实时结果，而报表查询则可以延迟到秒甚至分钟级别。与实时性能对应的是流式架构的设计，包括实时数据流（流式日志）、流式计算、算法选择、模型训练与应用模式、服务与功能封装等。

3. 系统 I/O 性能

系统 I/O（Input/Output）性能指系统对大规模数据的输入和输出的支持能力。这种场景主要与云数据库、云存储场景相关，架构影响因素主要是存储技术、存储介质、网络带宽、空间与地域分布、冷热分布、数据压缩等。

4. 计算性能

计算性能主要包括 CPU 计算能力和 GPU 计算能力两类，前者适用于具有复杂计算逻辑的计算任务，对应的物理架构是以 CPU 为核心的硬件集群；后者适用于具有简单计算逻辑但计算量巨大的计算任务，对应的物理架构是以 GPU 为核心的硬件集群。计算性能在涉及人工智能、深度学习、神经网络等应用场景时至关重要。除了 CPU 及 GPU，内存、硬件、技术框架、算法和模型选择等也会影响计算性能。随着 AI 计算场景的日益增多，面向大规模深度学习和神经网络等复杂场景的专用芯片（如 TPU、DPU、NPU、BPU 等）正成为算力保障的重要硬件支撑。

1.2.6　成本限制

成本是数据架构选型最主要的限制性因素之一。一般意义上的成本包括硬件成本、软件成本及运维管理成本 3 类，而不包括人员薪酬、开发周期等非 IT 类成本。

- 硬件成本：广义上的硬件成本包括机房建设、服务器托管、网络带宽、日常管理等物理环境费用，以及服务器或虚拟机等硬件采购费用。
- 软件成本：软件使用所需支付的成本，如云服务使用费、软件授权费等，主要集中在具有商用属性的授权软件中，如 SAP 套件、Oracle 数据库等。
- 运维管理成本：包括硬件维护、商用软件付费咨询、专家诊断、技术升级或扩展等需要支出的硬性成本（不含运维时间、人力资源投入等软性成本）。

1.2.7　应用需求

应用需求是数据架构设计的驱动力，也是验证数据架构设计是否合理的重要标准。常见的应用需求包括数据分析应用、实时业务监控应用、人工智能应用、数据开放服务等。应用需求对数据架构设计的主要影响如下。

- 硬件成本投入：更多的应用需求意味着需要更多的硬件资源支撑。
- 系统复杂度：多种应用需求集成到一个项目中，导致整个项目庞大、逻辑复杂度和技术复杂度高。
- 功能抽象和复用：对于应用需求中可以复用的功能、数据和服务等，需要在设计阶段提前抽取出来。
- 框架适用性：单一的技术框架可能无法满足多样的应用需求，对技术框架选型、多框架的集成提出了更大的挑战。
- 运维管理成本：在代码集成、运维管理、监控等方面需要投入更多的资源。

1.2.8　运维管理

在运维管理层面，数据架构设计主要包括运维控制、状态监控和功能集成及部署 3 方面。

1．运维控制

运维控制涉及集群、资源和工作流的统一管理问题。

- 集群统一管理：包括集群节点管理、进程管理、接口管理、服务管理和应用管理等。

- 资源统一管理：包括资源隔离、内部资源协调、多任务资源分配等。
- 工作流统一管理：包括分布式或集中式的工作流或单个任务的编排、调度、触发、错误管理，多任务类型、多语言支持，多程序变量传递及海量任务的有效管理等。

2．状态监控

状态监控包括针对集群硬件监控、软件监控、服务监控、进程监控、接口监控、资源监控和工作流监控，以及用户访问行为、外部入侵、非法操作等其他因素的监控。

与监控相关的功能是预警功能。一般情况下，当集群出现重大问题时，需要系统实时给出预警并推送给目标管理人员；同时，需要尽量提供针对不同异常场景的预置方案，当发生异常时，自动执行方案并消除异常，或者最大化地减小异常带来的负面影响。

3．功能集成及部署

当后续不断有新的功能完成时，需要支持运维人员简便、批量、自动化地完成对集群所有节点的部署及功能集成工作。

1.3 数据架构设计的 4 个核心内容

数据架构设计的 4 个核心内容包括物理架构、逻辑架构、技术架构、数据流架构，如图 1-2 所示。

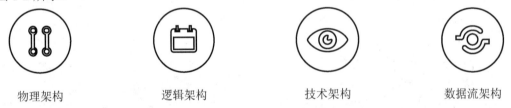

物理架构　　　　　逻辑架构　　　　　技术架构　　　　　数据流架构

图 1-2　数据架构设计的 4 个核心内容

1.3.1 物理架构

物理架构关注的对象是底层系统、网络通信、服务器、云服务等基础设施。物理架构设计主要解决以下 3 个问题。

- 软件系统在硬件上的集成策略、部署策略、运维策略。
- 不同基础设施（特别是跨机房、跨环境、跨集群）间的数据、服务、功能的联系、通信、共享和调用。
- 基础设施的优化、升级、扩展，在高可用、高性能、容错性、安全性、经济性、可伸缩性间平衡策略。

物理架构设计涉及的要素包括物理选型、网络拓扑、集成部署。

1．物理选型

物理选型是指确定系统运行的承载主体，可分为物理机和云服务两种。

（1）物理机。

物理机即采购实体物理服务器，按照是否进行虚拟化，可分为物理机服务和虚拟化服务两类。

- 物理机服务即系统部署在原生物理服务器上，如直接在系统上部署计算服务。
- 虚拟化服务即系统部署在虚拟机技术产生的对象中，按照虚拟化技术的不同，又可细分为虚拟机和容器两类。虚拟机是对操作系统级别的隔离，主要技术包括 VMWare、OpenStack 等；容器是对应用进程级别的隔离，主要技术包括 Docker 和 K8s（Kubernetes）。虚拟机和容器的区别如表 1-1 所示。

表 1-1　虚拟机和容器的区别

项　　目	虚　拟　机	容　　器
隔离层级	操作系统级别	应用进程级别
系统资源占用	5%～15%	1%～5%
启动时间	分钟级别	秒级别
镜像资源占用	GB～TB 级别	KB～MB 级别
集群规模	几十～几百	几千～几万
性能开销	性能开销小	性能开销大

物理机服务模式中涉及的物理服务器属于 IT 资产，在自主性、本地化集成等方面更有优势，因此更受传统企业的青睐。在选择物理机时，一般遵循的原则是网络相同、品牌相同、型号相同、配置相同，这样有利于部署、开发、运维等工作的开展。

虚拟化服务模式主要适用于物理资源冗余、跨平台、跨环境、应用进程隔离、服务模块化拆分等场景，目标是保持资源、功能、应用或数据的相对或绝对隔离。该模式在互联网企业中应用广泛，特别是剩余资源充足、业务场景众多、业务模块复杂、系统环境多样的企业。

（2）云服务。

云服务即采购第三方云服务的基础物理架构，主要包括 IaaS（Infrastructure as a Service，基础设施即服务）和 PaaS（Platform as a Service，平台即服务）两种模式，具体包括如下 3 类产品服务模式。

- 云服务器：采购云服务中的服务器。以阿里云的云服务器 ECS（Elastic Compute Service）为例，相对于传统的物理机，它具有部署便捷、运维方便、成本弹性控制、节点灵活扩展等诸多优势。这种模式具备按需采购不同配置和数量的服务器，以及支持弹性扩展和配置升/降级等优点，因此适合企业初期探索性或 POC 类项目中最小化成本投入的应用需求，以及具有稳定需求场景下的长期稳定使用。

- 软硬件一体化云服务：将特定的软件或云服务集成到云服务器中，实现一体化采购模式。以阿里云的 EMR（E-MapReduce）为例。它是运行在阿里云平台（ECS）上的一种用于大数据处理的系统解决方案，是在 EC2 的基础上，直接集成 EMR 服务来实现应用环境和服务的自动化部署、运维和管理的，具有"开箱即用"的特点（启动 EC2 和相关服务后，系统会自动初始化大数据系统正常工作的基础环境）。EMR 适合于任何 Hadoop、Spark 等大数据系统支持的应用，相对于传统模式，即先购买物理机或云服务器再自行部署 Hadoop 及 Spark 的方式，EMR 在弹性扩展、系统初始化、成本管理、组件可靠性、系统易用性等方面更有优势。
- ServerLess（无服务器）：无须购买和管理服务器而直接部署应用的云服务。以阿里云的函数计算 FC（Function Compute）为例。它无须采购服务器等基础设施，只需编写代码并上传，函数计算会自动准备好计算资源并执行代码。这种模式具有应用导向、弹性扩展、按需启动、按需付费等特点，因此应用部署更加灵活。

物理机和云服务器（含软硬件一体化云服务）的配置评估主要参考如下因素。

- CPU：如果是计算密集型任务，那么需要重点考虑主频/睿频高、多核心的 CPU。
- 内存：在涉及计算密集型任务（如算法类任务）、内存数据库（如 Redis）、数据库大规模运算（如 Faiss 的向量检索）时，需要较高的内存配置。
- 硬盘：主要是硬盘类型，SSD 更快、HHD 更便宜；而转速则越高越好。
- 带宽：多集群环境的数据交互、多服务器的数据 I/O 对带宽要求较高，特别是实时数据存取（如 HBase、Redis）、实时数据交互服务（数据 API 服务）场景。
- GPU：在涉及深度学习、神经网络等应用时，GPU 比 CPU 的计算效率高。

2．网络拓扑

网络拓扑是在不同的网络域中设备的物理布局或逻辑布局，体现了不同设备间通过何种网络方式相互联系及其应用、角色、作用等，用于明确设备相关的基础状态、限制依赖和工作流程，便于后期的系统运维、技术开发、网络管理等。

与物理架构相关的网络拓扑元素包括物理节点、网络环境、软件单元、数据单元 4 类。

- 物理节点：包括物理机（含服务器、交换机等）及云服务。
- 网络环境：按照网络托管主体，可分为私有云和第三方云服务（如阿里云、AWS、谷歌云等）；按照网络功能角色，可分为 Web 环境、应用环境、管理环境、存储环境、计算环境等。
- 软件单元：包括各种软件或服务，如负载均衡、云数据库等。
- 数据单元：不同的网络环节及物理节点上承载的数据主体、范围、类型等。

3．集成部署

数据集成部署包括面向企业内部和外部的集成。这两种方式在具体实现上没有本质区别，仅在数据权限、网络环境、安全验证、数据加密等环节的限制和要求不同。

按照集成部署的对象，集成部署可以分为功能主体、服务主体、模型主体和数据主体 4 类。

（1）功能主体。

功能主体是独立的、用于解决特定问题的功能模块。功能主体的集成部署方式包括集群共享和 API 两种。

- 集群共享指将功能打包后上传到统一管理资源环境内，其他应用只需调用即可。例如，将 jar 包上传到 Hadoop 后，集群内的所有服务都可以使用该 jar 包及其中的功能。
- API 指将功能封装起来，外部访问只能通过 API 的方式实现功能集成。这种方式利于功能在企业内、外部多环境中的集成使用。

（2）服务主体。

服务是多个功能的集合，常用于解决逻辑复杂的主题型任务。服务主体的集成部署方式与功能主体相同。例如，在线推荐服务包括数据同步、清洗、计算、预测等功能，可将其封装为推荐服务并通过 API 的方式提供集成服务，应用方只需输入实时信息便可得到推荐结果列表。

（3）模型主体。

模型主体是数据系统内与算法建模相关的主体，用于将训练完成后的模型信息提供给其他应用方使用。它主要用于模型在离线训练和在线环境调用，以及跨系统、跨平台、跨语言的模型调用等问题上。模型主体集成部署方式包括 PMML、模型对象同步、模型 Meta 信息同步。

- PMML：预言模型标记语言（Predictive Model Markup Language），是一种利用 XML 描述和存储算法或模型的标准语言。在训练环境内，将训练后的模型信息导出为 PMML 文件；在其他环境中，只需通过程序读取 PMML 文件并使用即可。这种方式具有极强的可移植性、通用性、规范性，以及异构支持、跨语言支持、跨环境支持等特性。
- 模型对象同步：先将训练完成的模型持久化到硬盘中，然后将持久化文件同步到其他环境中使用。这种方式适用于模型训练环境和应用环境一致的场景。
- 模型 Meta 信息同步：其逻辑与 PMML 类似，区别在于 Meta 信息不是以 PMML 文件的方式提供给其他环境使用的。以 ElasticSearch 的 LTR 插件为例，当 XGBoost 在外部环境中训练完成后，可将其 Meta 信息上传到 ElasticSearch 中并创建模型对象，后续在 ElasticSearch 中通过 LTR 插件调用创建的模型对象实现预测应用。

（4）数据主体。

数据主体即数据。数据主体的集成部署方式包括 JDBC/ODBC、API、文件下载机制 3 类。

- JDBC/ODBC：通过 JDBC/ODBC 的方式访问不同域内的数据并集成，几乎所有的关系数据库都支持这种方式。

- API：通过 API（包括 RPC 和 RESTful API）的方式操作数据，如通过 HiveServer2 的 Thrift API、Google Reporting API 实现数据集成管理。
- 文件下载机制：对于异构环境的海量原始数据或明细数据，一般通过 FTP 或类似的文件下载机制实现集成。例如，对于 Google BigQuery 原始数据的导出，需要先将原始表以文件的方式导出到 Google Cloud Storage 中，然后从 Google Cloud Storage 中下载到本地服务器中。

1.3.2 逻辑架构

逻辑架构关注的对象是数据系统的功能逻辑。逻辑架构设计主要解决以下 3 个问题。

- 完整系统功能包括哪些模块，各模块间的依赖、制约和关系是什么。
- 除功能模块外，还有哪些保障系统正常工作的支持性模块。
- 随着需求变化，未来功能模块如何扩展，与现有功能模块如何复用、集成。

功能是逻辑架构的核心，一般包括数据源、数据同步和清洗、数据存储、数据计算、数据应用 5 部分。

1. 数据源

数据源指的是企业内、外部数据的来源，按照类型的不同，可分为日志/文件、数据库、网络爬虫、第三方合作等。

- 日志/文件：主要对象包括机器日志、用户访问日志、监控日志等。日志通常是以半结构化的文本文件方式存储的。另外，还可能包括人工整理的数据文件。
- 数据库：数据库数据几乎是所有企业都有的数据源。常见的数据库数据包括 CRM 数据、呼叫中心数据、财务数据、仓储数据、销售数据、物流数据等。
- 网络爬虫：主要内容是外部市场、竞争、情报、用户的信息等，一般来自网站类型的公开站点。
- 第三方合作：很多企业可以通过合作、购买、交换的形式获得外部数据。外部数据通常包括竞争数据、营销数据、行业数据等。

2. 数据同步和清洗

数据同步和清洗也被称为 ETL（Extract-Transform-Load）。数据同步和清洗主要包括数据同步、质量校验、清洗转换、质量提升、数据脱敏、集成整合等。

- 数据同步：将数据从源环境中同步到数据 ODS（Operational Data Store）或具有类似功能的数据环境中。
- 质量校验：从完整性、一致性、及时性、有效性、准确性、真实性 6 方面评估，目标是从源头把控数据质量，防止后续应用出现"垃圾进、垃圾出"的问题。
- 清洗转换：包括纠正错误、删除重复项、统一规格、转换构造和数据压缩等。

- 质量提升：以行业标准或第三方数据为基准，对残缺值、空值、异常值进行校正处理。
- 数据脱敏：通过脱敏规则对敏感信息进行转换，这是保障数据安全、避免企业隐私泄露的重要内容。
- 集成整合：对于多个数据源处理后的结果，按照特定的键值或规则将其按行或列组合为一个新的数据整体。

3．数据存储

按照不同的功能及业务需求将数据分层存储，主要包括原始数据、中间数据、明细数据、应用数据、缓存数据、灾备数据等。

- 原始数据：原始环境中的数据，或者直接从原始环境中同步过来的隔离层数据。
- 中间数据：数据清洗、处理和计算过程中的临时数据。
- 明细数据：清洗、计算完成后的明细粒度的数据，常在后续做深度计算、加工和算法建模时使用，也可以支持应用层原始数据的导出和二次使用。
- 应用数据：数据使用方需要的数据，一般是基于不同的数据粒度、不同模型、不同应用场景、不同主题得到的结果，如用户标签数据、商品标签数据等。
- 缓存数据：用于数据同步、查询、计算、Web 服务等场景而缓存的数据。
- 灾备数据：除了系统自带的灾备方案（如集群多备份方案、自动镜像等），还包括本地、异地、异构环境、多系统、多数据中心的灾备数据。

随着大数据的技术演进，基于数据湖仓（或湖仓一体化）的存储模式正在被越来越多的公司接受。数据湖仓中存储的是原始的、未经处理的、包含结构化和非结构化的原始数据。数据湖仓的底层通常以文件或二进制对象存储作为支撑，而上层应用则通过数据管理层同时支持关系型和非关系型语义的管理与查询。

4．数据计算

数据计算按照计算延迟性可分为流式计算和批量计算，按照时效性可分为实时计算和离线计算。

离线计算、实时计算、批量计算、流式计算的区别与联系如下。

- 区别：离线计算和实时计算指计算的时效性，批量计算和流式计算指计算的延迟性，二者在指代对象上具有本质区别。
- 联系：流式计算由于延迟低，因此一般都为实时计算；而批量计算延迟高，大多都为离线计算。但二者的关系不是绝对的，例如，批量计算时使用高性能集群或主机也能实现实时计算。

这里主要介绍流式计算和批量计算的特点。

- 流式计算的设计主要受流数据集、时间周期、算法等因素的影响，数据延迟性一般是秒级甚至毫秒级。由于它对延迟性要求较高，因此数据处理量较小、数据窗口和周期较短。

- 批量计算有相对充裕的时间，可以对更多、更全的数据进行运算，数据延迟性一般为分钟、小时、天级别，对应的数据量可以达 TB、PB 级以上。

5．数据应用

常见的数据应用包括数据分析、实时业务监控、人工智能、数据开放服务。

（1）数据分析。

数据分析应用包括报表分析、OLAP（在线联机分析）、即席查询和 Dashboard（仪表盘）等，需求主要来自业务、数据分析、商业分析、数据挖掘等部门。该需求侧重于数据查询、数据分析、数据挖掘能力，因此，提供便捷的多源数据关联模式、统一的数据查询视图、多种数据分析模式、多种查询方法和功能、快速的数据返回和完整数据导出是其核心。

（2）实时业务监控。

实时业务监控用于实时监控和统计企业的核心业务要素，并通过系统打通实现自动化业务管理、控制和管理。例如，实时统计网站各渠道流量，便于营销和运营实时把握运营节奏；实时监控订单信息，基于黑名单规则对订单主体进行识别，及时关闭黄牛订单、恶意刷单、批量优惠券使用等异常订单，降低企业经营损失。

（3）人工智能。

人工智能应用是各个企业普遍关注的核心领域，其典型应用场景如下。

- 精准营销+自动化。通过识别高价值营销人群，基于 Lookalike 算法扩展投放人群或提炼出人员规则，并自动推送到营销渠道实现自动人群投放。
- 个性化推荐。根据用户特征、实时上下文特征、Item 特征，实时推荐用户最喜欢的商品、内容、咨询、活动等，以提升用户体验、用户活跃度及销售额。
- 网站智能资源管理。根据网站最优化运营目标（如点击量最大化、销售额最大化），对页面、楼层、区块、位置、功能等不同级别的资源与运营内容做优化组合，通过与 CMS 打通实现自动化资源投放管理。
- 会员运营+自动推送。会员运营中涉及优惠券发放、活动推送、流失会员识别和挽回、会员关怀等过程，找到与用户匹配的最优规则，并打通 CRM 实现自动推送。
- 库存预测+自动补货。基于企业内部营销计划、促销活动、商品信息，以及外部竞争对手的广告活动、商品价格、库存等信息，预测未来不同周期内可能产生的销售量，并推送到进销存或库存管理系统，实现自动制订补货计划、下单等。
- 智能素材设计。当面对大型促销活动时，通过人工智能学习素材设计规律，并应用到海量素材设计中，满足营销、站内运营、销售渠道运营等对于推广素材的并发设计需求。
- 基于图像识别的应用。当企业可采集图像（如线下实体店中的人脸）时，通过对图像进行识别、匹配、跟踪、分析，实现深度客户分析与服务支持。例如，基于客户上传图像实现"以图搜图"的功能等。

- 基于自然语言的应用。通过数字设备上的应用程序，支持用户以自然语言（包括文本和语音）的方式输入需求，实现自动内容识别、需求分析和需求满足，典型场景包括自助客服中心、实时语音搜索等。

（4）数据开放服务。

数据开放服务泛指一切对数据系统之外的应用方的服务支持。典型的服务方式是将数据能力和数据结果以 API 的方式封装并对外提供开放服务。

- 数据能力：泛指一切对数据进行整合、同步、清洗、治理、计算的能力。例如，将推荐系统的完整功能部署在云端，外部调用方只需按照部署要求进行基础数据采集，并在网站中部署一段 JS（JavaScript）代码或在 CMS 中调用推荐 API，即可实现实时推荐功能。
- 数据结果：一般是将处理后的结果（非原始数据）以 API 的方式提供给应用方。典型应用场景如用户标签的开发服务，调用方只需输入用户 ID 和其他必要的验证信息，即可返回该用户的标签信息，调用方可基于用户标签做验证、画像更新、画像补全及二次数据开发。

除了上述功能层的逻辑设计，还会涉及用户管理、权限分配、系统监控、实时告警、任务调度、资源协调、元数据管理等相关管理、控制和服务内容，这些都是系统正常工作、安全访问的重要保障。

1.3.3　技术架构

技术架构关注的对象是数据系统的技术支持和实现。技术架构设计主要解决以下 4 个问题。

- 系统核心技术框架是什么，不同类型的框架如何集成使用。
- 为了保障逻辑功能的实现，需要哪些技术组件的支持和配合。
- 当前技术框架、库、组件未来的迁移或升级路线、策略是什么。
- 技术架构的落地如何与物理架构相匹配。

按照技术的应用场景差异，技术架构可以分为采集同步层、存储层、处理计算层、应用层、系统管理层。

1. 采集同步层

采集同步层对应的是数据的采集和同步，常用技术如下。

- 爬虫：Python 爬虫技术应用较广泛，经常用到的库包括 Requests、BeautifulSoup、Selenium、PyQuery，框架包括 Pyspider、Scrapy 等。
- 日志采集同步：日常采集包括第三方采购产品及自采日志两种方式。第三方采购产品包括 Google Analytics、Adobe Analytics、百度统计等，自采日志技术包括 ELK（ElasticSearch、Logstash 和 Kiabana）套件、Flume、Kafka 等中间处理组件。

- 文件和数据库（包含关系数据库和 NoSQL 数据库）同步：常用技术组件或实现方式包括数据库自带的同步机制、Canal、Bulk 事务管理、DataX、Sqoop、Debezium、Bireme、Kettle 及数据 API 等。
- 消息队列：既可以用来传输日志，又可以用来做多系统间的消息同步，常用技术组件包括 ActiveMQ、RabbitMQ、ZeroMQ、RocketMQ、Kafka、Redis 等。

2．存储层

- 关系数据库：包括 SQLite、MySQL 及 MariaDB、Oracle、SQLServer 等。
- NoSQL 数据库：包括各种硬盘持久化存储、内存存储、缓存及其上层的查询引擎，常用技术组件包括 Hive、Impala、Presto、Drill、Phonix、HAWQ、HBase、Cassandra、Redis、Memcached、ElasticSearch（ES）、Solr、Lucene、Neo4J、MongoDB、CouchDB、Faiss、Milvus 等。
- 数据湖仓：包括 Delta Lake、Hudi、Iceberg 等。
- 文件和二进制对象存储：在开源且成熟的文件存储领域，HDFS 应用最广；除此之外的商用方案比较多，如阿里云的 OSS、AWS 的 S3、Azure 的 Blob 等。

3．处理计算层

- 批处理：一般都是分布式框架，市场主流的批处理框架是 Hadoop 的 MapReduce 和 Spark。另外，Flink 框架由于具有流批一体的属性，因此也可以应用到批处理场景中。
- 流处理：常用技术框架包括 Flink、Storm 和 Spark Streaming（如果没有特殊说明，那么本书中的 Spark Streaming 默认指代的是 Spark Structured Streaming）3 类。
- 图计算：用于网络和关系场景的计算，主要技术包括 Graphx、igraph。
- 人工智能：用于数据价值的深度挖掘，主要技术包括 TensorFlow、PyTorch、Spark ML、Flink ML、Mxnet、PaddlePaddle、CNTK 等。

4．应用层

- 数据挖掘与数据分析：主要用于自主式的决策分析场景。目前，Python 是这一领域的主要程序和语言，主要技术或库包括 SciPy、Pandas、NumPy、Statsmodels、Gensim、Imblearn、结巴分词、Scikit-learn、LightGBM、XGBoost 等。
- Web 产品和报表开发：用于报表分析支持，常用技术包括 Superset、Django、Flask 等。
- 图表可视化：数据和结果的可视化，常用技术包括 ECharts、HCharts、D3.js 等。
- API 开发：以 API 的方式对外提供统一服务，常用技术包括 Flask、Django REST

Framework、FastAPI、Hug 等。

- Web 服务部署：保障 Web 服务的高性能、高并发性、高可用性和稳定性等，常用技术包括 WSGI、Nginx、Gunicorn、Gevent、Supervisor 等。

5．系统管理层

- 系统测试：针对接口、压力、Web 页面功能等的测试，常用技术包括 Selenium、Appuim、Playwright、Locust、Unnitest 等。
- 任务调度：包括单一任务和工作流任务的调度，常用技术包括 Crontab、APScheduler、Azkaban、Airflow 等。
- 系统监控：针对网络、集群、服务器等对象的状态、用量、响应、可用情况等方面的监控，常用技术包括 Psutil、Paramiko、Fabric 等。
- 资源统一管理：为分布式应用程序提供资源隔离、共享、部署、管理等功能，常用技术包括 YARN、Mesos 等。
- 系统部署：实现系统或应用程序的部署，常用技术包括 Ansible、Docker、K8s（Kubernetes）等。

1.3.4　数据流架构

数据流架构关注的对象是数据从端（输入端）到端（输出端）的实现过程。数据流架构设计主要解决以下两个问题。

- 数据流在不同场景下如何流动，前置依赖条件、核心处理过程是什么。
- 如何在物理架构、逻辑架构和技术架构的支撑下实现数据流结果的输出。

数据流的核心逻辑与逻辑架构类似，区别在于，当涉及算法和模型时，基于不同的计算状态，数据流会呈现 3 类差异化实现方式：全量数据与批量计算、增量数据与增量计算、流数据与流式计算。

1．全量数据与批量计算

在算法类项目中，批量计算的数据范围是过去一段周期内的数据（如果是所有历史数据，就是全量数据），因此计算耗时长、资源需求量大，但也会得到更加准确的模型结果，更利于深度规律的挖掘。批量计算的算法模型可持久化到硬盘，后续可供增量训练和在线服务使用。因此，模型相关的批量计算一般都以天为单位进行。

在数据流架构中，批量计算是一条单独的数据流，环节包括数据源、数据同步和清洗、数据存储、数据计算、数据应用。

2．增量数据与增量计算

增量计算是对增量同步的数据做计算。在算法类项目中，增量计算对应的是模型增量训练，能基于批量计算过程中产生的持久化模型仅对增量数据做训练。这种方式的优势如下。

- 时效性。无须重复对历史数据做训练，极大地节省了模型训练时间，利于快速训练、快速部署和快速上线。
- 资源利用率。快速训练后，集群资源可释放出来供其他任务使用。

增量训练得到的模型结果与批量计算类似，也可以持久化到集群或硬盘，后续可供增量训练（增量训练可重复进行）和在线服务使用。增量计算一般以分钟或小时为单位进行。

增量计算与批量计算的流程相同，但由于其数据范围仅针对增量数据，因此要求所有数据环节都必须支持增量处理，主要环节是以算法为基础的特征工程和数据建模。

在数据流架构中，增量计算一般与批量计算分开，属于单独的数据流；而涉及的物理资源需求则可以根据实际情况复用。

- 如果批量计算的耗时短（如 3 小时以内），那么每天有 21 个小时可以用来做增量计算，此时信息的"损失"在于 3 个小时内不能进行增量计算。
- 如果批量计算的耗时较长（如 3 天），那么需要单独的资源来满足增量计算的需求。

3. 流数据与流式计算

流式计算的数据源、同步过程、计算方式等内容与批量计算、增量计算都不同。流式计算面对的是流式进入的数据，该数据不经过通常意义上的数据库或具有数据存储功能的对象，而直接通过实时数据管道服务进入流式计算引擎或框架。

以在线个性化推荐系统为例，在线流式计算的核心过程如下。

（1）网站端实时产生用户行为，服务器后台产生实时日志。

（2）通过 Kafka 或 Flume 将日志实时同步到流式计算引擎 Flink 中。

（3）在 Flink 中完成数据处理，形成供后续计算所需的基础特征。

（4）基于实时在线特征，基于特定规则、方法、算法等得到 Item 召回集。

（5）基于实时在线特征，调用特征工程和模型对象，对召回的 Item 集合做粗排序。

（6）通过实时精排序或重排序逻辑，对粗排序结果进行多轮调整。

（7）返回推荐列表。

流式计算并不意味着一定需要模型服务，很多流式计算只需基于简单的数据处理规则就能满足应用需求。例如，在上述个性化推荐系统中，其中的步骤（4）可以直接基于特定的规则做简单召回和排序并返回推荐列表，而不必经过步骤（5）和（6）的复杂过程。

在数据流架构中，流式计算是一条单独的数据流。由于实时计算的持续性占用特性，流式计算必须要有单独的计算资源作为保障。

1.4　常见的 6 种数据架构

这里先介绍常见的 5 种数据架构的核心逻辑，包括简单数据库支撑的数据架构、传统数仓（数据仓库）支撑的数据架构、传统大数据架构、流式大数据架构、流批一体大数据架构，如图 1-3 所示。

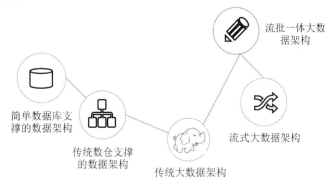

图 1-3　常见的 5 种数据架构

1.4.1　简单数据库支撑的数据架构

几乎每个企业都有业务数据库，将业务数据库中的数据从生产环境同步到新环境，就能支撑简单的数据应用。

简单数据库支撑的数据架构具有如下特征。

- 物理资源：参考源数据环境额外增加一套资源即可，选型一般不会发生变化。
- 功能逻辑：涉及从源环境同步数据库数据到应用环境，支持简单的数据统计分析或处理功能，应用需求主要集中在数据库或报表查询等基本统计分析层面。
- 技术要求：主要是关系数据库同步技术，基于 SQL 的数据库增、删、改、查，数据库统计分析技术等。
- 数据流模式：单一数据流，通过数据库自带的同步机制或任务定时调度完成数据同步、数据库计算等任务。

图 1-4 所示为简单数据库支撑的数据架构的核心逻辑，构建于关系数据库之上。

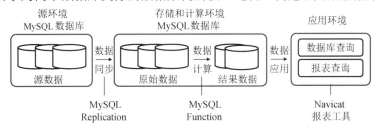

图 1-4　简单数据库支撑的数据架构的核心逻辑

- 源数据存储于 MySQL 数据库中。
- 数据同步利用 MySQL Replication 机制，从源环境同步数据到存储和计算环境中。
- 在存储和计算环境中，基于 MySQL 的函数（Function）功能实现统计汇总，并将结果存为表或视图。
- 在应用环境中，通过 Navicat 或其他报表工具直接连接存储和计算环境的结果表或视图，实现数据查询应用。

简单数据库支撑的数据架构的优势是技术成本低、投入成本低、开发周期短，劣势在于数据结构简单、支持的场景少，因此，适合数据应用场景少，尤其适合以数据查询和统计汇总为主的小型企业。

1.4.2 传统数仓支撑的数据架构

数据仓库是企业数据架构发展的重要阶段，企业在发展到一定阶段后，数据治理和应用的核心都会围绕数据仓库展开。数据仓库具有面向应用主题、数据集成完整、数据质量较高等特点，因此广泛应用于各种类型的企业决策分析场景。

数据仓库常见的主题域包括用户域、商品域、内容域、营销域、运营域等。

- 用户域：围绕用户（包含匿名用户、注册用户、消费用户等）完整生命周期的数据，含拉新、留存、促活、流失挽回等内容，涉及的运营环节包括站外营销、会员管理、社群管理、客户服务、客户关怀、呼叫中心、商品销售、物流配送等。
- 商品域：围绕商品完整生命周期的数据，含进货、仓储、销售、物流配送、收货、退货等内容，涉及的运营环节包括采购管理、库存管理、站外营销、在线销售、大客户销售、分销渠道管理、线下渠道管理、风险管控、物流配送等。
- 内容域：围绕内容（包含帖子、新闻、资讯、活动、消息等）完整生命周期的数据，包含创作、发布、审核、互动、下架、推广、活动等内容，涉及的运营环节包括社区运营、活动运营、市场策划、内容创作、UGC/PGC/BGC 管理、消息分发、监察管理等。
- 营销域：围绕站外营销完整生命周期的数据，包含营销预算、市场规划、媒体采购、媒介执行与测试、效果评估和优化等内容，涉及的运营环节为品牌推广、公关传播、在线数字广告、线下广告、社交传播、商务合作等付费、免费及与第三方渠道合作等。
- 运营域：围绕企业运营资源（主要是网站、App、小程序等数字运营载体）完整生命周期的数据，包含资源位改版、素材上架和下架、效果转化与优化、资源组合、内部流量分发等内容，涉及的运营环节包括站外营销（含付费引流和免费引流）、活动运营、商品位运营、资源位运营、功能和体验运营、页面运营、用户体验、网站设计等。

数据仓库的主题范围，以及主题内数据源的环境、数据来源、数据格式、数据质量、数据量级等因素会导致数据范围、清洗复杂度、计算资源需求、技术要求等方面的差异极大。

传统数仓支撑的数据架构模式具有如下特征。

- 物理资源：其选型主要取决于原始数据环境，如果原始数据集中在第三方云服务，那么会采购相同的云服务商下的其他云服务产品；如果原始数据集中在企业私有云（私有服务器、第三方服务本地化或私有部署等），那么会沿用此选型。

- 功能逻辑：包括数据同步、ETL、构建数据集市、构建数据仓库 4 个核心部分。数据同步要对接的数据源较多，除核心的 RDBMS（关系数据库）外，还可能包含 FTP、HTTP、API、数据文件等；ETL 过程会根据数据集市和数据仓库的要求做数据清洗与计算；数据集市是数据仓库的子集，可分别面向细分领域的中心级、部门级使用；基于数据仓库的数据分析、数据挖掘、报表分析等主要面向不同的决策分析场景。

- 技术要求：数据同步主要涉及多数据源到关系数据库的同步技术，如关系数据库自带的同步机制、文件同步到数据库等；ETL、数据集市和数据仓库开发过程主要使用 SQL 技术实现；外部的报表分析、数据分析和数据挖掘等具体应用技术（如统计分析、算法等）不在此范围内。

- 数据流模式：有两个数据流分支，主要体现在数据同步需要拆分为全量同步和增量同步方面，而 ETL、数据集市和数据仓库则属于复用功能而无须单独成为一条数据流，只需有一定的逻辑处理即可。

图 1-5 所示为传统数仓支撑的数据架构的核心逻辑，构建于关系数据库之上。

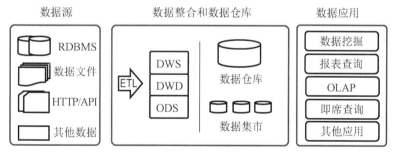

图 1-5　传统数仓支撑的数据架构的核心逻辑

- 数据源除 RDBMS 外，还会包括各种数据文件、HTTP/API、其他数据等。

- 在数据整合阶段，数据经过数据同步和 ETL 先到达 ODS（Operational Data Store，操作数据存储）层，这是原始数据与数据仓库数据的隔离层；然后经过处理到达 DWD（Data Warehouse Detail，明细数据）层，得到大量的事实表、维度表等基础数据；最后经过处理到达 DWS（Data Warehouse Service，服务数据）层，整合汇总成基于不同主题的数据仓库或数据集市。

- 在数据应用阶段，支持数据挖掘、报表查询、OLAP、即席查询及其他应用（如精准营销、会员服务等）。

基于数仓架构的系统输出的核心交付物是数据库本身（含数据），可以不包含任何具体业务应用。因此，为了提升 IT 类项目的易用性、落地性，可以考虑在数据仓库基础上直接集成如下功能，即将其作为产品化的功能项，而非对外部的支持功能项。

- 报表系统：将报表系统构建于数据仓库之上，业务人员可通过产品化的界面交互（而非 SQL）直接进行报表查询、即席查询、多维分析、OLAP 等报表分析等。
- 业务应用：例如，构建基于促销活动的精准营销，从数据仓库中获得目标客户群体，并通过连接 EDM、广告渠道等实现人群精准触达。
- BI（Business Intelligence）：将常用的数据挖掘场景产品化封装，通过定时任务调度产生更多智能型分析或应用，如自动库存预测、自动产品销售等。

传统数仓支撑的数据架构的优势是数据分层的设计模式，几乎可以满足所有的决策分析支持场景，并且也是一种非常流行的架构模式，因此，几乎各个大中型企业都经历过这一阶段。但由于它涉及的范围广、部门多、工程量大，总体投入资源和成本较高；加之从调研、规划、开发、测试到上线，整个项目周期较长。因此，该架构适合想要从顶层进行数据规划与设计，进而形成自上而下的数据落地的企业，尤其在大中型企业中使用较多。

1.4.3 传统大数据架构

传统大数据架构模式与传统数仓支撑的数据架构模式在业务应用需求上并没有发生根本性的变化，但是由于数据量、性能等问题导致原有的系统无法正常使用，进而需要进行技术改造和升级。该架构模式的核心是采用大数据架构来代替原有的数据仓库或 BI 类的底层。

传统大数据架构主要解决了面对海量数据时存储和计算的单位成本与能力瓶颈问题。

- 单位成本：传统提升存储和计算能力的做法是升级硬件，如增加硬盘、CPU、内存条的数量。当面对海量数据时，传统高性能主机的单位存储成本和使用成本极高。传统大数据架构模式的硬件基础是低价格、低配置的主机，可以通过水平扩展的方式提升存储和计算能力，因此单位成本大大降低。
- 能力瓶颈：无论是存储还是计算，当数据量足够大时，很容易出现高性能主机无法处理的情况。传统大数据架构模式的水平扩展模式可以支持大规模甚至超大规模集群。因此，存储和计算的能力极限很高。

传统大数据架构具有如下特征。

- 物理资源：从企业的数据量级、应用条件、数据安全等方面综合考虑，可选择私有化或第三方云服务两种物理模式，前者的优势是数据在企业内部环境内流通，因此具有更高的数据安全性和便利性；后者的优势在于单位成本更低、弹性扩展和按需付费、运维和部署成本更低等。
- 功能逻辑：从异构、多源数据环境内同步数据到大数据平台，该同步模式一般都为非实时同步；在大数据平台上，根据应用功能需求实现批量计算，最终以 API、表（含数据）等方式提供服务；在应用需求上，通过 API、服务接口、JDBC 等方式支持数据分析、报表查询、机器学习等。

- 技术要求：主要是将关系数据库、文件、FTP 等同步到大数据平台（主流框架为 Hadoop）；基于 Hadoop 生态内的不同技术组件实现数据开发、计算、运维管理，技术包括 HDFS、MapReduce、Hive、HBase、Spark 等；在应用层，可以支持多种 SQL on Hadoop 的技术组件或系统，以及 API 应用功能或服务等。
- 数据流模式：有两个数据流分支，主要体现在数据同步和数据计算两个核心环节上。数据同步需要拆分为全量同步和增量同步，而数据计算则需要拆分为全量计算和增量计算，由于计算中可能含有算法和模型，因此也会包含模型的全量训练和增量训练。

图 1-6 所示为传统大数据架构的核心逻辑，构建于 DataX+Hadoop+Spark 之上。

- 数据源除 RDBMS 外，还会包括各种数据文件、HTTP/API、其他数据（如其他 BI 系统、Hadoop 集群等）等。
- 对于数据同步，选择支持多种数据源和目标的 DataX。
- 分布式文件存储基于 Hadoop 的 HDFS 实现；分布式查询使用建立在 HDFS 之上的 Hive 和 HBase，在 HBase 上还可以使用 Phoenix 实现类 SQL 的查询；分布式计算主要是批量计算模式，基于 Hadoop 的 MapReduce、Tez、Spark 实现，除 Hive 和 HBase 的分布式查询外，Spark 也提供了 Spark SQL、Spark DataFrame、Spark GraphX 来实现更高效的数据计算方式；分布式机器学习基于 Spark 的 ML 模块实现；作业调度系统选择 Oozie、分布式协作服务使用 ZooKeeper、集群资源管理使用 YARN。
- 数据应用支持个性化推荐、用户画像、精准营销、报表查询等。

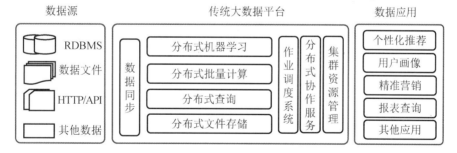

图 1-6　传统大数据架构的核心逻辑

　　传统大数据架构的优势是在应对海量数据时，能极大地降低 IT 成本且批处理效率较高，同时基于大数据生态的功能丰富性，可以支持的应用场景更为广泛；劣势在于技术门槛高、开发周期长、系统复杂度高，同时对流数据和流式计算的支持性较弱。因此，它主要适合于大中型企业，特别是数据量级在 TB 级以上且数据应用主要以离线、批量计算为主的场景，如用户画像、数据建模服务、报表统计、数据挖掘和分析等。

1.4.4 流式大数据架构

在企业中，某些场景可能需要实时计算最近特定时间内或当下的数据状态，如实时 PV 量、最近 1 分钟的活跃用户数等，传统大数据架构模式无法满足流数据和实时计算的需求。

流式大数据架构相对于传统大数据架构是另外一个极端。它直接将传统复杂的批量数据的同步、处理、清洗等过程剔除，只针对最近特定时间窗口或事件下产生的数据做计算，通过减少数据量、降低处理复杂度并缩减数据历史窗口期来提升计算效率，保障数据的低延迟性。

流式大数据架构的核心是流数据采集和流数据计算。

- 流数据采集：主流的流数据采集方案是 Kafka、Flume 和消息队列服务，数据源主要集中在网站用户行为这类不断有实时数据产生的场景。
- 流数据计算：流式计算框架包括 Spark Streaming、Storm 和 Flink，三者的主要差异体现在延迟性、吞吐性能、开发难度、状态管理、机器学习集成、Hadoop 生态集成、成熟度和广泛性几方面，如表 1-2 所示。

表 1-2　Spark Streaming、Storm 和 Flink 的主要差异

项　　目	Spark Streaming	Storm	Flink
延迟性	高，秒级别	低，毫秒级别	低，毫秒级别
吞吐性能	高	低	高
开发难度	低	高	中
状态管理	有	无	有
机器学习集成	高，Spark ML 集成	无	低，Flink ML 功能弱
Hadoop 生态集成	高，基于 Hadoop 和 Spark，无须额外配置和部署	低	中，可集成，但需要额外配置和部署
成熟度和广泛性	高，起步早、应用广，适合"一体化"开发使用	中，仅集中于对延迟性有较高要求的特殊行业和企业	中，起步晚，还在发展过程中

综合对比 Spark Streaming、Storm 和 Flink，如果对数据延迟性要求较高，那么优先选择 Storm 框架；如果希望兼顾延迟性和吞吐性能，那么优先选择 Flink；如果要兼顾传统大数据架构（主要是 Hadoop 生态），对延迟性要求较低，对吞吐性能要求高，或者对机器学习能力的输出要求高，那么优先选择 Spark Streaming。综合所有因素，如果只选择一套框架来满足企业开发需求，那么 Hadoop+Spark（含 Spark Streaming）更适合我国绝大多数企业。

流式大数据架构的特征如下。

- 物理资源：与传统大数据架构模式类似，优先考虑安全性，可以选择私有化方案，

兼顾成本和效率等可以考虑第三方云服务。

- 功能逻辑：数据源一般是稳定且统一的，数据同步通过流式管道进入，经过流式计算框架计算完成后分发给下游消费者。
- 技术要求：流数据采集包括 Kafka、Flume 和消息队列服务（如 RabbitMQ、ZeroMQ、RocketMQ 等），流式计算框架包括 Spark Streaming、Storm 和 Flink。
- 数据流模式：有 1 个数据流分支，从流数据产生到实时同步、流式计算，形成一个单独的数据管道。

图 1-7 所示为流式大数据架构的核心逻辑，构建于 Flume+Kafka+Spark Streaming 之上。

- 数据源是 Log 服务器，产生 Log 的主体是网站上的用户行为。
- 数据采集采用 Flume。它是典型的针对日志采集的技术组件，通过连接多个数据源进行日志信息整合并分发给下游消费者。
- 数据缓存采用 Kafka，消费数据来自 Flume 的输出，并将信息提供给下游消费者。
- 流式计算使用 Spark Streaming 框架。它属于 Spark 框架的一个子集，实现对流数据的计算服务。
- 作业调度系统、集群资源管理、分布式协作服务采用 Hadoop 生态的 Oozie、YARN、ZooKeeper。
- 数据输出时，将结果写入 Redis 做缓存、提供给 RabbitMQ 做消息队列或写入 HBase 做实时存取，或者提供给其他业务服务实时消费。

图 1-7　流式大数据架构的核心逻辑

流式大数据架构的优势是在兼顾较低 IT 成本的基础上，实现对流数据的采集、处理和计算；劣势在于技术门槛较高，并且缺少对历史数据的计算支持，无法满足基于深度学习、历史汇总等方面的应用需求，如机器学习、历史状态统计等。因此，它主要适用于大中型企业，特别是需要对实时发生的数据做实时处理的应用场景，如预警、监控、实时信息发布等。

1.4.5　流批一体大数据架构

传统大数据架构和流式大数据架构各有其适用场景，但在企业实际应用功能中，可能同时需要进行批处理和流处理。流批一体大数据架构模式成为此类企业更好的选择。

　　流批一体大数据架构模式的数据采集和同步的技术路径是天然分离的，因此，流批一体的核心是数据处理架构的统一。如果将流数据处理的延迟性容忍度设定在秒级别以内，那么 Spark Streaming 和 Flink 都是流批一体大数据架构，其区别如表 1-3 所示。

表 1-3　Spark Streaming 和 Flink 在流批一体模式中的区别

项　　目	Spark Streaming	Flink
核心思想	流是批的特例	批是流的特例
最小数据处理延迟	秒级别，也可设定其他时间窗口	毫秒级别，也可设定其他时间窗口
数据处理模式	Mini-batch 级别，一小批数据中可包含多个事件	Event 级别，每次只处理一个事件

　　在流批一体大数据架构的选型上，二者各有优势：Spark Streaming 的最大优势在于其与 Hadoop 生态的集成，如果企业原来的数据应用基于 Hadoop 和 Spark 生态且能接受秒级别的数据延迟，那么 Spark Streaming 是最优选择；如果对数据延迟性有更高的要求，那么选择 Flink。

　　流批一体大数据架构具有如下特征。

- 物理资源：与传统大数据架构和流式大数据架构类似，在此不再赘述。
- 功能逻辑：由于流、批处理的业务需求可能存在差异，因此，在功能逻辑上，需要将传统大数据架构和流式大数据架构合并起来，在数据同步上是两条路径，而在核心的数据存储、处理和计算环节则使用统一的大数据平台；同时，为了提升服务的统一性和复用性，可以额外增加一个数据服务模块，为所有的应用提供统一出口。
- 技术要求：综合了传统大数据架构和流式大数据架构的技术要求，在此不再赘述。
- 数据流模式：如果架构中同时包含流处理和批处理任务，那么包括两条数据流。

　　提示：能否实现全流程的流批一体大数据架构呢？在满足应用功能需求的基础上，可以考虑将数据采集和同步统一起来，即数据采集、同步、存储、处理和计算等均基于同一套大技术路径产生。这种方案适用于全新系统架构设计和系统开发，否则会涉及历史系统功能、系统部署、集群运维、业务分析、跨系统调用等逻辑重构、功能复写、系统升级等工作，改造难度较大。但无论是一套还是多套技术路径，在写功能逻辑时，仍然需要拆分为批处理和流处理，因为二者对于数据量级、模型需求、计算复杂度、数据窗口等方面的要求完全不同。

　　图 1-8 所示为流批一体大数据架构的核心逻辑，核心的存储和计算构建于 Hadoop+Spark 生态之上。

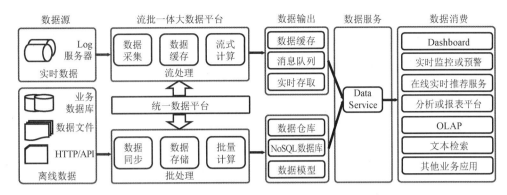

图 1-8　流批一体大数据架构的核心逻辑

- 流处理：数据源主要是 Log 服务器，使用 Flume 做日志采集、KafKa 做数据缓存、Spark Streaming 做流式计算，数据结果输出到数据缓存 Redis、消息队列 RabbitMQ 或支持实时存取服务的数据库 HBase 中。
- 批处理：数据源主要是业务数据库、数据文件、HTTP/API 等，数据使用 DataX、Sqoop 同步到 HDFS 中，使用 Spark（含 Spark SQL、Spark DataFrame、Spark GraphX、Spark ML）实现批处理、计算和数据建模，数据结果输出到数据仓库（如 Hive）、NoSQL 数据库（如 ES、MongoDB）中，或者将训练后的模型对象持久化到硬盘。
- 统一数据平台：流批一体中涉及数据处理和计算的核心复用 Hadoop+Spark 框架。
- 数据服务：单独创建统一的数据服务，为后端数据消费提供数据、功能、模型服务。
- 数据消费：包括 Dashboard、实时监控或预警、在线实时推荐服务、基于 Kylin 等工具搭建的分析或报表平台、OLAP、文本检索和其他业务应用。

流批一体大数据架构的优势在于使用一套技术同时满足流处理和批处理，能够大大降低开发成本和技术复杂度、缩短开发周期；由于技术路线的统一，在技术人员能力要求上更加集中；同时能降低后期的系统部署、运维、监控和管理等方面的成本投入与复杂度，利于提升系统稳定性。因此，它主要适用于大中型企业，特别是业务场景广泛，同时涵盖批处理和流处理两类场景的企业。

除了上面介绍的常见的 5 种数据架构，还有一种数据架构也较常见——存算分离的流批一体大数据架构，下面进行介绍。

1.4.6　存算分离的流批一体大数据架构

在传统的大数据架构中，数据存储和计算是一体的，如 Hadoop 中的 Slave 节点经常会同时承担数据存储任务和计算任务。这种存算一体的架构会带来新的问题。

- 系统整个生命周期的设计复杂度增加：功能的高度耦合会对单个功能的定制开发、部署、运维等带来负面影响。例如，我们想要对计算逻辑进行改造升级，就必须要兼顾存储系统的可用性及环境适配性，因为二者是部署在一个环境中的。

- **弹性扩展不便**：在真实业务场景中，存储和计算的需求往往随着业务场景经常变化，此时就需要对存储和计算资源做弹性扩展。在存算一体的模式下，一般会在所有的 Salve 节点中保持相同的配置，且存储和计算的配比在最开始构建集群时已经固定。因此，要扩展就必须同时对存储和计算都做扩展，这样就容易导致资源浪费。
- **存储、计算的可扩展性有限**：在耦合模块下，无法从根本上重新构建存储或计算系统的整体架构，因为必须要兼顾现有节点的功能、现有系统和集群的架构模式。而在湖仓一体、一湖多云的场景下，将很难实现存算一体化。

因此，存算分离的架构模式应运而生。在流批一体化的大数据架构基础上，需要将存储和计算分离开来，存储聚焦于数据存储和管理服务，计算聚焦于数据计算服务。为了满足流批一体的应用需求，数据存储也需要能够同时支持流批读写功能。

下面以 Databricks 架构为例说明存算分离的流批一体的架构模式，如图 1-9 所示。

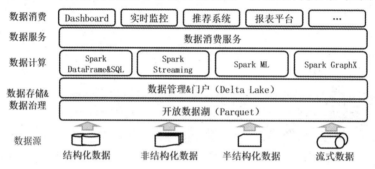

图 1-9　基于 Databricks 的存算分离的流批一体的架构模式

数据存储于 Delta Lake 中，这是一种基于数据仓库的 ACID 事务和数据治理与数据湖结合的存储模式。在该模式下，可以对不同类型的数据进行有效的管理：支持对传统的批量数据进行读、写操作和数据治理；支持基于开放源代码 Delta Lake 协议提供的 ACID 事务及流处理事务；支持将流处理和批处理事务结合起来的操作。

而数据计算的流批一体则基于 Spark SQL、Spark DataFrame、Spark GrapX、Spark ML 满足批处理、图计算和机器学习等批处理任务的要求，基于 Spark Structured Streaming 满足流处理任务的要求。

可以将数据存储和数据计算分别部署到不同的云服务或集群环境中，通过存储对象挂载、变量引用等方式实现计算资源与存储资源的整合应用。

1.5　案例：某 B2B 企业的数据架构选型

1.5.1　企业背景

该企业是一个在线电商平台，通过网站为企业级客户提供在线商品浏览、查询、交易服务。该企业在其垂直领域内处于市场 TOP3 的位置，日均网站的活跃用户量在 30 万个左右，平均访问深度为 5，日均订单量在 5000 单左右。

1.5.2 应用预期

该企业希望通过搭建大数据技术平台，将原有的分散于各个业务线的数据整合起来，通过建立统一平台实现数据的统一管理和控制；同时，通过建立针对用户和商品两个层面的数据仓库为用户构建画像和标签，为报表分析、OLAP、数据分析、数据挖掘，以及未来会上线的个性化推荐系统、站外广告精准投放等提供服务。

1.5.3 数据现状

该企业目前的数据源主要分为两类：传统业务数据、第三方流量统计工具。

- 传统业务数据。该企业的 IT 构建于阿里云之上，网站服务、数据存储、进销存、ERP 等所有的数据都基于阿里云提供支持。所有的原始数据都存储在阿里云的 RDS 中。
- 第三方流量统计工具。在网站端，该企业通过 Google Analytics 实现网站用户行为数据的采集，以支持营销和网站运营端的决策分析。

1.5.4 选型分析

1．数据量

数据量主要考虑存量和增量两个维度。存量数据即所有数据的总规模，增量数据即每日新增的数据规模。

- 存量数据。根据与企业的进一步沟通，与用户相关的原始数据库中的存量数据为 100～200GB，Google Analytics 中的原始用户行为日志数据为 1～1.5TB。
- 用户行为增量。用户行为数据是增量数据中的主要部分，按照活跃用户量在 30 万个左右，平均访问深度为 5 估计，每天页面浏览量为 150 万次左右；加上其他非页面型行为数据（如提交订单、点击 Button 等都不产生新的页面，但会产生行为日志），预估每日的用户行为数据增量在 200 万条左右，占用 1～3GB。
- 其他增量数据。在做深入沟通后，除用户行为数据外，包括用户下单、客户服务、会员管理、促销活动、广告营销等在内的其他的数据增量较小，对整体影响不大。

2．数据环境和数据源复杂度

由于该企业统一使用第三方的云服务进行数据采集、存储和管理，因此数据源环境相对统一，在数据集成时难度不大。

经过与主数据管理部门的沟通，发现 RDS 中的数据模型逻辑清洗、数据字典和元素数据管理质量较高，因此，在数据同步后，不需要进行复杂的数据清洗工作。

3．任务复杂度

由于企业之前没有做过任何数据整合，因此需要先将数据库中的数据做统一整合，然后构建用户主题画像和标签。这是一个复合型任务，里面涉及 SQL 任务（用于表的基本处理）、机器学习任务（用于产生基于模型的画像和标签）。

4．多场景和多应用支撑

除画像和标签服务外，未来的更多应用可能会涉及批量计算和流式计算两类场景，也会涵盖更多应用功能的开发。例如，在线个性化推荐会涉及流式计算，用户促销活动响应预测会涉及批量计算，这两类不同的方案最好能集成到一套平台上实现开发。

1.5.5　选型方案

1．物理选型

根据企业历史选型情况，继续沿用阿里云的云服务方案。在具体方案类型上，选择 EMR 作为基础服务类型；在节点配置和数量上，综合考虑性能和成本，Master 节点选择 1 台 16 核 64GB 的服务器，Core 节点选择 3 台 8 核 32GB 的服务器作为起步集群。

注意：Master 节点在集群创建后一般不允许修改配置，当集群规模较大时，会对 Master 节点产生更大的压力，因此，如果考虑到后期会拓展较多节点且不重建 EMR，那么初创时建议 Master 节点配置比 Core 节点和计算节点高。

2．逻辑架构

在项目周期内构建用户画像，使用离线同步+批处理的模式即可支持决策型应用场景。在功能逻辑上，将 RDS 数据同步到 Hadoop，通过调用第三方流量统计工具的 API 或 FTP 来获取结构化流量日志并同步到 Hadoop。在 Hadoop 内先构建用户数据仓库；再实现基于条件、统计规则和算法模型的用户标签与画像开发；最后将结果输出到 Hive 中，供查询和分析使用。

3．技术架构

该开发项目主要使用的核心技术组件包括 DataX（FTP 数据和 RDS 数据同步）、API（流量汇总数据同步）、HDFS（分布式文件存储）、Hive（表清洗和基本管理）、Spark（主要是 Spark DataFrame 和 Spark ML，用于标签和画像的核心功能实现）、Tez（Hadoop 的分布式执行引擎）、YARN（统一资源管理）。

4．数据流

有 1 条数据流，通过任务定时调度实现从数据同步、数据处理到结果输出的全过程。

1.5.6　未来拓展

1．技术组件拓展

大多数第三方 EMR 服务一旦集群创建便无法增加新的技术组件并自动部署到集群中。此时可通过以下两种方式解决。

- 初创时选择全部可能用到的组件，在集群创建后，手动关闭不使用的服务，在后续使用时再开启。
- 初创时只选择必需的组件，后期如果用到额外的组件而 EMR 无法增加时，则只需重建 EMR 集群即可。EMR 集群的创建和销毁在几分钟内便能完成，因此重建非常方便。

提示：如果在 EMR 中有一些自定义的配置或部署，那么最好写一套自动部署程序，方便在 ERM 重建后快速实现集群自定义修改。另外，当涉及的技术组件不包含在 EMR 中时，可直接在集群中自定义安装部署。

2．硬件升级

EMR 的硬件升级包括以下两种途径。

- 对现有 EMR 集群直接进行升级，但升级之后可能需要人工修改 EMR 中对应的配置信息，如集群的总节点数量、每个执行器的最大可用内存等。
- 重建 EMR 服务，在重建时，选择新的集群硬件配置。

3．节点拓展

EMR 集群支持直接扩展管理，因此该操作可人工实现。另外，某些 EMR 服务（如 AWS 的 EMR）还支持自动扩容，根据计算资源需求和集群节点设置范围，自动进行节点拓展。

4．流批一体拓展

EMR 中的 Spark 本身支持秒级别的流批一体处理机制，能满足 90% 以上的应用场景的需求；如果需要支持毫秒级别，那么可以后期追加 Flink 到 EMR 中或启用已经安装的 Flink 服务。

1.6　常见问题

1．企业真的需要大数据架构吗

大数据架构是非常流行的一种架构方式，但只有在"大数据"场景下才能发挥其价值。

如果企业的数据总量在 GB 以下，每日数据增量为 MB 级别，那么不适合使用大数据架构。大数据架构在应对中小规模数据时，几乎没有优势。例如，在配置相同的情况下：

- Hive 的查询效率要低于 MySQL。
- Spark 的内存计算要慢于单机版的 Python，更别提 Java、C、Go 这类高性能语言了。

因此，企业只有在大数据场景下考虑大数据架构才是最合适的。

2. 如何实现 IT 成本最优化控制

IT 成本投入是企业的主要成本模块之一，所有企业都会非常关注 IT 成本。

理想情况下，在系统选型时确定好最优配置（满足应用需求的最低配置），并基于最优配置确定 IT 采购模式，以最大化地降低 IT 采购成本。

但实际上，在系统开发前期会存在大量的开发、测试、调优等工作，在选型阶段就确定好最优配置几乎是不可能的；并且随着企业的不断发展，开发部门也会根据技术路径、业务需求、技能特长、成本限制等不断调整硬件需求，因此，真实的硬件需求处于动态变化之中。

为了实现 IT 成本最优化控制，在选型时，需要考虑资源的动态付费、弹性调整、按需使用、灵活扩展等问题，只有这样，才有可能通过不断调整逐步趋向最优平衡点。

在成本控制和优化上，第三方云服务的巨大优势让它成为企业选型时不可忽略的关键因素。

- IT 投入灵活可控，可根据需求随时调整成本投入。
- 实现相同功能的云服务，其单位使用成本比企业自建的成本低，如文件存储服务、日志采集服务等。

3. 数据上云安全吗

数据安全是任何一个企业都无法绕开的话题。实际上，数据安全几乎是企业选择私有化、本地化部署方案最主要的影响因素之一。

数据安全分为存储安全、灾备安全、访问安全、传输安全、分发安全等多个方面。对企业来说，数据上云意味着数据不在企业自己"直接可控"的范围内，因此认为存在较大的安全隐患。实际上，即使是企业私有化或本地化部署方案，也无法保障数据 100%安全，甚至很多企业由于管理不落地、制度不完善、流程不清晰、机制不合理而导致数据丢失（如经常出现的删库事件）。

从我的角度看，任何一种方案都不存在 100%的安全保障。以阿里云的云盘为例，它能提供 99.9999999%的数据可靠性保证。如果企业对自身安全性做评估，那么也基本是相同的安全水平。

因此，要提高数据的安全性，有非常多的因素需要考虑，如加密管理、流程审批、数据权限、数据隔离、多环境备份、安全认证、防火墙等，是否上云只是其中一个可能的影响因素。

4．应该选择何种行业架构方案

在进行架构设计时，很多读者往往会倾向于行业标准或最佳实践。行业标准或最佳实践其实是整个行业当前状态的平均水准，而平均水准是否适合企业则不能一概而论。如果企业的整体状态高于或低于行业平均水准，那么平均水准就不是最优选择。

以电商行业为例，本章提到的传统数仓支撑的数据架构、传统大数据架构、流式大数据架构、流批一体大数据架构在电商行业中都有广泛的应用。因此，所谓的行业标准方案其实是一个解决方案的集合，而不是一个唯一选项。

真正的适合企业的架构方案应该是分阶段、分规模、分场景的，需要从企业发展阶段、技术实力、应用需求、未来规划等多个角度综合考虑并做出最优选择。

提示：与行业标准方案类似的另一个话题是行业先进方案。先进方案代表了行业发展的潮流，对行业发展具有引导和教育作用。但先进方案是在长期迭代的基础上逐渐演化而来的，并且拥有特定适配的场景。如果缺少前期的铺垫而盲目选择先进方案，那么往往会将企业开发和实施限于困境。这就像跑步一样，只有先学会走路才能跑得稳、跑得久。

2.1 数据源概述

数据源即数据的来源，数据是企业开展数据工作的基础。企业中的数据源可能包括业务系统、数据系统、人工文件、外部来源等，不同数据源环境存储的数据主题、类型、字段等大不相同。通过了解数据源的基本情况，为后续的数据抽取、加工和处理等提供基础认知。

2.1.1 常见的 3 种数据类型

企业中常见的 3 种数据类型包括结构化数据、非结构化数据和半结构化数据。

- **结构化数据**是指数据的结构、逻辑、长度、类型、格式等符合特定规范或约束，一般能通过二维表格来展示数据结构。最常见的结构化数据包括注册数据、会员数据、销售数据等，其主要来源是关系数据库。
- **非结构化数据**与结构化数据相反，是数据结构不规范、字段格式不统一、类型不明确、长度不一致，以及没有明确数据模式的数据，一般无法通过二维表格的方式展示数据结构。常见的非结构化数据包括图像数据、视频数据、语音数据、大段文本数据等。
- **半结构化数据**介于结构化数据和非结构化数据之间，对数据的定义具备一定的模式和约束，却不是完整的、规范的或明确的，带有很高的结构、字段、长度、约束可变性等。常见的半结构化数据包括 Web 服务器日志、HTML 和 XML 数据等。

2.1.2　常见的 8 种数据源

企业中的数据源主要包括 8 类：营销系统、运营系统、数据系统、网络爬虫、API 和 FTP、人工数据和文件、持久化对象、第三方合作。

- **营销系统**：站外营销系统，用来实现在互联网、IoT、智能终端等设备上的广告投放。企业中常见的营销系统有硬广告类系统、信息流广告系统、SEM 系统、CPS 系统、会员营销系统、社群系统等。
- **运营系统**：泛指企业内部运营管理涉及的所有系统，包括内容管理系统、客户关系管理系统、供应链管理系统、进销存系统、促销活动系统、呼叫中心系统、支付系统、财务管理系统、第三方平台&店铺系统、ERP 系统等。
- **数据系统**：企业内基于业务经营分析的需要，可能已经对数据进行过一定的生产、加工、处理，并形成了可供后续使用的数据源，如关系和非关系数据库、Hadoop 平台等。
- **网络爬虫**：抓取互联网公开信息的特定脚本或程序。对企业来说，通过网络爬虫可以获取行业的整体趋势、最新技术、用户趋向、实时状态等信息；也可以获取竞争对手的投放媒体、站内活动、投放素材、商品价格等更多运营层面的内容[①]。
- **API 和 FTP**：API 主要用于简单的、汇总级别的数据交互，FTP 主要用来实现复杂的、海量的甚至原始数据级别的数据交互，可应用在各种原始数据交互但不能直接开放权限的场景下。
- **人工数据和文件**：很多传统企业会存在大量的人工数据和文件。这类数据主要分为业务数据文件和系统配置文件。
- **持久化对象**：通过特定的程序将内存中的对象保存到硬盘上的过程。理论上，任何内存中的对象均可以持久化并保存到硬盘上，包括模型对象、数据对象等。
- **第三方合作**：很多企业可以通过合作的形式获得外部数据，这些数据由其他企业主体产生，企业间通过合作、购买、交换等形式共享或获得使用权。

2.2　企业内部流量数据采集技术选型

企业内部流量数据指发生在企业数字载体（网站、移动站、App、小程序等）上的所有用户的来源、属性、行为和转化数据。流量数据一般需要识别到每个"人"的主体，并以 CookieID 或设备 ID 为识别标志。

---

① 在应用网络爬虫技术时，应严格遵守《中华人民共和国网络安全法》《中华人民共和国数据安全法》等法规的相关规定，且不得侵害任何网站的合法权益，不得影响网站的正常运行。

2.2.1 企业内部流量数据采集常用的技术

1. 流量数据采集

流量数据采集根据平台可分为网站、移动站、App 和小程序等，根据采集原理的不同，可分为 JS 采集、NoSript 采集、SDK 采集和测量协议采集 4 种。

- JS 采集即在网站和移动站植入特定的 JS 脚本，实现对 JS 站点的数据采集。
- NoScript 采集针对某些不支持 JS 的站点，使用一个像素的硬图像实现数据跟踪。
- SDK 采集是针对 App 的数据采集方式。
- 测量协议采集是从企业 Web 服务器后台直接发送数据到流量采集服务器的采集方式。在完成网页监测实施后，流量数据采集的工作流程如图 2-1 所示。
- 当网站/移动站/App/小程序产生交互行为时，用户客户端向网站服务器发送请求，如图 2-1 中的①所示。
- 网站服务器返回请求结果，如图 2-1 中的②所示。
- 用户客户端在加载页面的同时触发特定跟踪代码，并将采集的数据发送给采集服务器处理，如图 2-1 中的③所示。
- 在用户客户端无法直接发送请求的情况下，也可以直接从网站服务器发送数据到采集服务器，即采用 Server to Server（服务器对服务器）的方式发送数据，如图 2-1 中的④所示。

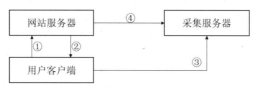

图 2-1　流量数据采集的工作流程

2. 页面打点埋码

页面打点埋码的目的是更精细化地采集用户的行为。页面打点埋码机制的基础是匿名 Cookie，当用户产生 Cookie 后，后续所有的属性、行为等都可以与该 Cookie 匹配。

在打点埋码时，除了标准的跟踪维度（如页面 URL、标题、流量来源等），还可以通过自定义跟踪的方式采集更多的拓展信息。

如图 2-2 所示，其中框选区域为通过页面打点埋码实现的自定义维度的跟踪，包括发出请求的用户是否为会员、所处模块、新老访客、ID 信息等。

3. 流量数据采集常用的技术栈

一般意义上的流量数据采集指的是当数据到达采集服务器后，如何快速同步或集成到流量数据（或日志数据）处理服务器上。由于流量数据是以日志的方式记录的，因此流量数据采集也被称为日志采集或日志收集。常用的技术栈包括 Scribe、Logstash、Fluentd、Flume。

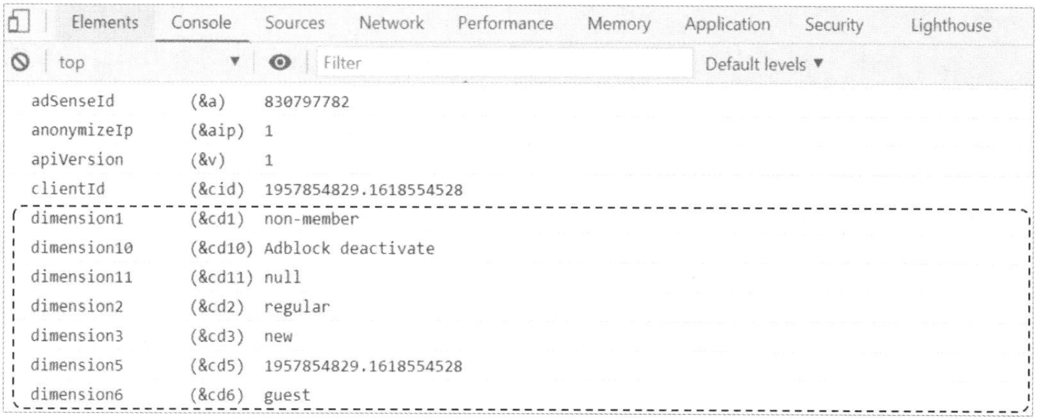

```
[] Elements  Console  Sources  Network  Performance  Memory  Application  Security  Lighthouse
⊘  top          ▼  👁  Filter                              Default levels ▼

  adSenseId       (&a)    830797782
  anonymizeIp     (&aip)  1
  apiVersion      (&v)    1
  clientId        (&cid)  1957854829.1618554528
┌ ─ ─ ─ ─ ─ ─ ─ ─ ─ ─ ─ ─ ─ ─ ─ ─ ─ ─ ─ ─ ─ ─ ─ ─ ─ ─ ─ ─ ┐
│ dimension1      (&cd1)  non-member                        │
│ dimension10     (&cd10) Adblock deactivate                │
│ dimension11     (&cd11) null                              │
│ dimension2      (&cd2)  regular                           │
│ dimension3      (&cd3)  new                               │
│ dimension5      (&cd5)  1957854829.1618554528             │
│ dimension6      (&cd6)  guest                             │
└ ─ ─ ─ ─ ─ ─ ─ ─ ─ ─ ─ ─ ─ ─ ─ ─ ─ ─ ─ ─ ─ ─ ─ ─ ─ ─ ─ ─ ┘
```

图 2-2　页面自定义打点埋码监测数据

（1）Scribe。

Scribe 是 Facebook 开源的日志收集系统。它能够从各种分布式日志源上收集日志，并存储到一个统一的目标系统中，以便于进行集中统计分析处理，典型应用是先从分布式服务器获取日志，然后统一推送到 HDFS 中，最后通过 Hadoop 的 Hive、Spark 等实现流量数据的解析和统计处理，因此形成了 Scribe+HDFS+MapReduce/Spark 的工作方案，适用于传统批量离线日志的处理。

Scribe 的优点如下。

- 使用 Thrift 框架，支持 C++、Java、Python、PHP、Ruby、C#等众多客户端。
- 广泛地和应用系统集成使用，可以作为实现独立客户端使用。
- 支持水平扩展。
- Collector 和 Store 具有一定的容错性保障。

Scribe 的不足如下。

- 没有负载均衡机制。
- 数据可靠性较低，单点故障、日志切分等场景会导致数据丢失。
- 没有数据预处理功能。

（2）Logstash。

Logstash 是一个开源的日志采集、处理和消费管道。它支持插件功能以实现对数据源、预处理和下游数据的功能支持，同时具有一定的性能保障。ES+Logstash+Kibana 组成的 ELK 方案是传统的日志监控和分析方案。

Logstash 的优点如下。

- 可靠性。通过多节点部署及持久队列提供跨节点故障的保护。

- 功能简单易用。数据源、预处理和下游功能只需选择特定的插件便可直接使用。
- 数据预处理功能。可指定规则实现简单的数据预处理和清洗功能。
- 灵活性。通过众多插件支持实现数据源、基本清洗、数据消费等方面的定制。
- 安装部署简单。系统依赖的相关组件少，只需具备特定的 Java 环境即可直接安装。

Logstash 的不足如下。

- 系统资源消费较大，运行占用 CPU 和内存大。
- 无消息队列及缓存机制，容易导致数据丢失，需要额外的技术组件（如 Redis）支持。

关于 Logstash 的更多信息，请查阅 Logstash 官网。

（3）Fluentd。

Fluentd 是一个日志收集工具，使用 JSON 作为数据格式。它采用插件式的架构，具有高可扩展性、高可用性，并实现了高可靠的信息转发。Fluentd 经常使用的场景是基于 ES、Fluentd 和 Kiabana 形成 EFK 方案，实现对实时日志的采集、监控和分析，适合数据量不是很大的场景下的快速日志处理。另外，Fluentd 还经常用于 Docker 及 K8s 集群的日志监控管理。

Fluentd 的优点如下。

- 统一的数据格式。JSON 格式利于简化下游日志消费的开发工作量。
- 系统资源需求量小。使用 C 和 Ruby 编写系统，硬件资源需求量小。
- 一定的可靠性。基于内存和文件的缓冲区来避免数据丢失。
- 数据预处理功能。可指定规则实现简单的数据预处理和清洗功能。
- 灵活性。通过众多插件支持实现数据源、基本清洗、数据消费等方面的定制。

Fluentd 的不足如下。

- 插件质量参差不齐。大量的非官方插件的质量度低，且功能泛化不够，导致通用性差。
- 性能较低。虽然 Fluentd 的性能高于 Logstash，但受限于 Ruby 的 GIL 机制，多线程的使用受限。

（4）Flume。

Flume 是 Cloudera 开源的高可用、高可靠、分布式的海量日志采集、聚合和传输的系统。它支持定制各类日志数据生产方和消费方，并提供对数据进行简单的清洗和预处理的能力。它最常用的使用模式是 KafKa+Flume+Flink/Storm，实现实时日志统计，或者将 Flink/Storm 换成 Hadoop 生态内的系统（HDFS+MapReduce/Spark）实现离线日志批处理。它同时适合在线实时及离线批量日志数据的处理，是目前大数据领域内日志采集的主流技术栈。

Flume 的优点如下。

- 数据可靠性。提供三级可靠性保障，包括 Best Effort、End to End 和 Store on Failure 机制。

- 系统可靠性。多 Master 机制避免单点故障带来的日志丢失。
- 可扩展性。Flume 的 Agent、Collector 和 Storage 3 层架构，每层均可以水平扩展。
- 灵活性。可根据需要添加 Flume 预置和用户自定义的 Agent、Collector、Storage。
- 自动化任务的配置和 API 的脚本能力。

Flume 的不足如下。

- 需要更多的集群资源以实现对 Flume 完整能力的支持。
- 涉及众多的分布式服务、集群管理、资源监控等，运维管理的复杂度高。

4．第三方流量数据采集分析系统

在前面的流量数据采集过程中，主要实现的是将分散的、异构的、多源的流量日志同步到统一的目标数据服务器上。但是，流量数据要想真正使用，还需要做大量的解析、清洗、整合、处理等工作。

第三方流量数据采集分析系统直接实现了从数据采集、加工处理、报表汇总到分析的完整过程，并提供了一站式流量数据解决方案。常见的第三方流量数据采集分析系统如下。

- Google Analytics：包括免费的 Google Analytics、Google Analytics 4，以及付费的 Google Analytics 360、Google Analytics 4 360 等。它是世界范围内认知度最高、功能最强大的流量分析工具之一，除了对流量进行采集分析和处理，还提供了 A/B 测试和优化、标签管理、归因分析、可视化报表等众多流量相关功能。
- Adobe Analytics：世界范围内功能最为强大且最为昂贵的流量分析工具之一。Adobe Analytics 除了支持完整的流量数据的采集、分析、A/B 测试和优化、标签管理、归因分析、可视化报表等功能，还支持更多部署和实施模式，方便满足企业个性化需求。
- 百度统计：国内老牌流量分析工具服务商，提供包括免费的百度统计和付费的分析云两种解决方案。百度统计能够与百度搜索（国内主要的搜索引擎）、百度凤巢 SEM（国内最大的 SEM 厂商）打通，能够实现流量数据与搜索、SEM 的数据共享、人群推送等功能；再加上其简单易用、界面友好等特性，成为国内重要的流量分析工具。

除了上述主流的流量数据采集分析工具，国内还有友盟、神策、Talking Data 等，也是重要的第三方解决方案。

2.2.2　内部流量数据采集技术选型的因素

在进行流量数据采集技术选型时，首先要考虑的是选择企业自建流量数据采集系统还是选择第三方服务商，其次是在选择企业自建流量数据采集系统时考虑具体技术选型问题。

1．是选择企业自建流量数据采集系统还是选择第三方服务商

如果看重与外部营销系统结合、快速实施、简易维护，以及受限于企业内部技术支持

和实施能力弱等因素,则应该选择第三方服务商(尤其在涉及与外部营销生态结合及广告投放场景时,这是唯一选项)。

如果看重完全本地化、企业内部系统高效集成、后续二次开发和拓展性,同时企业具有较高的 IT 开发能力、允许较长的开发周期和软/硬件资源投入,则更适合选择企业自建流量数据采集系统。

2. 第三方服务商解决方案选型要素

选择第三方服务商解决方案主要考虑如下要素。

(1)整体解决方案能力。

整体解决方案能力指能完整地与其他工具或解决方案融合并提供更广泛支持的能力。整体解决方案能力包括两部分:一是整合数据(含内、外部数据跟踪)的能力,二是整合运营系统的能力。

(2)产品易用性。

大多数企业在考虑产品易用性时,只考虑了流量数据采集分析工具使用的业务部门的需求,而忽视了 IT 部门的需求。业务部门与 IT 部门对流量数据采集分析工具易用性的关注点截然不同:IT 部门关注产品易实施方面,业务部门关注产品易使用方面。

(3)功能丰富性。

功能越丰富,代表可通过工具获得更多数据视角的机会越多,核心功能可以分为 3 类:基本功能、自定义功能和高级功能。

- 基本功能:基本维度、基本指标、App 跟踪、WAP 跟踪、用户权限管理、热力图、Excel 插件、标签管理器、下钻功能。
- 自定义功能:自定义维度跟踪、自定义事件跟踪、自定义指标跟踪、自定义计算指标、自定义数据分类、自定义报表、自定义书签、自定义 Dashboard 等。
- 高级功能:标签管理器、跨域跟踪、跨设备跟踪、订单归因功能、A/B 测试、路径功能、漏斗功能、数据整合能力、实时数据、预警功能、自动发送服务等。

(4)增值服务价值。

增值服务价值是通过日常支持、原厂服务团队、Local 办公和本地化作业等方式提供的基本答疑、应用培训、问题发掘、规律洞察、报告撰写、深度分析等服务。

(5)价格和费用。

流量数据采集分析工具费用通常包括 3 部分:流量费用、功能费用和服务费用。

- 流量费用:流量规模决定了付费区间,流量越大,总价格越高。
- 功能费用:某些功能模块可能需要额外付费。在选择流量数据采集分析工具时,需要确认是否所有的产品和功能都可用,以免在后期使用时造成不必要的麻烦。
- 服务费用:通常打包在整个项目合同中,但也可以以天或小时为单位额外购买。

流量数据采集分析工具的选择一定要结合企业需求(包括短期需求、中期需求和长期需求）、预算、实现目标等自身情况，并综合考虑服务商的产品、服务、预期产出价值等因素，进行综合评估。

3．企业自建流量数据采集系统时考虑的技术选型要素

在技术要素上，企业自建流量数据采集系统时需要重点考虑如下因素。

- 可靠性：包括采集系统健壮性和数据可靠性。采集系统健壮性指系统在海量数据场景下不容易宕机、报错时仍可以持续正常工作；数据可靠性指数据不丢失，具有防丢失、错误转移和恢复机制。
- 可扩展性：采集系统可随着应用的规模及数据量的增加而线性扩展。
- 灵活性：系统能够对管道中的各项功能进行灵活定义，包括多种上游数据源、数据预处理方式、数据下游消费者等。
- 数据预处理：也称为 Filter，指的是在采集过程中对数据的过滤、解析、标记、填充、丢弃、重命名、替换、修改、加密、衍生等功能。
- 管理机制：通过多种方式实现对集群、节点的监控、管理等基本操作，提供多种命令交互方式及 API。
- 集群/系统资源需求：指系统部署及运行时对应服务器的硬件资源的需求。

2.2.3　内部流量数据采集技术选型总结

这里汇总企业自建流量数据采集系统时的主要技术和因素供读者参考，如表 2-1 所示。

表 2-1　企业自建流量数据采集系统时的主要技术和因素汇总

	Scribe	Logstash	Fluentd	Flume
可靠性	中	中	中	高，多 Master 机制、三层保障机制
可扩展性	高	中	低	高
灵活性	中	高，插件列表极其丰富	高，插件列表极其丰富	高，数据生产端、消费端均可自定义
数据预处理	无	有	有	有
管理机制	不完整	不完整	不完整	完整，通过 Master 管理集群、Shell/API 管理方式
集群/系统资源需求	中	中	低	高，需要单独集群支持

在实际选型时，除上述技术外，企业还需要根据自身的技术实力、数据量和并发量、资金投入、开发周期、未来发展规模、技术栈特点等进行综合判断。没有最好的技术，只有最合适的技术。

2.3 企业外部互联网数据采集技术选型

企业外部互联网数据指互联网上的公开数据,这些数据都不是企业自己直接控制或拥有的,因此需要通过特定方式获取。

2.3.1 外部互联网数据采集常用的 4 种技术

外部互联网数据采集的主要流程包括获取数据、解析数据及保存数据。

- 获取数据:通过特定的方式向目标站点发送请求并获得相应的返回结果,一般通过 HTTP 或 HTTPS 请求和响应实现数据的交互。
- 解析数据:解析从 HTTP 或 HTTPS 返回的数据,并根据需求对字段进行清洗。
- 保存数据:将清洗后的数据保存到特定目标环境中,如数据库、文件等。

下面介绍上述 3 个流程涉及的 4 类常用技术。

1. 获取数据常用库

(1)urllib。

urllib 是 Python 内置的 HTTP 请求库,是一个偏底层的 HTTP 处理库。在 Python 3 中,它合并了原来 Python 2 中的 urllib 和 urllib2。urllib 支持通过多种 HTTP 方法,可以捕获 HTTP 错误并做出应对处理,同时支持身份验证和代理、Cookie 处理、重定向、URL 解析和拼接、robot 文件处理等。

(2)Requests 和 requests-cache。

Requests 是一个第三方库,其核心功能与 urllib 类似,但其更具易用性和友好性。例如:

- 在 urllib 中,需要先构造 HTTP 请求,一般通过 read 方法获得返回信息;而在 Requests 中,则可以直接通过 get 或 post 方法获得并直接解析。
- 在 urllib 中,获得的返回信息为 Bytes 类型,必须先解码才能使用;而在 Requests 中,返回结果为 string 数据类型。
- 在 urllib 中,根据请求体中的 data 是否为空判断请求是 get 还是 post,而在 Requests 中,则可以直接使用 get 或 post 方法来区分请求方式。

requests-cache 是 Requests 模块的一个扩展功能,能根据 Requests 的发送请求生成相应的缓存数据。当 Requests 重复向同一个 URL 发送请求时,requests-cache 会判断当前请求是否已经有缓存,如果存在缓存,则从缓存里读取数据作为响应内容;如果不存在缓存,则向网站服务器发送请求。这样做的好处是能够减少网络资源重复请求的次数,不仅减轻了本地的网络负载,还减少了爬虫对网站服务器的请求次数,这也是应对反爬虫机制的一个重要手段。

提示:grequests 是基于 Requests 的另一个并发库,有兴趣的读者可以参考了解。

（3）aiohttp。

Requests 爬虫是同步的，当请求多个网页时，必须等待前序网页下载好之后才会执行后续的网页操作；如果单个网页的下载时间过长，则会导致后续网页下载处于阻塞状态。

aiohttp 是基于 asyncio（支持异步编程的 Python 标准库）实现的异步 HTTP 库，可以实现单线程并发 I/O（网络请求和返回）操作，因此能够解决 Requests 的网络阻塞问题。它支持客户端和服务端两种模式，同时带有中间件、信号和可插拔路由。

（4）httpx。

httpx 最显著的特性是它在具备 Requests 的便捷性和功能性的基础上，同时支持同步请求和异步请求两种模式。除此以外，它的重要特性还包括以下几点。

- 广泛兼容的 API。
- 同时支持 HTTP/1.1 和 HTTP/2。
- 能够直接向 WSGI 应用程序或 ASGI 应用程序发出请求。
- 严格的连接关闭，对 Web 端友好。

因此，httpx 可以作为 Requests+aiohttp 的整合加强库来使用。

（5）selenium。

selenium 是 Web 的一个自动化测试工具，在爬虫工具中，可以用来解决页面内容动态加载的问题。selenium 支持主流的 IE 、Chrome、Firefox、Opera、Safari 等浏览器，因此适用性广。

selenium 本质上是通过程序操作浏览器来模拟用户在浏览器上的行为的，因此能够捕获用户在浏览器上"看到"的所有内容。但这种模式也有缺点：相对于纯程序脚本的方式，其获取内容的效率较低。

在通过 selenium 抓取信息的过程中，大多数浏览器都必须添加一个对应的驱动文件才能实现对浏览器的操作。使用 phantomjs 代替浏览器驱动文件配置是一种好方法。

（6）Splash。

Splash 是一个 JS 呈现服务，是一个带有 HTTP API 的轻量级 Web 浏览器。它能够同时处理多个网页并获取 HTML 文件的源代码，支持在页面上下文中执行自定义 JS，并可通过 Lua 脚本控制页面的渲染过程。

在复杂场景的抓取过程中，更多内容都是通过 JS 或 AJAX 生成的网页，Splash 能够实现动态内容抓取，还能保障异步和并发能力。因此，它是复杂场景下实现大规模数据抓取的重要实现方式。

Splash 在 Python 中的应用主要是通过 Scrapy-Splash 库实现的。它能与 Scrapy 框架更好地结合，并且能够充分发挥异步、动态内容抓取等方面的核心优势。

2．解析数据常用库

（1）html 和 xml。

html.parser 的 HTMLParser 库是 Python 标准库，是一个简单的 HTML 和 XHTML 解析库。

xml 是 Python 自带的标准库，用来解析和处理 XML 数据。xml 与 html 相比，html 所有的标签都是预定义的，而 xml 的标签可以随便定义。

（2）lxml。

lxml 是基于 libxml2 和 libxslt 的 Python 库。它是一个 XML 和 HTML 的解析器，主要用于解析和提取 XML 与 HTML 中的数据。lxml 是一款高性能的 HTML、XML 解析器，能够兼顾性能和易用性两方面。

lxml 也支持 XPath 数据查找模式。XPath 即 XML 路径语言，是一门在 XML 文档中查找信息的语言，最初是用来搜寻 XML 文档的，但同样适用于 HTML 文档的搜索。XPath 提供了强大简明的路径选择表达式及超过 100 个内建函数，几乎可以定位到任何目标数据节点。

（3）BeautifulSoup。

BeautifulSoup 和 lxml 一样，都能解析 HTML 和 XML 数据，并能实现自动编码。它支持 Python 标准库中的 HTML 解析器，还支持第三方的解析器（如 html5lib 及上面提到的 lxml）。如果不使用 lxml 解析器，那么 Python 会使用其默认的解析器（html.parser），此时效率会低于 lxml，因此，在面对更多数据时，建议使用 lxml 解析器来提高效率。

（4）re。

re 是正则表达式库，用来解析具有一定规则的字符串数据。XML、HTML、JS 等返回信息都能作为文本字符串进行处理，使用正则表达式库能够灵活地解析特定数据结构。例如，使用正则表达式可以方便地从 d18611998755abc 中提取数字信息。

3．保存数据常用库

（1）文本文件存储。

将抓取的信息保存到文本文件中是最简单的做法，通常先使用 open 方法新建一个文件操作对象，然后将解析后的数据使用 write 方法逐行写入或使用 writelines 批量写入即可；也可以将抓取的原始网页信息直接存为文件，后期根据需求重新解析文件中的数据。

（2）SQLit。

SQLit 是一个轻量级的开源关系数据库，无须单独安装、管理配置服务，因此小巧、轻便。它支持 Windows、Linux、UNIX 等主流操作系统，并能够与 Python、C#、PHP、Java 等语言结合使用；还可以通过 SQL 语言进行查询，比较适合中小数据量级（如单个数据库容量在 2TB 以下）的存储使用。

（3）aiosqlite。

在本节的"1. 获取数据常用库"中提到了 aiohttp 是异步的 HTTP 库。与之类似，aiosqlite 是为 SQLite 数据库提供了异步连接的接口库。它基于 Python 的 sqlite3 标准库实现，但是使用异步的上下文环境、游标管理等，因此能极大地提高数据的读/写效率。

aiosqlite 的异步写入能力只有与异步抓取、并发处理协同工作才有实际意义。

（4）MongoDB。

MongoDB 的性能较高、可扩展性强，支持类似于 JSON 的松散数据结构，因此可以存储复杂多变的数据对象。MongoDB 最大的特点是它支持的查询语言非常强大，其语法有点类似于面向对象的查询语言，几乎可以实现类似于关系数据库单表查询的绝大部分功能，而且支持对数据建立索引。因此，MongoDB 在 Web 存储领域应用十分广泛。

PyMongo 是 MongoDB 官方提供的 Python 操作 MongoDB 的连接库。

（5）Motor。

Motor 是 Python 异步读/写 MongoDB 的驱动库。它与 Tornado 和 asyncio 兼容，支持在高并发环境下的 MongoDB 读/写操作。

4．爬虫常用框架

（1）Pyspider。

Pyspider 是一个方便且强大的 Python 爬虫框架。该框架具有众多优势：支持多线程爬取、JS 页面的动态解析，支持常见的 MySQL、MongoDB、Redis、SQLite、ES 等数据库引擎及 ORM 模型，支持 RabbitMQ、Redis 等作为信息队列，支持任务优先级、失败重试、周期调度等功能，支持分布式或单机部署。它最大的优势在于提供了 Web 界面，可以方便地实现项目调试、状态监控、项目管理等，因此具有极高的便利性和友好性。

相对于 Scrapy，它的核心优势体现在以下几方面。

- Pyspider 直接提供 Web 界面，而 Scrapy 一般采用命令行的方式操作（当然，Scrapy 可以配合 Portia 实现可视化操作）。
- Pyspider 原生支持 JS 页面的数据采集；而 Scrapy 自身不支持，必须额外配置 Scrapy-Splash 组件才能实现。
- Pyspider 可直接通过 Web 界面进行调试；而 Scrapy 的调试通过 debug 或 warn 的方式，会导致信息量过多或过少问题，并且完整调试需要完整运营整个框架。

提示：Pyspider 的最新版本发布于 2018 年，这导致它与最新的 Python 版本及相关库不兼容。例如，在 Pyspider 中，将 async 定义为函数参数，但 async 在 Python 3.7 之后作为保留关键字，不允许在程序中定义，因此会导致启动 Pyspider 时报语法错误。

（2）Scrapy。

Scrapy 是一个强大的、灵活的 Python 爬虫框架。它的强大和灵活在于除其自身具有的完备功能外，还支持众多的功能扩展。Scrapy 几乎具备所有 Pyspider 的强大功能，除用于普通的网络爬虫外，还常用于大规模网络监测、自动化测试等。

相对于 Pyspider，它的核心优势体现在以下几方面。

- 自定义和灵活程度强大，除自己定义功能外，还有众多第三方库、组件、中间件等，如修改爬虫的基类、自定义下载器中间件、集成 Scrapy-Redis 和 Scrapy-Splash 等。
- 文档、帮助信息及学习资料完整，利于学习、工作及解决实际问题。
- 大规模网络抓取时的效率更高，更适合大型项目使用。

提示：爬虫框架与单独的爬虫库相对，核心区别在于爬虫框架提供了项目管理、数据采集、任务管理、分布式协调、中间件、数据存储等完整数据流功能，使用者只需简单配置就能通过框架实现强大的数据抓取功能；而单独的爬虫库通常用于解决某个单一爬虫环节的问题，必须人工组合多个库才能实现抓取完整数据流功能。

2.3.2　外部互联网数据采集技术选型的 5 个因素

在外部互联网数据采集过程中，主要考虑的技术因素如下。

- 功能易用性：功能易用性越好的库和框架，其开发成本、运维管理成本越低，开发周期越短，核心因素包括提供 Web 界面、更友好的 API、开箱即用的功能或组件等。
- 功能丰富性：包括对 HTML、动态 JS 中等多样性内容的抓取能力，对项目或任务的自动化管理能力，对多种抓取的信息的解析能力等。
- 功能扩展性：除库或框架自带的功能外，还可支持自定义功能、第三方插件或扩展、与其他库的集成能力。
- 并发处理能力：面对海量数据的抓取、处理时的并发处理能力，支持多线程、多进程、协程、异步及分布式处理模式。
- 部署便捷性和扩展性：支持单机模式、分布式集群模式、Docker 等方式部署，在面对高并发情况时，支持简易化的水平扩展。

2.3.3　外部互联网数据采集技术选型总结

在进行外部互联网数据采集时，需要根据任务的性质（如是一次性的还是周期性的）、抓取频率（实时、分钟、小时、天等）、运维管理、抓取规模等综合考虑技术选型。这里列出常用的选型模式。

1．获取数据常用库

- urllib：除非要详细了解技术和原理实现细节，否则一般情况下很少使用。
- Requests 和 requests-cache：适用于简单或少量的网页、API 的数据抓取。
- aiohttp：适用于海量网页的批量实现，对效率有更高的要求。
- httpx：适用于想要同时覆盖同步和异步的抓取场景。
- selenium：适用于动态页面内容的抓取，且抓取页面数量较少的场景。

- Splash：适用于动态页面内容的抓取，且抓取页面数量较多的场景。

2．解析数据常用库

- html 和 xml：适合简单、少量的 HTML 和 XML 的爬虫数据解析。
- lxml：适合较多的 HTML 和 XML 爬虫数据解析场景，且对解析效率有一定的要求。
- BeautifulSoup：同时支持简单和复杂的 HTML 与 XML 的解析，使用场景覆盖 HTML 和 XML、LXML 的库。
- re：适合以大量的非标准化文本解析为主的场景。

3．保存数据常用库

- 文本文件存储：适合抓取数据测试、DEMO 及简单场景使用。
- SQLit：适合存储小数据量、数据的格式和字段很少变动的场景使用。
- aiosqlite：适合对存储的数据并发性有较高的要求、总体数据量较小、数据的格式和字段很少变动的场景使用。
- MongoDB：Web 数据的主要存储方式，适合绝大部分场景使用。
- Motor：适合 Web 数据的存储且有高并发需求时使用，适合绝大部分场景使用。

4．爬虫常用框架

- Pyspider：适合中小型项目，在中小规模数据抓取、规则清晰、快速开发、简化运维和管理复杂度的场景下使用；同时需要考虑系统 Python 版本是否与 Pyspider 一致。
- Scrapy：适合大型项目，在有较多自定义功能需求、多功能集成、海量数据抓取场景下使用。

提示：对于爬虫任务中的并发能力，除上述提到的方式外，多线程、多进程也经常被使用。受制于 Python 的 GIL（Global Interpreter Lock，全局解释器锁）机制，多线程主要适用于海量数据下的数据抓取过程、数据存储过程的并发（需要数据库支持异步模式）；而多进程则适用于海量数据下数据解析过程的并发。具体库包括 threading、multiprocessing、aiomultiprocess 等。另外，在数据量并发量较小的情况下，使用多线程或多进程将不利于效率的提升。

2.4　使用 Requests+BeautifulSoup 抓取数据并写入 Sqlite

2.4.1　安装配置

本案例主要用到的第三方库包括 bs4、Requests，读者可通过 pip3 install BeautifulSoup4 和 pip3 install requests 安装。库的版本分别是 BeautifulSoup4-4.9.3、Requests-2.25.1。

2.4.2　基本示例

本节通过一个简单的示例介绍 Requests 库的基本用法。该示例先向一个网站发送请求，然后从请求中解析出所需的信息。

提示： 由于互联网资源的链接存在不确定性，所以为保证图书内容严谨，书中涉及的外部网站的域名、IP 的部分字符会用*代替，请读者在使用代码时自行用当前有效的域名或 IP 替代。

```
1    import requests
2    r = requests.get('https://*/get')
3    print(r.text)
4    print(r.status_code)
5    print(r.reason)
6    print(r.headers)
7    r.close()
```

代码 1 导入 Requests 库。

代码 2 调用 Requests 的 get 方法向网站发送请求，并获得一个返回对象 r。除 get 方法外，Requests 还支持 post/head/patch/delete/put/options 等 HTTP 方法。不同方法对应的参数略有差异。在 get 方法中，URL 是必填项，其他参数按需填写。

代码 3/4/5/6 实现从 r 对象中解析并打印不同的属性数据，其中，代码 3 中的 r.text 为返回的 HTML 源代码，后续所需解析的数据都在该对象内。该代码的输出结果如下：

```
{
  "args": {},
  "headers": {
    "Accept": "*/*",
    "Accept-Encoding": "gzip, deflate",
    "Host": "httpbin.org",
    "User-Agent": "python-requests/2.24.0",
    "X-Amzn-Trace-Id": "Root=1-60800182-5e2137ae7bef6ccb33fd183f"
  },
  "origin": "115.171.133.248",
  "url": "https://*/get"
}
```

代码 4 中的 r.status_code 为 HTTP 状态码，用来判断 HTTP 的状态，打印结果为 200。

代码 5 中的 r.reason 是用来解释 HTTP 状态的文本信息，一般需要与 HTTP 状态码配合使用，打印结果为 OK。

代码 6 中的 r.headers 为 headers 信息，其中包含的 Accept、Cookie、User-Agent 等信息非常重要，尤其在反爬虫中需要特定设置，打印结果为：

{'Date': 'Wed, 21 Apr 2021 10:42:10 GMT', 'Content-Type': 'application/json', 'Content-Length': '309', 'Connection': 'keep-alive', 'Server': 'gunicorn/19.9.0', 'Access-Control-Allow-Origin': '*', 'Access-Control-Allow-Credentials': 'true'}

代码 7 实现请求对象的关闭，对性能或功能没有影响。但在 Python 中，将对象"打开"，并在使用完成后及时"关闭"是一个好习惯。

2.4.3　高级用法

本节将实现从某网站抓取电影数据（https://*/top250）并保存到 Sqlite 数据库中，整个过程如下所述[①]。

1．了解网页内容结构

（1）要被抓取的数据都在一个页面上还是需要翻页。

通过查看网页发现每页展示 25 部电影，通过翻页可查看更多电影。而在翻页过程中，URL 的变化规则如下。

- 第一页：https://*/top250 或 https://*/top250?start=0。
- 第二页：https://*/top250?start=25&filter=。
- 第三页：https://*/top250?start=50&filter=。
- 最后一页：https://*/top250?start=225&filter=。

由此可知，每页展示的数量由 URL 参数中的 start 决定，filter 作为过滤器，在没有任何过滤的情况下为空即可。通过构造 URL 中 start 的值为 25 的整数倍数，就能实现"翻页"并读取所有的电影数据。

（2）要被抓取的数据在源代码中的规则是什么。

在 Chrome 浏览器中，按 F12 键打开调试工具栏。单击"Elements"选项卡，并依次单击网页电影中的信息，包括标题、导演、评分、评价等，如图 2-3 所示。

从页面元素与源代码的对应关系中得到如下基本规律。

- 图 2-3 中的①表示一个 class 为 article 的层，所有的电影信息都在该对象内。
- 图 2-3 中的②表示一个 class 为 grid_view 的有序列表，遍历该列表可以读出所有电影。
- 图 2-3 中的③表示一个 class 为 item 的层，每部电影的完整信息都存在该对象内。
- 图 2-3 中的④表示一个 class 为 info 的层，每部电影的文本类信息都在该对象内。
- 图 2-3 中的⑤表示一个 class 为 hd 的层，其中包含标签相关信息，电影的中英文名称都保存在 class 为 title 的 span 中，别名、标签等都保存在 class 为 other 的 span 中。

---

① 以下内容用于交流、讲解技术，读者在进行有关实践活动时，应确保遵守《中华人民共和国网络安全法》《中华人民共和国数据安全法》等法规的相关规定，不要开展任何违法、侵害他人权益的行为。

- 图 2-3 中的⑥表示一个 class 为 bd 的层，其中包含电影的导演、分类等信息。
- 图 2-3 中的⑦表示一个 class 为 star 的层，其中包含评分信息。
- 图 2-3 中的⑧表示一个 class 为 quote 的段落，其中包含评价文本信息。

在了解了网页结构及页面 URL 的规律后，下面开始通过 Python 脚本实现数据抓取。

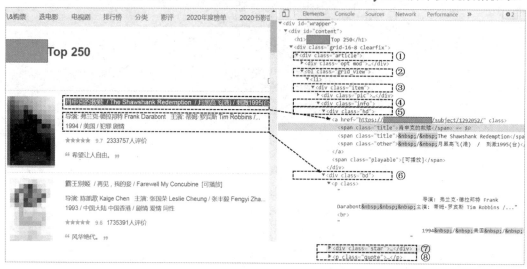

图 2-3　某网站抓取信息 HTML 源码分析

2. 基于 Requests、BeautifulSoup、sqlite3 的核心实施过程

第一步，导入库：

```
1    import re
2    import time
3    import unicodedata
4    import sqlite3
5    from contextlib import closing
6    from bs4 import BeautifulSoup
```

本示例中导入的 re 为正则表达式库，用于从 HTML 中做正则匹配处理；time 库用于延迟请求时间，防止请求过快而使 Web 服务器限制数据抓取；unicodedata 实现将 HTML 文本中的特殊字符串做转换处理；sqlite3 为 Python 标准库，用于存储结果数据；contextlib 为上下文管理器库，用于对数据库的连接对象、游标等进行自动关闭处理；BeautifulSoup 为 HTML 文本解析库，用于提取核心文本和字段信息。

第二步，获取数据：

```
1    headers = {"User-Agent": "Mozilla/5.0 (Windows NT 6.1; Win64; x64) AppleWebKit/537.36
(KHTML, like Gecko) Chrome/90.0.4430.72 Safari/537.36"}
2    html_raws = []
```

```
3    for i in range(int(250 / 25)):
4        with requests.get(f'https://*/top250?start={i * 25}', headers=headers, verify=False) as r:
5            html_raws.append(r.text)
6            time.sleep(1)
```

代码 1 定义了 headers 中的 User-Agent，用于应对常规的反爬虫机制。那么，如何获取浏览器的 User-Agent 呢？先按 F12 键打开调试工具栏，在 URL 地址中输入要浏览的网址并按 Enter 键；在调试工具栏中单击"Network"选项卡（见图 2-4 中的①），在左侧的"Name"列表框中选择当前 URL 信息"top250?start=0"（见图 2-4 中的②）；在右侧窗体中选择"Headers"选项卡（见图 2-4 中的③），找到 User-Agent（见图 2-4 中的④）。

图 2-4　获取浏览器的 User-Agent

代码 2 定义了一个空的列表对象 html_raws，用于存放接下来要抓取的 HTML 源代码。

提示：这里由于要抓取的信息不多（只有 250 个网页），因此可以暂存并等到后期一起处理。如果网页内容过多，那么需要将抓取、解析处理和写库放到一个管道中实现，否则大量的数据放在内容中会极大地占用空间并降低整体效率。

代码 3 到代码 6 通过 for 循环依次获取 URL 信息并将抓取结果保存到 html_raws 中。

- 代码 3 中 range(int(250/25)) 表示总电影量是 250 部，每页有 25 部，250/25 是总页码数；int 方法将总页码数转换为整数，使用 range 方法得到一个从 0 开始的可遍历对象。

- 代码 4 中使用 with 构建 Requests 上下文管理器，requests.get 表示使用 get 方法获得网页信息，其中的 URL 部分使用 f-string 方法动态赋值得到真实 URL，而 headers 则调用代码 1 定义的 headers 信息，verify=False 设置请求不验证服务器端的 TLS 认证。

- 代码 5 和代码 6 使用 append 方法将每次请求得到的 HTML 源代码追加到列表中，延迟 1s 后重复执行后续操作。

提示：代码 4 中如果不增加 headers 信息，则会返回 418 状态码，并无法得到正确的 HTML 源代码信息，表示服务器端有反爬虫机制。

第三步，定义解析函数：

```
1   def unicode_str(s):
2       s_ = s.text if s is not None and not isinstance(s,str) else s
3       return re.sub(r'\s{2,}|\n|主演: |导演: ', '', unicodedata.normalize('NFKC', s_)) if s_ else s_
4
5   def parse_movie(movie):
6       title = movie.find(name='span', attrs={'class': 'title'})
7       title_other = movie.find(name='span', attrs={'class': 'other'})
8       p_info = movie.find(name='p', attrs={'class': ''}).text.split('\n')
9       p_info = [i for i in p_info if len(unicode_str(i)) > 2]
10      if len(p_info[0].split('\xa0\xa0\xa0')) > 1:
11          director, actors = p_info[0].split('\xa0\xa0\xa0')
12      else:
13          director = p_info[0]
14          actors = None
15      tags = p_info[1]
16      avg_rate = float(movie.find(name='span', attrs={'class': 'rating_num'}).text)
17      voting_num = int(re.findall(r"\d+\.?\d*", movie.find_all(name='span', attrs={'class': ''})[-1].text)[0])
18      quote = movie.find(name='p', attrs={'class': 'quote'})
19      return unicode_str(title), unicode_str(title_other), unicode_str(director), unicode_str(actors), unicode_str(tags), avg_rate, voting_num, unicode_str(quote)
```

代码 1 到代码 3 定义了一个对字符串做预处理转换的函数 unicode_str。代码 2 根据对象是否为 None 或字符串来判断如何获得字符串信息：如果是 BeautifulSoup，则通过 text 属性获得字符串；否则传入对象本身就是字符串。代码 3 判断 s_ 是否为字符串，如果为字符串，则先做 unicode 转换，然后去除转换结果中的特定字符；否则直接返回 s_ 本身（None）。

- unicodedata.normalize 实现将 Unicode 文本标准化，经常用于清理和过滤 HTML 文本，其中的参数 NFKC 表示规范化标准，可选标准包括 NFC、NFKC、NFD 和 NFKD。
- re.sub 基于查找替换的模式从文本标准化后的结果中去掉特定字符，其中的参数 \s{2,} 表示 2 个空格，\n 表示换行符。

提示：这里的 unicodedata.normalize 主要用于去除 HTML 中的 " "，在抓取数据后，字符串编码为\xa0，由于\xa0 属于 latin1（ISO/IEC 8859-1）中的扩展字符集字符，代表空白符 nbsp（non-breaking space），因此这里应该选择 NFKC 或 NFKD。

代码 5 到代码 19 定义了一个用来解析单部电影数据的函数 parse_movie。

其中，代码 6 从 movie 对象中使用 find 对象查询 class 名为 title 的 span（该信息在本节"1. 了解网页内容结构"中获取），通过 text 方法将 span 中的文本提取出来。例如，从 HTML 源代码<span class="title">黑鹰坠落</span>中提取出电影名"黑鹰坠落"。

代码 7 的逻辑与代码 6 类似，用于提取电影的别名。例如，<span class="other"> / 黑鹰 15 小时(港)/黑鹰计划(台)</span>，提取出的电影别名为 / 黑鹰 15 小时(港)/黑鹰计划(台)。

代码 8 到代码 15 要提取电影的导演、主演，以及电影标签信息，原始 HTML 信息格式如下：

```
<p class="">
              导演: 雷德利·斯科特 Ridley Scott 主演:乔什·哈奈特 Josh
Hartnett / ...<br/>
              2001 / 美国 英国 / 动作 历史 战争
              </p>
```

提取文本内容的逻辑与之前类似，这里找到的是 class 为空的段落。观察文本结构发现，导演、主演、标签信息都混在一起，但通过换行符可将导演、主演与标签信息分隔开，而导演与主演则可以通过多个空格拆分开。

在抓取导演和主演数据时，如果电影的页面内容中"导演"的文本过长，则会导致没有主演信息，如图 2-5 所示，此时需要单独判断处理。

图 2-5　缺少主演的电影信息

基于如上规律构建代码逻辑。

代码 8 从代码中查找 class 为空的第一个段落，提取文本后使用换行符（\n）分隔开。

代码 9 分别判断拆分后的字符串对象，如果字符串长度>2，则保留字符串对象。

代码 10 和代码 11 表示如果导演与主演信息使用 3 个 作为分隔符拆分字符串后的列表长度>1，即同时包含导演和主演信息，则分别将拆分后的两个结果赋值给 director、actors。

代码 12 到代码 14 表示如果代码 10 中的条件不成立（只有导演信息），就将结果赋值给 director，而 actors 为空。

代码 15 将代码 9 拆分后的第二个数据赋值给 tags，保存电影标签信息。

代码 16 表示从 movie 中查询 class 为 rating_num 的 span 并获取文本内容，最后转换为浮点型。例如，从<span class="rating_num" property="v:average">8.7</span>中提取投放评分为 8.7。

代码 17 表示从 movie 中查询所有 class 为空的 span，先从返回的列表中取最后一个span 的文本，再基于正则表达式查找其中所有的数字并返回，最后将提取的评分人数转换为整数型。例如，从<span>241160 人评价</span>中提取评价人数为 241160。

代码 18 用来获取评价文本。例如，从<span class="inq">还原真实而残酷的战争。</span>中提取的评价文本为"还原真实而残酷的战争"。

代码 19 返回所有处理完成的字段，其中字符串对象在返回前统一进行清洗转换。

第四步，核心解析过程：

```
1    html_parse = []
2    for html_raw in html_raws:
3        soup = BeautifulSoup(html_raw, 'lxml')
4        movies = soup.find_all(name='div', attrs={'class': 'item'})
5        for movie in movies:
6            html_parse.append(parse_movie(movie))
```

该代码块调用第三步定义好的函数实现所有页面解析功能。代码 1 定义的空列表用于存储解析好的数据。代码 2 通过 for 循环遍历每个原始 HTML 代码。代码 3 构建一个全局 BeautifulSoup 对象 soup，同时指定解析器为 lxml，使得在大量数据下的效率比较高，后续所有查找规则都基于该对象实现。代码 4 从 soup 对象中查找 class 为 item 的所有 div 并得到 movies 对象，这是所有电影的原始数据。代码 5 和代码 6 遍历并解析每个 movie 数据，并将解析后的结果存入列表。

第五步，将数据写入库：

```
1    with sqlite3.connect('douban.db') as conn:
2        with closing(conn.cursor()) as cur:
3            sql = """CREATE TABLE
4                        IF NOT EXISTS movie(
5                            tile TEXT,
6                            title_other TEXT,
7                            director TEXT,
8                            actors TEXT,
9                            tags TEXT,
10                           avg_rate FLOAT,
11                           voting_num INTEGER,
12                           quote TEXT)"""
13           cur.execute(sql)
14           conn.commit()
```

```
15          cur.executemany('INSERT INTO movie VALUES (?,?,?,?,?,?,?,?,?)', html_parse)
16          conn.commit()
```

该段代码实现将解析好的结果写入 Sqlite 数据库。

代码 1 和代码 2 构建了两个具有自动关闭功能的上下文管理器。代码 2 中不能直接使用类似于代码 1 中的模式,如 with conn.cursor() as cur,否则会出现 AttributeError: __enter__ 错误。因此,这里使用单独的 closing 方法实现游标的自动上下文管理功能。

代码 3 到代码 12 定义用于在 Sqlite 中创建表名为 movie 的 SQL 脚本。

代码 13 和代码 14 将建表语句提交到数据库中,使之生效。

代码 15 和代码 16 实现将数据批量写入库的功能。其中,代码 15 使用了 executemany,而不是 execute,目的是以 Pipeline 的方式写入数据,提高大量数据场景下的写入效率。

提示:如果是海量数据的写入,那么 executemany 的效率也会比较低,此时需要考虑更换其他数据库,或者使用 Bulk 等方法写入。

上述操作完成后,可以在 conn 和 cur 有效的情况下,使用如下代码查询写入结果:

```
1           cur.execute("select count(*) from movie")
2           print(cur.fetchone())
3           cur.execute("select * from movie")
4           print(cur.fetchone())
```

上述代码执行后的打印结果如下:

```
(250,)
('肖申克的救赎', ' / 月黑高飞(港)/刺激 1995(台)', '弗兰克·德拉邦特 Frank Darabont', '蒂姆·罗宾斯
Tim Robbins /...', '1994 / 美国 / 犯罪 剧情', 9.7, 2333757, '希望让人自由。')
```

打印结果中第一行的 250 表示数据库中共有 250 条数据,与预期抓取的数据总量相符;第二行是解析后的一条数据,数据以逗号分隔,分别表示电影名称、别名、导演、主演、电影标签、评分、评价人数、评价文本。

2.4.4　技术要点

整个案例的核心技术要点如下。

- 抓取前需要详细了解网页结构、数据特点,以便于选择不同的抓取策略甚至抓取框架。
- HTML 中的文本清洗是一项重点(但不是难点)工作,需要对文本内容进行深入了解,同时需要考虑尽量多的复杂场景(如自然语言的多样性)。

提示:如果短时间内的抓取频率过高,那么 Web 服务虽然返回 200 状态码,但返回的内容是"Your IP is restricted.",这类问题需要注意。

2.5 使用 Scrapy+XPath 抓取数据并写入 MongoDB

2.5.1 安装配置

1. 安装 MongoDB

读者可在 MongoDB 官网查找对应平台和版本的安装包，本书选择的是 4.45 版本、RedHat / CentOS 7.0 平台、tgz 类型的安装包。以下为安装和配置过程。

在命令行终端通过 wget 从 MongoDB 官网下载安装包：

```
wget https://*/linux/mongodb-linux-x86_64-rhel70-4.4.5.tgz
```

使用 tar 命令将下载的压缩包解压在当前路径下：

```
tar -xvf mongodb-linux-x86_64-rhel70-4.4.5.tgz
```

创建执行环境所需的工作环境及文件：

```
mkdir -p /usr/local/mongodb/data/db
mkdir -p /usr/local/mongodb/logs
mkdir -p /usr/local/mongodb/conf
touch /usr/local/mongodb/logs/mongodb.log
```

将当前解压后的 mongodb 目录下的所有文件移动到/usr/local/mongodb 目录下：

```
mv ./mongodb-linux-x86_64-rhel70-4.4.5/* /usr/local/mongodb
```

通过 vim /usr/local/mongodb/conf/mongodb.conf 创建新的配置文件，并配置如下内容：

```
port=27017 # 端口
dbpath=/usr/local/mongodb/data/db # 数据库目录
logpath=/usr/local/mongodb/logs/mongodb.log # 日志目录
fork=true # 以守护进程的方式运行，创建服务器进程
logappend=true # 使用追加的方式写日志
bind_ip=0.0.0.0 # 所有 IP 都能访问数据库
```

添加系统环境变量，通过 vim /etc/profile 打开系统配置文件，在末尾添加如下代码：

```
export PATH=/usr/local/mongodb/bin:$PATH
```

先使用 vim 的 wq 命令保存文件并退出，然后手动刷新 profile 文件：

```
source   /etc/profile
```

通过如下命令启动 MongoDB：

```
mongod --config /usr/local/mongodb/conf/mongodb.conf
```

MongoDB 成功启动后，会出现如下类似信息：

```
about to fork child process, waiting until server is ready for connections.
forked process: 1023
child process started successfully, parent exiting
```

2．安装 Python 相关库和 MongoDB 驱动

本案例用到的第三方库包括 Scrapy、PyMongo，读者可通过 pip3 install scrapy 及 pip3 install pymongo 完成安装。库的版本分别是 Scrapy 2.5.0、PyMongo 3.11.3。

2.5.2　基本示例

本节使用与 2.4 节案例类似的方法，通过 Scrapy 的框架实现基本的数据抓取与存储。

1．创建新项目

Scrapy 使用时需要先创建项目，具体方法是在命令行终端输入 scrapy startproject douban。执行命令后，会在当前路径下生成一个名为"douban"的工作目录，目录内容如下：

```
douban/
    scrapy.cfg
    douban/
        __init__.py
        items.py
        middlewares.py
        pipelines.py
        settings.py
        spiders/
            __init__.py
```

上述各个文件夹或文件的作用如下。

- scrapy.cfg：项目的配置文件。
- items.py 和 pipelines.py：用户编写的用于定义数据验证、解析字段，以及二次处理和本地持久化（存为文件、写入数据库）等功能。
- middlewares.py：Spider 的中间件，用于处理输入和输出的请求或返回信息，可通过自定义代码或插件实现 Scrapy 的功能扩展。
- settings.py：爬虫的具体配置文件。
- spiders：用于处理返回信息并提取详细数据的类，可定义多个 Spider，每个 Spider负责处理一个（或一些）网站。

2．设置 settings.py

打开 settings.py 文件，启用并修改如下信息：

```
ROBOTSTXT_OBEY = False # 不遵守网站的 robots 爬取规则
DOWNLOAD_DELAY = 5 # 爬虫下载延迟，单位是 s，用于反爬
LOG_LEVEL = 'ERROR' # 错误日志的等级，用于日志排查
FEED_EXPORT_ENCODING = "utf-8" # feed 输出的字符编码为 UTF-8，用于中文存储
DEFAULT_REQUEST_HEADERS = {
```

```
    'User-Agent': 'Mozilla/5.0 (Windows NT 6.1; Win64; x64) AppleWebKit/537.36 (KHTML, like Gecko)
Chrome/90.0.4430.72 Safari/537.36',
    } # 爬虫的 headers 信息，用于反爬
ITEM_PIPELINES = {
        'douban.pipelines.SqliteWriterPipeline: 300,
        'douban.pipelines.MongoDBWriterPipeline': 280,
    } # Item 管道的处理功能，用于写入 Sqlite 和 MongoDB 库
```

关于配置信息的具体配置及其用途已经在注释中说明。

3．定义 items.py

打开 douban/ items.py，输入如下代码：

```
1    import scrapy
2
3    class DoubanItem(scrapy.Item):
4        title = scrapy.Field()
5        title_other = scrapy.Field()
6        director = scrapy.Field()
7        actors = scrapy.Field()
8        tags = scrapy.Field()
9        avg_rate = scrapy.Field()
10       voting_num = scrapy.Field()
11       quote = scrapy.Field()
```

items.py 用来定义要抓取的数据结构，该内容与 2.4 节的案例结构完全相同，区别在于定义的方式：Scrapy 中 Item 的定义通过 scrapy.Field 实现，后续使用方式类似于字典。

提示：Items 是一个类，现阶段不承担存储数据的功能，这里定义了一个用于存储数据的容器。后续只有在 Spider 中引入该类（DoubanItem），才能实现数据的存储和使用。

4．定义新的 Spider

（1）定义名为 movie_top250_bs4 的爬虫。

在 spiders 目录下，新建一个名为 movie_top250_bs4.py 的爬虫文件，用于爬取该网站的热门电影，为了便于与之前的知识融合，这里的规则沿用 2.4 节案例的核心逻辑，具体代码如下。

第一步，导入库：

```
1    import re
2    import unicodedata
3    from bs4 import BeautifulSoup
4    from scrapy.spiders import Spider
5    from ..items import DoubanItem
```

该步骤中的代码 1 到代码 3 的库应用方式与 2.4 节相同，这里不再赘述；代码 4 从 scrapy.spiders 中导入 Spider 类，在示例中定义爬虫时需要继承该类；代码 5 从上层目录的 Items 类中导入定义好的 DoubanItem，用于格式化和存储数据。

第二步，定义 Spider 类：

MovieSpider 是一个用于抓取数据、解析数据的类：

```
1    class MovieSpider(Spider):
2        name = 'movie_top250_bs4'
3        start_urls = [f'https://*/top250?start={i * 25}' for i in range(int(250 / 25))]
4
5        def parse(self, response):
6            movies = BeautifulSoup(response.body, 'lxml').find_all(name='div', attrs={'class': 'item'})
7            for movie in movies:
8                yield self.parse_movie(movie)
9
10        @staticmethod
11        def unicode_str(s):
12            s_ = s.text if s is not None and not isinstance(s, str) else s
13            return re.sub(r'\s{2,}|\n|主演: |导演: ', '', unicodedata.normalize('NFKC', s_)) if s_ else s_
14
15        def parse_movie(self, movie):
16            item = DoubanItem()
17            item['title'] = self.unicode_str(movie.find(name='span', attrs={'class': 'title'}))
18            item['title_other'] = self.unicode_str(movie.find(name='span', attrs={'class': 'other'}))
19            p_info = movie.find(name='p', attrs={'class': ''}).text.split('\n')
20            p_info = [i for i in p_info if len(self.unicode_str(i)) > 2]
21            if len(p_info[0].split('\xa0\xa0\xa0')) > 1:
22                director, actors = p_info[0].split('\xa0\xa0\xa0')
23            else:
24                director = p_info[0]
25                actors = None
26            item['director'] = self.unicode_str(director)
27            item['actors'] = self.unicode_str(actors)
28            item['tags'] = self.unicode_str(p_info[1])
29            item['avg_rate'] = float(movie.find(name='span', attrs={'class': 'rating_num'}).text)
30            item['voting_num'] = int(re.findall(r"\d+\.?\d*", movie.find_all(name='span', attrs={'class': ''})[-1].text)[0])
31            item['quote'] = self.unicode_str(movie.find(name='p', attrs={'class': 'quote'}))
32            return item
```

代码 1 定义 MovieSpider 引用 Scrapy 的 Spider 类，这是 Scrapy 的默认工作机制。

代码 2 定义该爬虫的名字为 movie_top250_bs4，在执行爬虫命令时，通过该命名识别并调用不同的爬虫。

代码 3 定义爬虫要抓取的 URL 列表，这里通过列表推导式实现 URL 的批量构建。

提示：代码 2 和代码 3 定义的 name 和 start_urls 两个变量的变量名称不可更改，Scrapy 的执行需要依赖这两个"固定"名称的变量。

代码 5 到代码 8 是爬虫模块的核心，Scrapy 在调用爬虫时主要使用该模块。

- 代码 6 通过 BeautifulSoup 解析 response 得到的源代码，通过规则找到 class 为 item 的所有 div 的列表。
- 代码 7 和代码 8 通过 for 循环遍历每个 movie，调用 parse_movie 方法实现对单个 movie 的解析。yield 的作用是将每个 URL 解析得到的 movie 的信息不直接返回，而是等到所有循环结束之后，先构建成一个可迭代对象，最后一起返回。

提示：除了使用 yield，还可以先定义一个 items 列表；然后在 for 循环中追加每次解析后的 movie 信息；最后在 for 循环结束后，统一返回该 items 列表。

代码 10 到代码 13 通过装饰器定义了一个静态方法，用于从对象中提取字符串做基本清洗，该方法与 2.4 节中的 unicode_str 完全一致。

代码 15 到代码 32 定义了用来解析 movie 的函数，该函数与 2.4 节中的 parse_movie 的核心逻辑完全相同，区别在于：先通过实例化 DoubanItem 得到 item 对象，然后在每个字段解析后使用类似字典的赋值方式构建好 item 的每个属性值，最后返回 item 对象。

（2）定义名为 movie_top250_xpath 的爬虫。

在 spiders 目录下，新建一个名为 movie_top250_xpath.py 的爬虫文件。该文件与 movie_top250_bs4.py 的区别在于 HTML 的核心解析逻辑使用了 Scrapy 自带的 XPath 而不是 BeautifulSoup。基于解析器的不同，每个字段的解析规则和语法略有差异。具体代码如下。

第一步，导入库：

```
1    import re
2    import unicodedata
3    from bs4 import BeautifulSoup
4    from scrapy.spiders import Spider
5    from ..items import DoubanItem
```

该爬虫中的库与 movie_top250_bs4 爬虫中的库完全相同，其中的 BeautifulSoup 的主要作用是方便对导演、主演和标签信息的解析，因此混合使用 XPath 和 BeautifulSoup。

第二步，定义 Spider 类。

MovieSpider 逻辑与 movie_top250_bs4 中的类似，因此这里不再赘述：

```
1    class MovieSpider(Spider):
2        name = 'movie_top250_xpath'
3        start_urls = [f'https://*/top250?start={i * 25}' for i in range(int(250 / 25))]
```

```
4
5          def parse(self, response):
6              movies = response.xpath('.//div[@class="item"]')
7              for movie in movies:
8                  yield self.parse_movie(movie)
9
10         @staticmethod
11         def unicode_str(s):
12             s_ = s.text if s is not None and not isinstance(s, str) else s
13             return re.sub(r'\s{2,}|\n|主演:|导演:', '', unicodedata.normalize('NFKC', s_)) if s_ else s_
14
15         def parse_movie(self, movie):
16             item = DoubanItem()
17             item['title'] = self.unicode_str(movie.xpath('.//span[@class="title"]/text()').get())
18             item['title_other'] = self.unicode_str(movie.xpath('.//span[@class="other"]/text()').get())
19             p_info = BeautifulSoup(movie.xpath('.//p[@class=""]').get()).text.split('\n')
20             p_info = [i for i in p_info if len(self.unicode_str(i)) > 2]
21             if len(p_info[0].split('\xa0\xa0\xa0')) > 1:
22                 director, actors = p_info[0].split('\xa0\xa0\xa0')
23             else:
24                 director = p_info[0]
25                 actors = None
26             item['director'] = self.unicode_str(director)
27             item['actors'] = self.unicode_str(actors)
28             item['tags'] = self.unicode_str(p_info[1])
29             item['avg_rate'] = float(movie.xpath('.//span[@class="rating_num"]/text()').get())
30             item['voting_num'] = int(re.findall(r"\d+\.?\d*", movie.xpath('.//div[@class="star"]/span/text()')
[-1].get())[0])
31             item['quote'] = self.unicode_str(movie.xpath('.//p[@class="quote"]/span/text()').get())
32             return item
```

代码 6 在解析所有电影列表时使用了 xpath 提取规则。其中，点（.）表示从当前上下文环境开始查找，//表示相对路径，div[@class="item"]表示选择 class 为 item 的 div。因此，.//div[@class="item"]的完整含义是从当前上下文环境开始，查找所有 class 为 item 的div。这里得到的 movies 是一个选择器对象，类似于 BeautifulSoup 对象。

提示：与.和//对应的是没有.和使用/，其中，没有.表示在文档所有位置进行查找，/表示绝对路径。在大多数情况下，基于特定的规则遍历内部各个数据或字段，都基于当前选择器的上下文环境并使用相对路径。

代码 15 到代码 32 的核心逻辑与前一个 Spider 相同，区别在于解析器使用了 xpath：以代码 17 为例，movie.xpath('.//span[@class="title"]/text()').get()表示从 movie 的当前上下

文环境（单个 movie 代码环境）中使用相对位置查找 class 为 title 的 span，调用 text 方法获取文本信息；xpath 找到的对象是一个选择器的列表对象，使用 get 获得其第一个结果。

5. 定义 Pipeline

Pipeline 用于从 Spider 中获取 Item 对象，并写入库。

（1）定义 SqliteWriterPipeline 对象：

```
1    import sqlite3
2    from contextlib import closing
3
4    class SqliteWriterPipeline(object):
5
6        def insert(self, items):
7            with sqlite3.connect('douban.db') as conn:
8                with closing(conn.cursor()) as cur:
9                    sql = """CREATE TABLE
10                             IF NOT EXISTS movie_scrapy(
11                                 tile TEXT,
12                                 title_other TEXT,
13                                 director TEXT,
14                                 actors TEXT,
15                                 tags TEXT,
16                                 avg_rate FLOAT,
17                                 voting_num INTEGER,
18                                 quote TEXT)"""
19                    cur.execute(sql)
20                    conn.commit()
21                    cur.executemany('INSERT INTO movie_scrapy VALUES (?,?,?,?,?,?,?,?)', items)
22                    conn.commit()
23
24        def process_item(self, item, spider):
25            names = ['title', 'title_other', 'director', 'actors', 'tags', 'avg_rate', 'voting_num', 'quote']
26            items = [[item[i] for i in names]]
27            self.insert(items)
28            return item
```

代码 1 导入 sqlite3 库，用于写入 Sqlite；代码 2 导入 contextlib，用于数据库游标的上下文管理。

代码 4 到代码 24 定义了一个用户写库的类。

- 代码 6 到代码 22 的数据库定义方法与 2.4 节完全相同，这里不再赘述。
- 代码 24 到代码 28 是 Pipeline 类的"固定"函数，即函数名称是固定的。代码 25 先定义一个名称列表；代码 26 通过列表推导式获取 item 中名称对应的值，用来保证写库的数据与数据库字段匹配;代码 27 调用类的 insert 方法将结果写入数据库中。

（2）定义 MongoDBWriterPipeline 对象:

```
1    from pymongo import MongoClient
2    class MongoDBWriterPipeline(object):
3        def insert(self, items):
4            with MongoClient('192.168.0.54', 27017) as client:
5                db = client['douban']
6                collection = db['movie']
7                collection.insert_many(items)
8        def process_item(self, item, spider):
9            self.insert([dict(item)])
10           return item
```

代码 1 导入 MongoClient,用于连接 MongoDB。

代码 2 到代码 7 定义了一个写入 MongoDB 的数据模块。

- 代码 3 到代码 6 分别定义了数据库连接 client（注意:IP 和端口以实际服务器配置为准）、库对象 db、集合对象 collection。

- 代码 7 使用 collection 的 insert_many 方法将数据批量写入 MongoDB 中。

代码 8 到代码 10 是标准类模块,先使用 dict 方法将 item 转换为字典,否则会出现 support field: _id 错误,即程序无法自动创建 _id 字段;然后将转换后的对象放入列表中以实现批量写入的功能。

6. 执行 Scrapy

在系统终端窗口中,切换到 douban 所在的工作目录,通过 scrapy crawl movie_top250_xpath -o movie_xpath.json 执行 movie_top250_xpath 爬虫。

- scrapy crawl movie_top250_xpath 表示执行名为 movie_top250_xpath 的爬虫程序,该名称可以更换为 movie_top250_bs4（或其他爬虫,如果已经定义好）。

- -o movie_xpath.json 表示将结果 feed 单独输出到名为 movie_xpath.json 的文件中。

命令执行完成后,会将结果写入 Sqlite 的 movie_scrapy 表中并生成 movie_xpath.json。movie_xpath.json 文件的内容如图 2-6 所示。

通过如下代码可以查询写入 MongoDB 的数据:

```
1    for i in collection.find():
2        print(i)
```

打印部分结果如下:

```
{'_id': ObjectId('608551a1a43395107d538c34'), 'title': '肖申克的救赎', 'title_other': ' / 月黑高飞(港)/刺激
1995(台)', 'director': '弗兰克·德拉邦特 Frank Darabont', 'actors': '蒂姆·罗宾斯 Tim Robbins /...', 'tags': '1994
/ 美国 / 犯罪 剧情', 'avg_rate': 9.7, 'voting_num': 2336323, 'quote': '希望让人自由。'}
...
```

{'_id': ObjectId('608551d9a43395107d538e26'), 'title': '黑鹰坠落', 'title_other': ' / 黑鹰 15 小时(港)/黑鹰计划(台)', 'director': '雷德利·斯科特 Ridley Scott', 'actors': '乔什·哈奈特 Josh Hartnett / ...', 'tags': '2001 / 美国 英国 / 动作 历史 战争', 'avg_rate': 8.7, 'voting_num': 241398, 'quote': '还原真实而残酷的战争。'}

图 2-6 movie_xpath.json 文件的内容

2.5.3 高级用法

1. 基于浏览器的自动提取 XPath 表达式

本示例中，xpath 和 BeautifulSoup（提取数据的规则）是依赖前期的详细网页结构分析得到的。但在网页结构复杂、嵌套层级多等场景下，依赖人工经验的规则的提取效率很低。很多浏览器提供了自动解析特定字段规则的功能。

以 Chrome 为例，假设要提取用户的评论文本，在加载网页后，按 F12 键打开调试工具栏，通过如图 2-7 所示的 5 个步骤获得 xpath 规则。

图 2-7 查找网页元素的 xpath 规则

先单击图 2-7 中的选择器①，再单击用户评论文字②，此时在位置③会出现网页信息对应的源代码；在位置③上单击鼠标右键，弹出快捷菜单并选择 "Copy"（见图 2-7 中的④）→"Copy XPath"（见图 2-7 中的⑤）选项，最终得到如下规则://*[@id="content"]/div/div[1]/ol/li[1]/div/div[2]/div[2]/p[2]/span。将规则放入 XPath 代码中，也能得到相同的结果。例如，使用 movie.xpath('//*[@id="content"]/div/div[1]/ol/li[1]/div/div[2]/div[2]/p[2]/span/text()').get()得到的结果为 "希望让人自由。"

提示：xpath 规则由于使用了绝对位置规则，如 li[1]、div[2]等，因此适用于单个功能的开发和数据提取；当涉及自动遍历时，需要先根据网页结构找到遍历规则，然后对 xpath 做相应修改。因此，基于浏览器的 xpath 规则在单次开发及配合遍历功能开发时较为常用。

2．基于 Scrapy shell 的交互式开发

Scrapy 在调试时大多需要通过执行整个项目来实现。Scrapy 提供了基于 shell 的交互终端，主要用于在进行 Spider 开发时测试抓取逻辑和规则。

（1）启动 Scrapy shell。

Scrapy shell 的启动方式为 scrapy shell <url>。例如：

```
scrapy shell https://*/top250
```

进入终端后，会看到如下信息：

```
[s] Available Scrapy objects:
[s]    scrapy        scrapy module (contains scrapy.Request, scrapy.Selector, etc)
[s]    crawler       <scrapy.crawler.Crawler object at 0x0000000004D27190>
[s]    item          {}
[s]    request       <GET https://*/top250>
[s]    response      <403 https://*/top250>
[s]    settings      <scrapy.settings.Settings object at 0x0000000004D27250>
[s]    spider        <DefaultSpider 'default' at 0x50073a0>
[s] Useful shortcuts:
[s]    fetch(url[, redirect=True]) Fetch URL and update local objects (by default, redirects are followed)
[s]    fetch(req)                  Fetch a scrapy.Request and update local objects
[s]    shelp()                     Shell help (print this help)
[s]    view(response)              View response in a browser
```

上述信息显示了交互终端用到的主要方法、类、函数等。

（2）使用 Scrapy shell。

由于在启动 Scrapy shell 时只发送了一个 URL 请求对象，因此，在 shell 中调试也是基于该 URL 返回的结果实现交互式开发和调试的。例如：

- 使用 movies = response.xpath('.//div[@class="item"]')获得当前 URL 的电影列表。
- 使用 movie = movies[0]获得第一部电影结果。

- 使用 movie.xpath('.//span[@class="rating_num"]/text()').get()获得电影的平均评分。

基于 Scrapy shell 配合浏览器的自动提取 xpath 规则做调试开发，能极大地提升 Scrapy 的开发效率。

3. 丰富的选择器功能和数据提取方法

本节使用了 BeautifulSoup（并指定解析器为 lxml）和 XPath 表达式，但其实 XPath 的功能非常强大，这里只列出一些常用的重要功能。

（1）使用 contains 或 starts-with 方法提取包含特定字符串的数据。

例如，从返回信息中提取电影 URL 中包含 subject 的链接，xpath 规则为：

```
response.xpath('.//div[@class="info"]//a[contains(@href, "subject")]/@href').getall()
```

这里为了去重（电影图片和标题中都带有相同的 URL），前面使用 class="info"进行过滤，后面对 a 标签使用 contains 方法，使用 getall 将 href 中包含 subject 的链接都提取出来，得到如下列表（为了节省版面，这里省略了中间部分，每页返回的结果应该是 25 个）：

```
['https://*/subject/1292052/',
 'https://*/subject/1291546/',
 'https://*/subject/1292720/',
 …
 'https://*/subject/1296141/']
```

例如，从结果中提取 URL 以 https://*/subject 开头的所有链接，xpath 规则为：

```
response.xpath('.//div[@class="info"]//a[contains(@href, "https://*/subject")]/@href').getall()
```

关于 XPath 的更多内容，请查阅 W3C 官网上的相关资料。

（2）使用 normalize-space 解决无法提取
后的文本的问题。

在默认情况下，当通过 XPath 的 text 属性提取文本信息时，只能提取两个标签之间的文字。当 HTML 中出现
时，由于一般都是单个出现的，所以会导致
后的文本无法提取。此时可以使用 normalize-space 解决该问题。

例如，如果通过 movie.xpath('.//p[@class=""]/text()').get()得到的结果如下：

```
'\n 导演: 弗兰克·德拉邦特 Frank Darabont\xa
0\xa0\xa0 主演: 蒂姆·罗宾斯 Tim Robbins /...'
```

则通过分析 HTML 源代码结构，发现
后面的文本无法正常解析，如图 2-8 所示。

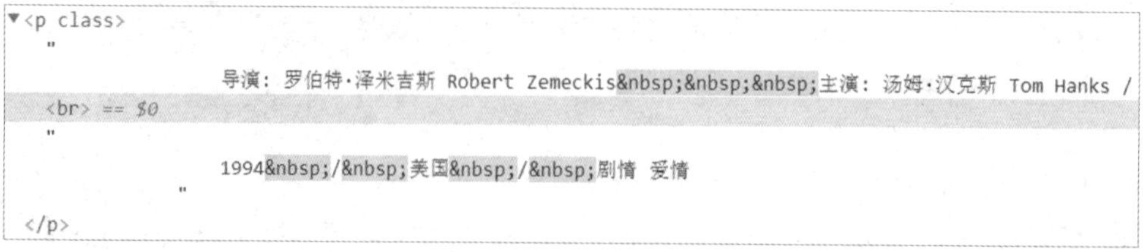

图 2-8　
后面的文本无法正常解析

使用 normalize-space 来正常解析所有文本：

```
movie.xpath('normalize-space(.//p[@class=""])').get()
```

得到的结果中包含
标签之后的文本内容：

```
'导演: 弗兰克·德拉邦特 Frank Darabont\xa0\xa0\xa0 主演: 蒂姆·罗宾斯 Ti
m Robbins /... 1994\xa0/\xa0 美国\xa0/\xa0 犯罪  剧情'
```

在代码中，先使用 normalize-space 将.//p[@class=""]规则提取的解析器作为一个对象，然后从对象中获取所有文本。这里不能使用.//p[@class=""]/text()，否则在内层已经通过 text 将
标签后的文本过滤掉了，外层的 normalize-space 也无法解析出来。

（3）嵌套或列表选择功能。

在 2.5.2 节中的"（2）定义名为 movie_top250_xpath 的爬虫"的 Spider 定义中，代码 30 在获取评分人数时，通过列表索引获取最后一个对象。这里也可以使用另外一种写法：

```
int(re.findall(r"\d+\.?\d*", movie.xpath('.//div[@class="star"]/span[4]/
text()').get())[0])
```

当使用该方式时，span 对象的获取从外部的列表状态转移到内部的表达式中，其中的 [4]表示第 4 个 span 并获得文本，而不是传统 Python 中的 3（Python 默认索引从 0 开始）。

这种方式适合嵌套层级和结构比较多的场景，在使用浏览器的 XPath 功能自动提取规则时，规则也是基于元素内部索引的方式表达的。

除了上述规则，Scrapy 还内置了 CSS 表达式的数据提取方式。有兴趣的读者可以详细参考官网文档，了解更详细的内容。

4．开箱即用的 feed 输出

feed 即 Scrapy 中的数据结果输出，Scrapy 提供了很多持久化为特定文件的方法，只需简单设置即可应用。

（1）开箱即用的保存方式。

- 本地文件系统：直接存储到本地服务器中。
- FTP 服务器：保存到远程 FTP 服务器中。
- AWS S3：保存到 AWS 的 S3 服务中，需要额外安装 botocore 库，并购买 S3 服务。
- Google Cloud Storage（GCS）：保存到 Google 存储服务 GCS 中，需要额外安装 google-cloud-storage 库，并购买 GCS 服务。
- 标准打印输出：标准屏幕打印输出。

（2）Scrapy 默认提供的文件格式。

- JSON：将所有数据保存到一个列表中，每条数据都是列表中的一个元素。
- JSON lines：将每个元素（单条数据）分别保存为一行，成为一个单独的元素。这种方式适合大的 JSON 文件应用，无须完整读取 JSON 文件的所有数据，只需读取现有的数据，以数据流的方式实现存储、读取和使用。

- CSV：数据分析和应用时的数据文件格式。
- XML：多系统交互时的数据格式。
- Pickle：Python 基于 Pickle 实例化的二进制对象，方便 Python 环境直接加载使用。
- Marshal：Python 基于 Marshal 实例化的二进制对象，日常使用较少。

（3）Scrapy 如何设置 feed 的导出。

在 Scrapy 中设置数据导出，可通过命令行和 settings.py 文件两种方式设置。

如果是测试场景或临时性导出，则在命令行中设置即可。例如：

```
scrapy crawl movie_top250_bs4 -o movie_bs4.json
```

如果是固定导出需求，则建议使用 settings.py 配置 feed 对象实现具体配置。在该对象内，常用字段设置如下。

- 文件 URL：例如，items.json 表示在当前程序执行目录下生成名为 items.json 的数据文件；ftp://user:pass@ftp.example.com/path/to/items.csv 表示将结果导出到 FTP 服务器中，FTP 的域名为 ftp.example.com，文件路径为 path/to/items.csv，用户名和密码分别是 user 和 pass。
- 格式：通过 format 参数设置，常用格式包括 JSON/CSV/JSONL/XML 等。
- 字符编码：通过 encoding 参数设置，根据实际需要进行设置，常用编码如 UTF-8 等。
- 字段名：通过 fields 参数设置，可以根据实际导出数据的需求重新设置字段顺序等。
- 缩进：通过 indent 参数设置，控制数据的缩进量。
- 是否覆盖：通过 overwrite 参数设置，当其值为 True 时，覆盖相同名称下的文件。
- 导出批量文件的数量：通过 batch_item_count 参数设置（大于或等于 0 的整数，0 表示单个文件），在数据量大时，可以用来分割文件。设置时需要与 URL 配合使用。例如，设置 batch_item_count=5，URL 的规则需要包括%(batch_time)s 和%(batch_id)d，如 items-%(batch_id)d-%(batch_time)s.json。
- 是否存储空的结果：通过 store_empty 参数控制。
- 其他配置：通过 item_export_kwargs 设置。

如下示例定义了本地文件存储规则：

```
1    import time
2    time_stamp = time.strftime('%Y%m%d_%H%M%S', time.localtime(time.time()))
3    general_config = {
4        'encoding': 'utf8',
5        'fields': ['title', 'title_other', 'director', 'actors', 'tags', 'avg_rate', 'voting_num', 'quote'],
6        'indent': 4,
7    }
8    FEEDS = {f'items_{time_stamp}.{i}': dict({'format': i}, **general_config) for i in ['json', 'csv', 'xml']}
```

代码 1 和代码 2 根据任务执行时间生成时间戳。该时间戳信息将作为文件名的一部分。

代码 3 到代码 7 定义了通用配置项目，包括字符串编码、字段名、缩进规则。

代码 8 通过推导式定义了最终 FEEDS 规则，规则中的 key 为文件 URL，规则中的 value 通过将两个单独字典进行合并得到完整配置规则，字典中包含了文件格式及通用规则。

上述代码执行后，得到的 FEEDS 示例结果如下：

```
{'items_20210425_174438.json': {'format': 'json', 'encoding': 'utf8', 'fields': ['title', 'title_other', 'director',
'actors', 'tags', 'avg_rate', 'voting_num', 'quote'], 'indent': 4},
    'items_20210425_174438.csv': {'format': 'csv', 'encoding': 'utf8', 'fields': ['title', 'title_other', 'director',
'actors', 'tags', 'avg_rate', 'voting_num', 'quote'], 'indent': 4},
    'items_20210425_174438.xml': {'format': 'xml', 'encoding': 'utf8', 'fields': ['title', 'title_other', 'director',
'actors', 'tags', 'avg_rate', 'voting_num', 'quote'], 'indent': 4}}
```

5. 使用代理 IP 或 IP 池

对频繁抓取网页信息的 IP 进行限制是反爬最常用的方式之一。使用代理 IP 或 IP 池能有效应对该问题。代理 IP 的获取可以通过购买云服务器自行搭建 VPN 服务，或者使用一些免费的代理 IP（如快代理等）。

代理 IP 的设置和使用可以通过以下两种方式实现。

- 在 Spider 程序中直接通过全局 os.environ 或请求时的 meta 信息设置，这种方式简单直接；但从功能和配置分离，以及日后代码维护的角度考虑，不建议采用这种方式。
- 通过中间件和 settings.py 完成配置。这种方式将代理作为一个单独的中间件服务，后期的使用和控制通过 settings.py 实现，功能解耦且灵活性更强，推荐使用这种方式。

（1）定义代理 IP 中间件：

```
1    ipmort random
2    class SimpleProxyMiddleware(object):
3        def process_request(self, request, spider):
4            if request.url.startswith("http://"):
5                request.meta["proxy"] = random.choice(spider.settings.get('HTTP_PROXIES'))
6            elif request.url.startswith("https://"):
7                request.meta["proxy"] = random.choice(spider.settings.get('HTTPS_PROXIES'))
```

上述代码定义了一个随机从 settings.py 配置文件中选择 IP 并设置请求 meta 的功能。

- 代码 1 导入的随机库用于随机选择 IP。
- 代码 4 和代码 5 用来判断请求的 URL，如果以 http://开头，就从 settings.py 文件中的 HTTP_PROXIES 列表中随机选择一个 IP 构造发送请求。
- 代码 6 和代码 7 也用来判断请求的 URL，如果以 https://开头，就从 settings.py 文件中的 HTTPS_PROXIES 列表中随机选择一个 IP 构造发送请求。

（2）在 settings.py 文件中设置代理 IP 中间件服务：

```
1   HTTP_PROXIES = ["http://*:80","http://*:8010"]
2   HTTPS_PROXIES = ["https://*:8010","https://*:8080"]
3   DOWNLOADER_MIDDLEWARES = {'douban.middlewares.SimpleProxyMiddleware': 100}
```

代码 1 和代码 2 分别定义了一批 http 及 https 的 IP 列表（注意：读者在使用该代码时，此代理服务基本已经失效）；代码 3 启用在中间件中定义的名为 SimpleProxyMiddleware 的服务。

提示：对于代理 IP 池的维护，可以通过额外程序实现服务的验证和维护；也可以使用带有验证的代理服务模式。这样，只需维护一套用户名和密码，至于代理服务是否可用，让代理商来保证提供即可。

6. settings.py 文件设置

本节示例中的 settings.py 设置主要用于爬虫功能和模块的调用规则、应对反爬的机制、提升爬虫性能、开发调试、feed 编码等。除上述应用外，还有以下常用设置项。

- CONCURRENT_REQUESTS：允许同时开启爬虫线程的最大并发数量，默认值为 16。
- CONCURRENT_ITEMS：Item Pipeline 同时处理（每个 response 的）Item 的最大值，默认值为 100。
- CONCURRENT_REQUESTS_PER_DOMAIN：对单个网站并发请求的最大数量，默认值为 8。
- COOKIES_ENABLED：是否保存 COOKIES，默认关闭，有些站点会从 Cookies 中判断是否为爬虫。当然，很多信息抓取也需要 Cookie 的支持。
- AUTOTHROTTLE_ENABLED：自动限速的扩展，上一个请求和下一个请求之间的时间是不固定的。
- 缓存相关的控制：包括 HTTPCACHE_ENABLED、HTTPCACHE_EXPIRATION_SECS、HTTPCACHE_DIR、HTTPCACHE_STORAGE 等。
- 日志相关的控制：包括 LOG_ENABLED、LOG_ENCODING、LOG_FILE、LOG_FORMAT、LOG_LEVEL 等。

7. 其他高级用法

限于篇幅，本节无法将所有高级用法一一列出并详细介绍，在此汇总列出供读者查阅。

- scrapy-redis：Scrapy 本身不支持爬虫分布式，scrapy-redis 通过使用 Redis 作为消息队列的方式，完成数据抓取、处理的分布式任务。
- Scrapy-Splash：Scrapy 实现对 JS 或 AJAX 动态内容的抓取。
- Scrapy 扩展：Scrapy 提供了统计类、Web Service 类、Telnet console 类、内存管理类等相关的预置拓展，开发者也可以自定义扩展功能。

- 中间件服务：包括更多的自定义下载器中间件（Downloader Middleware）和 Spider 中间件（Middleware）。
- 发送邮件：开发者可以使用 Python 自带的 smtplib 实现邮件的发送，也可以选择 Scrapy 内置的非阻塞方式的邮件服务。
- 文件和图片下载：Scrapy 内置 FilesPipeline 和 ImagesPipeline 模块，只需通过简单的设置即可实现文件及图片的批量下载。
- Web Service：通过 Web Service 实现对爬虫任务的监控、控制和管理。
- Telnet 终端：Scrapy 提供的用于检查、控制 Scrapy 的进程终端。

2.5.4　技术要点

整个案例的核心技术要点如下。

- 正确获得源数据。该环节涉及众多技术细节，如使用浏览器代理，使用动态代理 IP（或 IP 池），Cookie 管理和应用，控制抓取频率、次数、并发、限速等，甚至很多网站还会涉及用户登录、验证码、设备验证等。
- 灵活选择数据解析器，无论是外部的 BeautifulSoup、lxml，还是 XPath、CSS 选择器，都可以根据需求结合使用。
- 在使用 XPath 做数据解析时，注意使用绝对路径"/"和相对路径"//"，以及是否从上下文环境开始解析数据"."规则。尤其注意涉及非闭合标签的文本提取。
- 功能与配置文件的分离使用。将配置信息与功能信息拆分是个好习惯。尤其在涉及 Pipeline、中间件等功能定义时，还需要在 settings.py 文件中启用并设置。
- 对于中小数据量级，以及并发量小的数据存储，常用的 MongoDB 完全可以满足需求，如果涉及异步数据 I/O 操作，则可以使用 Motor 等异步数据。
- 了解 Scrapy 的内置功能或服务，能极大地提高开发、调试、部署、管理、监控的效率。

2.6　案例：某 B2C 电商企业的数据源结构

2.6.1　企业背景

　　某企业是国内知名的 B2C 电商企业，主要面向国内客户提供日常消费品零售业务，零售业务品类几乎涵盖普通消费者日常消费的各个领域。该企业既有自营平台，可直接提供零售业务；又入驻第三方平台销售商品或提供服务。

2.6.2　业务系统

　　该企业的主要业务系统构成如图 2-9 所示。

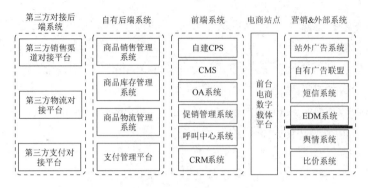

图 2-9   该企业的主要业务系统构成

1．营销&外部系统

营销&外部系统主要包含与线上外部流量相关的业务系统。

- 站外广告系统：站外线上数字媒体广告投放系统，如信息流广告，用于外部引流。
- 自有广告联盟：企业利用资源优势自建的内部广告联盟，用于内部流量二次分发。
- 短信系统：通过短信触点的方式覆盖注册会员。
- EDM 系统：通过 Email 触点的方式覆盖注册会员。
- 舆情系统：监测企业在互联网主要的论坛、社区、社交平台等的口碑、评价等。
- 比价系统：监测企业标品在竞争对手平台上的销售价格。

2．电商站点

电商站点主要包含与用户直接接触的数字载体或平台，如 Web 站点、H5 站、移动站、App 站（含 Android 和 iOS）、小程序站等。

3．前端系统

前端系统主要包含与用户紧密相关的运营支持系统。

- 自建 CPS：企业自建的用于返佣或返利的平台，直接对接站长、媒体联盟类站点。
- CMS：电商站点的内容管理系统。
- OA 系统：主要涉及运营模块文档、知识、资产、流程等的审批、组织、流转等。
- 促销管理系统：与促销活动有关的预算管控、方案审批、活动检核、财务核销、效果评估分析等。
- 呼叫中心系统：以客服座席的方式提供呼入和呼出服务，具备销售和服务双向职能。
- CRM 系统：对顾客进行销售、营销和服务的管理系统。

4．自有后端系统

自有后端系统是企业内部用于完成商品和支付管理等职能的系统。

- 商品销售管理系统：包括正负向订单相关的销售审批、状态管理、价格管控、订单拆分&合并、渠道管理等。

- 商品库存管理系统：包括商品进货、仓位设计、库存调拨、商品分拣、商品包装、商品出库、补货等方面的管理。
- 商品物流管理系统：包括物流分发、货到收款、送货上门、退货回收、协调服务等。
- 支付管理平台：包括与收付款相关的审查管理、结算管理、状态管理、票务管理等。

5. 第三方对接后端系统

第三方对接后端系统是企业外部与第三方平台合作支持的运营系统。

- 第三方销售渠道对接平台：包括在天猫等平台开通的第三方销售店铺的管理。
- 第三方物流对接平台：包括对接第三方物流（如顺丰、中通等）供应商的管理。
- 第三方支付对接平台：包括对接第三方支付平台（如支付宝、银联等）的管理。

2.6.3　数据源结构

该企业的数据源结构包括如下几种类型。

- 外部流量系统：包括各种营销和广告系统，大约有 18 个一级核心广告渠道。
- CRM&短信&EDM 系统：主要基于 Webpower 实现对接。
- 舆情和比价系统：自建系统，数据存储于 MongoDB 中。
- 电商站点流量数据采集系统：基于 Google Analytics 360 实现，数据存储在 BigQuery 中。
- Web 站点系统：主要基于 Oracle CX 商务云套件实现。
- 前后端核心运营管理系统：主要基于 SAP 套件实现。
- 其他系统：数据存储于 Oracle 中。

2.7　常见问题

1. 如何评估内部流量数据采集系统的复杂度

内部流量数据采集系统的复杂度主要包含前端埋码采集、日志数据解析、海量数据应用 3 部分。

- 前端埋码采集。前端埋码采集的复杂性在于埋码采集规则会频繁变动，主要原因包括网站功能改版和业务需求变更。前者决定了采集规则必须与新的功能相匹配，因此频率与网站功能改版一致；后者决定了采集的不定期调整，做好前期规划和设计是降低埋码需求重复性工作的重要保障。
- 日志数据解析。日志数据解析的复杂点在于前端埋码采集时可能涉及自定义采集规则，如自定义维度、自定义指标、自定义事件等，这些自定义的部分由于没有统一的规则而无法统一解析并使用。

- 海量数据应用。流量数据的特征之一是数据量级大，这给数据存储、查询和应用都带来极大的挑战。例如，触脉服务的客户日均页面浏览量大多在 100 万次左右，如果以浏览为数据记录粒度（Hit 级别的数据）查询 1 个月的周期，那么数据量级会达到 3000 万。因此，企业选择自建流量数据采集系统需要投入极高的硬件、运维及人力资源成本。

2. 如何处理"纸质化"数据

传统企业由于历史原因往往会包含大量的纸质化数据，如报销单、会议记录、物流单据等。这些纸质化数据如果不实现数字化，则将无法直接进入企业的数字化工作体系。

对纸质化数据进行有效数字化的方式有以下 3 种。

- 不使用历史纸质化数据。这种方式虽然简单，但由于缺少历史信息而导致数据不完整，影响数据决策和应用的质量度与正确性。
- 人工将纸质化数据录入数字化平台。这种方式充分考虑了历史数据的重要性，但数据录入的质量和效率依赖于录入员，而且数据质量度的校验难度较大。
- 结合 OCR+人工的数字化方式。OCR（Optical Character Recognition，光学字符识别）是指将电子设备扫描得到的文件，通过字符识别方法将其翻译成计算机文字的过程。很多 OCR 系统（如 Tesseract）内置了不同的算法和模型，用以更好地识别扫描对象；同时，支持人工对识别结果进行调整，从而更准确地识别字符。因此，企业只需先将纸质数据通过扫描得到电子文件，然后进行 OCR 识别及校正，即可方便、快捷地实现数字化过程。

对任何一个企业来说，历史数据都具有极大的参考价值，因此建议不要轻易丢失历史数据。

3. 如何数字化运营过程

运营过程泛指在运营各个环节中的日常执行细节和中间过程。数字化运营过程就是将业务人员的所有中间执行过程都以数字化的方式记录下来。例如：

- 商品上下架运营：记录商品 ID、上下架时间、状态、所在栏目、位置等。
- 焦点图运营：记录上下架的素材 ID、链接页面、在焦点图上的起止时间和位置等。

这一过程的价值在于能够通过过程和细节的记录获得更多数据维度与特征，便于提供更精细化的运营落地和应用。例如：

① A 商品在焦点图的第 5 个位置投放 3 天时效果最好，3 天后效果开始下降。

② B 类活动的素材设计红黑色调更能吸引用户点击，每投放 7 天后就要更换素材。

运营过程数字化一般通过以下两种方式实现。

一是运营类系统。例如，在 CMS 中，一般都会记录每个网站运营资源的属性、变更和操作信息；在促销管理系统中，会保存每次促销活动的预算、优惠券等数据。在应用时，只需将其集成到其他系统中即可。

　　二是人工记录。对于很多无法通过系统统一管理的运营过程，只能依赖于人工整理。此时，统一的数据格式和规范至关重要。常用的人工文件格式首先是 Excel，其次是 Word 文档。这类人工记录一般用于记录数据类的信息（如操作过程、资源对象列表等），建议采用 Excel 格式，并通过 Excel 模板、数据验证等方式加以引导和校验数据。

第**3**章

数据同步

知识
导览

数据同步概述
数据同步的技术选型
Python操作DataX实现数据同步
Python操作第三方库实现Google Analytics数据同步
案例：某O2O企业离线数据同步案例

3.1 数据同步概述

数据同步是将数据从源环境抽取到目标环境的过程，从字面意义理解，数据同步就是一个数据转移的过程。

在大多数场景下，人们会使用 ETL 来代替数据同步。ETL（Extract Transform Load，提取、转换、加载）相对于数据同步，其核心过程增加了转换环节，即根据规则将数据做特定转换后加载到目标环境中，这一过程也可以称为预处理或初步清洗过程。

3.1.1 数据同步的 3 种模式

按照数据同步的实时性可以分为实时数据同步和非实时数据同步，按照数据同步的范围可以分为全量数据同步和增量数据同步，按照数据同步的延迟性可以分为流数据同步和批量数据同步。

1. 实时数据同步和非实时数据同步

实时数据同步即在数据产生时，立即将数据同步到目标环境。实时数据同步强调的是数据的实时性强，一般针对具有实时应用需求的场景，如实时异常订单检测、实时作弊流量识别、实时用户行为分析、个性化推荐系统等，这些场景都要求应用必须针对用户最新的行为做出判断。

非实时数据同步与实时数据同步相反，是一种定期数据同步机制。一般情况下，它的同步周期是小时、天、周等。非实时数据同步适合历史的、长期的数据范围的数据同步场景使用，如同步所有用户的最新积分数据、同步用户最近 1 年的订单详情、同步最新的会员标签数据等。

2．全量数据同步和增量数据同步

全量数据同步指同步历史所有数据。全量数据同步一般适用于属性类或维度类数据，如同步所有会员的数据、同步所有商品的数据等。

增量数据同步指仅同步从上次同步事务完成后，最新出现或发生变化的数据或最新发生变化的数据，即新数据。增量数据同步一般用于经常发生变化的数据。例如，"新发生的事实"类的数据对象，如新的用户注册、新的订单等；"新变化"的数据对象，如商品的库存变化、会员等级变化等。

提示：上面提到的实时与非实时、全量与增量之间的对应关系是，全量数据同步一般都是非实时的（主要是量级太高，无法也没有必要实时同步）；增量同步既可以是实时的（实时产生、实时同步），又可以是非实时的（按小时、天、周等同步）。

3．流数据同步和批量数据同步

流数据同步指将实时产生的数据以流数据（如消息队列）的方式同步到流式计算引擎或内容数据中使用，单独使用流数据同步的意义不大。常见的流数据同步主要用于用户行为日志。例如，基于用户在网站、App 中的行为，实时同步到 Flink 中完成计算并应用输出，如基于最近一次动作推算用户可能喜欢的商品。

批量数据同步指将过去一段历史周期的数据同步到目标数据环境中，如同步最近 1 年的用户优惠券使用数据到目标数据库中。

提示：上面提到的实时与非实时、流式与批量的对应关系是，实时与非实时强调的是数据同步的实时性，流式与批量强调的是数据同步的延迟性。一般情况下，流数据是实时发生的，延迟在毫秒级别；批量数据同步一般是非实时发生的，延迟在分钟、小时、天等级别。当然，如果批量数据同步的数据量级小，或者使用高性能集群方案，那么也可以实现实时数据同步。

3.1.2 数据同步的 5 种预处理技术

数据同步中可以增加预处理环节，主要目的是满足目标环境对数据一致性、完整性、正确性、有效性等方面的要求；同时，可以符合特定的数据处理规则，降低后续数据清洗和应用的门槛。

- **数据过滤**：仅同步符合特定规则和条件的数据，不符合的数据不进行同步。数据过滤是最简单的预处理规则，能有效降低目标环境内数据的量级、噪声，提高后续数据使用效率。

- **统一规格**：根据目标数据环境的要求，对字段名称、数据类型、数据单位、数据格式、字段长度、小数位数、计数方法、缩写规则、值域范围、约束条件等采用统一的标准，对不满足标准的源数据进行统一处理。
- **数据转换**：为了满足目标环境要求，对原有数据进行转换处理。
- **质量提升**：针对原始数据中的异常进行处理，以达到提升数据质量的目的。质量提升主要针对的数据情况包括数据错误、数据异常两类。质量提升方式包括填充处理和删除处理等。
- **数据脱敏**：对某些敏感信息通过脱敏规则进行数据的变形，实现敏感、隐私数据的可靠性保护。数据脱敏又称为数据混淆、数据保密、数据消毒、数据扰频、数据匿名化等。

3.2 数据同步的技术选型

3.2.1 数据同步的 7 种技术

1. JDBC/ODBC 同步机制

通过程序的 JDBC 或 ODBC 连接数据库实现从源数据库中抽取数据，并写入目标数据库中。这是最简单的数据同步模式。

该模式的优点如下。

- 不依赖数据同步服务，只需程序脚本即可实现数据同步。
- 可以通过程序定义任何数据预处理功能，灵活性高。
- 只要源数据环境和目标数据环境支持 JDBC/ODBC 即可，能够很好地解决多源、异构问题，适用性广。

该模式的不足如下。

- 海量数据同步任务效率低，性能差。
- 需要额外的程序脚本开发，对程序脚本的开发能力具有一定的要求。

2. 数据库自带同步机制

很多数据都带有复制或同步类功能。以 MySQL 为例，MySQL 从 3.23.15 版本以后就提供数据库复制（replication）功能，利用该功能可以实现两个数据库同步、主从模式、互相备份模式的功能；基于触发器的数据增量同步也是数据同步的常用方法。

该模式的优点：在数据库搭建和配置时就能通过简单配置实现数据同步功能，无须额外部署数据同步服务。

该模式的不足如下。

- 对数据库的版本、集群环境的一致性有严格要求。
- 无法解决异构环境、多版本、多集群环境的混合使用问题。

3．数据库 Bulk 同步机制

Bulk 是一种数据事务管理的常用方法，主要用来解决批量数据的加载、写入、复制、更新等场景下效率低的问题。例如，通过 BULK INSERT 方法直接从文件中读取数据并写入 SQL Server 数据库，通过 SqlBulkCopy 实现将任何数据源写入 SQL Server 数据库，通过 BULK COLLECT 在 PL/SQL 程序中批量检索结果，通过 BulkLoad 方法将数据写到 HBase 中，通过 MySqlBulkLoader 将数据写入 MySQL 数据库中。

该模式的优点：海量数据下的事务处理效率极高。

该模式的不足如下。

- 不是所有数据库都支持 Bulk 方法，并且对 Bulk 方法的支持不一定完整，因此对数据库适用性有一定的要求。
- Bulk 方法在使用时，对数据源、数据库配置等可能有额外要求。例如，MySQL 默认不允许导入本地文件，在使用 MySqlBulkLoader 时，需要额外配置以开启本地导入文件功能。

4．Canal

Canal 是阿里巴巴的开源方案，能够通过解析 MySQL 数据库的增量日志提供增量数据的订阅和消费功能。Canal 主要是针对 MySQL 数据库的增量同步解决方案，目标环境包括 MySQL、Kafka、ES、HBase、RocketMQ 等多种对象。

该模式的优点如下。

- 支持实时同步，后端可以接 RocketMQ、Kafka 等消息队列服务，用于实时消费。
- 带业务逻辑的增量数据处理，满足多种业务规则需求。
- 基于 binlog 模式检测数据变化，没有业务代码侵入。
- 支持集群部署模式，满足高性能同步需求。
- 支持 Java、C#、Go、PHP、Python 等多种客户端。
- 带有简单的 Web 管理界面，支持可视化操作。

该模式的不足如下。

- 仅适用于数据源为 MySQL 的场景，不提供其他数据源支持。
- 仅支持增量数据同步，不支持全量数据同步。
- 需要额外安装和部署 Canal 服务。

5．DataX

DataX 是阿里巴巴的开源方案，与之对应的商业版本是阿里云的 DataWorks。DataX

主要用于解决多源、异构环境下数据源同步的问题。

该模式的优点如下。

- 适用性广。支持多源、异构的数据源和数据目标环境，适应性非常广，几乎日常用到的所有数据存储方案都支持，如通用的 RDBMS（所有的关系数据库）、阿里云数据仓库或云存储（ODPS/OSS/OCS 等）、NoSQL 数据存储（OTS、HBase、Phoenix、MongoDB、Hive、Cassandra 等）、无结构化存储（文本文件、FTP、HDFS、ES）、时间序列数据库等。
- 灵活性高。将从数据源读取数据和向目标端写入数据的功能抽象为 Reader 与 Writer 插件，用户可根据自身需求自定义插件以满足各种数据同步需求。
- 部署简单方便。基于 Python 开发，无须安装和部署额外服务，解压即可使用。
- 参数配置强大。支持流量控制，包括并发控制、字节控制等，支持脏数据处理等。
- 同步模式完整。包括增量数据同步和全量数据同步两种模式。

该模式的不足如下。

- 无法实现集群式管理。DataX 属于单机多线程工作模式，当面对海量数据源同步需求时（如 PB 级以上），数据同步任务无法集群式管理和操作。
- 无法实现实时数据同步。DataX 一般通过定期任务调度执行，不能用于实时数据同步。
- 没有 Web 操作界面。只能通过命令行的方式进行操作（第三方开发的界面操作可以作为补充）。

6．Sqoop

Sqoop 是 Apache 旗下的一款开源工具，主要用于关系数据库和 Hadoop 之间的数据同步。Sqoop 是 Hadoop 生态的重要工具，专门为大数据提供应用服务。

该模式的优点如下。

- 支持分布式集群模式，性能有保障且扩展性强。
- 支持全量数据更新和增量数据更新。
- 直接支持 create-hive-table、eval 等实现 Hive 创建、SQL 查询等。
- 可通过并行、过滤规则、缓存等配置更加精细、灵活地控制数据同步。
- 天然与 Hadoop 集成，对 Hadoop 的支持度更好。
- 支持 Web 界面管理，以及命令行、Rest API 等多种访问和管理模式（仅限 Sqoop2）。

该模式的不足如下。

- 需要额外的集群执行 Sqoop 任务。
- 适用性有限制。不支持除关系数据库和 Hadoop 两种对象以外的数据同步，如数据库之间、Hive 和 HBase 之间、MySQL 和 ES 之间的数据同步等。
- 监控和统计不方便。缺少丰富的任务同步、统计结果、过程监控等信息。

7．ChunJun

ChunJun（原名 FlinkX）是袋鼠云提供的开源工具，是基于 Flink 的分布式离线和实时数据同步框架，实现了多种异构数据源之间高效的数据迁移。

该模式的优点如下。

- 兼顾流批一体特性。基于 Flink 的流批统一的数据同步工具，可同时满足流批一体化处理应用。
- 适用性广。批同步模式支持市场主流的 RDBMS、NoSQL 数据库、非结构化存储，如 MySQL、Oracle、SQL Server、BD2、Teradata、达梦、ODPS、HBase、FTP、HDFS、ES、Redis 等 26 种数据源；流同步模式支持 Kafka、EMQX、Rest API、MongoDB Oplog、MySQL binlog 等 8 种数据源。
- 具有与 DataX 类似的插件特性，满足个性化定制功能需求。
- 并发和性能支持。大部分插件支持并发读/写，同时支持分布式模式，可扩展能力强。
- 灵活的配置。配置包括断点续传、Reader 速度控制、脏数据处理、Kerberos 安全认证等。
- 提供 Web 界面。Web 界面可用来监控、管理同步任务，同时提供针对同步结果的汇总统计功能。

该模式的不足：技术的迭代来源于实际业务场景需求，即业务驱动带来技术进步。ChunJun 的迭代开发目前还没有在业内一线企业的复杂场景、海量数据环境下得到大规模验证，因此在成熟度、可靠性等方面还有待验证。但这不影响我们对 ChunJun 的期望，希望更多的中国企业开发出优秀的技术组件。

除上述主流的 7 种应用广泛的数据同步技术方案外，还有一些特殊场景下使用的技术，在此汇总供读者参考。

- Kettle 是一个开源 ETL 工具，是 Pentaho Data Integration 的开源版本；提供了以界面化、可拖曳的方式实现数据同步；支持数据库、文件、大数据平台、流数据等数据源；高度集成 Hadoop 和 Spark；支持复杂的数据转换任务，以及数据挖掘和机器学习任务。
- Gobblin 是 Linkedin 开源的数据抽取工具，支持大部分流行的数据源，如 RDBMS、Kafka、RocksDB、S3 等，提供作业和任务调度、错误处理和任务重试、资源协商和管理、状态管理、数据质量检查、数据发布等功能。它是一个支持流批同步模式的数据同步和集成方案，主要用于将各种异构的流批数据、API 数据等写到数据湖仓、大数据平台中。
- MongoShake 是阿里巴巴开源的工具，用于 MongoDB 的数据同步，主要解决 MongoDB 集群间数据的异步复制、镜像备份等问题。

- Oracle GoldenGate、达梦（中国企业）的 Debezium 和 DMETL、DataPipeline（中国企业）、Informatica 等数据同步工具，有兴趣的读者也可以了解一下。

3.2.2 数据同步选型的 9 个因素

在进行数据同步选型时，主要考虑如下 9 个因素。

1. 数据环境支持的丰富性

数据同步工具对数据源和目标数据环境支持的类型越丰富，能够适应的场景就越多，尤其在面对异构、多源环境时，该因素几乎成为首要选型因素。常见的数据源环境如下。

- 关系数据库：包括 SQLite、MySQL（含 MariaDB）、Oracle、SQL Server、PostgreSQL、DB2 等。
- NoSQL 数据库：包括 Cassandra、Redis、Memcached、ES、Neo4j、MongoDB、CouchDB、Faiss、Milvus 等。
- 大数据平台相关：Hive、Impala、Presto、Drill、Phonix、HAWQ、HBase 等。
- 文件存储：本地文件、FTP、HDFS 等。
- API：从 API 直接获得数据，一般是 Rest API。
- 流式引擎：EMQX、MongoDB Oplog、MySQL Binlog、ActiveMQ、RabbitMQ、RocketMQ、Kafka、ZeroMQ 等。
- JDBC/ODBC：支持 JDBC/ODBC 模式的数据库连接方式。
- 其他数据环境：如时间序列数据库、阿里云存储（ODPS/OSS/OCS 等）、AWS 存储（S3、RDS 等）、Google 数据存储（BigQuery、Google Cloud Storage 等）。

2. 数据实时性和低延迟性

针对不同场景的需求，可能涉及实时数据同步及流数据同步需求，需要根据不同的应用需求选择适当的数据同步工具。

一般情况下，特定工具只在某一方面具有优势，因此需要将多种数据同步工具组合起来以满足复杂的数据应用需求。

3. 预处理功能丰富性

预处理功能是提高数据质量、防止出现"垃圾进、垃圾出"问题的重要保障。数据同步工具如果支持越多的预处理功能，就越能满足数据同步的复杂需求。关于预处理功能的更多细节，请查阅"3.1.2 数据同步的 5 种预处理技术"。

4. 性能保障

性能保障包括单机并发能力和分布式集群能力两个方向。单机并发指可以通过多线程、多进程、协程等方式实现并行数据同步任务，分布式集群指通过多台服务器搭建的集群服务共同实现并行同步任务。

分布式集群可以通过水平扩展的方式灵活满足不同数据规模下的数据同步需求,对后期性能扩展、规模化管理更有保障,这对于海量(如 PB 级别以上)数据同步场景至关重要。

5．稳定性和容错性

当数据同步任务出现读/写错误、权限问题、网络问题、线程被杀掉、宕机等问题时,数据同步任务能够自动拉起任务,并恢复到目标数据环境读/写前的状态;或者能够自动支持断点续传,保持数据同步的一致性、容错性。

当面对海量数据同步或多任务并行时,同步任务需要自动调整流量、资源占用、内部任务分配等细节,以更加具备稳定性,防止出现系统内部错误。

6．自定义功能灵活性

自定义功能主要体现在前端数据源(生产端)、中间预处理过程和后端目标数据环境(消费端)环节,通过插件等方式支持功能的灵活扩展。自定义功能可以随时根据数据同步需求启、停、更新插件。

此外,在数据同步任务的参数配置上,如在并发控制、字节控制、脏数据处理、Kerberos 安全认证等具体控制上,可支持自定义参数和功能设置。

7．系统依赖和部署复杂度

数据同步技术对数据环境、服务器环境、集群环境的要求低,在开发和部署时很方便;同时利于解决异构环境、多版本、多集群环境的混合使用问题。一般而言,技术越简单、功能越单一,系统依赖和部署复杂度越低。

8．过程监控及统计信息

通过对数据同步过程的实时监控及同步结果的汇总统计,能及时了解数据同步详细信息、发现同步错误或问题。以下是 DataX 针对单一同步任务的结果信息,其中显示了任务的启动和结束时刻、耗时、平轮流量、写入速度、读出记录总数和读写失败总数:

```
final message:: FTP_QA_RESULT.json_ [job-0] INFO   JobContainer -
任务启动时刻           : 2021-05-18 04:14:10
任务结束时刻           : 2021-05-18 04:14:22
任务总计耗时           :              11s
任务平均流量           :           16.35KB/s
记录写入速度           :           114rec/s
读出记录总数           :             1148
读写失败总数           :              0
```

9. 易用性

易用性是一个加分项，如果有多种应用访问模式（如命令行、Web 界面）、多种 API 支持（如 Java、C#、Go、PHP、Python 等），则易用性更好。图 3-1 所示为 Canal 的 Web 管理界面。

图 3-1　Canal 的 Web 管理界面

3.2.3　数据同步技术选型总结

这里总结本节涉及的数据同步技术及技术选型维度，如表 3-1 所示。

表 3-1　数据同步技术选型总结

	JDBC/ODBC	数据库自带同步机制	数据库 Bulk 同步机制	Canal	DataX	Sqoop	ChunJun
数据环境支持的丰富性	中,主要是数据库类的数据环境	低,受限于相同数据库之间	低，受限于数据库功能支持	低，主要是 MySQL	高	中,主要是 RDBMS 和 Hadoop 之间	高
数据实时性和低延迟性	中,取决于程序主动请求数据源的情况	高	低，延迟时间根据数据量级而定	高	中,同 JDBC/ODBC 模式	中,在中小数据量下没有优势	高,流批一体
预处理功能丰富性	无预置功能,但可通过程序开发	无预置功能,完全同步或复制	无预置功能,但可在导出时处理	有预置功能	有预置功能	有预置功能	有预置功能
性能保障	低,取决于程序本身	高,取决于配置机制	中，取决于数据库	高,有集群部署模式	中,单机多线程	高,有集群部署模式	高,有集群部署模式
稳定性和容错性	无,取决于程序是否带有处理机制	有,取决于配置机制	无,手动或依赖于数据库	有	有	有	有

	JDBC/ODBC	数据库自带同步机制	数据库 Bulk 同步机制	Canal	DataX	Sqoop	ChunJun
自定义功能灵活性	高，完全自定义	低，依赖于数据库自有机制	低，依赖于数据库支持程度	中，仅预处理可自定义，源和目标端无法自定义	高，源和目标端都能自定义	中，仅预处理可自定义，源和目标端无法自定义	高，源和目标端都能自定义
系统依赖和部署复杂度	低	中，依赖于特定数据库配置项	中，依赖于特定数据库配置项	中，MySQL 配置和 Canal 配置	低，简单环境配置，解压 DataX 即可执行	高，依赖于 Sqoop 部署	高，需要额外编译
过程监控及统计信息	无，除非自定义打印信息	有，存在于日志中	有，取决于数据库支持	有，通过 Web 界面查看	有，通过日志输出查看	有，通过日志输出查看	有，通过 Web 界面查看
易用性	中	高	中	高	高	中	高

综合以上因素，在此列出各个数据同步技术适用的场景。

- JDBC/ODBC 同步机制：适用于少量或简单的数据同步任务。
- 数据库自带同步机制：适用于相同数据库下的数据同步，不适合在跨数据库、跨版本、跨环境或异构环境下使用。
- 数据库 Bulk 同步机制：适用于数据库间的全量数据或海量数据同步，尤其适合一次性导入、导出使用，并且需要根据数据源和目标数据环境查看是否支持 Bulk 操作方法。
- Canal 同步机制：适用于 MySQL 数据增量同步，尤其在需要实时数据同步时使用。
- DataX：由于默认可定义性强且默认功能强大而适合于大多数企业在中等数据规模（如 TB 级别及以下）下进行数据同步，并且以非实时的增量和全量数据同步为主。
- Sqoop：主要适用于关系数据库和 Hadoop 之间的数据交互，这也是大多数企业最主要的数据环境，因此适应性也非常广泛。
- ChunJun：主要适用于使用 Flink 技术及有流式计算需求的数据同步场景。

3.3　Python 操作 DataX 实现数据同步

由于 DataX 在中小数据量级下应用的易用性、适应性及广泛性等特征，本节介绍 DataX 的使用。

3.3.1 安装配置

1．安装 DataX

安装 DataX 可以直接下载官方的 tar.gz 压缩包，也可以自己使用 Maven 重新编译。

使用 wget 命令从阿里云下载 DataX 安装包：

```
wget http://*/datax.tar.gz
```

解压压缩包到当前目录：

```
tar -xzvf datax.tar.gz
```

完成解压后，会在当前目录下出现一个名为 datax 的子目录，使用 cd datax 命令切换到 datax 目录，使用 ls 命令查看 datax 内部的子目录，结果如下：

```
bin  conf  job  lib  plugin  script  tmp
```

2．Python 环境准备

目前，DataX 已经同时支持 Python 2 和 Python 3，读者可根据应用需求使用任意版本程序。

3.3.2 基本示例

使用 DataX 同步数据，只需建立相应的配置文件，并在执行时指定配置文件即可。为了更好地演示功能，本书提供了一个名为"datax_source.sql"的 SQL 文件，该文件实现了自动创建表并写入演示数据的功能。需要读者先在源 MySQL 环境中新建一个名为 datax 的数据库，然后通过命令行或 Navicat 客户端执行该 SQL 文件。执行完成后，会在 datax 数据库中生成 3 个表。源环境 datax 数据库内容如图 3-2 所示。

图 3-2　源环境 datax 数据库内容

1．了解 JSON 文件

DataX 配置文件为 JSON 格式，主要配置项是 reader（数据源）和 writer（目标数据环境）。

（1）查看可用的 reader 和 writer。

对于 DataX3.0 支持的 reader 和 writer，企业中经常用到的关系数据库、NoSQL 数据库、无结构化数据存储及阿里云存储服务基本都支持。支持的详细信息可以在 GitHub 官网上看到，或者直接在解压后的 plugin 目录中分别查看 reader 和 writer 即可看到完整支持的插件。

（2）查看 reader 和 writer 的配置参数。

对于上述所有支持的 reader 和 writer，可以通过如下命令查看其配置参数：

```
python [Your-Path-To-DataX]/bin/datax.py -r streamreader -w streamwriter
```

例如，在本书所用的环境下，要查看 mysqlreader 和 mysqlwriter 的配置方法，可执行如下命令：

```
python /bigdata/packages/datax/bin/datax.py -r mysqlreader -w mysqlwriter
```

上述命令执行后，打印结果如下（为了节省版面，这里将 json 压缩展示）：

{"job":{"content":[{"reader":{"name":"mysqlreader","parameter":{"column":[],"connection":[{"jdbcUrl":[],"table":[]}],"password":"","username":"","where":""}},"writer":{"name":"mysqlwriter","parameter":{"column":[],"connection":[{"jdbcUrl":"","table":[]}],"password":"","preSql":[],"session":[],"username":"","writeMode":""}}}],"setting":{"speed":{"channel":""}}}}

可将上述代码粘贴到 JSON 文件中，修改其中 reader 和 writer 的参数信息即可使用。

2．配置 JSON 文件

本节为了简单易懂，从最简单的示例入手。该示例实现从数据源的 MySQL 库全量同步一个表到新的 MySQL 目标数据库。具体配置信息如下：

```json
{
    "job": {
        "content": [
            {
                "reader": {
                    "name": "mysqlreader",
                    "parameter": {
                        "username": "root",
                        "password": "123456",
                        "where": "",
                        "column": [
                            "product",
                            "price",
                            "brand",
                            "stores",
                            "cate"
                        ],
                        "connection": [
                            {
                                "jdbcUrl": ["jdbc:mysql://192.168.0.33:3306/datax?serverTimezone=UTC&useUnicode=true&characterEncoding=utf-8"],
                                "table": ["sku_info1"]
```

```
                    }
                ]
            }
        },
        "writer": {
            "name": "mysqlwriter",
            "parameter": {
                "username": "root",
                "password": "q1w2e3r4!",
                "preSql": ["TRUNCATE TABLE dwh.sku_info"],
                "session": [ ],
                "writeMode": "insert",
                "column": [
                    "product",
                    "price",
                    "brand",
                    "stores",
                    "cate"
                ],
                "connection": [
                    {
                        "jdbcUrl": "jdbc:mysql://192.168.0.54:3306/dwh?serverTimezone=
UTC&useUnicode=true&characterEncoding=utf-8",
                        "table": ["sku_info"]
                    }
                ]
            }
        }
    ]
  }
}
```

在上述配置信息中，reader 和 writer 中通用的配置项说明如下。

- mysqlreader 和 mysqlwriter 是从 MySQL 中读数据和写入 MySQL 中的固定插件名称，不能修改。
- username/ password 的值需要修改为实际数据源和目标数据库的用户名与密码。
- jdbcUrl 的值是 JDBC 的固定连接方式，读者需要修改其中的 IP（192.168.0.33）、PORT（3306）和数据库（datax），为实际读/写数据库配置信息。除了 MySQL，这里还列出了其他常用数据库的 JDBC URL 写法：

```
jdbc:oracle:thin:@ip:port:database
```

```
jdbc:sqlserver://ip:port;DatabaseName=database
jdbc:postgresql://ip:port/database
jdbc:db2://ip:port/database
```

注意：在使用上述 JDBC URL 时，请将 ip/port/database 替换为真实信息。

- column 为要同步的数据库字段，可以用列表定义只需同步的字段，也可以用"*"表示全部字段（不建议使用"*"，因为这样会导致同步任务无法准确指定字段对象，当源表字段变化时，会导致字段匹配和对应错误）。
- table 为要同步或写入的表名。

以下为 writer 中特殊的配置说明。

- preSql：在执行同步任务之前，预先执行的 SQL 脚本，这里的功能是执行 TRUNCATE 方法来清空表，该方式适用于大数据量的清空操作；小数据量也可以用 DELETE 方法。
- writeMode：数据库写入模式，可选值为 replace、update 或 insert，功能与 MySQL 的逻辑一致。其中，insert 是最简单的插入方式。replace 在执行时，如果存在原有的记录，则会先删除再执行插入操作；如果是新记录，则会直接执行插入操作。update 为更新原有记录。

注意：在进行数据同步时，读者可能会遇到中文乱码问题，此时可通过如下方式排查该问题。

（1）在 JDBC URL 中设置正确的字符编码，如 useUnicode=true&characterEncoding=utf-8。

（2）设置目标数据库和源数据库的数据字符编码一致。

另外，JDBC 中的 serverTimezone=UTC 设置是为了防止出现"The server time zone value '����□ʰ��' is unrecognized or represents more than one time zone"错误。

将上述配置信息保存到 mysql2mysql_full_migration.json 文件中，为了便于后面的文章说明，在 datax 目录下，新建一个专门用于存放配置文件的目录 datax_conf，并把 mysql2mysql_full_migration.json 及后续所有的 DataX 同步所用的配置文件均放到该目录下。

3．创建初始数据库和表

DataX 要求在进行数据同步时，目标环境内的表必须已经创建好。如下代码实现了在目标环境的 MySQL 中新建一个名为 dwh 的数据库，并在该库内新建一个名为 sku_info 的表。这里使用的数据库环境为 MySQL 5.6.40。读者可在本章附件的 datax_target.sql 中（电子资源）找到对应代码。

```
CREATE DATABASE dwh;
USE dwh;
```

```
DROP TABLE IF EXISTS `sku_info`;
CREATE TABLE `sku_info` (
  `id` int(11) NOT NULL AUTO_INCREMENT,
  `product` varchar(255) DEFAULT NULL,
  `price` decimal(12,4) DEFAULT NULL,
  `brand` varchar(255) DEFAULT NULL,
  `stores` int(11) DEFAULT NULL,
  `cate` varchar(255) DEFAULT NULL,
  PRIMARY KEY (`id`)
) ENGINE=InnoDB DEFAULT CHARSET=utf8mb4;
```

4. 执行 DataX 同步命令

在终端命令行中，切换到 datax 根目录下，执行如下命令：

```
python /bigdata/packages/datax/bin/datax.py
./datax_conf/mysql2mysql_full_migration.json
```

在上述代码中，有两点需要注意。

- datax.py 的路径需要替换为实际读者解压配置的路径。
- 当前执行路径为 datax_conf 所在的目录，其中 datax_conf 中包含众多同步配置文件。

在正常情况下，执行完成后会出现打印同步信息，信息显示了本次同步任务总计耗时为 10s，读出记录总数为 100 条，读写失败总数为 0 条：

```
2021-05-27 10:20:56.720 [job-0] INFO    StandAloneJobContainerCommunicator - Total 100 records, 1865
bytes | Speed 186B/s, 10 records/s | Error 0 records, 0 bytes |  All Task WaitWriterTime 0.001s |   All Task
WaitReaderTime 0.170s | Percentage 100.00%
2021-05-27 10:20:56.722 [job-0] INFO    JobContainer -
任务启动时刻                   : 2021-05-27 10:20:46
任务结束时刻                   : 2021-05-27 10:20:56
任务总计耗时                   :                   10s
任务平均流量                   :                186B/s
记录写入速度                   :              10rec/s
读出记录总数                   :                   100
读写失败总数                   :                     0
```

5. 查看目标数据库同步情况

进入目标数据库后，通过如下方式验证同步数据是否正确。

通过 select count(*) from dwh.sku_info;查询总记录数，得到结果为 100。

通过 select * from dwh.sku_info limit 3;查询前 3 条记录，发现没有乱码或异常值。

```
+----+---------+-------+-------+--------+----------+
| id | product | price | brand | stores | cate     |
+----+---------+-------+-------+--------+----------+
```

```
| 1 | 1018      | 35    | 101   |     49 | 厨房卫浴 |
| 2 | 1019      | 60    | 71    |     64 | 家具     |
| 3 | 1020      | 66    | 1     |     41 | 欧洲厨房 |
+----+---------+-------+-------+-------+---------+
```

3 rows in set

3.3.3 高级用法

上述基本示例演示了全量数据同步的方法,这里汇总更多高级用法,供读者了解学习。

1. 单表增量数据同步和分库分表的增量数据同步

受限于篇幅,本节重点讲解在不同场景下,如何在不同的 MySQL 数据库之间同步数据。

(1) 配置从 MySQL 单个表到 MySQL 的增量数据同步。

单表增量数据同步是最基本的增量数据同步模式,在数据源中,所有增量数据存储于单一表中。这种模式又根据实际情况分为以下两种模式。

第一种模式是增量表位于新的表中,即每次只需指定新的表进行同步即可。

第二种模式是增量表与原始数据表混合在一个表中,即源表中既包含增量数据,又包含其他非增量数据。

对于上述第一种模式,只需在基本示例的基础上做两处修改即可实现单表增量数据同步。

- 将 preSql 中的 TRUNCATE TABLE dwh.sku_info 删除,即不清空目标表。
- 对应到 writeMode,就是将其设置为 insert 或 replace,具体取决于源数据的情况:如果不需要对历史数据做更新而直接追加,则选择 insert 即可;如果有记录数据涉及更新及新数据追加,则选择 replace。更多详细信息,读者可参考并执行本章附件 datax_conf/mysql2mysql_incremental_migration.json(电子资源)。

对于上述第二种模式,需要数据源支持通过特定识别标志增量数据。这里以 sku_order 数据同步为例。在源表 sku_order 中,所有的数据都存储在单一表中;表中的 order_date 为订单日期,按日同步时刻,通过判断该字段的值以实现增量数据同步。

如下打印了 order_date 的数据库信息,其中的 order_date 为日期型:

```
+-----------+--------------+------+-----+---------+----------------+
| Field     | Type         | Null | Key | Default | Extra          |
+-----------+--------------+------+-----+---------+----------------+
| id        | int(11)      | NO   | PRI | NULL    | auto_increment |
| order_date| date         | YES  |     | NULL    |                |
| product   | varchar(255) | YES  |     | NULL    |                |
| page_view | int(11)      | YES  |     | NULL    |                |
| add_cart  | int(11)      | YES  |     | NULL    |                |
| orders    | int(11)      | YES  |     | NULL    |                |
| revenue   | decimal(12,4)| YES  |     | NULL    |                |
```

```
+------------+--------------+------+-----+---------+----------------+
```

通过 SELECT * FROM sku_order WHERE order_date = DATE_SUB(curdate(),INTERVAL 1 DAY);可以将昨日的订单数据过滤出来，该内容可以在 JSON 配置文件的 reader 的 where 中配置。具体配置如下：

```
{
    "job": {
        "content": [
            {
                "reader": {
                    "name": "mysqlreader",
                    "parameter": {
                        "username": "root",
                        "password": "123456",
                        "where": "order_date = DATE_SUB(curdate(),INTERVAL 1 DAY)",
                        "column": [
                            "order_date",
                            "product",
                            "page_view",
                            "add_cart",
                            "orders",
                            "revenue"
                        ],
                        "connection": [
                            {
                                "jdbcUrl": [
"jdbc:mysql://192.168.0.33:3306/datax?serverTimezone=UTC&useUnicode=true&characterEncoding=utf-8"
                                ],
                                "table": [sku_order]
                            }
                        ]
                    }
                },
                "writer": {
                    "name": "mysqlwriter",
                    "parameter": {
                        "username": "root",
                        "password": "q1w2e3r4!",
                        "preSql": [ ],
                        "session": [ ],
                        "writeMode": "insert",
                        "column": [
```

```
                                                    "order_date",
                                                    "product",
                                                    "page_view",
                                                    "add_cart",
                                                    "orders",
                                                    "revenue"
                                            ],
                                            "connection": [
                                                    {
                                                            "jdbcUrl": "jdbc:mysql://192.168.0.54:3306/dwh?serverTimezone=
UTC&useUnicode=true&characterEncoding=utf-8",
                                                            "table": ["sku_order"]
                                                    }
                                            ]
                                    }
                            }
                    ]
            }
    }
```

上述配置信息与之前的全量数据同步基本相同，除由于同步的表不同导致的字段差异外，核心的区别在于 where 条件的使用，在配置时，只需把 SQL 中 where 后面的语句写进去即可。更多详细信息，读者可参考并执行本章附件 datax_conf/mysql2mysql_incremental_migration_date.json（电子资源）。

提示：在订单类的信息中，会存在类似于订单状态类的"变化"数据。例如，昨日的订单状态与前日、1 周前的状态可能都不同，可能经历了订单确认、已发货、配送中、已送达等状态。此时涉及"历史"数据的状态更新，这里需要用到 writeMode 中的 replace 模式，即对历史已经存在的数据做更新；同时对不存在的数据做增量追加。另外，要实现对历史已经同步数据的修改，还需要在源表中增加一列修改时间戳的字段，以便于根据修改时间戳确定增量数据范围。

（2）配置从 MySQL 分库分表到 MySQL 的增量数据同步。

在很多数据环境下，MySQL 一般会使用分库分表存储策略。DataX 支持分库分表的同步模式，在 reader 设置中，只需设置多个 JDBC URL 和 table 即可。例如：

```
                            "connection": [
                                    {
                                            "jdbcUrl": [
"jdbc:mysql://192.168.0.33:3306/datax?serverTimezone=UTC&useUnicode=true&characterEncoding=utf-8",
"jdbc:mysql://192.168.0.33:3306/datax?serverTimezone=UTC&useUnicode=true&characterEncoding=utf-8"
```

```
                                       ],
                                       "table": ["sku_info1", "sku_info2"]
                                   }
                               ]
```

在上述配置中，分别设置了两个 JDBC URL 和两个 table，用来演示分库分表的模式。在实际应用中，读者可根据数据源环境配置真实的 JDBC URL 和 table。读者可参考并执行本章附件 datax_conf/ mysql2mysql_full_migration_more_tables.json（电子资源）。

在终端命令行中，切换到 datax 根目录下，执行如下命令：

```
python /bigdata/packages/datax/bin/datax.py
./datax_conf/mysql2mysql_full_migration_more_tables.json
```

执行完成后，Datax 打印信息提示同步了 181 条记录。查看源表记录可知，源表 table1 中的数据为 100 条，table2 中的数据为 81 条：

```
2021-05-27 12:17:44.075 [job-0] INFO    StandAloneJobContainerCommunicator - Total 181 records, 3350
bytes | Speed 335B/s, 18 records/s | Error 0 records, 0 bytes |   All Task WaitWriterTime 0.001s |   All Task
WaitReaderTime 0.303s | Percentage 100.00%
2021-05-27 12:17:44.076 [job-0] INFO    JobContainer -
任务启动时刻                      : 2021-05-27 12:17:33
任务结束时刻                      : 2021-05-27 12:17:44
任务总计耗时                      :                10s
任务平均流量                      :              335B/s
记录写入速度                      :             18rec/s
读出记录总数                      :                181
读写失败总数                      :                  0
```

2．流量控制和错误控制

（1）流量控制。

在 DataX 配置文件的 setting 下的 speed 中，可以进行流量控制。具体配置参数如下。

- channel：最大并发同步通道数量。
- byte：最大字节数限制，可设置为-1，即解除字节限制。
- record：最大记录数限制，可设置为-1，即解除字节限制。
- batchSize：每个批次处理数据的大小。

流量控制需要在服务器性能、源数据器压力，以及同步效率之间取得平衡，参数值设置并不是越大越好。设置值过大可能产生问题。例如：

- 源数据库压力过大，导致其他数据库应用出现问题。
- 同步服务器内存溢出或资源占用，影响该服务器中的其他任务的正常执行。
- 对网络 I/O 产生影响，导致其他网络服务速度慢，甚至出现延迟或响应超时等问题。

流量控制通常写在配置文件的 setting 中。例如：

```
"job": {
    "setting": {
        "speed": {
            "channel": 5,
            "byte": 5242880,
            "record": 50000,
            "batchSize": 2048
        },
    },
    "content": …
```

（2）错误控制。

错误控制用来设置错误数据的规模，具体通过 setting 下的 errorLimit 控制。参数如下。

- record：错误记录数。
- percentage：错误数据占比，取值为 0～1。

当同步任务满足上述任意情况时，DataX 报错退出。以下是一段控制示例：

```
"job": {
    "setting": {
        "errorLimit": {
            "record": 0,
            "percentage": 0.02
        }
    },
    "content":…
```

流量控制和错误控制参数可以同时放到 setting 中，具体详细信息，读者可参考并执行本章附件 datax_conf/mysql2mysql_full_migration_more_config.json（电子资源）。

3．JVM 调整

通过 JVM（Java 虚拟机）配置调整，可以更好地利用高性能服务器资源来加速数据同步。

对于 JVM 参数配置，可以在 DataX 命令行中通过-j 或--jvm 来直接配置。具体用法示例如下：

```
python /bigdata/packages/datax/bin/datax.py -j "-Xms3G -Xmx3G" ./datax_conf/mysql2mysql_full_migration_more_config.json
```

或

```
python /bigdata/packages/datax/bin/datax.py --jvm="-Xms3G -Xmx3G" ./datax_conf/mysql2mysql_full_migration_more_config.json
```

注意：JVM 的值不可设置得过大，需要根据服务器实际配置来设置；同时，在数据量不够大的情况下，即使增大 JVM 的值，也不一定能够带来同步效率的提升。以本书使用的服务器为例，该服务器配置为 16 核 96GB，在上述同步任务中，分别设置--jvm="-Xms1G -Xmx1G"和--jvm="-Xms3G-Xmx3G"，结果发现，--jvm="-Xms1G -Xmx1G"的执行时间为 10s，--jvm="-Xms3G -Xmx3G"的执行时间为 13s。

4．动态传参

在某些场景下，可能涉及配置文件的"模板化"需求。例如，其他的服务器配置都相同，仅需要修改同步的 IP 地址、表名、字段名、条件值等，这时可以使用动态传参来实现。

动态传参的实现需要两部分功能支持：一是在 DataX 提交任务时设置传参信息，二是在 JSON 文件中设置参数接收传入的实际值。

（1）在 DataX 提交任务时设置传参信息。

在 DataX 命令行中，通过-p 或--params 设置传参信息。例如，使用-p"-DtableName=table-name-DcolumnName= column-name"向配置文件中动态传表名（tableName）和字段名（columnName），table-name 和 column-name 是实际传入的表名和字段名的值。

注意：在参数前需要使用-D 引导标记。

（2）在 JSON 文件中设置参数接收传入的实际值。

在 JSON 文件中，使用${tableName}、${columnName}接收命令行传值，变量名必须与 DataX 提交任务时的变量名一致。

以下是一个具体示例。在该示例中，我们会动态传入 3 个参数，包括源环境 IP 地址、目标环境 IP 地址和表名：

```
python  /bigdata/packages/datax/bin/datax.py  -p  "-Dsource_ip=192.168.0.33-Dtarget_ip=192.168.0.54-Dtable_name=sku_order" ./datax_conf/mysql2mysql_full_migration_more_dynamic_parameters.json
```

在 mysql2mysql_full_migration_more_dynamic_parameters.json 配置文件中，当使用 source_ip、target_ip、table_nam 时，具体应用如下。

reader 中的 connection 的 jdbcUrl、table 设置：

```
jdbcUrl": ["jdbc:mysql://${source_ip}:3306/datax?
serverTimezone=UTC&useUnicode=true&characterEncoding=utf-8"],
    "table": ["${table_name}"]
```

writer 中的 connection 的 jdbcUrl、table 设置：

```
"jdbcUrl": "jdbc:mysql://${target_ip}:3306/dwh?
serverTimezone=UTC&useUnicode=true&characterEncoding=utf-8"
    "table": ["${table_name}"]
```

更多详细信息，读者可参考并执行本章附件 datax_conf/mysql2mysql_full_migration_more_dynamic_parameters.json（电子资源）。

上述方法通常在与其他脚本配合并批量执行程序时使用。例如，通过 Shell 或 Python 脚本，动态向配置文件中传入参数。

5．DataX 日志与其他日志的集成

如果将 DataX 作为整体任务的一个子集，则通常需要将数据同步日志整合到整体任务日志中。

以下为通过 Python 脚本实现简单的集成的示例：

```
1    import os
2
3    log_file = 'test.log'
4    datax_str = 'python /bigdata/packages/datax/bin/datax.py '
5    json_file = './datax_conf/mysql2mysql_full_migration_more_config.json'
6    cmd = f'{datax_str} {json_file} | tee-a{log_file}'
7    response = os.popen(cmd).read()
```

- 代码 1 导入 os 库，用于调用系统命名。
- 代码 3 定义了一个日志文件，该日志文件通常与 logging 库创建的日志对象使用同一个文件。
- 代码 4 和代码 5 分别定义 DataX 执行命令的两部分，前半部分为命令字符串，后半部分为 JSON 文件，实际任务中的 json_file 可以单独指定配置文件；也可以批量读出 datax_conf 中的所有配置文件列表，并遍历得到每个配置文件。
- 代码 6 构建了一个完整的命令，其中除之前介绍过的执行 DataX 同步任务的命令外，还使用了 Linux 常用的 tee 命令。它用来将特定文件内容（DataX 同步日志记录）读取到另一个文件（整体任务日志文件）中，其中的-a 表示追加而非覆盖模式。
- 代码 7 调用 os.popen 执行上述字符串，通过 read 立即执行并返回结果。

提示：在实际任务中，大多数场景不需要同步所有的 DataX 详细日志到整体日志文件中，此时可通过正则表达式的方式，仅将任务汇总结果输出即可。而 DataX 的完整日志则可以单独保存，供查看详细数据时使用。

3.3.4 技术要点

整个案例的核心技术要点如下。

- 根据不同的 reader 和 writer 配置 JSON 文件。由于 reader 和 writer 的插件众多，每种插件支持的配置参数可能不尽相同，因此不建议直接套用其他的插件参数。最好的方式是直接使用官方的 python /bigdata/packages/datax/bin/datax.py -r [reader 名] -w [writer 名]打印查看。
- Hive 同步。虽然在官方版本下没有直接可用的 Hive 的插件，但只要提前配置好 Hive 的库和表结构，就可直接使用 HDFS 方法，将数据同步到 Hive 所在的 HDFS 路径下。

- 动态传参的使用。动态传参在实际开发中使用广泛，掌握该方法能极大地提升开发的便利性、功能复用性及生产效率。

- 数据同步的效率。在大多数情况下，默认的 DataX 的同步性能已经可以满足基本需要。以我的实际使用为例，包含全量和增量表，每日同步将近 100 个表，记录数在 10 亿条左右，在设置 3 个通道（兼顾源服务器压力和同步服务器配置）的情况下，耗时为 10～20min。在离线同步场景下，该效率可以满足实际生产需求。

- 提前创建数据库和表。DataX 要求数据同步前必须预先创建好库和表，该问题经常容易被忽略，从而导致数据同步错误。我的经验是先通过程序读取源库和表 Schema 信息，然后在目标环境内自动创建好，最后执行 DataX 同步程序。

- 关于脏数据和异常数据的处理。在源数据环境不可控的情况下，尽量不要对目标数据环境的字段做太多限制，也不要在数据同步任务中因为脏数据和异常数据而影响其他数据同步任务的正常执行。因此，可以在目标数据表中使用尽量"宽泛"的类型（如字符串），以便于数据库尽量接收数据。待数据同步完成后，在目标环境内做数据解析、处理。

3.4 Python 操作第三方库实现 Google Analytics 数据同步

Google Analytics 是世界范围内最流行的免费流量统计分析工具之一，由于其功能全面、升级简单、维度指标齐全等优点，在流量统计分析领域应用广泛。本节介绍如何通过 Python 获取 Google Analytics 中的数据。

3.4.1 安装配置

1. 启用 API 并获得授权文件

本节默认使用 Analytics Reporting API v4 版本。启用 API 的过程如下。

（1）创建或选择项目。单击左上角菜单，从中选择"IAM 和管理"选项，并在左侧菜单中单击"服务帐号"子菜单。在"服务帐号"标签页中选择已有的项目或创建新项目。为了演示完整过程，这里创建新项目。如图 3-3 所示，单击"创建项目"按钮（见图中的①）；在新窗口中，填写项目名称、选择位置（见图中的②）。

（2）创建服务账号。新创建项目完成后，会默认跳转到创建服务账号标签页。如图 3-4 所示，单击"创建服务帐号"按钮（见图中的①）；在新窗口中，设置服务账号的名称和 ID（见图中的②）。

（3）创建密钥。如图 3-5 所示，在"服务帐号"标签页，单击右侧的"管理"按钮（见图中的①），在弹出的菜单中选择"管理密钥"选项（见图中的②）。

如图 3-6 所示，在"密钥"标签页中，选择"添加密钥"（见图中的①）→"创建新密钥"（见图中的②）选项；在新弹出的窗口（见图中的③）中，选择"JSON"单选按钮，并单击"创建"按钮。

图 3-3　创建新项目[①]

图 3-4　创建服务账号

---

① 软件图中的"服务帐号"的正确写法为"服务账号"。

图 3-5　管理密钥

图 3-6　创建密钥

创建完成后，Google 会下载一个 JSON 文件，如本书下载的文件名为 data-python-for-ga-c8ece0474e37.json。后续将使用该文件获得授权并实现授权管理。

2. 为 Google Analytics 增加用户权限

打开上面下载的 JSON 文件，找到 key 为 client_email 的 Email 值，如本书的 Email 地址为 python-api-service@data-python-for-ga.iam.gserviceaccount.com：

```json
{
  "type": "service_account",
  "project_id": "data-python-for-ga",
 …
  "client_email": "python-api-service@data-python-for-ga.iam.gserviceaccount.com",
 …
}
```

为了使该账号能访问 Google Analytics 数据，需要将该 Email 地址添加到 Google Analytics 的数据视图中。在 Google Analytics 中的操作如下。

（1）如图 3-7 所示，选择"数据视图设置"中的"查看用户管理"选项（见图中的①），在新弹出的窗口中单击"管理"按钮（见图中的②），并选择"添加用户"选项（见图中的③）。

（2）如图 3-8 所示，在①处填写上面从 JSON 文件中获得的 Email 地址，勾选"阅读和分析"复选框（见图中的②）即可。

图 3-7　添加用户

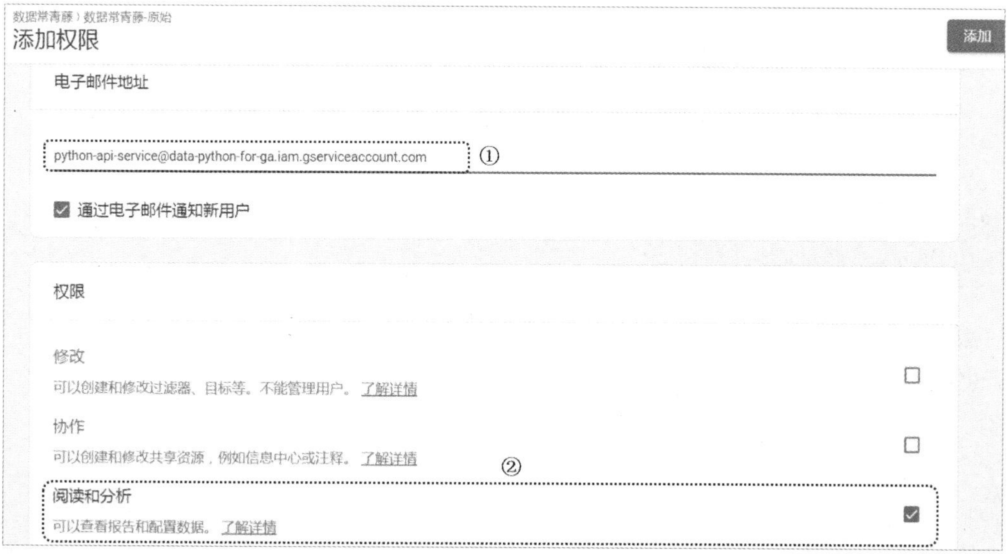

图 3-8　增加用户权限

注意： 更大的权限意味着更大的潜在风险，数据同步只需阅读和分析权限即可。

3．启用 Analytics Reporting API

上述两步实现了获取凭证及访问账户的权限，要想从数据视图中拿到数据，必须开放 Analytics Reporting API。具体方法如下。

单击左上角，从主菜单中选择"API 和服务"选项，单击"库"按钮进入当前项目的 API 设置界面，URL 中的 project=YOUR_PROJECT_NAME，即等号后面的字符串为创建项目时的项目名称。如图 3-9 所示，单击"启用"按钮以启用 Analytics Reporting API。

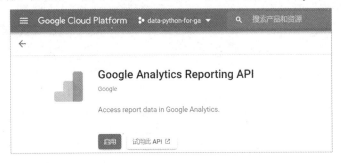

图 3-9　启用 Analytics Reporting API

4．安装 Python 第三方库

通过 pip3 install --upgrade google-api-python-client 安装 Python 连接 Google API 服务的客户端，通过 pip3 install --upgrade oauth2client 安装授权连接库。

3.4.2　基本示例

本节演示通过 Analytics Reporting API 获得 Google Analytics 报告数据。

1．导入库

```
1    import pandas as pd
2    from apiclient.discovery import build
3    from oauth2client.service_account import ServiceAccountCredentials
```

在上述代码中，分别实现了导入 Pandas 库，用于格式化数据；导入 apiclient 和 oauth2client 库，用于构建请求体。

2．获得 Google Analytics 请求对象

```
1    def init_analytics(json_file, scope):
2        credentials = ServiceAccountCredentials.from_json_keyfile_name(json_file, scope)
3        return build('analyticsreporting', 'v4', credentials=credentials)
```

该代码定义了 init_analytics 函数。该函数从外部获得 json_file（JSON 文件地址）和

scope（数据权限范围对象）两个变量的实际值，最后返回请求对象。

- 代码 2 从之前下载的 JSON 文件中获取授权，并通过 scope 方法创建认证对象。
- 代码 3 使用 build 方法，基于 Analytics Reporting API v4 版本，使用代码 2 得到的认证构建请求体对象。

3．查询并返回数据

```
1    def get_report(analytics, query_condition):
2        return analytics.reports().batchGet(body={'reportRequests': query_condition}).execute()
```

该代码定义了 get_report 函数。该函数从外部获得 analytics（请求体对象）和 query_condition（查询条件），最后返回查询结果。

代码 2 调用 analytics. reports 的 batchGet 方法，基于 body 定义的请求体进行查询，具体查询条件在外部定义好之后传给该函数，最后通过 execute 执行查询操作。

4．数据格式化输出

数据格式化针对返回的 response 进行。response 是一个字典对象，示例如下：

```
{'reports': [{'columnHeader': {'dimensions': ['ga:country'],
    'metricHeader': {'metricHeaderEntries': [{'name': 'ga:sessions',
        'type': 'INTEGER'}]}},
  'data': {'rows': [{'dimensions': ['(not set)', '9'],
      'metrics': [{'values': ['9']}]},
    {'dimensions': ['Austria', '1'], 'metrics': [{'values': ['1']}]},
    …
    {'dimensions': ['United States', '27'], 'metrics': [{'values': ['27']}]}],
    'totals': [{'values': ['827']}],
    'rowCount': 20,
    'minimums': [{'values': ['1']}],
    'maximums': [{'values': ['735']}]}}]}
```

其中的 reports 是一个数据列表，列表的元素序列与查询条件顺序一一对应，即如果有 N 个查询条件，那么 reports 里面会生成一个包含 N 个结果的列表。因此，1 个 reports 会包含 1 个或多个元素（或 report）。完整的 reports 字段结构如图 3-10 所示。

- 每个 report 都是一个字典，包含 columnHeader 和 data 两部分内容。
- columnHeader 是一个字典，包含 dimensions（维度名）和 metricHeader（指标名）。
- dimensions 是一个列表，在每次查询中，可以包含 1 个或多个查询维度。
- metricHeader 是一个字典，其中包括 metricHeaderEntries（字段实体）信息。
- metricHeaderEntries 是一个列表，包含多个指标名实体 metricHeaderEntrie。
- 每个 metricHeaderEntrie 实体都包含 name（名称）和 type（类型）。
- data 是结果数据，是一个字典，由 rows（数据详细记录）、totals（总记录数）、minimums

（指标的最小值）、maximums（指标的最大值）、rowCount（行数）组成。

- 详细数据都在 rows 中，rows 是一个列表，列表的每个值都是一条数据记录。

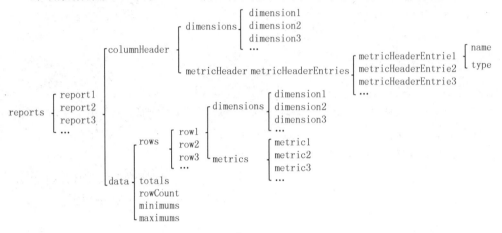

图 3-10　完整的 reports 字段结构

具体代码如下：

```
1    def format_data(response):
2        df_list = []
3        for report in response['reports']:
4            dim_headers = report['columnHeader']['dimensions']
5            metrics_headers = [i['name'] for i in report['columnHeader']['metricHeader']['metricHeaderEntries']]
6            columns = dim_headers + metrics_headers
7            records = [row['dimensions'] + row['metrics'][0]['values'] for row in report['data']['rows']]
8            df_list.append(pd.DataFrame(records, columns=columns))
9        return df_list
```

该代码定义了 format_data 函数，用来将返回的数据对象（response）解析为二维表格。

代码 2 定义了一个空列表，用来存储所有的查询结果集。

代码 3 使用 for 循环，从 response['reports']中读取每个 report 的值。

代码 4 依次从 report 的 columnHeader、dimensions 对象中获取维度名。

代码 5 依次从 report 的 columnHeader、metricHeader、metricHeaderEntries 对象中获取指标实体，并基于列表推导式遍历出每个指标的名称。

代码 6 将代码 4 和代码 5 得到的列名组合为完整列表，供后续格式化使用。

代码 7 依次从 report 的 data、rows 对象中获取每行数据，并使用列表推导式从每行数据中获得 dimensions（维度结果值）和 metrics（指标对象）中的 values（结果值），组合为新的列表。

代码 8 使用 Pandas 的 pd.DataFrame 创建二维表格，并追加到 df_list 列表中。

5．调用集成

为了后续方便调试，以及使用多条件查询和对比结果，这里将上面定义的 3 个函数集成起来，以达到批量调用的目的：

```
1    def app(json_file, scope, query_condition):
2        analytics = init_analytics(json_file, scope)
3        response = get_report(analytics, query_condition)
4        data = format_data(response)
5        print([df.info() for df in data])
6        print([df.head(5) for df in data])
```

这里的代码逻辑简单，先将从外部赋值得到的结果传入各个函数中并依次执行，然后通过列表推导式获取每个数据框 Schema 信息及前 5 条数据，最后打印输出结果。

6．完整功能调用

本段代码定义所需的外部变量，调用之前的函数执行数据查询功能：

```
1    SCOPE = ['https://*/auth/analytics.readonly']
2    JSON_FILE = "data-python-for-ga-c8ece0474e37.json"
3    VIEW_ID = '85815377'
4    query_condition1 = [
5        {
6            'viewId': VIEW_ID,
7            'dateRanges': [{'startDate': '7daysAgo', 'endDate': 'today'}],
8            'metrics': [{'expression': 'ga:sessions'}],
9            'dimensions': [{'name': 'ga:country'}]
10        }]
11   app(JSON_FILE, SCOPE,    query_condition1)
```

代码 1 定义了 SCOPE，用来表示数据权限范围，可以使用 Google 的两个 API 接口，即 https://*/auth/analytics 或 https://*/auth/analytics.readonly。

代码 2 定义了 JSON_FILE 的具体路径地址，填写之前保存的授权文件的路径和名称。

代码 3 定义了数据视图 ID（VIEW_ID），该 ID 可在 Google Analytics 的"数据视图"→"数据视图设置"中找到，如图 3-11 所示。

图 3-11　数据视图 ID

代码 4 到代码 10 定义了查询条件，该条件是一个列表，列表中可定义多个子条件以实现批量查询。其中代码 7 到代码 9 是核心逻辑。

- 代码 7 定义了数据查询日期范围，这里定义的是从今天开始到 7 天前。
- 代码 8 定义了指标，其中的 ga:sessions 表示会话数。
- 代码 9 定义了维度，其中的 ga:country 表示国家。

代码 11 调用之前定义的函数 app，依次传入所需的变量并执行，结果如下：

```
<class 'pandas.core.frame.DataFrame'>
RangeIndex: 22 entries, 0 to 21
Data columns (total 2 columns):
 #   Column       Non-Null Count   Dtype
---  ------       --------------   -----
 0   ga:country   22 non-null      object
 1   ga:sessions  22 non-null      object
dtypes: object(2)
memory usage: 480.0+ bytes
[None]
[   ga:country ga:sessions
0    (not set)       9
1    Austria         1
2    Canada          1
3    China         744
4    France          1]
```

结果展示总共有 22 条数据记录，包含两个字段，分别为 ga:country 和 ga:sessions。另外，还有关于内存、非 NULL 汇总、数据类型等其他信息。

至此，完成了一个简单的查询，该查询实现从 Google Analytics 中获取最近 7 天的按国家细分的会话数数据。

3.4.3 高级用法

Google Analytics 的 Reporting API 提供了相当多的高级配置功能，以满足复杂的查询需求。

1. 批量查询多个条件

在如下代码中，在 query_condition2 中定义了两个查询条件。第一个查询条件与基本示例相同；而第二个查询条件则更加复杂，在 metrics 和 dimensions 中使用了更多维度与指标：

```
1    query_condition2 = [
2        {
3            'viewId': VIEW_ID,
```

```
4                    'dateRanges': [{'startDate': '7daysAgo', 'endDate': 'today'}],
5                    'metrics': [{'expression': 'ga:sessions'}],
6                    'dimensions': [{'name': 'ga:country'}]
7              },
8              {
9                    'viewId': VIEW_ID,
10                   'dateRanges': [{'startDate': '7daysAgo', 'endDate': 'today'}],
11                   'metrics': [{'expression': 'ga:sessions'}, {'expression': 'ga:newUsers'},
12                               {'expression': 'ga:sessionsPerUser'}],
13                   'dimensions': [{'name': 'ga:date'}, {'name': 'ga:browser'}]
14           }]
15       app(JSON_FILE, SCOPE, query_condition2)
```

注意： 当使用多个查询条件时，要求日期范围必须一致。

上述代码执行后，其结果在之前结果的基础上增加了新的结果输出。具体如下：

```
<class 'pandas.core.frame.DataFrame'>
RangeIndex: 22 entries, 0 to 21
Data columns (total 2 columns):
 #    Column          Non-Null Count    Dtype
---   ------          --------------    -----
 0    ga:country      22 non-null       object
 1    ga:sessions     22 non-null       object
dtypes: object(2)
memory usage: 480.0+ bytes
<class 'pandas.core.frame.DataFrame'>
RangeIndex: 56 entries, 0 to 55
Data columns (total 5 columns):
 #    Column              Non-Null Count    Dtype
---   ------              --------------    -----
 0    ga:date             56 non-null       object
 1    ga:browser          56 non-null       object
 2    ga:sessions         56 non-null       object
 3    ga:newUsers         56 non-null       object
 4    ga:sessionsPerUser  56 non-null       object
dtypes: object(5)
memory usage: 2.3+ KB
[None, None]
[   ga:country ga:sessions
0   (not set)        9
1   Austria          1
2   Canada           1
3   China          744
```

4	France	1,	ga:date	ga:browser	ga:sessions	ga:newUsers	ga:sessionsPerUser
0	20210602	Android Webview		1	1		1.0
1	20210602	Chrome		71	60	1.0289855072463767	
2	20210602	Edge		25	19	1.0416666666666667	
3	20210602	Firefox		2	2		1.0
4	20210602	Safari		5	5		1.0]

2．只带有维度过滤的条件查询

条件查询是数据同步最常用的配置项，在 Google Analytics 中，支持针对维度和指标的条件查询。要增加维度或指标查询，需要使用 dimensionFilterClauses 或 metricFilterClauses方法。这里以维度条件过滤为例，介绍如何使用过滤器实现数据筛选。下面的代码增加了过滤出浏览器为 Chrome 的条件：

```
1    query_condition3 = [
2        {
3            'viewId': VIEW_ID,
4            'dateRanges': [{'startDate': '7daysAgo', 'endDate': 'today'}],
5            'metrics': [{'expression': 'ga:sessions'}],
6            'dimensions': [{'name': 'ga:date'}, {'name': 'ga:browser'}],
7            "dimensionFilterClauses": [
8                {
9                    "filters": [
10                       {
11                           "dimensionName": "ga:browser",
12                           "operator": "EXACT",
13                           "expressions": ["Chrome"]
14                       }
15                   ]
16               }
17           ]
18       }]
19   app(JSON_FILE, SCOPE, query_condition3)
```

在上述代码中，代码 7 到代码 16 是新增的针对维度的条件过滤，其中各参数的含义如下。

- dimensionName 表示过滤的维度名称，这里的 ga:browser 表示浏览器。
- operator 表示条件匹配方式，常用设置值为 REGEXP（正则匹配）、BEGINS_WITH（以特定字符串开头）、ENDS_WITH（以特定字符串结尾）、EXACT（精准匹配）、IN_LIST（匹配列表）。
- expressions 表示条件指定的值，可使用列表表示多个对象。

这 3 个参数共同组成的规则是过滤出维度精确匹配 Chrome 的数据。执行上面的代码，出于节省版面的考虑，本节后续输出结果均省略中间部分，仅显示关键结果。上述查询返回结果如下：

```
RangeIndex: 8 entries, 0 to 7
...
   [    ga:date ga:browser ga:sessions
0  20210602      Chrome          71
1  20210603      Chrome          83
2  20210604      Chrome          74
3  20210605      Chrome          59
4  20210606      Chrome          60]
...
```

从结果中可以看出，数据只包含了浏览器（ga:browser）是 Chrome 的结果，且数据记录数为 8。

3．同时带有维度过滤和指标过滤的条件查询

这里同时使用针对维度和指标的双重过滤，具体设置条件如下：

```
1    query_condition4 = [
2        {
3            'viewId': VIEW_ID,
4            'dateRanges': [{'startDate': '7daysAgo', 'endDate': 'today'}],
5            'metrics': [{'expression': 'ga:sessions'}],
6            'dimensions': [{'name': 'ga:date'}, {'name': 'ga:browser'}],
7            "dimensionFilterClauses": [
8                {
9                    "filters": [
10                       {
11                           "dimensionName": "ga:browser",
12                           "operator": "EXACT",
13                           "expressions": ["Chrome"]
14                       }
15                   ]
16               }
17           ],
18           "metricFilterClauses": [
19               {"filters": [
20                   {"metricName": "ga:sessions",
21                    "operator": "GREATER_THAN",
22                    "comparisonValue": "70"}
23               ]}
24           ],
25       }]
```

```
26          app(JSON_FILE, SCOPE, query_condition4)
```

上述代码在之前示例的基础上增加了针对指标的过滤。其中各参数的含义如下。

- metricName 表示指标名称，ga:sessions 表示会话数。
- operator 表示过滤方式，在针对指标的过滤表达式中，常用的设置值为 EQUAL（等于）、LESS_THAN（小于）、GREATER_THAN（大于）、IS_MISSING（空值）。
- comparisonValue 表示对比值，注意使用带有引号的字符串表示，而非数值。

上述代码执行后，结果如下：

```
RangeIndex: 4 entries, 0 to 3
…
[    ga:date ga:browser ga:sessions
0  20210602     Chrome          71
1  20210603     Chrome          83
2  20210604     Chrome          74
3  20210608     Chrome          73]
```

上述结果显示了在基于浏览器 Chrome、会话数大于 70 的条件下，数据记录数为 4。

4．维度过滤或指标过滤中带有多个条件的查询

维度和指标中可同时带有多个条件以提高查询匹配精度。以下代码在维度过滤中同时使用了两个条件：

```
1   query_condition5 = [
2       {
3           'viewId': VIEW_ID,
4           'dateRanges': [{'startDate': '30daysAgo', 'endDate': 'today'}],
5           'metrics': [{'expression': 'ga:sessions'}],
6           'dimensions': [{'name': 'ga:date'}, {'name': 'ga:browser'}],
7           "dimensionFilterClauses": [
8               {
9                   "filters": [
10                      {
11                          "dimensionName": "ga:browser",
12                          "operator": "IN_LIST",
13                          "expressions": ["Chrome", "Firefox"],
14                          "caseSensitive": False
15                      },
16                      {
17                          "dimensionName": "ga:date",
18                          "operator": "BEGINS_WITH",
19                          "expressions": ["202106"],
20                          "caseSensitive": True
```

```
21                         },
22                     ],
23                     "operator": "AND"
24                 }
25             ]
26         }]
27     app(JSON_FILE, SCOPE, query_condition5)
```

上述代码相对于之前的代码，有如下 5 处变化。

- dateRanges 的范围使用了最近 30 天。
- 第一个维度的过滤条件从单一值的精确匹配变成了列表内匹配。
- 在 filters 列表中，新增了一个查询条件，用来过滤日期以 202106 开头（2021 年 6 月）的数据。除 filters 列表外，还使用了 operator 表示多个查询条件的相互关系，可用值为 AND 或 OR，表示同时满足或满足任意一个。
- 在每个过滤器内，增加了 caseSensitive 参数，用来设置是否大写敏感。
- 去掉了 metricFilterClauses，即针对指标的过滤条件；metricFilterClauses 中多个过滤条件的写法与 dimensionFilterClauses 相同。

上述代码的执行结果如下：

```
RangeIndex: 18 entries, 0 to 17
...
[   ga:date ga:browser ga:sessions
0  20210601      Chrome          87
1  20210601      Firefox       12
2  20210602      Chrome          71
3  20210602      Firefox        2
4  20210603      Chrome          83]
...
```

结果显示数据值包含 2021 年 6 月且浏览器为 Chrome 或 Firefox 的数据，数据记录共18 条。

5．更多数据查询及数据同步用法

除上述在进行数据同步时常用的查询用法外，Google Analytics 还提供了更多数据查询应用方法，这些方法多用于数据分析等特殊场景中，在此列举出来，供读者参考。

（1）带有高级细分/条件的查询。

在 Google Analytics 中预置了多个细分，同时 Google Analytics 用户也能自定义细分。在查询时，通过指定细分以满足查询需求。细分既可以基于已经创建好的细分 ID 查询，又可以基于动态构建的细分条件查询。另外，细分还能支持简单规则、时间顺序规则等复杂逻辑。

（2）指标表达式查询。

在查询过程中，可以使用现有的指标生成新的指标，以满足个性化分析和使用需求，如基于已有的加入购物车事件数/会话数定义购物车转化率。

（3）直方图范围查询。

在进行数据查询时，如果查询记录数过多，那么可以选择将结果划分为不同的类别。例如，可以将查询的会话数划分为 1～1000、2000～4000、4000～8000、>8000 4 个区间。

（4）同类群组。

在 Reporting API 中，可以对拥有共同特点的用户群组生成报告。例如，流量获取日期相同的所有用户属于同类群组，可以单独获取该群组用户的数据。

（5）Cohort 群组查询。

Cohort 群组报告类似于留存报告，可以显示从用户第一次到达网站（或应用程序）之后，后续的生命周期价值（LTV）或行为价值。

（6）抽样。

当要查询的数据量较大时，抽样是减小数据量级的常用方法。

（7）排序和分页。

按照特定的字段规则排序，并指定查询返回的数据量，从而实现每个批次数据量级的精准控制。

（8）数据透视查询。

使用数据透视的请求通过透视第二个维度的数据重新调整查询中的数据，这种方式类似于 Excel 中的数据透视表。

（9）通过 Realtime API 获得实时数据。

通过 Reporting API 查询的数据延迟性较高，免费的 Google Analytics 可能达到 24 或 48 小时以上。Google 提供了通过 Realtime API 获得实时（汇总）数据的功能。

（10）通过 Multi-Channel Funnels API 获得多渠道路径数据。

通过 Multi-Channel Funnels API 可以获得多渠道路径数据，这些数据将更好地丰富数据的报表体系。

6．原始明细数据导出和同步

Google Analytics 提供的 Reporting API、Realtime API、Multi-Channel Funnels API 等只能用来导出汇总级的报告数据，而无法导出原始流量日志或点击粒度级别的数据。Google 提供了用于导出原始数据的其他方法——Google BigQuery。

（1）什么是 BigQuery。

BigQuery 是 Google 提供的 SaaS 模式的数据库或数据仓库服务。它不仅为用户提供了通过 SQL 实现海量数据的查询、处理和分析的能力；还支持数据库内的机器学习模式，如聚类、特征工程、分类、时间序列、回归等，即直接在数据库内通过 SQL 完成机器学习全过程；对于高阶用户，Google 还支持将 TensorFlow 集成到 BigQuery 中使用。因此，用户可以在数据库内完成从录入、读取、预处理、分析、建模到输出的全部过程。

（2）BigQuery 可以存储哪些数据。

在默认情况下，通过简单配置即可将 Google 生态内的其他工具的数据集导入 BigQuery 内，如 Google Analytics、Firebase、Google Analytics4、Google Ads 等；BigQuery 也可以通过导入服务（BigQuery Data Transfer Service）将第三方数据导入其内，如 Amazon S3、Teradata、Amazon Redshift、本地文件、FTP 文件等，支持的文件类型包括 Avro、JSON、ORC、Parquet、Datastore、Firestore 等。

（3）Google Analytics 导入 BigQuery 中的数据有哪些。

Google Analytics 同步到 BigQuery 中的数据字段超过 200 个（新版本的 v4 的导出字段超过 100 个），并且数据粒度到时间戳级别，其字段涵盖了用户、流量、内容、转化等所有在 Google Analytics 中涉及的数据，因此，可以还原任何粒度、任何维度、任何字段的数据，是企业做数据生态整合、系统开发和二次利用的必不可少的数据。

（4）如何从 BigQuery 中导出数据。

当 Google Analytics 的数据进入 BigQuery 后，可以通过多种方式导出数据。

- 使用 Pandas 的 read_gbq 导出数据。该方式支持在程序中根据任务需求查询特定数据，适用于按需查询和导出，以及少量数据的情况。
- 使用 BigQuery API 导出数据。通过 BigQuery 提供的 API 可以实现对其的任何管理操作，包括数据集的导入、导出，以及增、删、改、查等。这种方式适合导出特定的表，以及在部分数据场景中使用。
- 使用 BigQuery 配合 Google Cloud Storage 导出数据。当需要把所有表的所有字段导出时，推荐方式是先将数据表中的所有数据导出为压缩文件，然后将压缩文件存储到 Google Cloud Storage（云存储服务）中，最后从 Google Cloud Storage 中将其下载到企业数据环境中。这种方式适合于全部明细数据和海量数据的导出。

3.4.4　技术要点

整个案例的核心技术要点如下。

- 拥有 Google Analytics 账号并正常使用是实施该案例的前提条件。
- Reporting API 分为 v3 和 v4 两个版本，如果没有特定要求，那么推荐使用 v4 版本。
- Google Analytics 的免费版本已经可以满足大多数中小客户的数据分析需求，但当数据量级较大（如每日网站或应用的页面浏览量为 100 万次或更高）时，建议使用 Google Analytics 360（付费版本），该版本在数据量级、数据时效性、抽样、多系统打通，以及原始数据导出等方面都更具有优势。
- Google BigQuery 由于可以获取原始明细数据，因此更适合企业做大数据集成使用。目前，BigQuery 的使用条件是成为 Google Analytics 360 付费用户或者使用新一代的 Google Analytics v4 版本，这两个版本都支持将数据导入 BigQuery 中并导出。

提示：使用 Google BigQuery 或其他 Google 云服务需要额外付费。

同时，在使用 Google Analytics Reporting API 时，需要注意以下两个问题。

- 配额限制：查询请求的配置针对时间（每日）、数据范围（每个视图）、查询频率（QPS）都有不同层级的限制。高频请求会导致请求受限。
- 抽样：免费 Google Analytics 在数据量级较大时会发生数据抽样，该问题在 Reporting API 中仍然存在。使用 BigQuery 是在海量数据下避免抽样的唯一方法。

3.5 案例：某 O2O 企业离线数据同步案例

1．企业背景

该企业是一个 O2O 企业，其业务包括线上和线下两部分。线下业务以实体门店为依托，线上业务以网站、小程序为载体，二者共同支撑企业的销售转化体系。

该企业在数字化转型过程中，需要将多个数据源的数据整合到一个平台（Hadoop）内，基于统一数据平台构建多种数据应用。

2．数据源

企业的数据源包括 SQL Server 数据库、FTP 服务器、Google BigQuery、人工文件 4 类。

- SQL Server 数据库用来存储企业核心的结构化数据，包括线上和线下所有的商品、销售、供应商、CRM、数字媒体的内容等数据，因此是最主要的数据来源。
- FTP 服务器是多供应商数据交互的中间介质，主要用来存储未入库的、周期性的数据，如最新的全量商品集合、微信用户关联信息、从前端建站方获得的内容标签等。
- Google BigQuery 用来存储企业数字载体（网站、小程序等）采集的用户行为、转化，以及通过站外投放广告的营销数据等，这些数据是最主要的在线用户数据。
- 人工文件是业务方、数据运营方根据实际需求生成的数据文件，主要用来标记数据、定义数据范围、更新特定属性等。

对于上述 4 类数据源，SQLServer 数据和 FTP 服务器数据可直接同步全量或增量数据；而 Google BigQuery 则根据应用需求，将特定的数据集单独保存为表，并同步到 FTP 服务器中进行二次同步；人工文件为用户提供特定的数据格式，用户只需按照格式更新数据即可。

3．数据目标环境

企业数据同步的目标环境是 Hadoop，即将全部数据（包括全量和增量）都存储于 HDFS 中，这样做主要考虑的因素如下。

- 数据来源的统一。后期各部门、各应用都可以从 Hadoop 中统一获取数据。
- 数据权限的管理。统一对 Hadoop 访问管理、库、表等方面的多层级控制，便于针对不同部门、角色和人员做权限管理。
- 多种数据结构的支持。包括结构化数据、日志、图片、音频和视频文件等，都能存储到 HDFS 上，结构化数据可通过 Hive 管理，半结构化和非结构化数据可直接被写入 HDFS 中。
- 满足未来拓展性需求。虽然当前的数据在 TB 级左右，但当未来增长到更高量级（如 PB 级）时，HDFS 的拓展方案成熟、管理方便，且成本可控。
- Hadoop 生态集成及上层应用。在 Hadoop 生态中，HDFS 只承担了数据存储的任务，但 Hadoop 还提供了众多用于分析、计算、查询等方面的应用，后续在构建应用时，可以很方便地与 Hadoop 生态内的技术或框架集成，如 Spark、Hive 等。
- 数据口径的统一。后续根据应用需求，可定义统一的数据口径，方便多部门间数据交互时具有统一的参考标准和使用规范。

4. 数据同步频率

数据同步频率受限于数据源的更新频率，同时与后端应用的数据实时性要求相匹配。
- SQL Server 数据库是按天从生产库同步到数据平台的。
- FTP 服务器前端根据数据需求定义生成数据的时间，正常频率是每天更新，最高效率可达到小时级别。
- Google BigQuery 的更新频率是每天更新，启用实时数据流可以提高到小时级别。
- 人工文件根据业务方和数据方的需求不定时更新。

考虑到数据源的情况，最快的数据更新周期是每小时，大多数场景下的更新周期为每天，因此数据同步以离线、批量、非实时更新为主。

5. 同步工具选型

综合上述数据源、数据目标环境、同步频率等因素，该企业选择了 DataX 进行离线数据同步。主要考虑因素如下。

- 在数据同步的数据源中，DataX 可直接支持 SQL Server、FTP、TxtFile 三大类；Google BigQuery 可以通过先保存到表并同步到 FTP 服务器的方式同步数据，也可以在数据量小时选择直接使用 Pandas 的 read_gbq 同步数据。数据源支持较多，后期对更多的数据来源的支持也具有更好的扩展性。
- DataX 支持将数据同步到 Hadoop 中，可选择 HDFS、Hive、HBase 等，后续在查询取数时更加灵活、方便。
- DataX 部署灵活方便，无须额外的服务器、软件等资源支持；同时，同步效率较高，支持并发和流量控制，能够灵活控制对 SQL Server 端的请求并发压力。

6. 数据同步细节

该企业每天同步的表在 50 个左右，如图 3-12 所示。

图 3-12　所有的 DataX 同步 JSON 文件

数据同步时间在每天 4 点左右，每天同步的记录数在 1 亿条左右，在单通道设置下（channel 设置为 1），总耗时为 30min 左右，如图 3-13 所示。

file_names	task_start_times	task_end_times	task_time_spents	sk_avg_traff	rd_write_traf	record_read_counts	io_fail
F⬛⬛⬛_DETAIL	2021-06-22 04:24:51	2021-06-22 04:32:03	431	16.43MB/s	139102rec/s	59813981	0
M⬛⬛⬛AURANT	2021-06-22 04:06:42	2021-06-22 04:13:33	411	9.86MB/s	36496rec/s	14963434	0
D⬛⬛CUSTOMER	2021-06-22 04:16:05	2021-06-22 04:19:26	201	16.58MB/s	65533rec/s	13106660	0
F⬛⬛⬛⬛	2021-06-22 04:19:27	2021-06-22 04:22:48	201	9.33MB/s	55659rec/s	11131864	0
T⬛⬛⬛⬛GE	2021-06-22 04:15:11	2021-06-22 04:15:52	41	13.16MB/s	56999rec/s	2279976	0
F⬛⬛⬛HEAD	2021-06-22 04:03:42	2021-06-22 04:04:03	21	17.10MB/s	124003rec/s	2480067	0
F⬛⬛NG_CUSTO	2021-06-22 04:04:41	2021-06-22 04:05:03	21	2.03MB/s	31306rec/s	626137	0
T⬛⬛⬛NEW	2021-06-22 04:01:36	2021-06-22 04:01:51	15	520.90KB/s	1788rec/s	17884	0
F⬛⬛⬛L	2021-06-22 04:04:16	2021-06-22 04:04:28	12	283.53KB/s	621rec/s	6214	0
T⬛⬛⬛	2021-06-22 04:01:52	2021-06-22 04:02:04	11	7.09MB/s	15902rec/s	159024	0
T⬛⬛⬛ENT_TAG_	2021-06-22 04:02:04	2021-06-22 04:02:16	11	271.04KB/s	2217rec/s	22179	0
T⬛⬛⬛L_NEW	2021-06-22 04:02:16	2021-06-22 04:02:28	11	7.58KB/s	13rec/s	130	0
T⬛⬛SUMMARY	2021-06-22 04:02:28	2021-06-22 04:02:40	11	1.98MB/s	15902rec/s	159024	0
T⬛⬛⬛NEW	2021-06-22 04:02:41	2021-06-22 04:02:53	11	498B/s	4rec/s	47	0
T⬛⬛⬛	2021-06-22 04:02:53	2021-06-22 04:03:04	11	4.37MB/s	22429rec/s	224298	0
B⬛⬛⬛MASTER	2021-06-22 04:03:05	2021-06-22 04:03:16	11	160.45KB/s	409rec/s	4094	0
B⬛⬛⬛MATERIAL	2021-06-22 04:03:17	2021-06-22 04:03:29	11	586.71KB/s	3471rec/s	34711	0
B⬛⬛⬛AG	2021-06-22 04:03:30	2021-06-22 04:03:41	11	514.95KB/s	2850rec/s	28508	0

图 3-13　每天数据同步记录文件

数据同步后，可直接在 HDFS 或 Hive 中查询到同步的表。图 3-14 所示为直接在 HDFS 中查询数据同步位置。数据同步在 raw_data 库中，可在 Hive 中查询。

```
[hadoop@ip-1⬛⬛⬛⬛⬛⬛⬛⬛⬛⬛⬛⬛⬛⬛]$ hdfs dfs -ls /user/hive/warehouse/raw_data.db |grep 2021-06-22
drwxrwxrwt   - hadoop hadoop          0 2021-06-22 04:01 /user/hive/warehouse/raw_data.db/b⬛⬛⬛⬛⬛⬛⬛⬛⬛aster
drwxrwxrwt   - hadoop hadoop          0 2021-06-22 04:02 /user/hive/warehouse/raw_data.db/b⬛⬛⬛⬛⬛⬛⬛⬛erial
drwxrwxrwt   - hadoop hadoop          0 2021-06-22 04:13 /user/hive/warehouse/raw_data.db/b⬛⬛⬛⬛⬛⬛⬛_material
drwxrwxrwt   - hadoop hadoop          0 2021-06-22 04:02 /user/hive/warehouse/raw_data.db/b⬛⬛⬛⬛⬛⬛⬛⬛⬛ag
drwxrwxrwt   - hadoop hadoop          0 2021-06-22 04:01 /user/hive/warehouse/raw_data.db/b⬛⬛⬛⬛⬛⬛⬛⬛master
drwxrwxrwt   - hadoop hadoop          0 2021-06-22 04:17 /user/hive/warehouse/raw_data.db/f⬛⬛⬛⬛⬛⬛⬛mer
drwxrwxrwt   - hadoop hadoop          0 2021-06-22 04:29 /user/hive/warehouse/raw_data.db/f⬛⬛⬛⬛⬛⬛detail
drwxrwxrwt   - hadoop hadoop          0 2021-06-22 04:03 /user/hive/warehouse/raw_data.db/f⬛⬛⬛⬛⬛head
drwxrwxrwt   - hadoop hadoop          0 2021-06-22 04:20 /user/hive/warehouse/raw_data.db/f⬛⬛⬛⬛⬛ack
drwxrwxrwt   - hadoop hadoop          0 2021-06-22 04:01 /user/hive/warehouse/raw_data.db/f⬛⬛⬛⬛⬛⬛
```

图 3-14　直接在 HDFS 中查询数据同步位置

3.6　常见问题

1. 如何处理"未及时更新"的数据源

未及时更新的数据源指在数据同步任务执行时，某些数据源的数据尚未更新。在实际数据同步任务中，企业内部的数据源的更新时间在大多数场景下较有保证，数据未及时更新主要出现在以下两种场景中。

- 大型活动下的数据未更新。当企业运营活动中出现大型活动时（如电商企业中的"6·18""双 11"等），企业各个运营环节的数据都会出现几倍甚至几十倍的量级增长。为了应对数据剧烈增长带来的数据同步、清洗、计算等任务，企业一般都需要提前准备应急方案，如增加服务器集群、负载均衡等。但即便如此，仍然可能存在数据更新不及时的问题。
- 第三方系统的数据未更新。很多企业都会采用第三方系统，而第三方系统在数据更新及时性上可能无法提供 100%的保障。例如，Google Analytics 同步到 Google BigQuery 中的数据，正常情况下是每天更新，但是当遇到 Google 全球服务器资源紧张、企业流量骤增（如上面提到的大型活动）等情况时，数据更新无法保障在特定时间节点前完成。

无论是企业内部数据还是第三方系统数据，在数据更新完成后，都可以通过特定标志进行判断，如更新时间、状态文件、更新日志等。在数据同步任务中，可以增加基于数据源更新状态的判断机制，只有在数据源更新成功后才可以进行数据同步。

如果数据同步任务执行时未获得数据源更新成功的标志，那么可采用以下两种应对机制。

- 方式一：在数据源端增加更新成功后的推送信息。此时，需要改造数据源端的系统配置，当数据源更新完成后，主动推送信息到数据同步系统。数据同步系统获取信息后启动同步任务。
- 方式二：为数据同步系统设置定时重复更新机制。如果数据源端不具备改造条件，则可以设置数据同步任务在特定周期内重复调度执行。

以 Google BigQuery 数据同步任务为例，上述两种方式的具体解决应用方式如下。

- 如果采用方式一，那么需要在 BigQuery 上同步数据到 FTP 服务器成功后调用，数据同步任务完成更新，此时数据同步任务可以单独封装一个 REST API 实现远程调度。
- 如果采用方式二，那么需要数据同步任务在执行前判断是否存在 BigQuery 成功文件标志，以及数据同步任务成功的标志。在执行数据同步任务时，判断如果存在 BigQuery 成功文件标志且不存在数据同步任务成功的标志，则执行数据同步任务；否则终止任务。在调度系统中，设置每日 4 点到 12 点重复执行调度任务。

2．数据同步中是否包含日志同步和消息队列

从广义上讲，日志和消息都属于数据，因此广义上的数据同步可以包含这两部分内容。

- 日志同步主要指的是用户或机器的实时日志的采集和同步，这部分内容在第 2 章的"2.2.1 企业内部流量数据采集常用的技术"中有具体介绍，有兴趣的读者可以

翻看具体内容。

- 消息队列和数据同步不是完全相同的概念，二者有明显的概念和作用区分。数据同步的概念与传统意义上的 ETL 类似，属于数据采样、转换和加载的范围；而消息队列则是一种进程间或同一进程下不同线程间的信息通信方式，严格意义上是为消息生产、队列管理和消费服务的。有关消息队列的更多内容，将在第 4 章进行详细介绍。

3. 如何判断增量更新的数据范围

从严格意义上讲，增量更新的数据包括 3 类。

- 第 1 类是原有数据中需要更新的数据，如订单状态、会员等级、会员积分、会员累计订单量等都会随着时间发生变化，这些数据需要在每次增量更新时将原有的值更新为新的值。
- 第 2 类是新增加的需要插入的数据，如新增的用户访问行为、订单记录、用户注册、商品维度信息等，这部分数据由于之前不存在，因此只需插入即可。
- 第 3 类是原有已经存在的数据被删除，因此，在进行数据同步时，也需要执行删除操作。

对于增量数据的判断，主要方式如下。

- Binlog：基于数据库日志判断更新范围，这是 Canal 的核心工作机制，但需要数据库或数据源支持该机制。这种机制适用于数据库对所有操作（包括新增、修改、删除）的判断。
- 时间戳字段：建立一个 update 字段，当数据记录发生变化（主要是新增、修改）时，基于 update 字段可判断最新记录。
- ID 标识字段：建立自增主键或唯一主键，将历史同步的数据 ID 与数据源的数据 ID 进行比对，只同步新增的 ID 标识对应的记录即可。但这种方式主要适用于新增的数据记录。
- 操作事务字段：当对数据表中的记录进行删除操作时，如果不读取 binlog 日志或单独记录，那么无法判断已经删除的数据。此时可通过伪删除的方式实现，即新增一个操作字段来记录数据事务。当发生删除操作时，只需标记该操作字段的值为删除状态，同时更新时间戳即可。此时的数据仍然保留，但已经被标记出需要删除。
- 触发器：在对数据表进行操作（新增、更新、删除）时，利用触发器将对应记录的表名、数据记录识别 ID、操作事务写入单独表中，后续只需读取触发器记录的目标表，即可找到所有要更新的数据范围；当数据同步完成后，可删除或标记目标表中的数据。

此外，很多数据库都有自己独特的判断机制或服务。例如，SQL Server 的 CDC（Change Data Capture）服务、MySQL 的 Canal、Oracle 的 merge into 等。

知识
导览
- 消息队列概述
- 消息队列的技术选型
- Python操作RabbitMQ处理消息队列服务
- Python操作Kafka处理消息队列服务
- Python操作ZeroMQ处理消息队列服务
- 案例：利用消息队列采集电商用户行为数据

4.1 消息队列概述

消息队列（Message Queue）是一种进程间或同一进程下不同线程间的通信方式，提供了异步的通信协议。

在消息队列中，消息的发送者和接收者不需要同时与消息队列交互，消息会保存在队列（Queue）中，等待被接收者（一个或多个）获取。

4.1.1 消息队列的核心概念

消息队列的核心概念包括以下几个。

- 生产者（Producer）：负责生产、发送数据。消息队列中可以包含一个或多个生产者。
- 队列（Queue）：生产者发送的数据（消息）会存储在队列中，消费者会从队列中获得数据。队列一般会有容量上的限制，其本质上是一个大的消息缓存区。
- 消费者（Consumer）：等待接收、处理消息。与生产者相同，消息队列可以包含一个或多个消费者。

利用上述核心概念，即可组合构建一个最简单的消息队列模型，如图 4-1 所示。

在该模型中，消息被生产者生产并发送至队列，消费者从队列中获取消息并消费。

除核心概念之外，其他诸多概念大致由上述核心概念结合相应的业务需求产生，其中比较重要的概念如下。

- **消息协议**：协议可以理解为一套简单的大家都要遵守的规则，常见的协议如 AMQP（高级消息队列协议）、HTTP、TCP。消息协议的目标是指导消息队列功能的实现，包括一个消息队列中应该包含哪些元素、应该用什么样的方式通信等。
- **消息代理（Message Broker）**：一般来说，生产者/消费者不会直接和队列进行交互，而是由消息代理进行管理。消息代理本质上是服务生产者/消费者通信的基础设施服务，在消息从生产者到消费者的传递过程中，消息代理是所有消息的中介节点。

图 4-1　最简单的消息队列模型

消息代理可能不好直观理解，举例来说，假如你想写信给他人，你把信投入邮箱，那么此时消息代理既是这里的邮箱（接收了你发出的消息），又是邮递员（将消息发送至目标），还是一个邮局（除你以外，还服务成千上万的"他人"）。

换言之，消息代理的核心功能是消息的接收、消息的存储、消息的发送/提供。

一个消息代理一般可以管理多个队列，并管理生产者、消费者与其互动，如图 4-2 所示。

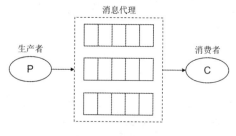

图 4-2　消息代理

4.1.2　选择消息队列的 3 种技术应用场景

使用消息队列的场景有很多，从技术角度看，主要为以下 3 种场景：解耦、削峰、广播。

- **解耦**：解耦合，宽泛地说，就是将网络结构中两个原本直接关联的模块进行拆分，将直接的关系转换为间接的关系。例如，对一个网络结构来说，固化的模块越多，其拓展修改难度也就越大，而消息队列的价值就在于让生产者和消费者经过消息队列通信。在该网络结构中，仅有中间的消息队列是固定的，生产者和消费者解耦，双方都可以自由扩展，因此系统的自由度大大提升。
- **削峰**：也可以说是削峰平谷，目的是维持应用需求与处理能力的平衡。对请求分布不均匀的应用来说，通过引入消息队列，当出现峰值时，可以先缓存任务，然后延时分发，相当于削除峰值，使之平缓分布，这样虽然产生了一定的延迟，但是保证了系统的可用性，并且提高了系统的效率（平谷作用）。

- **广播**：在系统中，一条消息可以通过消息队列为多个消费者所使用。例如，对于一条用户行为日志信息，可能被实时处理服务消费，以计算实时数据；也可能被数据存储服务消费，以将日志信息处理入库。

4.2　消息队列的技术选型

目前，开源的消息队列技术方案很多，如 ActiveMQ、RabbitMQ、RocketMQ、Kafka、Redis、ZeroMQ 等。本节将简单介绍这些消息队列技术及其选型思路。

4.2.1　常见的 6 种消息队列技术

1. ActiveMQ

ActiveMQ 是目前由 Apache 基金会开发、维护的一款开源的、基于 Java 语言的、支持行业标准协议的消息队列方案（也称消息中间件），其功能强大、应用广泛，可以为企业提供成熟、稳定、安全、可拓展的企业级消息通信。

ActiveMQ 现在可以分为两个不同的版本，即经典的 ActiveMQ 和 ActiveMQ Artemis，后者被定义为 ActiveMQ 的下一代升级版本。

ActiveMQ 的优点：如历史悠久、功能成熟、应用广泛、消息可靠性的保障、消息的缓存、多语言客户端的支持等。本章列举的数个消息队列方案基本都具备这些优点，故在后面不在优点中一一叙述，仅列举相对而言的比较优/缺点。

ActiveMQ 的缺点如下。

- 吞吐量低，不适合大规模吞吐的场景使用。
- 无分片功能，不适合集群环境。
- 官方社区逐渐转向 Artemis，对经典的 ActiveMQ 的维护趋冷。

2. RabbitMQ

RabbitMQ 是一款基于 Erlang 语言开发的、实现了 AMQP（高级消息队列协议）的开源消息中间件。

由于其强大的功能、活跃的社区、丰富实用的管理监控能力，以及极大丰富其拓展性的插件系统等，RabbitMQ 自诞生至今，一直是最主流的消息中间件之一。

RabbitMQ 的优点如下。

- 功能极其丰富，支持大量高级功能。
- 社区活跃，文档齐全。

- 内存占用很小，支持物联网环境的使用。
- 官方提供了非常好用的 UI 管理界面。

RabbitMQ 的缺点如下。

- 吞吐量较低。
- 基于 Erlang 语言开发，可能需要额外的运维成本，不利于二次开发和维护。

3．RocketMQ

RocketMQ 是由阿里巴巴开源的一款基于 Java 语言的分布式消息中间件，随后成为 Apache 基金会的顶级项目（是国内首个互联网中间件在 Apache 的顶级项目）。

RocketMQ 在设计时参考了 Kafka，并进行了一定的改进。

RocketMQ 在阿里巴巴内部广泛应用，在诸如"双 11"等大型活动中承担了重要角色，处理的消息量可以达到万亿级别。

RocketMQ 的优点如下。

- 吞吐量高。
- 可用性极高，分布式架构适合集群环境。
- 由阿里巴巴开发，适合中文开发者。

RocketMQ 的缺点如下。

- 官方支持的客户端语言不多。
- 社区活跃度较低。

4．Kafka

Kafka 最初由 LinkedIn 于 2011 年初开源，后由 Apache 基金会管理，是一款基于 Java 及 Scala 语言的开源分布式流式处理平台，是典型的分布式系统。

由于其强大的可拓展能力、容错能力、耐用性、高吞吐量、实时模式及对流数据处理的支持，Kafka 日益成为最受欢迎、使用最为广泛的消息队列方案之一。

Kafka 的优点如下。

- 适合实时计算、日志采集场景。
- 高性能、高吞吐量。
- 可拓展性极佳。
- 支持大量数据的长期存储。
- 社区活跃度极高，是当前最受关注的消息队列技术方案之一。

Kafka 的缺点如下。

- 使用门槛较高，需要配置的参数项过多，有许多默认值需要修改。
- 官方提供的 CLI 工具的可用性较差。
- 消息消费为拉模式，消费端使用短轮询方式，实时性取决于轮询间隔时间。

5．Redis

Redis 实质上是一个开源的、基于内存的、分布式的键值对存储数据库，但其架构天然支持消息队列（Redis Stream、Redis Pub/Sub、Redis List），加之其超高的性能与广泛的应用，使大量企业将其作为消息队列使用。

Redis 的优点如下。

* 性能佳。
* 实现简单、可以复用 Redis 开发经验。
* 社区活跃、使用广泛。

Redis 的缺点：对一些高级消息队列功能的支持性较差，可能需要额外开发。

6．ZeroMQ

ZeroMQ 基于 C++开发，被认为是最快的消息队列，但 ZeroMQ 和上述 MQ 方案有一个本质的区别——由于 ZeroMQ 没有设置专门的消息代理（Message Broker），因此是一种特殊的无代理架构。ZeroMQ 本质上更像是一个适用于不同编程语言、不同套接字风格、支持多种传输协议的高级异步消息库。

ZeroMQ 最大的特点在于其超高的性能与灵活的架构，通过组合不同套接字，可以实现诸多复杂、高级的网络结构。

ZeroMQ 的优点如下。

* 性能极佳。
* 官方文档书写得极好。
* 具有丰富的套接字接口，可以通过组合实现多种功能。

ZeroMQ 的缺点：入门与使用门槛较高，大部分功能的实现都需要较多的开发和构建。

4.2.2　消息队列技术选型的 4 个维度

消息队列技术选型主要考虑性能、功能、可维护性、其他 4 个维度。

1．性能

从性能高低来看，消息队列之间的差异巨大。例如，在一次模拟实验中，ActiveMQ、RabbitMQ 的吞吐量可能在万级别，但是对比 Kafka、RocketMQ，基本可以达到十万级以上，ZeroMQ 的速度甚至可以做到更快。

但是需要注意的是，在不同的设备配置、应用环境下，性能的表现可能是有很大差异的，而且往往无法达到其理论速度。根据木桶效应，制约性能的往往是整体中的最短板，而那个最短板对大多数企业来说，往往不是工具本身的性能，反而可能是设备、网络、技术开发能力等，对大多数应用需求而言，即使是被认为性能较差的 ActiveMQ 也足以充分应对，而性能强大的 Kafka 在设备配置有限的情况下，有时反而发挥不出其原本的性能价值。

此外，方案本身的性能也不是恒定的。例如，RabbitMQ 如果对消息进行持久化设置（其目的可能在于提高可靠性），如将所有消息持久化，则性能会受到很大影响。

一般来说，性能和功能在很多时候是冲突的，想要保证功能的强大，就很难不在性能上有所牺牲，反之亦然。

2．功能

功能是消息队列选型时另一个需要考虑的维度。一个功能强大的方案可以充分满足当前的业务需求，应对现有及未来可能发生的情况。

一些常规、核心的功能，如消息的生产/消费、发布/订阅基本是各方案均具备的，但在此之上，我们当然希望方案的功能越强大越好，如果一个方案的功能无法满足未来所需，那么还需要进行二次开发或其他方案的引入，此时产生的成本、生成的额外的复杂度可能会更令人头疼。

一般来说，需要考虑的功能项如下。

消息路由：生产者发送的消息可以依据特定规则被置入指定队列中。

消息过滤：消费者在消费消息时，可以依据特定规则对消息进行过滤，仅消费特定消息。

消息顺序：支持消息投递的有序性，可以抵抗网络传输速度等因素的影响，保证消息被顺序地处理。

投递保证：消息在投递时可以得到并保证其投递状态。

消息幂等：可以处理诸如由消息重试等原因导致的重复消息（一条消息被多次投递）情况。

消息持久化：消息可以持久化到硬盘，并允许重新加载恢复。

回溯消费：消息被消费完毕后，还能被消费。

延时队列：消息发送后，可以约束等待一段时间后被消费。

消息过期：消息可以设置过期时间，对于超出过期时间还没有被消费的消息，自动将其置入过期队列中。

重试队列：对于消费者消费失败的消息，为了避免消息丢失，将消息放入重试队列，等待重新被消费。

死信队列：对于无法被消费的消息（如超出了重试次数限制的消息），将其自动置入死信队列，避免消息遗失，且支持后续的排查。

当然，对消息队列来说，大部分应用场景是各类消息队列均能应对的，在核心功能和常规功能上，彼此差异并不会很大，如果对消息队列没有特别深入的使用需求，那么功能维度可能并不是需要优先考虑的重点。

3．可维护性

可维护性表示为当系统出现问题时，解决漏洞、排除问题的难易程度和速度。可维护性是一个复合指标。

- 方案的开发语言和企业技术栈的贴合度。例如，Kafka、RocketMQ、ActiveMQ 这种基于 Java 语言的消息队列技术方案，在国内 Java 工程师较多的环境下，如果出现问题，那么维护起来会比 RabbitMQ 对应的 Erlang 语言好得多。
- 方案的社区生态。一个活跃的社区中可能会有大量前辈经验可供参考，当出现问题时很好解决，很多新的开源方案往往会宣称其比之前的方案更加先进，但缺乏长时间养成的社区生态，导致异常问题层出，且又缺乏前辈经验支持，难以维护。
- 方案本身是否有相关运维、DEBUG 的支持。例如，是否有监控装置可以进行实时预警，以便在出现问题时可以及时发现、定位、修复等。在这方面，RocketMQ 有 RocketMQ-console、RabbitMQ 有 RabbitMQ-management 插件、Kafka 有 Kafka Manager（现更名为 CMAK）、ActiveMQ 有 Web Console（现需要 5.0+版本）等。

此外，方案本身的成熟度，以及方案的文档、更新日志的可读性等也会对可维护性产生很大的影响。

4．其他维度

除上述介绍的几个维度以外，有时还需要考虑诸如方案的安全性（如是否提供安全认证、权限限制功能，是否支持 SSL 通信、客户端证书验证，方案是否成熟稳定等）、方案的成本（包括软件成本、硬件成本）、方案支持的编程语言（如是否支持 Python）等。

4.2.3 消息队列技术选型总结

这里总结本节涉及的消息队列技术及技术选型维度，如表 4-1 所示。

表 4-1 消息队列技术选型总结

维　度	ActiveMQ	RabbitMQ	RocketMQ	Kafka	Redis	ZeroMQ
性能	低	中	高	高	高	极高
功能	高	高	中	中	低	低
可维护性	高	中	高	高	中	低

上述得分是基于行业中的基本共识而形成的基本评价结果。需要注意的是，如前面所述，对于每种方案，其相应的技术特性在不同场景、不同环境下可能受到外部各类因素的制约，因此其评估结果可能有差异。这里总结各种技术的常用选型应用场景，供读者参考。

- 对于中小型企业或业务量较小的项目，ActiveMQ 和 RabbitMQ 是很好的选择，对于 Python 使用场景，RabbitMQ 更值得推荐一些。
- 对于开发能力充足、资源丰富、业务量大的大型企业，RocketMQ 和 Kafka 更加适合。
- 对于高并发需求场景或需要自定义一些特殊的、个性化的网络结构，ZeroMQ 值得考虑。
- 如果已经使用了 Redis，但还没有开始使用消息队列，那么可以直接从 Redis 起步。

4.3 Python 操作 RabbitMQ 处理消息队列服务

本节介绍如何基于 Python 操作使用 RabbitMQ。

4.3.1 安装配置

RabbitMQ 的安装方式很多，此处推荐的安装方式为使用 Docker 进行安装，主要原因是除了通过 Docker 安装具备的简易性、平台无关性、开箱即用性等优势，RabbitMQ 本身也提供了精心构建的官方容器镜像，且官方推荐优先使用 Docker 部署 RabbitMQ。

1．使用 Docker 安装 RabbitMQ

使用 Docker 安装 RabbitMQ 非常简单，仅需如下两步。

（1）拉取。

在命令行中使用 docker pull 命令，从 Docker Hub 上拉取官方镜像到本地，如 docker pull rabbitmq:3-management。

此处选择标签为 3-management 的镜像。此镜像会默认加载 RabbitMQ 官方 UI 管理界面插件，方便使用。

（2）使用。

镜像拉取到本地后就可以使用了。下面以官方给出的 Docker 快速启动命令为例：

```
docker run -it --rm --name rabbitmq -p 5672:5672 -p 15672:15672 rabbitmq:3-management
```

上述命令会在命令行中开启 RabbitMQ 服务。

RabbitMQ 服务默认监听其所在地的 5672 端口，此处通过端口映射，即使用 -p 参数，将容器的 5672 端口映射到宿主机的 5672 端口（-p 5672:5672），如此即可在宿主机上通过请求（如 localhost:5672）来访问容器中的 5672 端口对应的 RabbitMQ 服务，与其类似的还有 15672 端口，其同样被映射到了宿主机，该端口绑定了 RabbitMQ 默认提供的 UI 管理界面。

在浏览器中输入 http://localhost:15672/，即可进入 RabbitMQ 的 UI 管理界面，此时可以使用默认用户名/密码（guest）登录并使用。

RabbitMQ 提供的 UI 管理界面的功能非常丰富，可以查看当前 RabbitMQ 服务中的连接、队列、交换机等信息，或者管理用户、授予用户不同的访问权限等。限于篇幅，不在此赘述，感兴趣的读者可以配合代码直接上手体验。RabbitMQ UI 管理界面如图 4-3 所示。

图 4-3　RabbitMQ UI 管理界面

2. 安装 RabbitMQ Python 客户端 Pika

Pika 是 RabbitMQ 官方推荐的 Python 客户端库，是对 AMQP 0-9-1 协议的纯 Python 实现。可以通过 pip 安装 Pika，如 pip3 install pika。

Pika 可以安装在没有安装 RabbitMQ 服务的主机上，与远程安装了 RabbitMQ 服务的主机通过 IP 地址和端口进行通信。

4.3.2　基本示例

下面从一个最简单的示例入手，即通过 RabbitMQ 实现简单的消息生产与消费。

1. 从生产开始

首先从消息生产开始，第一步是导入 Pika 并创建与 RabbitMQ 服务的连接：

```
1    import pika
2    connection = pika.BlockingConnection(pika.ConnectionParameters(host='some-rabbit'))
3    channel = connection.channel()
```

- 代码 1 导入了 Pika 库。
- 代码 2 创建了连接至本地 RabbitMQ 服务（localhost:5672）的连接。此处需要注意的是，在连接时如果无特殊声明，则会默认连接 RabbitMQ 服务的默认端口 5672，也可以指定不同的主机名及端口。
- 代码 3 创建了一个信道，该信道是创建在 TCP 连接上的一个逻辑通道，其价值是进行多路复用、降低连接损耗、提升服务性能。

创建完连接后，需要往队列中发送消息，但是显然 RabbitMQ 中的队列并不是唯一的，需要指明或声明所需发送至的队列，如果目标队列并不存在，那么 RabbitMQ 会默认自动丢掉发送的消息，从而导致消息丢失，我们显然不希望这种事情发生。

```
channel.queue_declare(queue='hello')
```

上述代码声明了一个队列，并命名为 hello，在这其中，queue_declare 是一个幂等的方法，这表示其如果多次声明，则会创建且仅会创建一个名为 hello 的队列。

一般来说，生产者和消费者都应该尝试声明队列，因为在实际应用中，可能并不知道生产者和消费者哪个客户端会先创建。

注意：推荐在生产者、消费者处均进行队列的声明，不过如果需要预先清晰了解所需的队列，那么也可以使用预创建的方式，从而避免出现重复的声明代码。

确定了目标队列的存在，下面开始正式进行消息的生产、发送：

```
1    channel.basic_publish(exchange='', routing_key='hello', body='Hello World!')
2    connection.close()
```

此处使用 basic_publish 方法进行基本的消息生产、发送，在这个方法中，包含了如下几个参数：exchange、routing_key、body。

- exchange：表示交换机，其作用主要为控制消息发送的方式。在 RabbitMQ 中，生产者不会直接将消息发送到队列中，而是先将消息发送到 exchange 中，然后由其路由到相应队列中。
- routing_key：表示路由的键，与 exchange 一起发挥作用，当 exchange 为空字符时，表示其会将数据直接路由至 routing_key 指向的队列（此时为 hello）。
- body：表示所要发送的消息，即"Hello World!"。

发送完消息后，使用 connection.close()进行连接的关闭，可以保证消息传递的有效性。至此，完成了一个最简单的消息生产示例。

2．管理 RabbitMQ 服务中的消息

完成了消息的生产，接下来就该进行消息的消费了，但是别着急，下面先在 RabbitMQ Broker Server 中查看一下刚刚生产的消息。

进入 RabbitMQ Broker Server 所在服务器，并在命令行中输入如下命令：

```
rabbitmqctl list_queues
```

输出结果如下：

```
Timeout: 60.0 seconds ...
Listing queues for vhost / ...
name        messages
hello    1
```

从上面的结果可以看出，当前 RabbitMQ 服务中存在一个 hello 队列，该队列中存在 1 条消息。

注意：rabbitmqctl 是 RabbitMQ 的命令行工具，用于管理 RabbitMQ 服务节点，可以使用其完成诸多操作，具体使用方式可以通过 rabbitmqctl --help 命令查看或查看 RabbitMQ 官网来获取更多相关信息。

3．完成消费

作为消费者，首先也需要导入 Pika 库、创建与 RabbitMQ 服务的连接、通过 queue_declare 声明队列，此部分代码和生产部分一致。

消费函数为 channel.basic_consume，其核心参数如下。

- queue：字符串参数，用于指明消费的队列。
- on_message_callback：用于当收到队列消息时进行处理的回调函数［该回调函数会收到 4 个参数，即 channel(ch)/method/properties/body，此处的 body 即所需处理的消息体］。

消费部分代码如下：

```
1    def callback(ch, method, properties, body):
2        print(" [x] 收到消息 %r" % body)
3    channel.basic_consume(queue='hello', on_message_callback=callback, auto_ack=True)
4    channel.start_consuming()
```

- 代码 1 和代码 2 定义了一个回调函数。
- 对于代码 3，前面定义的回调函数被传递给参数 on_message_callback，用于收到消息时的回调处理。

在 basic_consume 函数中还有一个参数 auto_ack，其中 ack 是 acknowledge 的缩写，当进行消费的时候，消息代理将消息发送给消费者，但是此时消息代理并不知道消费者是否正常地进行了消费，此时就采用消费者向消息代理发送一条确认消息的方式，标识自己

已经完成了消费。

不过也不是所有场景都需要详细的控制消息的确认，可以通过 auto_ack=True 来让消费者自主管理发送 ack 的时机，此参数在默认情况下为 False。

代码 4 通过 channel.start_consuming 开始消费。该函数是一个阻塞函数，会开启一个无限循环来持续地等待接收消息，并运行相应的回调函数，可以通过 Ctrl+C 组合键来停止其运行（或通过 channel.stop_consuming 来停止消费）。

在运行上述代码后，可以从控制台中看到从消息队列中收到了消息，并执行了指定的回调函数中的功能：

[x] 收到消息 b'Hello World!'

上述内容实现了一个最简单的消息队列模型，包含一个生产者及一个消费者，生产者生产消息并放入队列，消费者等待接收消息并在收到消息时进行消费（这里使用 P 代表生产者，使用 C 代表消费者，使用多个矩形代表队列），生产者、消费者、队列的关系（单个消费者）如图 4-4 所示。

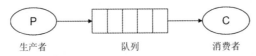

图 4-4　生产者、消费者、队列的关系（单个消费者）

我们可以很容易地对图 4-4 进行拓展，即有多个消费者，如图 4-5 所示。

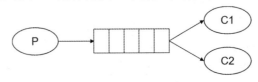

图 4-5　生产者、消费者、队列的关系（多个消费者）

在之前的示例中，我们仅在队列 hello 中绑定了一个消费者，但是实际上可以绑定多个消费者，只需按照刚才的代码再开启一个消费者即可。

在生产环境中，经常会遇到生产的消息无法被一个消费者消费完（或一个消费者消费得过于缓慢）的情况（往往此时消费者接收消息后需要完成复杂或耗时严重的处理任务），此时，通过绑定多个消费者来"分担"任务，就可以提高作业效率，这种方式为我们提供了水平拓展的能力，当任务过多、过于繁重时，可以通过添加消费者来提高效率。

那么问题来了，当绑定多个消费者时，RabbitMQ 将如何进行消息的分配呢？

在默认情况下，RabbitMQ 会采用轮询的方式分配消息。例如，若这条消息发送给了消费者 A，则下一条将发送给消费者 B，再下一条继续发送给消费者 A，再给消费者 B，这样不断地循环，最终消息将被平均地分配给各个消费者。

当然，RabbitMQ 还支持对分配方式更加细化、自由的定义，以符合不同场景的需要。

4.3.3　高级用法

1．通过交换机实现复杂的消息分发

前面提到了交换机（Exchange），并了解了 RabbitMQ 中的消息不会由生产者生成后直接发送给队列，而是先发送给交换机，然后由交换机进行路由。交换机的存在极大地丰富了 RabbitMQ 的功能。

在 RabbitMQ 中，常用的交换机类型包括 fanout（扇出）、direct（直连）、topic（主题）3 种。此外，headers 由于性能较差且功能和其他交换机重叠而很少使用。

一般使用 X 代表交换机。交换机（X）的位置队列如图 4-6 所示。

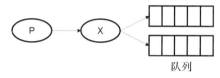

图 4-6　交换机（X）的位置队列

对比图 4-4 和图 4-6，可以看到，交换机实际处于生产者和队列的中间位置。它先接收生产者发送的消息，然后路由到相应的队列中。

如果消息发送到交换机后，交换机将消息路由至绑定到交换机上的所有队列，则此时的交换机类型就是 fanout（扇出）类型。

定义使用 fanout 类型的交换机十分简单，如图 4-7 所示。

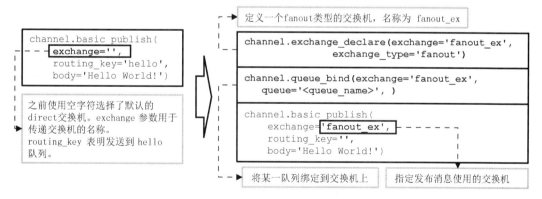

图 4-7　默认 direct 交换机对比 fanout 交换机

在如图 4-7 所示的代码中，一些参数的作用如下。

- channel.exchange_declare 语句用于声明一个交换机，其中 exchange 传入交换机名称，exchange_type 用于声明交换机的类型（如 fanout/direct/topic）。
- channel.queue_bind 语句用于将队列绑定到交换机上，其中，exchange 传入需要绑定的交换机的名称，queue 传入要绑定的队列的名称。

- routing_key 为绑定键，在 fanout 中没有价值，因此使用默认值 None 即可，但是对于其他交换机类型（如 topic）很重要。

注意：一个队列可以通过多个 routing_key 绑定到交换机上。

fanout 默认会将所有发送到该交换机的消息路由到所有与该交换机绑定的队列中。在业务场景中，如收集日志后，既想要对其进行实时处理（如统计网页的当前实时浏览量），又想要将日志数据入库，以便于后续批量的处理分析，此时可以定义一个交换机，并为其绑定两个队列，两个队列又分别有其对应的消费者，如图 4-8 所示。

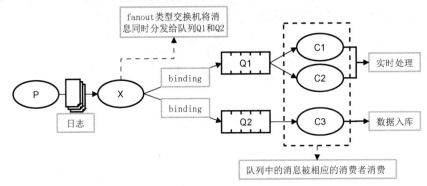

图 4-8　fanout 用于日志分发处理

当生产者发送一条日志消息后，C1/C2/C3 消费者将同时收到消息，并分别进行不同的处理。

这里汇总 fanout、exchange、topic 的应用场景和使用方案，如表 4-2 所示。

表 4-2　fanout、exchange、topic 的应用场景和使用方案汇总

类　型	功　能
fanout	会将所有发送到该交换机的消息路由给所有绑定到该交换机上的队列，此时路由键与绑定键无效
direct	会将消息路由到队列和交换机的绑定键与生产者和交换机的路由键完全匹配的队列中
topic	topic 相对于 direct 进行了扩展，允许通过分层级和通配符（*、#）来构建复杂匹配。例如，绑定键为 com.rabbitmq.*，可以匹配路由键 com.rabbitmq.client 或 com.rabbitmq.server，这里面的 * 代表层级内任意一个单词，但是不能匹配 com.rabbitmq.client.c1，因为这里多了一个层级。但是相应的 com.rabbitmq.# 就可以，#可以用于匹配多个层级的单词（也可以为 0 个）。注意：*和#可以适用于任意层级，如*.rabbitmq.*

2. 推/拉消费模式

RabbitMQ 支持两种不同的消费模式，即推（Push）模式和拉（Pull）模式。

- 推（Push）模式主要通过订阅的方式来消费消息，即数据从 Broker 中被主动地推送给队列，而队列被动地接收消息。这种模式的实时性较好，Broker 对消息的消费

时机有控制能力，但是需要一定的流控制能力来避免 Broker 推送过多的消息以至于压垮消费端。

- 拉（Pull）模式由消费者主动请求 Broker 来获取消息。它的实时性显然较推模式差一些（当一条消息到达 Broker 时，推模式可以立即发送，但是拉模式必须等待下一个调度周期才能由消费者发起拉取请求，这里面有一个明显的时间差），但是好处在于，在拉模式下，消费者可以更好地控制消息消费的时机，可以根据自身能力控制拉取的消息量。

不同的消息队列默认（或推荐）采用的消费模式有所不同，在 RabbitMQ 中，默认为推模式，不过 RabbitMQ 也支持使用拉模式，其代码对比如图 4-9 所示。

推模式　　　　　　　　　　　　　　　　　　　　拉模式

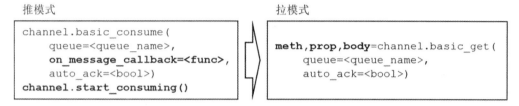

图 4-9　推模式与拉模式代码对比

拉模式相对于推模式，并没有使用 on_message_callback 设置回调函数，也没有使用 channel.start_consuming() 来显式开始消费，而是直接将拉取的结果返回到 method(meth)/properties(prop)/body 中，与之相似的参数在推模式的 basic_consume 中，会在获取消息时传入 on_message_callback 对应的回调函数中，额外传入的参数还有 channel。

推、拉模式参数差异的原因在于，推模式在开始时并不知道会何时收到消息，只能在消息到达时，调用相应的回调函数来消费；而在拉模式下，消费端则明确其返回结果为一条消息（如果队列为空，则返回 none,none,none），可以直接开始消费。

通过切换推模式/拉模式，可以针对一些不同的消费场景提供有针对性的解决方案。

4.3.4　技术要点

在 RabbitMQ 中，当队列拥有多个消费者时，消息将按照轮询（round-robin）的方式依次分发给订阅的消费者，这种方法为 RabbitMQ 提供了良好的扩展性，当消息能力不足时，通过增加消费者，即可快速提高整体的消费能力。

但是此处存在一个问题，即存在由于消费者处理速度、消息消费难度等原因导致的消费不均衡问题。例如，有的消费者能力强、消费快，而有的消费者能力差、消费慢，但每次 RabbitMQ 依然会在消息分发时进行平均分配，结果有的消费者闲着、有的消费者很忙，最终导致整体效率低下，这是我们不希望看到的。

一种解决方案是使用 channel.basic_qos(prefetch_size=0, prefetch_count=0, global_qos=False) 方法，该方法接收 3 个参数。

- prefetch_size：可以理解为信道上消费者还可以继续消费的未确认消息的总体大小（单位：B）。
- prefetch_count：可以理解为信道上消费者还可以继续消费的未确认消息的总体数量。
- global_qos：用于约束是否将该设置应用于连接（connection）的所有信道（channel）。

在上述参数中，prefetch_size 和 prefetch_count 的默认值均为 0，表示没有限制。

举例来说，如果某消费者先设置了 channel.basic_qos(prefetch_count=5)，然后订阅队列进行消费，则 RabbitMQ Broker 会为该消费者计数，如果发送但未确认（ack）的消息达到了 5 个，则不会继续分发消息，直到消费者确认了某条消息后（此时发送未确认数减 1，小于 5），才会继续分发。

需要注意的是，channel.basic_qos 依赖于 ack，如果选择使用 no-ack，则此处的设置无效。

4.4 Python 操作 Kafka 处理消息队列服务

本节介绍如何基于 Python 操作使用 Kafka。

4.4.1 安装配置

Kafka 可以在单机环境及集群模式下运行。为了快速学习和实践，推荐读者使用 Docker 镜像快速安装 Kafka 集群。

1. 使用 Docker 安装 Kafka

要使用 wurstmeister/kafka-docker，需要有 docker-compose 工具，该工具在 Windows/Mac 的 Docker Desktop 中默认携带，关于 Linux 系统下的相关安装、使用说明，会在后续章节陆续介绍。

整体的部署分为以下两步。

（1）使用 git 命令从 GitHub 上下载当前项目到本地：

```
git clone https://*/wurstmeister/kafka-docker.git
```

另外，还可以在 GitHub 上手动下载，项目链接为 https://*/wurstmeister/kafka-docker。

（2）进入下载到本地的项目目录下，通过 docker compose 命令构建服务。

注意：执行命令前应修改项目目录下 docker-compose.yml 文件中的 KAFKA_ADVERTISED_HOST_NAME 参数，修改为 Docker 所在宿主机的 IP 地址，如 192.168.0.45。该命令会创建依据当前目录下的 docker-compose.yml 配置文件，创建并启用 Docker 容器（因此无须如之前一般首先使用 docker pull 命令拉取镜像，拉取镜像的过程会自动进行）。

可以自定义修改 docker-compose.yml。例如，将 Kafka 内的 build 命令修改为类似

ZooKeeper 的已经构建好的镜像，以此来避免重新构建镜像，提高部署效率，如图 4-10 所示。

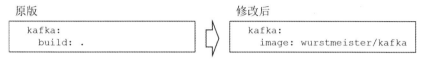

原版　　　　　　　　　　　　　　修改后

图 4-10　docker-compose.yml 修改示例

上述配置修改完毕后，即可执行命令 docker compose up -d 进行构建。

第一次执行该命令会出现如图 4-11 所示的输出内容，表明其正在拉取或创建相关镜像。

```
Creating network "kafka-docker_default" with the default driver
Pulling zookeeper (wurstmeister/zookeeper:)...
latest: Pulling from wurstmeister/zookeeper
a3ed95caeb02: Pull complete
ef38b711a50f: Downloading [================================>]          ] 50.92MB/67.5MB
e057c74597c7: Download complete
666c214f6385: Download complete
c3d6a96f1ffc: Download complete
3fe26a83e0ca: Download complete
3d3a7dd3a3b1: Downloading [===>                                         ] 7.35MB/109.9MB
f8cc938abe5f: Download complete
9978b75f7a58: Download complete
4d4dbcc8f8cc: Download complete
8b130a9baa49: Waiting
6b9611650a73: Waiting
5df5aac51927: Waiting
76eea4448d9b: Waiting
8b66990876c6: Waiting
f0dd38204b6f: Waiting
```

图 4-11　docker-compose up -d 命令输出内容示例

提示：在国内使用上述命令时，速度可能会很慢（即使已经配置了 Docker 的国内镜像源），产生该现象的原因在于，在 docker-compose.yml 中，指定需要通过目录下的 Dockerfile 来构建 Kafka 镜像，而构建的命令会执行一系列操作，包括在 Alpine 系统上执行一系列工具的安装，但是 Alpine 在国内安装很慢，导致整体效率变低，上述通过修改 docker-compose.yml 配置文件来避免构建就是一种解决方案。

命令执行完毕后，输出如下信息：

```
Creating kafka-docker_zookeeper_1 ... done
Creating kafka-docker_kafka_1        ... done
```

在命令行中使用 docker container ls 命令，可以看到容器已经创建完毕，容器名称分别为 kafka-docker_zookeeper_1 与 kafka-docker_kafka_1。

其他相关命令如下。

- docker-compose scale kafka=3：用于设置集群中 Kafka 节点的数量（此例中为 3，即服务中最终将包含 3 个 Kafka 容器节点）。

- docker-compose stop：用于停止所有相关创建的容器，会按照依赖顺序自动停止容器。

服务构建完毕后，可以使用 docker container ls 命令查看创建的容器，如图 4-12 所示。

```
> docker container ls
CONTAINER ID    IMAGE                   ...    PORTS                                               NAMES
35bb7a1bf1df    wurstmeister/kafka      ...    0.0.0.0:32770->9092/tcp                             kafka-docker-master_kafka_2
76942588e51d    wurstmeister/kafka      ...    0.0.0.0:32769->9092/tcp                             kafka-docker-master_kafka_3
3853f78f017d    wurstmeister/kafka      ...    0.0.0.0:32768->9092/tcp                             kafka-docker-master_kafka_1
eaff8ba3ad0a    wurstmeister/zookeeper  ...    22/tcp, 2888/tcp, 3888/tcp, 0.0.0.0:2181->2181/tcp  kafka-docker-master_zookeeper_1
```

容器端口映射　　　　　　　　　　　　容器名称

图 4-12　docker container ls 命令输出

注意：docker-compose 会默认为服务创建一个（单机桥接）网络，并将容器自动加入其中，在该网络中，可以直接使用容器名（或容器 ID）路由到容器的主机名，如 ping zookeeper 或 ping kafka-docker-master_kafka_1，这对于进行网络相关设置非常方便。

另外，docker-compose 还设置命令将容器的端口映射到宿主机上（可以指定映射的端口，但由于此处会弹性拓展 Broker，所以将 Kafka Broke 9092 端口映射到宿主机的一个随机端口上）。例如，0.0.0.0:32770->9092/tcp 表明该容器将自身网络端口 9092 映射到宿主机的 32770 端口上。也就是说，可以请求 localhost:32770 或<本机 IP>:32770（如 192.168.0.45:32770 或 172.17.173.**:32770）来访问该容器绑定到 9092 端口上的 Kafka Broker Server。

提示：配置 Kafka 网络必须做到每个 Broker 都能和 ZooKeeper 及其他 Broker 连接，且每个客户端（生产者/消费者）都能够连接每个 Broker。

该项目为开源项目，关于容器的构建方式、命令涉及的相关脚本等都会体现在项目中，并支持任意修改，且该项目本身也进行了诸多设置。例如，可以通过在 docker-compose.yml 中添加相应的环境变量来自定义 Kafka 服务相关参数。

还可以通过 docker exec -it <容器名>的方式进入指定容器，并进行交互性操作来完成一些特定的操作、配置。例如，可以在 Kafka 容器中的$KAFKA_HOME/bin 目录下使用 Kafka 预置的一些便捷的操作、测试脚本，或者在$KAFKA_HOME/config 下进行相关设置的管理。例如，在 server.properties 中，可以进行一些服务端参数的配置或查看操作。

2. 安装 Kafka Python 客户端 kafka-python

kafka-python 是 Apache Kafka 的 Python 客户端库，纯 Python 实现，功能设计参考了官方的 Java 客户端。

注意：除 kafka-python 外，还有很多 Kafka Python 客户端的实现，如 confluent-kafka-python、pykafka 等，目前由 Kafka 官方社区维护的客户端只有 Scala/Java 版本。

kafka-python 可以使用 pip 命令安装，如 pip3 install kafka-python。kafka-python 可以安装在没有部署 Kafka 服务的主机上，实现消息的生产或消费。

4.4.2　基本示例

1. 从消费者订阅开始

区别于 RabbitMQ，此次从消费者开始，首先需要配置消费者对象：

```
1    from kafka import KafkaConsumer
2    consumer = KafkaConsumer('hello',
3        bootstrap_servers='localhost:32768,localhost:32769')
```

如上述代码所示，KafkaConsumer 对象用于创建消费者来消费 Kafka Broker 中的消息，此处传入了两个参数。

- 'hello' 为对应订阅的主题名（也可以传入一个列表，一个消费者支持订阅多个主题）。
- 'localhost:32768,localhost:32769' 指定了连接的 Kafka 集群地址清单（用逗号分隔的一串 host:port），此处无须写入所有 Broker 地址，其仅为一个连接的入口，在连接后，客户端会通过所连接的 Broker 查找其他 Broker 的信息，但建议配置两个及以上，以避免因为连接的 Broker 宕机而导致无法连接 Kafka 集群。如果不指定host:port，则默认连接至 localhost:9092。

除了上述参数，还可以指定其他信息。

- client_id：客户端 ID，默认以 kafka-python-为前缀。
- group_id：消费组 ID。
- key_deserializer/value_deserializer：键/值的反序列化方法。

这里需要注意 group_id，与 RabbitMQ 及其他消息中间件不同，Kafka 在消费者概念上，还存在一层消费组（Consumer Group）的概念，每个消费者都有且仅有一个对应的消费组，当消息被发送到主题中后，消息仅会发送给订阅它的每个消费组中的一个消费者，这就允许很多灵活的操作。

- 1 个主题下有 3 个分区，1 个订阅的消费组，消费组组内有 3 个消费者，当将 3 条消息发送到主题中后，消息被分别发送至 1 个消费者，每个消费者收到 1 条不同的消息，即每条消息只有 1 个消费者（P2P 模式），如图 4-13 所示。

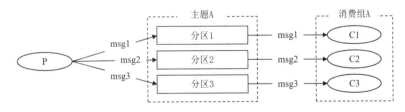

图 4-13　Kafka P2P 模式

- 1 个主题下有 3 个分区，3 个消费组，每个消费组下有 1 个消费者，当 1 条消息发送过来时，该消息会同时广播给 3 个消费组下的消费者，相当于 3 个消费者同时处理 1 条消息，即所有的消息被所有消费者消费（发布/订阅模式），如图 4-14 所示。

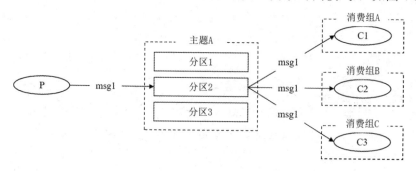

图 4-14　发布/订阅模式

调整相应消费组、消费者、分区的数量，可以应对不同的消费模式，这使得 Kafka 的消费模式十分灵活。

注意：在分区数固定的情况下，如果一个消费组下的消费者超过了分区数，就会有消费者分配不到任何分区，导致消费不到消息。

在刚才的内容中提到了 hello 为对应的主题名，主题（Topic）是 Kafka 中的核心概念之一，用于标识 Kafka 发送消息的类别。主题是一个逻辑概念，其实质是由多个 Partition（分区，一个分区仅属于一个主题，一个分区在存储层面上可以视为一个可不断追加写入的日志文档）构成的，消息最终存储在分区中，消息在分区上的标识称为 offset（偏移量）。

配置完毕后，即可开始消费，KafkaConsumer 类定义自身为一个可迭代对象，可以通过 for 循环或 next 来获取消息。例如：

```
1    for msg in consumer:
2        print(msg)
```

该方法会循环打印所拉取的消息，并在没有消息时阻塞。由于此处只订阅了主题，而没有向主题中发送消息，所以此时循环会阻塞，等待获取消息并打印。

除了上述方法，还可以使用 next 来获取一条消息，如 msg = next(consumer)。

提示：读者可能会奇怪，为什么这里可以通过 for 循环从 consumer 中获取消息呢？在 Python 中，可以通过 for...in...来迭代的称为一个可迭代（iterable）对象，对一个自定义类来说，其可以通过 __iter__ 来标识该类为一个可迭代对象。当被迭代时，会返回一个迭代器（iterator）对象，调用该对象的 __next__ 方法，在 KafkaConsumer 中，__iter__ 返回 self，调用自身（self）的 __next__ 方法（这里还有一些逻辑上的判断），其实最后是调用的 poll 方法来进行请求的，也可以直接使用 poll 来进行消息的获取。

当消息生产发布后，使用 print(msg)命令将在控制台中输出如下内容：

ConsumerRecord(topic='hello', partition=0, offset=0, timestamp=1617517341736, timestamp_type=0, key=None, value=b'hello,world!', headers=[], checksum=None, serialized_key_size=-1, serialized_value_size=12, serialized_header_size=-1)

上面的输出内容表示为一条消息记录，里面包含了一些有关消息的相关属性，如所属主题（topic）、所属分区（partition）、偏移量（offset）、发布的时间戳（timestamp）等，通过 msg.value 可以获取该消息记录的相关属性值（这里是 value，为所发送的消息内容）。

2．进行生产发布

首先进行生产者的配置：

```
1    from kafka import KafkaProducer
2    producer = KafkaProducer(bootstrap_servers=['localhost:32775'])
```

如上述代码所示，KafkaProducer 对象用于创建生产者来进行消息的生产，此处仅传入了一个参数，即 bootstrap_servers，其作用与 KafkaConsumer 中的一致。

除此之外，还可以指定诸如 client_id、key_deserializer/value_deserializer 等参数，其作用也与 KafkaConsumer 中的相仿。

执行代码 producer.send('hello', b'hello,world!')，即可完成一条消息的简单发送。该代码调用了 producer 的 send 方法，向主题 hello 发送了一条二进制消息 hello,world!

send 是一个异步方法。调用 send 方法时传入的消息不会直接发送至主题，而是先发送到缓存区中，然后在特定的时期发送出去（受控于 KafkaProducer 中 batch_size、linger_ms 等参数），这种方式有利于将多个发送到同一分区的消息打包发送，降低发送成本，提高吞吐量。

send 方法在调用后返回一个 kafka.producer.future.FutureRecordMetadata 对象（继承自 kafka.future.Future），基于 Future 对象，可以同时满足同步发送、异步发送两种场景需求。

- 同步发送：调用返回的 Future 对象的 get 方法，该方法将阻塞进程，直到 Future 对象关联消息发送完毕。可以通过 timeout 参数设置 get 的超时时间，超出超时时间还未返回结果将抛出错误。
- 异步发送：要实现异步发送 Future 对象，需要使用 add_callback 或 add_errback 方法添加成功或失败回调函数，在消息发送成功或失败时，调用传入的回调函数。

两种方法的代码对比示例如图 4-15 所示。

此处通过 get 方法得到的返回值为一个 kafka.producer.future.RecordMetadata 对象（上述示例中为 r），r.timestamp 为该消息发送（调用 send 方法时）的时间戳，add_callback 方法传入回调函数 on_send_success 中的参数与之性质一致。

可以看到，在同步模式中，消息每隔 1s 发送 1 次，因为 get 方法阻塞了 1s，直到消息发送成功；而在异步模式下，5 条消息同时发出，统一在 1s 后调用了回调函数，确认发送成功。

这里为了示例清晰，进行了特殊的参数配置，详见 4.4.3 节的内容。

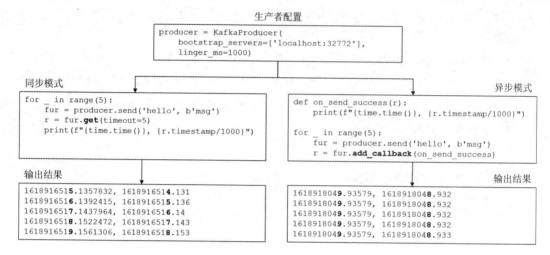

图 4-15 两种方法的代码对比示例

4.4.3 高级用法

在生产者 KafkaProducer 中，除了一些常用参数，如 bootstrap_servers，还有几个参数相对比较重要。

- batch_size：指缓存区可缓存消息数据量大小，默认值为 16384 字节，即 16KB。缓存区中的消息总容量如果超出 batch_size，则会自动触发网络请求，并将缓存区内的消息全部发送出去。

- linger_ms：指消息在缓存区逗留的时间，默认值为 0，即不逗留，消息到达缓冲区后被立即发送出去。linger_ms 主要针对小数据包、高频发送的场景，在这种场景下，通过设置 linger_ms 可以延迟消息到达缓冲区后发送的时机，所传入的参数值的单位为毫秒，消息到达缓冲区后，如果没有超过 batch_size，则最多缓存 linger_ms 毫秒，超时后，自动发送消息，通常将 linger_ms 和 batch_size 组合起来使用。

此外，另一个重要参数是 acks，ack（acknowledgment）为确认反馈，表示生产者如果判定一个请求完毕，那么所需接收的确认反馈（ack）数可以设置为 0、1、all，其作用如下。

- 0：生产者无须等待任何从 Broker Server 处返回的确认信息。消息会直接被认为发送成功，而不会考虑 Broker 是否真的确定收到了消息，因此，在这种情况下，消息发送的效率很高，但是可靠性无法得到保证。

- 1（默认值）：生产者仅会收到一条确认消息，即 Broker Leader 接收了消息并将其持久化至其本地日志中，而不考虑其他 Follower 是否正常，生产者收到确认消息后即认为消息发送成功。

- all：会等待所有同步副本都写入确认完毕，在这种情况下，消息发送的可靠性会得到最好的保证。

这里提到了 Leader 和 Follower 的概念，它们是 Kafka 中的核心概念，常用于确保消息生产的可靠性。

假如发送消息到一个分区后，这个分区发生了故障，那么我们所生产的消息就可能丢失，这种情况是我们不希望看到的，Kafka 通过多副本机制来解决这个问题。

所谓多副本（Assigned Replicas），就是指一个分区在同一时刻存在多个副本，包括一个 Leader 副本（所有分区必有一个 Leader 副本）及其他 Follower 副本，各副本分布在不同的 Broker 中，Leader 副本负责处理读/写请求，Follower 副本只负责和 Leader 进行消息同步，如果 Leader 副本出现了故障，则从 Follower 副本中选择出新的 Leader 副本来提供读/写服务，通过这种机制，即使某个 Broker 出现了故障，服务依然可用，且能保障数据安全。

需要注意的是，Follower 副本同步也是需要时间的，对照上面的 acks，当其取值为 1 时，只有 Leader 完成了数据的写入任务,此时如果其他 Follower 还没有完成同步,但 Leader 发生了故障，那么虽然程序客户端会认为消息发送成功，但是实际上消息丢失了；而如果设置 acks=all，则除非该主题下的所有 Broker 都发生故障，否则只要还有 Follower 存活，就还能保障消息可用，这种情况下的可靠性得到极大的提升，当然，性能也会受到较大的影响。

4.4.4　技术要点

1. 消费者从 Kafka 中读取消息后不会自动删除消息

如前面所述，Kafka 中生产的消息实际会被发送到分区中，分区从存储层面上讲可以认为是一个可以不断追加写入的日志文档，消息在分区上的标识称为偏移量。

Kafka 中的 Broker 不会管理消息的消费状态,消费者通过消费偏移量来识别分区中尚未被消费的消息，并在下次拉取时对尚未被消费的数据进行消费，即 Kafka 中的消息是根据消费位移来从日志中按位置读取的，是由消费者"筛选"的，消费操作不会对日志产生任何影响，即使一个消息在 Kafka 中已经被消费了，该消息依然存在于日志中，这种模式有利于提高系统的可靠性，同时为回溯消费等提供了支持。

但消息也不会永久存储在日志中，一般会根据设置的策略来对日志进行清除，以控制对磁盘空间的占用。

- 基于时间：删除日志中超过系统设定保留时间阈值（通过 server.properties 中的 log.retention.hours 参数设置）的消息（默认保留 168 小时，即 7 天）。
- 基于日志大小：当日志大小超过设定的阈值（通过 server.properties 中的 log.retention.bytes 参数设置）时，执行删除处理（默认保留-1，即不做限制），删除超出阈值范围的历史消息。

2．如何设置合理的分区数

如前面所述，主题的分区数是影响 Kafka 性能的核心因素之一。那么，如何设置合理的分区数呢？

分区数的设置并不是一个可以公式化套用、计算的数值，它依赖于多种因素，包括实际的业务场景/规模、软/硬件条件等。

分区数的下限比较好确定，如前面提到的，消息到达分区后，会被订阅主题的消费组中的一个消费者消费，如果分区设置得过少，少于消费组中的消费者的数量，则可能导致有些消费者无法获取消息。此外，如果设置得分区数少于消息代理数，那么分区不会分布于所有的消息代理下，从而导致集群的利用率不均匀，对性能产生影响。

分区数的上限不太好确定，分区数并不是越多越好，其存在一个临界值，当超过该临界值时，分区数的提升不仅无法提升集群吞吐量，还可能降低。该临界值受制于多种因素，最好的方法还是直接测试一下，即模拟真实环境、负载情况，进行一些性能方面的测试。Kafka 本身也提供了一些相关测试的脚本，如$KAFKA_HOME/bin/ 下的 kafka-producer-perf-test.sh 及 kafka-consumer-perf-test.sh，读者可尝试运行相关脚本，查看不同分区下的测试性能，并决定最终的设计方案。

当然，分区数并不是不可以修改的，但分区数的修改对于基于 key 计算的消息分区分配可能会产生一些影响，因此，在增加分区数时需要谨慎，最好还是在创建主题时就确认好分区数。

注意：Kafka 不支持减少分区。

4.5 Python 操作 ZeroMQ 处理消息队列服务

本节介绍如何基于 Python 操作使用 ZeroMQ。

4.5.1 安装配置

ZeroMQ 的安装相对简单，不需要额外的程序依赖和服务，只需使用常规 pip3 install pyzmq 即可完成 ZeroMQ 的安装。

4.5.2 基本示例

1．Python 操作 ZeroMQ 工作模式之 REP-REQ 模式

请求一应答是一种最简单的消息通信形式，也就是 ZeroMQ 工作模式中最基础的模式——REP-REQ 模式。

在 ZeroMQ 库中，使用 REQ 表示 request、REP 表示 reply。下面是一个简单示例：

```
1    import zmq
```

```
2
3      context = zmq.Context()
4      socket = context.socket(zmq.REP)
5      socket.bind("tcp://*:5555")
6
7      while True:
8          print("[*] 等待接收消息...")
9          message = socket.recv().decode('utf-8')
10         print(f"[ √ ] 收到消息: {message}")
11         socket.send(f"消息 {message} 已收到.".encode("utf-8"))
```

- 代码 1 引入了 ZeroMQ 库。
- 代码 3 到代码 5 定义了一个 zmq 上下文（context），并创建了一个 REP（reply）类型的套接字（socket）且将其绑定在 5555 端口上。此处通过在 context.socket 中传入 zmq.REP 来标识这个套接字为一个 REP（reply）类型的套接字，也可以使用 zmq.REQ 来声明这个套接字为一个 REQ（request）类型的套接字。

注意：socket.bind 函数先将一个套接字绑定在本地地址上（地址为传入的参数 addr），然后接收外界对于该地址的传入连接。地址字符串的格式为"协议://接口:端口"，以 "tcp://*:5555"为例，该地址表示使用 TCP 协议，接口为通配符*［表示所有本地可用接口（IPv4、IPv6 地址等）］，端口号为 5555。除了 TCP 协议，其他可用的协议如 IPC（本地进程间通信传输）、INPROC（本地进程内线程间通信传输）。

- 代码 7 到代码 11 创建了一个无限循环，用于等待接收请求，并在收到请求后将请求内容打印出来，返回一个确认收到消息给 REP。

上述代码构建了一个极简的 Server 端，用于接收请求并响应。执行上述代码后，输出如下内容：

```
[*] 等待接收消息…
```

可以看到，此时实际只输出了一行"等待接收消息"，代码在 socket.recv()处阻塞，直到收到消息后，才会继续进行。

对于请求的发起者 Client 端，代码如下：

```
1      import zmq
2
3      context = zmq.Context()
4      print("连接 Server 端.")
5      socket = context.socket(zmq.REQ)
6      socket.connect("tcp://localhost:5555")
7
8      for request in range(5):
9          print(f"[{request}] 发送请求…")
```

10	socket.send(f"[{request}] 你好！我来自 Client 端。".encode("utf-8"))
11	message = socket.recv()
12	print(f"收到请求 {request} 的响应 [{message.decode('utf-8')}]")

- 代码 3 到代码 6 定义了 zmq 上下文，并创建了一个 REQ 类型的套接字，且连接至 Server 端（通过 tcp://localhost:5555，即"协议://接口:端口"）。

注意：此处的 connect 和 bind 方法中传入的地址参数有所区别，体现在 bind 中使用的是通配符*，而 connect 中使用的是明确指定的 localhost，区别在于 bind 是将本地地址分配给套接字，localhost 等同于 127.0.0.1 是本地地址之一（还有其他本地地址，如 192.168.*.*），而 connect 用于连接到一个地址，该地址可以是本机地址，也可以是其他远程主机的 IP 地址，如 tcp:// 114.55.30.99:5555，取决于想要连接的套接字所在的位置。

- 代码 8 到代码 12 通过 socket.send 方法循环发送 5 个请求，通过 socket.recv 方法接收响应，并打印。

执行该部分代码，输出如图 4-16 所示。

图 4-16　REP-REQ 输出示例

Server 端接收了请求（request），并返回了响应（reply），其行为如图 4-17 所示。

图 4-17　REP-REQ 模式

REP-REQ 模式要求 Client 端遵循一定的行为模式，即首先通过 socket.send 发送请求，然后使用 socket.recv 接收响应。如果不遵循如上模式，那么会抛出诸如 zmq.error.ZMQError: Operation cannot be accomplished in current state 的错误提示。

REQ 类型的套接字支持同时连接至多个 REP 类型的套接字。例如：

```
1   socket = context.socket(zmq.REQ)
2   socket.connect("tcp://localhost:5555")
3   socket.connect("tcp://localhost:5556")
4   socket.connect("tcp://localhost:5557")
```

在这种情况下，消息将会依次循环发送给各个连接的 REP 类型的套接字，并分别获取响应的信息。

2. Python 操作 ZeroMQ 工作模式之 Publish Subscribe 模式

在 Publish Subscribe（发布/订阅）模式下，消息将以扇出的形式从一个发布者被分发到多个订阅者，每个订阅者收到的消息一致。

在 ZeroMQ 中，Publish 用缩写 PUB 指代，Subscribe 用缩写 SUB 指代。

下面从 PUB 发布者开始，如下述代码所示：

```
1    import zmq
2    from random import randrange
3    import time
4
5    context = zmq.Context()
6    socket = context.socket(zmq.PUB)
7    socket.bind("tcp://*:5556")
8
9    while True:
10       topic = randrange(1,10)
11       random_num = randrange(1,1000)
12       socket.send_string(f"主题：{topic}，随机数字：{random_num}")
13       time.sleep(0.1)
```

与之前的 REP-REQ 代码类似，此处先定义上下文，然后通过关键字 zmq.PUB 来创建一个 PUB 类型的套接字并将其绑定到 5556 端口上进行监听。

代码 9 到代码 13 使用了一个无限循环来进行消息的发布，消息由一个主题和一串随机数字构成，每 0.1 秒发布一次。

注意：此处区别于之前使用的 send 方法，而使用了 send_string 方法，send_string 实际就是对 send 方法的一个简单封装。对比一下之前的代码，在 send 方法中，需要对传递的字符串进行编码，将其转换为二进制类型，十分麻烦，通过 send_string，可以自动将传递的字符串内容转码为二进制（可以设置编码方式）类型，这样就便捷了许多。类似的方法还有 setsockopt_string、recv_string 等。

如果此时在循环体中添加一个打印命令，则可以看到不同主题的消息以 0.1 秒/个的速度不断地发布，如图 4-18 所示。

PUB 发布端

```
1c32b090587f:/home/py_dev# python zmq_pub.py
主题：1，随机数字：572
主题：5，随机数字：103
主题：3，随机数字：638
主题：8，随机数字：977
主题：1，随机数字：929
主题：2，随机数字：541
主题：3，随机数字：151
主题：2，随机数字：804
主题：4，随机数字：939
...
```

图 4-18 PUB 端输出示例（有打印命令的情况）

SUB 订阅者部分的代码示例如下：

```
1    import sys
2    import zmq
3
4    context = zmq.Context()
5    socket = context.socket(zmq.SUB)
6    socket.connect("tcp://localhost:5556")
7
8    filter = sys.argv[1]
9    socket.setsockopt_string(zmq.SUBSCRIBE, f"主题：{filter}")
10   print(f"设置过滤器，只接收主题为 {filter} 的消息。")
11
12   for _ in range(5):
13       print(socket.recv_string())
```

- 代码 1 到代码 6 定义了 zmq 上下文环境，创建了 SUB 类型的套接字，并连接至本地 5556 端口。
- 代码 8 到代码 10 定义了一个过滤器，先从启动 Python 脚本时传入的参数中获取传值，然后将其拼接后传入 socket.setsockopt_string 方法中，作用为设置套接字选项。
- 代码 12 和代码 13 通过循环来接收消息。

此处需要注意的是，代码 8 到代码 10 中的 socket.setsockopt_string 方法中传入的两个参数分别如下。

- zmq.SUBSCRIBE：选项名称，作用为标识需要设置的选项。
- f"主题：{filter}"：选项值，作用是为套接字建立过滤器，以过滤接收的消息，其选项的传值用于建立过滤规则，即消息前缀只有与选项传值一致，才会被接收，如果前缀为空，则接收全部消息。这里设置的选项值为 f"主题：{filter}"，即当 filter 取值为 1 时，只有前缀为"主题：1"的消息才会被接收。

将上述代码脚本命名为 zmq_sub.py，使用 python3 zmq_sub.py 1 命令来执行脚本，此命令传入参数 1 到脚本中，继而被脚本获取并传入 filter 中，此时的输出如图 4-19 所示。

SUB 订阅端

```
1c32b090587f:/home/py_dev# python zmq_sub.py 1
设置过滤器，只接收主题为 1 的消息。
主题：1，随机数字：544
主题：1，随机数字：617
主题：1，随机数字：935
主题：1，随机数字：360
主题：1，随机数字：739
```

图 4-19　SUB 端输出示例

从图 4-19 中可以看到，只有前缀是"主题：1"的消息才会被接收并打印。

注意：zmq.SUBSCRIBE 设置的主题过滤器大小写敏感。

此外，一个 SUB 类型的套接字中实际可以绑定多个过滤器，当存在多个过滤器时，只要消息匹配任意一个过滤器，消息即可被接收。

例如，将代码中的过滤器调整为以下形式：

```
1    socket.setsockopt_string(zmq.SUBSCRIBE, f"主题：1")
2    socket.setsockopt_string(zmq.SUBSCRIBE, f"主题：2")
```

此时对应的输出如图 4-20 所示。

SUB 订阅端（多过滤器）

```
1c32b090587f:/home/py_dev# python zmq_sub.py
主题：1，随机数字：641
主题：1，随机数字：103
主题：2，随机数字：666
主题：2，随机数字：39
主题：1，随机数字：699
```

图 4-20　SUB 端多过滤器输出示例

注意：对于 SUB 类型的套接字，必须使用 setsockopt 方法来定义订阅选项，否则将无法收到消息。

除了上述介绍的套接字选项，类似的还有以下几个。

- zmq.UNSUBSCRIBE：用于取消对某主题的订阅。
- zmq.ZMQ_SOCKS_PROXY：用于设置基于 TCP 传输的代理。

我们可以尝试建立 3 个订阅者，并分别传入特定的参数（用于主题过滤，注意：此处需要先依次启动订阅者，再启动发布者），其输出结果如图 4-21 所示。

SUB 订阅端

```
1c32b090587f:/home/py_dev# python zmq_sub.py 1
设置过滤器，只接收主题为 1 的消息。
主题：1，随机数字：299
主题：1，随机数字：473     1c32b090587f:/home/py_dev# python zmq_sub.py 2
主题：1，随机数字：162     设置过滤器，只接收主题为 2 的消息。
主题：1，随机数字：689     主题：2，随机数字：59
主题：1，随机数字：200     主题：2，随机数字：283     1c32b090587f:/home/py_dev# python zmq_sub.py 2
                          主题：2，随机数字：151     设置过滤器，只接收主题为 2 的消息。
                          主题：2，随机数字：571     主题：2，随机数字：59
                          主题：2，随机数字：884     主题：2，随机数字：283
                                                    主题：2，随机数字：151
                                                    主题：2，随机数字：571
                                                    主题：2，随机数字：884
```

图 4-21　多个订阅者时的输出结果

一个发布者可以有多个订阅者，同样，一个订阅者也可以订阅多个发布者，订阅者会轮流接收来自发布者的消息。

注意：如果在 PUB 之后启用 SUB，那么 SUB 无法接收其订阅前的消息，会导致消息丢失，如果想要避免这种情况，则应该先启动 SUB 再启动 PUB。

4.5.3 高级用法

Parallel Pipeline 直译为平行管道，其作用与其译名类似，数据从发送端发出，分别进入几个数据管道，经过处理后汇总到一个接收端，如图 4-22 所示。

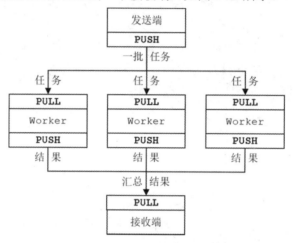

图 4-22　Parallel Pipeline 模式

在图 4-22 中，显示了一批任务从发送端发出，Worker 分别拉取任务进行处理，接收端分别从各个 Worker 处拉取任务处理的结果。

Parallel Pipeline 的概念类似我们熟知的 MapReduce，即先将任务拆分为可以并行处理的多个小任务，然后分发给各个 Worker 进行处理，最后将结果汇总起来。基于这种模式，可以利用 ZeroMQ 进行大规模的并行计算。

这里先不急于展示代码示例，在上述模式中可以看到，该模式实际是由一个个 PUSH-PULL 构成的。PUSH-PULL 从字面上很好理解，即一个为推（PUSH），一个为拉（PULL），不过需要注意的是，PUSH-PULL 之间的连接是单向的，即只存在消息从 PUSH 流通到 PULL 中（PUSH 只有 send 发送方法，PULL 只有 recv 接收方法）。

- 对 PUSH 来说，当存在一个 PUSH 方和多个 PULL 方时，PUSH 方会采用轮询（Round-Robin）的方式将消息依次分发给各个 PULL 方。
- 对 PULL 来说，当存在一个 PULL 方和多个 PUSH 方时，PULL 方会采用公平队列（Fair-Queued）的方法，即对传入的消息采用一个队列，并轮流为它们提供服务。例如，现在有 3 个 PUSH 方，则 PULL 方会依次从 PUSH 方处接收并处理消息，保证 3 个 PUSH 方推送来的数据得到公平的处理。

Parallel Pipeline 模式中存在 3 个角色，即发送端、Worker 端、接收端。下面从发送端开始介绍，其代码示例如下：

```
1   import zmq, random
2
3   context = zmq.Context()
4   sender = context.socket(zmq.PUSH)
5   sender.bind("tcp://*:5557")
6
7   sink = context.socket(zmq.PUSH)
8   sink.connect("tcp://localhost:5558")
9
10  print("当 Worker 都准备好后，按 Enter 键开始: ")
11  _ = input()
12  print("分发任务给 Worker...")
13
14  sink.send(b'0')
15  random.seed(564)
16
17  total_msec = 0
18  for task_nbr in range(100):
19      workload = random.randint(1, 100)
20      total_msec += workload
21      sender.send_string(u'%i' % workload)
22  print(f"期望总花费时长: {total_msec} 毫秒")
```

代码 4 到代码 8 定义了两个套接字。

- 一个为绑定在 5557 端口上的 PUSH 类型的套接字 sender。
- 另一个为连接至本地 5558 端口的 PUSH 类型的套接字 sink。

代码 11 使用 input 作为阻塞控制器，并通过 sink 套接字发送了一个简短的消息（代码 14）。

代码 17 到代码 22 构建了一个有 100 个循环任务的循环体，在这个循环体中，每个循环任务先随机生成一个 1～100 的数字，然后将其累加，最后作为期望总花费时长进行输出。

Worker 端代码如下：

```
1   import sys, time, zmq
2
3   context = zmq.Context()
4   receiver = context.socket(zmq.PULL)
5   receiver.connect("tcp://localhost:5557")
6
7   sender = context.socket(zmq.PUSH)
```

```
8      sender.connect("tcp://localhost:5558")
9
10     while True:
11         s = receiver.recv()
12         sys.stdout.write('.')
13         sys.stdout.flush()
14
15         time.sleep(int(s)*0.001)
16
17         sender.send(b")
```

代码 4 到代码 8 同样定义了两个套接字。

- 一个是连接至本地 5557 端口的 PULL 类型的套接字，与发送端的 sender 套接字相连，构成了一个完整的数据流管道。
- 另一个是连接至本地 5558 端口的 PUSH 类型的套接字 sender，与发送端的 sink 构造相同，但是还没有对应的 PULL，尚未构成一个完整的数据流管道。

同时，在代码 10 到代码 17 的循环体中，每次循环都先从发送端接收一个推送下来的任务，然后进行工作（此处体现为睡眠一段时间），在睡眠过后，使用 sender 套接字发送一个消息。

接收端的代码如下：

```
1      import time, zmq
2
3      context = zmq.Context()
4      receiver = context.socket(zmq.PULL)
5      receiver.bind("tcp://*:5558")
6
7      s = receiver.recv()
8      tstart = time.time()
9      for task_nbr in range(100):
10         s = receiver.recv()
11         print('.', end="") if task_nbr % 10 != 0 else print(':', end="")
12
13     tend = time.time()
14     print(f"实际花费时间: {((tend−tstart)*1000)} 毫秒")
```

在接收端，定义了 PULL 类型的套接字（代码 4 代码 5），并将其绑定至 5558 端口，作为接收端，接收来自 Worker 端和发送端的连接。

在代码 7 到代码 14 中，先进行了一个消息的接收，记录了开始时间（tstart），经过一个有 100 个循环任务的循环体，在每个循环任务中，先接收来自 Worker 端发送的消息；然后将其在本地打印，并在全部接收完毕后记录结束时间（tend）；最后计算得到实际花费时间。

下面梳理一下该模式下的实际工作流程。

- 首先启动发送端。发送端在一开始不直接进行数据的发送，而通过 input 等待手工开启。
- 接着依次启动 Worker 端。Worker 端会陆续建立好和发送端的连接，由于此时还没有数据发送过来，所以各个 Worker 端都处于阻塞状态，等待消息的到来。
- 然后启动接收端。在接收端，需要统计实际任务花费的时间，需要准确知道任务开始的时间，以及任务结束的时间，此处首先进行一次接收（recv）操作，此接收将暂时阻塞，直到收到"启动信号"。
- 最后回到发送端。按 Enter 键，此时发送端首先往接收端发送一个"启动信号"（b'0'），告知接收端任务将开始发送；在循环体中依次分发 100 个任务至 Worker 端，Worker 端陆续收到任务，并开始执行（sleep）；在执行完毕后，发送结果给接收端，接收端等待 100 个任务全部接收完毕后，记录结束时间，并输出实际处理时间。

图 4-23 所示为此时各端的输出结果。

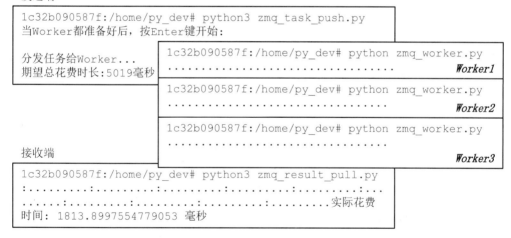

图 4-23　此时各端的输出结果

在最终的输出结果中，发送端期望花费总时长为 5019 毫秒，但 3 个 Worker 平摊了所需完成的任务，最后接收端实际花费时间为 1813.8997554779053 毫秒。

综上，完成了一次分布式处理。

提示：此处还有一点细节可以深挖，在发送端和接收端分别绑定了一个套接字，而在 Worker 端中，套接字类型都为连接类型，这是为什么呢？在 ZeroMQ 中，我们一般将 bind 的套接字称为 Server，而将 connect 的套接字称为 Client。在一个网络拓扑结构中，Server

端一般是较为稳定的节点,而 Client 端则一般为较为灵活的节点。在上述任务中,发送端和接收端都是相对固定的,而 Worker 可以根据需求随意添加,增加 Worker 相当于添加了一个并行任务处理的节点,可以提高整体任务的并行处理能力,大家不妨试试,如果在开始阶段启动 10 个 Worker,那么最终结果会如何。

4.5.4 技术要点

1. ZeroMQ 中的队列

区别于其他消息代理型消息队列,如 RabbitMQ、Kafka,ZeroMQ 中并没有一个明确的类似队列的概念,那么 ZeroMQ 中的队列在哪里呢?

ZeroMQ 中的消息实际存储在每个套接字相关内存中,与之关联的一个概念是 High-Water-Mark(高水位线),用于限制 ZeroMQ 在内存中排队的未完成消息的最大数量。

ZeroMQ 中的队列在一定程度上有些类似于 Kafka 中的缓冲区的机制。不过,ZeroMQ 的特点之一就是其强大的组合、构造能力,我们也可以组合几个套接字,构造一个中间的消息队列,并可以考虑将其持久化到磁盘,以保持可靠性。

2. ZeroMQ 中的套接字

ZeroMQ 中主要包含的套接字类型如表 4-3 所示。

表 4-3 ZeroMQ 中主要包含的套接字类型

套接字类型	说　　明	匹配套接字
REQ	用于客户端向服务端发送请求并从服务端接收响应 一个 REQ 类型的套接字可以连接至多个 REP 或 ROUTER 类型的套接字	REP、ROUTER
REP	用户接收客户端发来的请求并返回响应。REP 类型的套接字可以同时接收多个客户端发送的请求,并交替处理、返回响应	REQ、DEALER
DEALER	可以简单理解为异步的 REQ 类型的套接字	ROUTER、REP、DEALER
ROUTER	可以简单理解为异步的 REP 类型的套接字	ROUTER、REQ、DEALER
PUB	PUB 类型的套接字发送的消息以扇出的方式分发至所有连接的套接字。此套接字类型无法接收任何消息,只能进行消息的发送	SUB、XSUB
SUB	用于订阅由 PUB/XPUB 类型的套接字分发的数据,只能进行消息的接收	PUB、XPUB
XPUB	可以简单理解为异步的 PUB 类型的套接字	SUB、XSUB
XSUB	可以简单理解为异步的 SUB 类型的套接字	SUB、XSUB
PUSH	PUSH 类型的套接字循环发送消息至 PULL 类型的套接字,一个 PUSH 类型的套接字可以匹配多个 PULL 类型的套接字,消息被循环分发给各个 PULL 类型的套接字,PUSH 类型的套接字无法接收任何消息	PULL

续表

套接字类型	说　　明	匹配套接字
PULL	PULL 类型的套接字接收从 PUSH 类型的套接字发送过来的消息，一个 PULL 类型的套接字可以匹配多个 PUSH 类型的套接字，消息从各个 PUSH 类型的套接字中被循环接收	PUSH
PAIR	PAIR 类型的套接字只能用于一对一通信	PAIR

此外，还有一些套接字，如 DISH、RADIO、SERVER、CLIENT，由于这些套接字还处于草案状态，所以本书不进行详细的介绍。

通过不同套接字的组合，可以针对不同的应用场景构建不同的消费模式。例如，ZeroMQ 中虽然没有 Broker 的概念，但是通过几种套接字的组合，仍可以构建一个自定义的 Broker，而且性能强大。但对比 RabbitMQ 或 Kafka 也可以看到，ZeroMQ 中的模式更加底层，有时如果想要达到相同的目的，在 RabbitMQ 中可能数行代码即可完成的事情，在 ZeroMQ 中却需要构造非常复杂的模型，且要求使用者对 ZeroMQ 有非常深入的了解，这也是其缺点之一。

4.6　案例：利用消息队列采集电商用户行为数据

4.6.1　案例背景

用户行为数据是企业自有数据的重要一环，通过对用户行为数据的分析，可以帮助企业进行基于数据的产品设计、营销规划、产品运营等。

本案例中以一个电商企业为例，说明如何基于消息队列构建一个用户行为数据采集系统。

4.6.2　主要技术

本案例主要用到的技术如下。

- Kafka：本案例中使用 Kafka 集群作为消息代理，包括 3 个 Broker 节点与 1 个 ZooKeeper 节点。
- Flask：使用 Python 编写的轻量级 Web 应用框架，使用起来非常简单，在本案例中用于提供服务器路由，获取前端发送来的数据并处理后发送到 Kafka 中。
- JS：用于构建前端用户行为数据的采集与向 Flask 进行数据的发送。

本案例的主要技术重点为如何从前端进行数据的采集并发送至后端服务器，在后端服务器中生产消息到 Kafka，并异步地使用不同消费者订阅、消费数据。

4.6.3 案例过程

1．创建 Kafka 主题

在之前的章节中，我们使用 Docker 容器构建了 Kafka 集群，并暴露接口到本地，下面以此为基础，首先进行主题的创建。

在 Kafka 中，默认设置下如果没有预先创建主题，则会在生产者发送消息到主题时自动创建一个对应的主题，但是在默认情况下，该主题只会有一个分区及副本，Kafka 只允许一个分区中的消息被消费组中的一个消费者消费。在这种情况下，意味着如果主题订阅的某个消费组下同时有两个及以上的消费者，就会有消费者分配不到任何分区而无法消费数据。

因此，通常需要首先根据集群配置情况构建并配置主题，然后进行消息的生产和消费。

Kafka 主题的创建可以通过 Kafka 提供的命令行工具来进行，首先进入 Kafka 集群某个 Broker 节点下（可以使用命令 docker exec -it <容器名> 的方式进入某个容器）；然后通过 cd $KAFAK_HOME/bin 命令进入 Kafka 执行脚本目录下，该目录拥有大量由 Kafka 自带的命令行脚本，可以执行诸多常见操作，如消息的生产模拟/消费模拟、集群/服务的管理等，具体如图 4-24 所示。

```
connect-distributed.sh                    kafka-console-producer.sh
kafka-log-dirs.sh                         kafka-server-start.sh
connect-mirror-maker.sh                   kafka-consumer-groups.sh
kafka-mirror-maker.sh                     kafka-server-stop.sh
zookeeper-security-migration.sh
connect-standalone.sh                     kafka-consumer-perf-test.sh
kafka-preferred-replica-election.sh       kafka-streams-application-
reset.sh    zookeeper-server-start.sh
kafka-acls.sh                             kafka-delegation-tokens.sh
kafka-producer-perf-test.sh               kafka-topics.sh
zookeeper-server-stop.sh
kafka-broker-api-versions.sh              kafka-delete-records.sh
kafka-reassign-partitions.sh              kafka-verifiable-consumer.sh
zookeeper-shell.sh
kafka-configs.sh                          kafka-dump-log.sh
kafka-replica-verification.sh             kafka-verifiable-producer.sh
kafka-console-consumer.sh                 kafka-leader-election.sh
kafka-run-class.sh                        trogdor.sh
```

图 4-24　$KAFKA_HOME/bin 目录下的脚本

其中，kafka-topics.sh 用于主题的相关操作，在此案例中，使用它进行主题的创建。相关命令如下：

```
./kafka-topics.sh --zookeeper zookeeper:2181 --create --topic "collection" --partitions 3 --replication-factor 3
```

通过上述命令，创建了一个名为 collection 的主题，该主题有 3 个分区，每个分区有 3 个副本，主题创建后，就可以进行消息的生产和消费了。

2．前端数据跟踪代码

在此案例中，有 3 个示例页面，分别为首页、产品详情页、购物车页。上述 3 个页面上仅有 1 个标题，用于区分不同的页面，如图 4-25 所示。

我们希望在用户访问不同的页面时记录用户的页面浏览行为相关信息。一个关于用户行为数据的记录一般由以下维度构成。

- 谁：一个可以识别用户的 ID。
- 在哪里：如页面的 URL 地址。
- 做什么：标识事件的类型。例如，pageview 用来标识用户此行为是页面浏览。

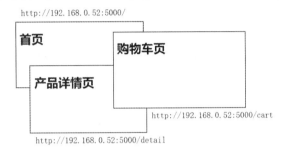

图 4-25 前端示例页面及 URL 地址

除上述维度之外，实际生产场景中还会根据业务需要传递诸多信息。这里为了简化代码数量，仅以用户浏览行为作为示例进行数据的采集。

对于一个自定义的用户前端数据跟踪代码，其发送的结果如下方代码所示：

http://192.168.0.52:5000/api/collect/?ccid=ed8cee7f-ee6d-348b-ce6a-074976f4f6c3&dh=http://192.168.0.52:5000/&t=pageview&st=1618151927874

在上述示例中，跟踪代码向后端服务（示例页面 http://192.168.0.52:5000/api/collect/）发送了一条 GET 请求，其中包含了 cid（用户 ID）、dh（代码触发所在 URL）、t（事件类型）、st（代码触发时间戳）参数。

跟踪代码由 JS 代码写成，提供了数据的采集、请求的构造等功能，上述的 GET 请求就是由跟踪代码构造并发送的，由于此处涉及的 JS 代码与 Python 无关，所以案例中不做具体演示，如果需要，则可在随书参考代码（电子资源）中下载使用。

3. 接收前端数据请求

接下来，需要在后端服务中接收前端的数据请求，并解析、再构造后生产至 Kafka Broker。

此处通过 Flask 进行服务的搭建。相关代码如下：

```
1    import json
2    from flask import Flask, request
3    from kafka import KafkaProducer
4
5    producer = KafkaProducer(bootstrap_servers=['192.168.0.52:32779', '192.168.0.52:32778'])
```

```
6       @app.route('/api/collect/')
7       def collect_to_kafka():
8           _collection_data = {i:request.args[i] for i in request.args}
9           _collection_data["ua"] = request.headers["User-Agent"]
10          producer.send("collection", json.dumps(_collection_data).encode("utf-8"))
11          producer.flush()
12          return "OK!"
```

- 代码 5 配置了 producer 生产者。

- 代码 6 到代码 12 通过装饰器@app.route 声明对于 URL /api/collect/ 所绑定的视图函数 collect_to_kafka。在该函数中，提取了 request 中携带的请求参数（args），并且额外增加了从请求头（request. headers）中获取的 UA（User-Agent）信息，合并后编码（UTF-8 编码）为 JSON 格式字符串，将其发送到 Kafka 主题的 collection 下。

4. 消息消费

对用户行为数据进行消费存在多种方式。例如，可以设置消费者对数据进行实时分析（如通过 Spark Streaming 连接 Kafka，统计实时活跃用户、近 30 分钟活跃用户等），或者设置消费者对数据进行存储入库等。

此处创建两个消费组 cg_1 和 cg_2，3 个消费者（cg_1 消费组 1 个，cg_2 消费组 2 个），其中，消费组 cg_1 下的消费者将消息写入本地文件（collection.txt）中以模拟"数据存储入库操作"，消费组 cg_2 下的消费者将消息处理后打印到控制台中以模拟"数据实时分析操作"。具体代码如下。

- 消费组 cg_1 下的消费者代码示例：

```
1    from kafka import KafkaConsumer
2    consumer = KafkaConsumer('collection',
3        bootstrap_servers = ['192.168.0.52:32779', '192.168.0.52:32778'],
4        group_id = "cg_1"
5    )
6    for msg in consumer:
7        with open('collection.txt', 'a+') as f:
8            f.write(msg.value.decode("utf-8")+"\n")
```

- 消费组 cg_2 下的消费者代码示例：

```
1    from kafka import KafkaConsumer
2    import time, json
3    consumer = KafkaConsumer('collection',
4        bootstrap_servers = ['192.168.0.52:32779', '192.168.0.52:32778'],
5        group_id = "cg_2"
6    )
7    for msg in consumer:
```

```
8          _msg = json.loads(msg.value.decode("utf-8"))
9          _t = time.strftime("%Y-%m-%d %H:%M:%S", time.localtime(int(_msg["st"])/1000))
10         print(f"收到用户行为数据: \n\t 网页: {_msg['dh']}\n\t 事件类型: {_msg['t']}\n\t 触发时间:
{_t}\
11            \n\t 客户端 ID: {_msg['ccid']}\n\t 设备 UA: {_msg['ua']}")
```

首先在控制台分别启动各个消费者，然后在计算机端和手机端依次打开部署了前端跟踪代码的网页（先在计算机端打开首页产品详情页，再在手机端打开购物车页），不同消费组下的消费者的相关输出如图 4-26 所示。

collection.txt

```
{"ccid": "ed8cee7f-ee6d-348b-ce6a-074976f4f6c3", "dh":
"http://192.168.0.52:5000/", "t": "pageview", "st": "1618153600524", "ua":
"Mozilla/5.0 (Windows NT 10.0; Win64; x64) AppleWebKit/537.36 (KHTML, like Gecko)
Chrome/89.0.4389.114 Safari/537.36"}
{"ccid": "ed8cee7f-ee6d-348b-ce6a-074976f4f6c3", "dh":
"http://192.168.0.52:5000/detail", "t": "pageview", "st": "1618153626789", "ua":
"Mozilla/5.0 (Windows NT 10.0; Win64; x64) AppleWebKit/537.36 (KHTML, like Gecko)
Chrome/89.0.4389.114 Safari/537.36"}
{"ccid": "6b71423f-f0a7-e4ba-606c-0ac01f549c13", "dh":
"http://192.168.0.52:5000/cart", "t": "pageview", "st": "1618153657654", "ua":
"Mozilla/5.0 (Linux; U; Android 10; zh-CN; LIO-AL00 Build/HUAWEILIO-AL00)
AppleWebKit/537.36 (KHTML, like Gecko) Version/4.0 Chrome/78.0.3904.108
UCBrowser/13.3.4.1114 Mobile Safari/537.36"}
```

消费组cg_2 消费者A

```
收到用户行为数据:
       网页: http://192.168.0.52:5000/detail
       事件类型: pageview
       触发时间: 2021-04-11 23:07:06
       客户端ID: ed8cee7f-ee6d-348b-ce6a-074976f4f6c3
       设备UA: Mozilla/5.0 (Windows NT 10.0; Win64; x64) AppleWebKit/537.36
(KHTML, like Gecko) Chrome/89.0.4389.114 Safari/537.36
```

消费组cg_2 消费者B

```
收到用户行为数据:
       网页: http://192.168.0.52:5000/
       事件类型: pageview
       触发时间: 2021-04-11 23:06:40
       客户端ID: ed8cee7f-ee6d-348b-ce6a-074976f4f6c3
       设备UA: Mozilla/5.0 (Windows NT 10.0; Win64; x64) AppleWebKit/537.36
(KHTML, like Gecko) Chrome/89.0.4389.114 Safari/537.36
收到用户行为数据:
       网页: http://192.168.0.52:5000/cart
       事件类型: pageview
       触发时间: 2021-04-11 23:07:37
       客户端ID: 6b71423f-f0a7-e4ba-606c-0ac01f549c13
       设备UA: Mozilla/5.0 (Linux; U; Android 10; zh-CN; LIO-AL00
Build/HUAWEILIO-AL00) AppleWebKit/537.36 (KHTML, like Gecko) Version/4.0
Chrome/78.0.3904.108 UCBrowser/13.3.4.1114 Mobile Safari/537.36
```

图 4-26 不同消费组下的消费者的相关输出

在上述代码中，消息同时被广播给了两个消费组（每个消费组 3 条消息），在消费组中又被均匀分配给了组下的不同消费者。

4.6.4 案例小结

在本案例中，构建了一个"结构完整"的用户数据采集系统框架，但是在实际生产中，还需要更多精力对其进行填充、拓展、优化、改造。

- 前端数据采集部分：可以考虑拓展采集维度、提高代码效率、进行代码压缩等。
- 生产者部分：可以考虑如何采用更高性能的框架、方案，或者增加一些服务端特有的参数，如 IP 地址等。
- 消费者部分：可以考虑将数据写入 NoSQL 类型数据库，如 ES、MongoDB 等，以便后续的查询、分析；或者结合 Spark Streaming、Flink 进行实时处理等。

可以看到，消息队列在上述案例中并没有涉及特别复杂的用法，但是其作用十分核心，通过消息队列的引入，Web 服务端可以在收到前端发送的跟踪数据后，快速将消息发送至 Kafka，而不必等待消费者对其进行处理，Kafka 极高的吞吐量足以保证可以快速返回对用户请求的响应；而消费端中由于引入了消息队列，因此可以异步、并行地处理消息，或者设置不同类型的消费者同时处理广播的消息等。

4.7　常见问题

1．是否一定要使用消息队列

不一定要使用消息序列，看业务场景需要。

消息队列固然价值是巨大的，但对于一个简单、独立的业务场景，消息队列的引入本身就会导致系统复杂性的提升，且伴随消息队列的引入，会产生诸如方案选型、方案特性问题（如消息重复消费、消息丢失、消息乱序、一致性等常见问题），也会成为不得不考虑的难题。

此处可以比对消息队列的应用场景，在消息队列主要使用的场景，如解耦、削峰、广播适用于项目时，再考虑消息队列的引入。

2．除了开源的技术方案，还有哪些选择

除了开源的技术方案，一些厂商还提供了专有（闭源）的技术方案，如历史悠久的 IBM MQ、微软的 MSMQ，由于专有技术方案的闭源性质，其质量评估、二次开发、学习研究等都会受到很大的限制，其核心优势更多体现于方案的稳定性、安全性，以及针对方案提供的服务支持方面。

一些云服务厂商也有提供专有技术方案，如亚马逊的 Simple Queue Service（SQS）、谷歌云的 Pub/Sub 等。云服务厂商提供的专有技术方案除了服务支持、安全、稳定等优势，较低的使用门槛，以及弹性、开箱即用、无须维护的使用方式等也为其加分许多。

3．AMQP 是什么

AMQP（Advanced Message Queuing Protocol，高级消息队列协议）是面向消息中间件（消息代理）提供的开放的二进制应用层协议。AMQP 目前主要包括 0-9-1 版本和 1.0 版

本，RabbitMQ 基于 0-9-1 版本，但可以通过插件支持 1.0 版本。

除了 AMQP，其他常见的开放（公有）协议包括 MQTT、STOMP、XMPP 等。所谓开放协议，就是指该协议的消息规范文档是公开的，一般是由标准化组织定义的。

与开放协议相对的概念是私有协议，如 Kafka、Redis、ZeroMQ 等使用的都是私有协议，其自身根据使用场景、需求，自定义了通信的规则并在方案内部使用。

AMQP 0-9-1 协议的内容可以分为三大部分，即基本概念、功能命令、传输层协议。

- 基本概念中定义了 Broker、Publisher、Exchange、Queue、Binding、Routing Key、Connection、Channel、Virtual Host 等内部组件及其功能。
- 功能命令中定义了相应的功能使用命令，如发送、消费等。
- 传输层协议中定义了传输数据的格式、规则，以约束客户端和服务端的通信。

在 AMQP 中，消息被生产者（Publisher）生产发布到交换器（Exchange）中；交换器基于绑定（Binding）规则，将消息副本分发到队列（Queue）中；消息代理（Broker）将消息发送给订阅了队列的消费者，或者消费者自身主动从队列中按需拉取消息。

第5章 关系数据库

知识导览

- 关系数据库概述
- 关系数据库的技术选型
- 使用基于DB-API 2.0规范的PyMySQL操作MySQL数据库
- 使用基于ORM技术的SQLAlchemy操作PostgreSQL数据库
- 案例：某传统零售企业基于关系数据库的数据集市

5.1 关系数据库概述

数据库（DataBase）指的是由存储数据的单个或多个文件组成的集合。关系数据库（Relational DataBase）是数据库的一种，是采用了关系型模型来组织数据的数字数据库。MySQL、PostgreSQL、Oracle 等我们熟悉的名词实际上是关系数据库管理系统（Relational DataBase Management System，RDBMS），但通常会默认使用数据库来指代数据库管理系统，本书中沿用这种称呼。

5.1.1 关系数据库的相关概念

关系数据库存在众多核心概念，如数据库、表、视图、索引、事务、游标、触发器等，由于关系数据库已经非常成熟，因此这些概念将不再重复介绍。

在关系数据库中，最核心的概念是关系数据库基于行和列组织数据，并由此形成一个二维平面表。图 5-1 展示了一个简单的二维表。

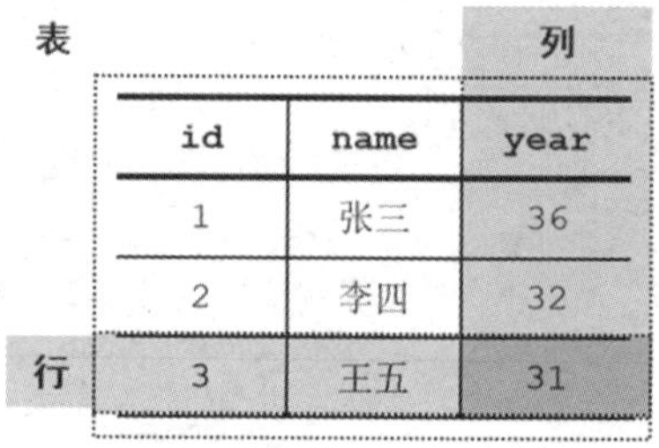

图 5-1 一个简单的二维表

5.1.2 使用关系数据库的 3 种场景

- **OLTP**。OLTP（On-Line Transaction Processing，

联机事务处理）主要表现为高并发、实时处理用户请求并给出响应、在数据库中执行大量插入、更新等操作并保持事务性等。OLTP 本质上是管理和更新数据库中事务的过程。

- **OLAP**。OLAP（On-Line Analytical Processing，联机分析处理）主要表现为复杂的查询、分析场景，相对 OLTP 的查询量较少，但计算量更大，通常用于大规模数据量的查询、检索、多维分析。
- 元数据管理。元数据（Meta Data）是 "关于数据的数据"（data about data），如数据库、表的架构、命名等。元数据是企业数据治理的基础，是数据仓库的提升，通过对元数据进行恰当的管理，有助于 "数据中台" 的构建。由于关系数据库可以对元数据进行可靠的保存与在小数据量级下进行高效的查询、分析，所以常被用于数据仓库或分布式数据库的元数据管理，如使用 MySQL 进行 Hive 的元数据管理。

5.2　关系数据库的技术选型

目前，主流的开源关系数据库方案主要包括 MySQL（含 MariaDB）、PostgreSQL、SQLite。其余还有一些使用广泛的商业方案，如 SQL Server、Oracle、DB2 等。

5.2.1　常见的 5 种技术选型

1. MySQL & MariaDB

MySQL 是目前最流行的开源关系数据库方案之一，最初由瑞典的 MySQL AB 公司研发，现已被 Oracle 收购。MySQL 非常适合 Web 应用开发，在 Web 开发领域具有统治地位。MySQL 主要分为两个大的版本，即 5.7 版本与 8.0 版本，后者在前者的基础上增加了大量高级查询功能，增强了查询分析能力。

MySQL 主要应用于互联网领域与中小型企业，以及大型企业的中小数据场景存储。

MySQL 的一个分支为 MariaDB，其诞生的主要原因为避免因 MySQL 被 Oracle 收购而导致的潜在的闭源风险。MariaDB 和 MySQL 保持高度的兼容性，但随着新功能的开发，两者的差异正在不断变大。

MySQL（含 MariaDB）的优点包括体积小、速度快、总体拥有成本低、服务稳定、性能可靠、社区成熟、源码开放、频繁更新、应用广泛（拥有 MySQL 操作经验的开发人员规模远大于其他关系数据库方案）。

MySQL 的缺点包括分析能力较差，对于复杂的查询在功能上支持不足。

2. PostgreSQL

PostgreSQL（读作 Post-Gress-Q-L）是历史最悠久的开源关系数据库管理系统，在学术界应用广泛。PostgreSQL 起源于 20 世纪 70 年代初的加利福尼亚大学伯克利分校的 Ingres 计划，后来该计划在 20 世纪 80 年代发布了一个改进版本 Post-Ingres，简称 Postgres，但这个计划后来被终止，而源码则被开源社区保留并传承了下来，并增加功能创建了 PostgreSQL，自此该名称被一直沿用至今。

PostgreSQL 的优点包括功能强大（甚至支持结合其他语言制定自定义函数）、历史悠久、使用广泛、学术性强、功能拓展性强、源码开放、更新频繁、适用于大型与复杂的分析、支持多种数据类型（包括 JSON、hstore、XML）等。

PostgreSQL 的缺点包括入门门槛较高、横向拓展性差。

3．SQLite

SQLite 是轻量级、嵌入式、开源、免费、零配置、跨平台的小型数据库，不需要单独的服务器进程，并允许使用 SQL 作为查询、操作语言，是部署最广泛的数据库引擎之一，默认被广泛集成于各类应用程序中。

Python 内置了 SQLite，可以在 Python 中直接使用它。

SQLite 的优点如下。

- 体积小，轻量级，简单高效。
- 在 Python 环境下无须额外的安装配置。
- 基本功能齐全（包括原先不支持的外键约束，在新的版本中也添加了支持）。

SQLite 的缺点如下。

- 缺乏精密的优化器或查询计划期，难以处理复杂的查询任务。
- 使用动态类型（弱类型），不强制执行数据类型约束，这是 SQLite 的一个特点，但是可能造成一些异常情况，如在字符类型中插入了整数。
- 会将数据库存储在一个磁盘文件中，即使对于大型数据集、大型文件，也会如此，最终导致生成一个巨大无比的文件。
- 不支持并发写入，SQLite 支持多进程并发打开、查询数据库，但在任何时刻都只允许一个进程对数据库进行操作。

4．SQL Server

SQL Server 是微软开发的大型关系数据库管理系统。

SQL Server 广泛应用于大中型企业或单位，在 Microsoft Windows 平台上处于主导地位，拥有十余种不同版本，以针对不同的受众，涵盖从小型单机应用程序到大型、高并发的互联网应用程序等多种不同的工作环境。

SQL Server 的优点在于与 Windows 生态高度集成，在 Windows 生态下可以极大地加快开发速度，且其本身的功能也十分强大，可以满足不同场景的使用诉求。同时，SQL Server 目前支持在 Linux 环境下使用，补齐了其原先只能在 Windows 环境下执行的短板。

SQL Server 的缺点包括对硬件配置要求较高、多用户时性能较差等。

5. Oracle

Oracle 是由甲骨文公司生产和销售的数据库管理系统，是世界上第一个商品化关系数据库管理系统。Oracle 产品广泛应用于银行、金融、保险、证券等大型企业与政府部门之中。

Oracle 的优点在于提供了绝佳的稳定性与安全性，以及极高的性能与强大的功能，在大多数情况下都堪称最好的数据库。

Oracle 的缺点主要在于闭源、对硬件配置要求高、维护成本与获取授权使用成本高。

5.2.2 关系数据库选型的 3 个维度

在对关系数据库进行选型时，主要包含以下 3 个维度：商业或开源、应用场景、功能性。

1．商业或开源

商业数据库一般是专有数据库，是闭源的，通过授权许可、付费订阅等方式进行销售，并提供相应的服务支持。商业数据库一般功能丰富、系统稳定且有稳定、可靠的团队提供售后服务支持，大型企业或对数据安全、技术支持看重的企业往往会选择商业数据库。典型的商业数据库包括 Oracle / SQL Server / DB2 等。

开源数据库通常是基于 GNU 公共许可的开源、免费的数据库。开源数据库在中小型企业、互联网企业中应用广泛，较低的使用门槛、广泛的受众、开源自由的生态是选择它的主要原因。部分开源数据库也可以付费获取技术支持，费用相较于商业数据库低。典型的开源数据库包括 MySQL / MariaDB / PostgreSQL / SQLite 等。

2．应用场景

大部分数据库方案，如 MySQL / MariaDB / PostgreSQL / Oracle / SQL Server 等，都是"重量级"的数据库解决方案，为客户端/服务端（Client 端/Server 端）架构。SQLite 是一个例外，其轻量级、小体积、零依赖、跨平台的特性，使其在很多嵌入式系统或应用程序中被使用。

在客户端/服务端架构中，其用途也有一定的细分，由于 LAMP（Linux-Apache-Mysql-PHP）等架构的流行，MySQL 一直被广泛应用于 Web 应用领域；PostgreSQL 由于其功能的强大性和自身的学术性特点，本身更适合进行复杂的分析、查询任务，更擅长处理特殊的数据情况；Oracle、SQL Server 等由于其商业、专有、服务支持的特点，在传统行业、政务、金融领域更加流行。

3．功能性

关系数据库涉及的功能项通常包括 ACID、事务、多版本并发控制、多编码类型、多类型接口（GUI、API、SQL 接口等）、类型推断、索引、视图、连接、窗口查询、并行查询、是否支持分区、是否提供完整的访问控制等。

由于关系数据库历史悠久，因此很多数据库在市面上存在多个应用版本，不同应用版本在功能性上也会存在极大的差异，在进行选型时也需要额外注意。例如，MySQL 5.7 版本相较于 8.0 版本，缺失诸如窗口函数、GIS 地理位置支持等多项关键功能。

5.2.3　关系数据库技术选型总结

关系数据库技术选型总结如表 5-1 所示。

表 5-1　关系数据库技术选型总结

	MySQL & MariaDB	PostgreSQL	SQLite	SQL Server	Oracle
商业或开源	开源	开源	开源	商业	商业
用途	大型网站	复杂分析	小型应用、嵌入式应用	复杂应用，特别是 Windows 生态	复杂应用、程序
功能性	中	高	低	高	高

一般来说，对于互联网企业或中小型企业，在没有极高数据安全性、缺少付费技术支持、适用于国内环境等场景下，MySQL 是主流且广泛的技术方案。

PostgreSQL 在国内的发展势头稍逊于 MySQL，但实际上无论是从成熟度、功能性还是性能等各方面，PostgreSQL 都不逊色于 MySQL，甚至在高级功能、功能可拓展性上还优于 MySQL，如果对数据库的功能性有较高要求，则可以考虑 PostgreSQL。

SQLite 适用于轻量级、嵌入式环境，对于小型应用、测试性应用、嵌入式应用的开发，它都是不错的选择。

Oracle 对于银行、政府、高校、事业单位等对数据安全、技术支持等有较高要求的组织十分适用，在预算充足的情况下是一个很好的选择。DB2 也具有与 Oracle 类似的特性。

SQL Server 包含了 Oracle 作为商业软件的优点，如果是 Windows 生态环境，同时需要选择商业软件，则 SQL Server 是不二选择。如果使用场景非常简单、初级，那么也可以考虑微软的另一款数据库管理工具——Microsoft Access。

5.3　使用基于 DB-API 2.0 规范的 PyMySQL 操作 MySQL 数据库

DB-API 2.0 即 PEP 249-Python DataBase API Specification v2.0（Python 数据库 API 规范 2.0），PyMySQL 是基于 DB-API 2.0 规范的纯 Python 实现的 MySQL 客户端库，是目前最受欢迎的 Python MySQL 客户端库之一。

5.3.1　安装配置

MySQL 的安装方式很多，本书选择使用 Docker 进行安装，以提供一种新的安装配置思路。关于 MySQL 的标准安装配置方法，可以参阅官方文档。

1. 使用 Docker 安装 MySQL

使用 Docker 安装 MySQL 分为以下两步。

（1）拉取。

在命令行中使用 docker pull 命令，从 Docker Hub 上拉取官方镜像到本地，如 docker pull mysql:8。此处选择标签为 8 的镜像，该镜像会默认安装 MySQL 8.0 版本数据库。

（2）使用。

在命令行中使用如下命令开启 MySQL 服务实例：

```
docker run --name mysql_server -e MYSQL_ROOT_PASSWORD=<Your-Root-Password> -p 3306:3306 -d mysql:8
```

其中，＜Your-Root-Password＞请传入指定的 root 用户密码。

该命令会创建 MySQL 服务实例，自动开启 MySQL 服务并将容器端口 3306（MySQL 服务的默认端口）映射到本地 3306 端口上。

执行完毕后，可以在命令行中使用 docker container ls 命令查看所创建的容器，并可以使用 docker exec -it mysql_server /bin/sh 命令进入容器，在容器中执行交互性操作。

当进入容器后，可以执行 mysql –version 命令查看当前 MySQL 服务版本，其输出结果如 mysql Ver 8.0.24 for Linux on x86_64 (MySQL Community Server - GPL)。

同时，可以在命令行中使用 mysql -u root -p 命令，输入之前创建容器时传入的 Root 用户密码来进入 MySQL 客户端，并执行相关的 SQL 语句。

2. 安装 PyMySQL

PyMySQL 可以使用 pip3 install PyMySQL 命令进行安装，但由于前面使用 Docker 进行 MySQL 8.0 的安装，支持使用两种身份认证插件 sha256_password 与 caching_sha2_password，对用户的账号密码进行 SHA-256 哈希处理，其中默认使用的用户身份认证插件为 caching_sha2_password，而默认安装的版本仅支持原生的密码认证，因此，需要通过命令 pip3 install PyMySQL[rsa]安装额外的依赖项以提供对于 8.0 版本中身份认证方式的支持，本书使用的库版本为 PyMySQL-1.0.2。

5.3.2　基本示例

本节通过一个简单的示例介绍 PyMySQL 的基本用法。该示例首先连接至 MySQL 服务；然后创建数据库＜examples＞及表＜users＞，并在表中插入多行数据；最后完成一个带参的简单查询，并返回结果：

```
1    import pymysql
2
3    connection = pymysql.connect(host='localhost', user='root', password='<Your-Root-Password>')
4
5    with connection:
6        with connection.cursor() as cursor:
7            cursor.execute("CREATE DATABASE examples;")
8            cursor.execute("CREATE TABLE examples.users `name` varchar(255) NOT NULL,`year`
int NOT NULL);")
9            insert_sql = "INSERT INTO examples.users (`name`, `year`) VALUES (%s, %s)"
10           cursor.executemany(insert_sql, [('张三', 36), ('李四', 32), ('王五', 31)])
11       connection.commit()
12
13       with connection.cursor() as cursor:
14           cursor.execute("select * from examples.users where year > 31;")
15           result = cursor.fetchall()
16           print(result)
```

- 代码 1 导入 PyMySQL 库。
- 代码 3 建立了与 MySQL 数据库的连接，此处传入了参数 host（MySQL Server 所在主机，由于前面示例中基于 Docker 构建的 MySQL 服务实例映射 3306 端口到本地，所以此处 host 为 localhost，实际使用中可以替换为 MySQL 服务所在主机地址，如 192.168.0.54）；user、password 参数分别传入连接所要使用的用户名和密码，此处为了展示直观，使用了明文传入的密码形式，在实际生产环境中，不建议使用该操作，应使用配置文件或环境变量的方式传递密码，以提高数据安全性。
- 代码 5 使用 with 命令创建了一个代码块，用于管理 connection 的上下文，此处相当于简化了 try/finally 操作，以确保 connection 最后被关闭。

提示：with 语句相当于一个简化的 try/finally。with 语句在开始时，会在上下文管理器对象（如此处的 connection）中调用 __enter__ 方法（对于 connection，该方法返回实例化对象 self），并在结束时调用对象的 __exit__ 方法（对于 connection，该方法调用 close 方法发送退出消息并关闭套接字连接），这种方式的使用提高了代码的紧凑性，并确保了连接关闭的实施。

- 代码 6 到代码 10 实现了创建表、库及写入数据的功能。首先，代码 6 使用 connection.cursor 创建了一个游标对象，并使用 with 语句进行上下文管理，以便在结束游标使用后，关闭游标、释放资源；然后，代码 7 和代码 8 分别使用 cursor.execute 方法执行数据库 examples 的创建（CREATE DATABASE examples）及表的创建（CREATE TABLE examples.users ......）；最后，代码 9 和代码 10 定义了对所建表 examples.users 的插入语句，并使用 cursor.executemany 方法执行了 3 条数据的批量插入操作。

- 代码 11 使用 connection.commit 方法进行了上述执行命令的提交。该方法会将任何处于 Pending 状态的事务提交到数据库，使相关更改永久生效，区别于 MySQL 的默认设置，PyMySQL 不会对执行的语句进行自动提交，但是对于 CREATE 等 DDL 语句及其他部分语句，还是会进行隐式提交的。举例来说，如果删除数据库 examples，并把上述代码 11 以后的全部代码注释掉，再次执行代码，此时进入数据库，会发现数据库中仅有一个空的 users 表，即建库表的 DDL 语句被隐式提交到了数据库中，而插入语句因为没有使用 commit 方法进行主动提交而没有生效。
- 代码 13 到代码 16 类似于代码 6 到代码 10，在一个游标对象的上下文中，首先执行了一个查询语句，然后使用 cursor.fetchall 方法获取上述查询语句返回的所有结果，最后将结果打印。

上述代码最终返回结果：(('张三', 36), ('李四', 32))。

5.3.3 高级用法

1．事务操作

事务（Transaction）用来保证数据操作的完整性，如果事务操作执行期间发生错误，则事务会回退到某个已知且安全的状态，即保证一个或一组操作：只有执行完全成功与完全没有执行（回滚撤销所有更改）两种状态，而不会存在中间状态，数据库中不存在不完整的操作结果。

接下来通过一个简单的示例来说明如何在 PyMySQL 中进行事务的控制。代码如下：

```
1    import pymysql
2
3    connection = pymysql.connect(host='localhost', user='root', password='<Your-Root-Password>',
database='examples', autocommit=None)
4
5    def do_something():
6        raise Exception("Some trouble.")
7
8    with connection:
9        with connection.cursor() as cursor:
10           cursor.execute("CREATE TABLE IF NOT EXISTS users2 (`name` varchar(255) NOT
NULL,`year` int NOT NULL);")
11       try:
12           connection.begin()
13           insert_sql = "INSERT INTO users2 (`name`, `year`) VALUES (%s, %s)"
14           cursor.executemany(insert_sql, [('张三', 36), ('李四', 32), ('王五', 31)])
15           cursor.execute("select * from users2;")
```

```
16          print("结果 1: ", cursor.fetchall())
17          do_something()
18          connection.commit()
19      except Exception as err:
20          print(f"[×] 捕获到异常，执行回滚，异常：{err}")
21          connection.rollback()
22      cursor.execute("select * from users2;")
23      print("结果 2: ", cursor.fetchall())
```

此部分代码与 5.3.2 节中的代码比较相似，这里只针对差异部分进行说明。

- 代码 3 建立了连接，区别于 5.3.2 节中的代码示例，此处使用了参数 database 和 autocommit。参数 database 用于指定所要连接使用的数据库（这里是 examples），相当于在 MySQL 客户端执行的 USE <数据库名>操作；参数 autocommit 用于控制是否自动提交，默认为 False，即不自动提交，此处使用 None 表示采用与数据库一致的配置。MySQL 中默认自动提交，None 的配置相当于在该 connection 中执行的操作会被自动提交。

- 代码 5 和代码 6 定义了一个函数 do_something，用于模拟一个可能的行为，在这里使其抛出一个错误，以此来模拟执行任务报错的情况。

- 代码 10 完成了一个新表 users2 的创建。

- 代码 11 及代码 19 使用了一个 try…except…块来进行错误捕获，并在捕获到异常时对代码进行回滚。

- 代码 12 使用 connection.begin 方法开启事务，相当于向 MySQL 发送了 BEGIN 命令，用于开启一个事务，开启后执行的语句都属于当前开启的这个事务。需要注意的是，此处先进行表的创建，再开启事务，并没有将建表语句加入事务之中，原因在于 CREATE 语句会隐式提交事务，导致事务提前中止。

- 代码 13 和代码 14 进行了数据的批量插入。

- 代码 15 和代码 16 从 users2 中进行数据的查询，并打印返回结果。

- 代码 17 调用 do_something 函数，模拟一个事务中的操作，由于上面函数的设置，此处会抛出异常，导致代码 18 中的 commit 方法无法执行。

- 对于代码 21，当捕获到异常时，执行 connection.rollback 进行事务回滚。

- 代码 22 和代码 23 进行了一次与代码 15 和代码 16 完全一致的查询操作，并打印返回结果。

上述代码的输出如下：

```
结果 1:  (('张三', 36), ('李四', 32), ('王五', 31))
[×] 捕获到异常，执行回滚，异常：Some trouble.
结果 2:  ()
```

这里读者可能会产生疑问：结果 1 与结果 2 对应的查询是完全一致的，但是为什么结果 1 查询到了插入操作的结果，结果 2 却没有查询到呢？

该问题的关键点在于代码 12 与代码 21 中的相关事务操作。代码 12 开启了事务操作，此后执行的操作，如数据插入和查询都是事务中的操作，因此，执行了插入操作后的查询是可以获取数据的，因为此时确实进行了插入操作；但是代码 21 由于 do_something 抛出异常并被 try…except…捕获，于是在 except 块中使用了 connection.rollback 方法，促使事务回滚到事务开始的状态，相当于撤销了上面的插入等操作，所以再次查询时，表中就没有数据了。

我们可以替换 do_something 中的抛出错误为其他，如 pass，执行代码，此时的输出如下：

结果 1:　 (('张三', 36), ('李四', 32), ('王五', 31))
结果 2:　 (('张三', 36), ('李四', 32), ('王五', 31))

如输出结果所示，connection.commit 进行了事务的提交。

注意：上述代码执行的关键在于 connection 中 autocommit=None 的设置与建表时默认的存储引擎的选择，MySQL 中常用的两种存储引擎分别为 InnoDB 与 MyISAM，其中，InnoDB 支持事务，而 MyISAM 则不支持事务，MySQL 建表时默认使用 InnoDB 存储引擎，因此我们能使用事务。

2．游标类型

PyMySQL 支持使用多种不同的游标，默认使用的为一般游标（Cursor），其余可选的游标类型包括 SSCursor、DictCursor、SSDictCursor。PyMySQL 的游标类型及作用如表 5-2 所示。

表 5-2　PyMySQL 的游标类型及作用

游标名称	作用
Cursor	默认游标，提供了 execute、executemany、fetchall、fetchmany、fetchone 等方法
SSCursor	无缓冲游标，主要用于返回大量数据的查询，或者用于慢速网络状态下连接到远程 MySQL Server 的游标 SSCursor 提供了 fetchall_unbuffered 方法，区别于 fetchall 返回的 List 格式结果数据，fetchall_unbuffered 方法返回一个迭代器，以允许循环调用。这种方法在慢速网络状态下可以迭代获取 MySQL 执行查询后的结果集，而不会先复制所有结果到缓冲区内
DictCursor	包括 Cursor 的所有方法，但将结果作为字典返回。字典中的 key 是字段名，value 是获取的值
SSDictCursor	SSCursor 与 DictCursor 的结合，一个无缓冲的游标，并以字典形式返回结果

可以在创建连接时传入所要使用的游标对象到 cursorclass 参数中。例如：

```
1    import pymysql.cursors
2
```

```
3    connection = pymysql.connect(host='localhost',
4        user='root', password='<Your-Root-Password>', database='examples',
5        cursorclass=pymysql.cursors.DictCursor)
6
7    with connection:
8        with connection.cursor() as cursor:
9            cursor.execute("select * from users4;")
10           print("结果: ", cursor.fetchall())
```

- 代码5相较于之前的示例，额外在参数 cursorclass 中传入了 pymysql.cursors.DictCursor，以指示使用 DictCursor 类型游标。

上述代码的输出结果为：

结果: [{'name': '张三', 'year': 36}, {'name': '李四', 'year': 32}, {'name': '王五', 'year': 31}]

可以看到，区别于之前的 (('张三', 36), ('李四', 32), ('王五', 31)) 元组格式的返回结果，DictCursor 类型游标会返回字典类型的结果。

对于 Cursor、SSDictCursor 此类无缓冲游标类型，通常在大数据量情况下应用，为了模拟使用情况，首先在 examples 下创建新表 users3（同样由 name 和 year 两个字段构成），并在其中录入 1000 万行数据，此时该表占用空间为 462.97MB。

该操作对应的代码如下：

```
1    import sys, random, time, pymysql
2
3    all_data = [("".join(random.sample('zyxwvutsrqponmlkjihgfedcba',16)), random.randint(1,100)) for i in range(1000 * 10000)]
4
5    connection = pymysql.connect(host='localhost', user='root', password='<Your-Root-Password>', database='examples')
6
7    with connection:
8        with connection.cursor() as cursor:
9            cursor.execute("CREATE TABLE IF NOT EXISTS users3 (`name` varchar(255) NOT NULL,`year` int NOT NULL);")
10           insert_sql = "INSERT INTO users3 (`name`, `year`) VALUES (%s, %s)"
11           cursor.executemany(insert_sql, all_data)
12       connection.commit()
```

如果依然使用默认的游标，并执行全表查询，调用 fetchall 方法，则此时所执行代码将阻塞很长一段时间用于数据的查询、传输和加载，但是如果替换 cursorclass 为 pymysql.cursors.SSCursor，且替换 cursor.fetchall 为 cursor.fetchall_unbuffered，则相同情况下，所需时间仅为原有的 1/4（此处受制于网络环境，不同测试环境下的效果不同，此处仅供参考）。由于无须加载所有数据到本地缓冲区，所以有效降低了内存的占用（这对一些数据量巨大的情况非常有用，因为可能会由于过大的数据量加载而导致内存溢出，使程序崩溃），cursor.fetchall_unbuffered 返回的结果为一个 generator 对象，可以通过 next 或 yield 方法操作它。

5.3.4 技术要点

1．DB-API 2.0

本节以 PyMySQL 操作 MySQL 数据库为示例，但由于 DB-API 2.0 规范的约束性、一致性，PyMySQL 中涉及的相关关系数据库操作、使用方案基本也都可以迁移至其他 Python 关系数据库客户端上。换句话说，对于其他数据库，如 PostgreSQL、SQL Server、SQLite 等，即使存在各类不同的 Python 客户端，但是由于其大部分都遵循 DB-API 2.0 规范，所以使用方式也基本会保持一致，这就给我们带来了极大的便利。

此处罗列一些官方推荐的基于 DB-API 2.0 的主流数据库对应的 Python 客户端库，如表 5-3 所示。在充分学习并熟悉 PyMySQL 后，得利于 DB-API 2.0 的规范性和一致性特点，我们可以触类旁通、快速上手这些数据库对应的 Python 客户端库，并完成相应操作。

表 5-3　官方推荐的基于 DB-API 2.0 的主流数据库对应的 Python 客户端库

数据库名称	Python 客户端库名称
MySQL	mysqlclient
	PyMySQL
PostgreSQL	psycopg2
Oracle	cx_Oracle
Microsoft SQL Server	pymssql
上述均支持	pyodbc

2．批量插入

在前面，我们接触到了两种 SQL 语句执行的命令，分别为 execute 与 executemany，在进行批量插入时使用后者，executemany 命令针对数据的插入、修改等操作，可以大幅加快操作速度，在测试环境中，当进行同等数量的 10 万条随机生成的数据的插入时，使用 executemany 方法插入仅需 1.2s，而如果使用 for 循环的方式，逐条调用 cursor.execute，则在同等配置环境下，插入需要 163.3s，可见性能差异之大。

在 PyMySQL 中，executemany 执行效率高的原因在于其将多条数据插入操作合并到一个插入操作中（合并有长度限制，默认为 1024000 个字符），有效地提高了数据插入的效率。

当需要进行大批量数据插入时，建议优先选择使用 executemany。此处，除了 executemany 部分客户端库，还会提供 bulk insert 方法，其性质相似，均在大数据量批量插入场景下使用,针对事务、连接等开销进行优化,或者利用数据库的功能特性,以加快批量插入的速度。

3. 使用 UNIX 套接字连接 MySQL

PyMySQL 默认是使用 HTTP 连接 MySQL 数据库并获取服务的,但是在一些特殊的场景下,可能会考虑使用 UNIX 套接字的方式连接 MySQL 数据库,并执行相关操作。

PyMySQL 也提供了对 UNIX 套接字的支持,仅需在 connection 中传入参数 unix_socket 与其相应值即可。例如:

```
connection = pymysql.connect(user="root", password="******", database="examples", unix_socket="/var/lib/mysql/mysql.sock")
```

5.4 使用基于 ORM 技术的 SQLAlchemy 操作 PostgreSQL 数据库

5.4.1 安装配置

PostgreSQL 的安装方式很多,本书选择使用 Docker 进行安装,以提供一种新的安装配置思路。

关于 PostgreSQL 的标准安装配置方法,可以参阅官方文档。

1. 使用 Docker 安装 PostgreSQL

(1)拉取。

在命令行中使用 docker pull 命令,从 Docker Hub 上拉取官方镜像到本地,如 docker pull postgres:12-alpine。此处选择标签为 12-alpine 的镜像,该镜像会默认安装基于 Alpine(一个面向安全应用的轻量级 Linux 发行版)的 PostgreSQL 12.6 版本数据库。

(2)使用。

在命令行中使用如下命令开启 PostgreSQL 服务实例:

```
docker run --name postgresql_server -e POSTGRES_PASSWORD=<Password>-p 5432:5432 -d postgres:12-alpine
```

其中,<Password>请传入指定的系统自动创建的用户<postgres>的密码,此密码会用于后续的数据库连接与使用。

上述命令会创建 PostgreSQL 服务实例,自动运行 PostgreSQL 服务并将容器端口 5432(PostgreSQL 服务的默认端口)映射到本地 5432 端口上。

执行完毕后,可以在命令行中使用 docker container ls 命令查看所创建的容器,并可以使用 docker exec -it postgresql_server /bin/sh 命令进入容器,在容器中执行交互性操作。

当进入容器后，首先需要通过 su postgres 切换到 PostgreSQL 默认创建的用户 postgres 下（该用户拥有数据库的超级用户权限，得以支持后续相关操作），然后在命令行中执行 psql 命令即可进入 PostgreSQL 命令行客户端，默认情况下会输出类似如下的结果：

```
psql (12.6)
Type "help" for help.
```

可以在 psql 命令行客户端中执行相应的交互性命令，如 \?（查看帮助文档）、\l（查看当前 PostgreSQL 服务下的数据库列表），或者直接执行 SQL 语句等。

2．安装 SQLAlchemy 和 psycopg2

SQLAlchemy 可以使用 pip3 install sqlalchemy==1.4.14 命令进行安装，本书安装的库版本为 1.4.14。SQLAlchemy 要操作 PostgreSQL，还需要安装一个 PostgreSQL 的 Python DB-API 2.0 客户端，此处选择 psycopg2，安装命令为 pip3 install psycopg2，安装版本为 2.8.6。

注意：SQLAlchemy 当前分为两大版本，即 SQLAlchemy 1.x 版本（旧版本）与 SQLAlchemy 1.4/2.0（新版本），新版本相对于旧版本有较大的改变，功能更加丰富、架构更加稳健，但新版本的代码不会完全兼容旧版本的代码，本书选用新旧版本兼容的 1.4 版本，如果在执行时出现版本问题，请参考官方文档，进行版本迁移。

5.4.2　基本示例

本节通过一个简单的代码示例介绍 SQLAlchemy 的基本用法。代码示例由以下 3 部分组成。

- 第 1 部分（代码 1 到代码 13）：与 PostgreSQL 服务连接，声明映射类并创建对应表。
- 第 2 部分（代码 15 到代码 22）：进行数据的插入。
- 第 3 部分（代码 24 到代码 35）：进行数据的简单查询。

第 1 部分代码如下：

```
1    from sqlalchemy.orm import declarative_base
2    from sqlalchemy import create_engine, Column, String, Integer
3
4    Base = declarative_base()
5    engine = create_engine("postgresql+psycopg2://
postgres:pw@localhost:5432/postgres", echo=True, future=True)
6
7    class Users(Base):
8        __tablename__ = 'users'
9        id = Column("id", Integer, primary_key=True)
10       name = Column("name", String(20))
```

11	year = Column("year", Integer)
12	
13	Base.metadata.create_all(engine)

- 代码 4 使用 declarative_base 方法构造了一个用于声明映射类的基类。
- 代码 5 使用 create_engine 方法创建了引擎实例（engine），引擎是 SQLAlchemy 的基础对象，用于管理、控制 SQLAlchemy 与 PostgreSQL 服务的连接和行为。

create_engine 方法中传递了多个参数，必选的为 url 参数，要求传递一个类 url 的字符串参数，如 postgresql+psycopg2://postgres:pw@localhost:5432/postgres，该 url 参数用于描述引擎应如何连接数据库，其构成为 dialect[+driver]://user:password@host/dbname[?key=value..]，其中，dialect 为数据库方言，如 mysql、sqlite、postgresql 等，此处使用 postgresql 表示要连接至 PostgreSQL 数据库服务；driver 为连接数据库所使用的基于 DB-API 2.0 规范的 Python 客户端库（驱动），此处选择使用 psycopg2；user、password、host 分别对应连接使用的用户名、密码、PostgreSQL 服务所在主机名；dbname 为连接的数据库名称。

除了 url 参数，还传递了两个可选参数。其中，echo=True 用于将执行的 SQL 语句及引擎执行的过程写入默认的日志当中，默认使用 sys.stdout 作为输出（相当于执行 print），这样有助于查看执行状态及理解 SQLAlchemy 的相关操作；future=True 指示使用 2.0 版本格式，2.0 版本是 SQLAlchemy 的新版本，也是日后的主流版本，设置 future=True 可以提前应用 2.0 版本格式，降低后期的学习、更替成本。

- 代码 7 通过 class 基于 Base 基类创建了一个名为 Users 的映射类（对象）。
- 代码 8 使用 __tablename__ 传递了所要映射的表的名称。
- 代码 9 到代码 11 创建了表结构，定义了 3 个映射的表字段：id、name、year。
- 代码 13 使用 Base.metadata.create_all(engine)创建了存储在 metadata（元数据）中的表，该方法在默认情况下如果表存在于数据库中，则不会重新创建；如果没有，则建立新表。

执行上述代码后，在 psql 中执行\d 进入数据库 postgres；通过\d users 查看详细的 users 表信息，如图 5-2 所示，包含 3 个字段，与在 Users 类中定义的字段一一对应。

```
                            Table "public.users"
 Column |         Type          | Collation | Nullable |              Default
--------+-----------------------+-----------+----------+-----------------------------------
 id     | integer               |           | not null | nextval('users_id_seq'::regclass)
 name   | character varying(20) |           |          |
 year   | integer               |           |          |
Indexes:
    "users_pkey" PRIMARY KEY, btree (id)
```

图 5-2　psql 中的 users 表信息

第 1 部分代码执行完毕后，就拥有了一个创建好的 users 表，以及一个与其产生映射关系的 Users 类。接下来需要进行数据的插入，使该表中存在数据。

第 2 部分代码如下：

```
15   from sqlalchemy.orm import sessionmaker
16   DBSession = sessionmaker(engine)
17   with DBSession() as session:
18       u1 = Users(name="张三", year=36)
19       u2 = Users(name="李四", year=32)
20       u3 = Users(name="王五", year=31)
21       session.add_all([u1,u2,u3])
22       session.commit()
```

- 代码 16 使用 sessionmaker(engine) 构建了一个可配置的 session 工厂，session 在 SQLAlchemy 中用于管理 ORM 映射对象的相关操作（如数据的插入、删除等），其行为类似于 DB-API 2.0 中的 connection，但是在逻辑上比 connection 更加抽象。sessionmaker 的作用在于其所创建的可配置的 session 工厂（这里是 DBSession 对象）可以在每次调用 DBSession 时返回一个新的遵循配置的 Session 对象，这会减少反复配置的工作量。一般，在一次项目中，sessionmaker 只需定义一次，但是 session 会开启、关闭多次。实际上也可以不使用 sessionmaker，直接使用 session(engine) 方法，其性质相同，但需要逐次进行配置。
- 代码 17 使用 with 语句开启上下文管理器，隐式执行 session.close 以确保会话的关闭。
- 代码 18 到代码 20 创建了 3 个 User 类型对象，并分别为之赋值。
- 代码 21 使用 session.add_all 方法添加集合实例（u1/u2/u3）到 session 中。
- 代码 22 使用 session.commit 方法完成提交，该方法会刷新（flush）挂起的更改并提交当前事务。

此时控制台中会输出如图 5-3 所示的内容，显示了上述任务在 SQLAlchemy 中的执行情况，可以方便后期查看、检验。

```
2021-05-12 09:50:56,247 INFO sqlalchemy.engine.Engine BEGIN (implicit)
2021-05-12 09:50:56,249 INFO sqlalchemy.engine.Engine INSERT INTO users (name, year) VALUES
(%(name)s, %(year)s) RETURNING users.id
2021-05-12 09:50:56,249 INFO sqlalchemy.engine.Engine [generated in 0.00021s] ({'name': '张
三', 'year': 36}, {'name': '李四', 'year': 32}, {'name': '王五', 'year': 31})
2021-05-12 09:50:56,254 INFO sqlalchemy.engine.Engine COMMIT
```

图 5-3　执行插入操作后命令行的输出

通过第 2 部分代码的执行完成了数据的插入。在第 3 部分代码中进行数据查询：

```
24   from sqlalchemy import select, or_
25   with DBSession() as session:
26       result_1 = session.execute(select(Users).order_by(Users.year)).first()
27       result_2 = session.execute(select(Users).where(Users.year > 31, Users.name != "张三")).all()
28       result_3 = session.execute(select(Users).where(Users.year > 31).order_by(Users.year)).all()
```

```
29        result_4 = session.execute(select(Users).
where(or_(Users.name.like("%三"), Users.name.in_(["李四"])))).all()
30    def handle_result(result, ident):
31        [print(f"[{ident}] name:{i[0].name}, year:{i[0].year}") for i in result]
32    handle_result([result_1], 1)
33    handle_result(result_2, 2)
34    handle_result(result_3, 3)
35    handle_result(result_4, 4)
```

- 代码 25 使用 DBSession 创建了一个 Session 对象，并通过 with 进行上下文管理。
- 代码 26 使用 session.execute 方法执行一个查询，查询语句为 select(Users).order_by (Users.year)。该查询语句等同于 SQL 语句 SELECT users.id, users.name, users.year FROM users ORDER BY users.year，select 方法等同于 SQL 中的 SELECT，查询的执行会返回 Result 结果对象，通过调用 first 方法，可以获取查询结果的第 1 行。
- 代码 27 同样执行了一个查询，但是区别在于使用的是 where 方法，定义了查询的条件，这里的 where 方法等同于 SQL 中的 WHERE。在 where 方法中，可以放入多个子句，相当于 AND 关系；all 方法的调用可以获取查询结果的所有行。
- 代码 28 主要说明了查询的链式调用，可以如上述方法般，在一个查询中构建多个命令（where、order_by）以进行复杂的查询。
- 代码 29 展示了运算符 or_、like、in_ 的使用，or_用于表达或条件，等同于 SQL 中的 OR；like 用于表达模糊匹配，等同于 SQL 中的 LIKE；in_用于表达特定对象是否存在于列表中，等同于 SQL 中的 IN。
- 代码 30 到代码 35 首先定义了函数 handle_result，用于打印查询结果，其中 ident 参数用于区分不同的结果；然后在后面依次调用了该函数。

handle_result 函数对各个查询的返回结果如图 5-4 所示。

```
[1] name:王五, year:31
[2] name:李四, year:32
[3] name:李四, year:32
[3] name:张三, year:36
[4] name:张三, year:36
[4] name:李四, year:32
```

图 5-4 handle_result 函数对各个查询的返回结果

图 5-4 显示了如下信息。

- 查询 1 的返回结果：由于使用 first 方法与 order_by 方法，所以只取到了 year 排序最先（按照从小到大顺序排序，year 最小）的王五。
- 查询 2 的返回结果：返回了同时满足条件 year>31 且 name 不等于张三的李四。
- 查询 3 的返回结果：返回了满足 year>31 的两条结果，且顺序排列。

- 查询 4 的返回结果：返回了只要符合模糊匹配条件，或者符合运算符 IN 条件两者之一即可的张三、李四。

5.4.3　高级用法

关系是关系数据库中的核心概念，此节展示如何在 SQLAlchemy 中为映射类创建关系、构建连接。下面首先构建一个基础的一对多关系。

1．一对多关系的构建与查询

公司和员工的关系就是一种典型的一对多关系，表现为一个员工只属于一个公司，而一个公司可以包含多个员工。具体构建方案如下述代码所示：

```
1   from sqlalchemy import ForeignKey
2   from sqlalchemy.orm import relationship
3   class Company(Base):
4       __tablename__ = 'company'
5       id = Column("id", Integer, primary_key=True)
6       name = Column("name", String(20))
7       staff = relationship("Staff", backref="company")
8
9   class Staff(Base):
10      __tablename__ = 'staff'
11      id = Column("id", Integer, primary_key=True)
12      name = Column("name", String(20))
13      compandy_id = Column(Integer, ForeignKey('company.id'), nullable=False)
```

- 代码 1 和代码 2 分别引入了 ForeignKey 类（外键，用于定义两个列之间的依赖关系）与 relationship 方法（用于构建两个映射类之间的关系），二者是 SQLAlchemy 中构建关联关系的核心组件。
- 代码 3 到代码 7 声明了一个映射类 Company（代表公司），其中关键点在于代码 7，此处使用 relationship("Staff", backref="company")方法构建了 Company 和 Staff 的关系，并将该关系绑定在 Staff 属性上。在使用时，通过 Company.staff 即可获得 Company 实例对应的 Staff 列表。同时，relationship 方法中的 backref 用于构建一个双向的映射关系，使我们可以在 Staff 实例中通过 Staff.company 获取 Staff 绑定的 Company 实例。
- 代码 9 到代码 13 声明了另一个映射类 Staff（代表员工），此部分代码的关键在于代码 13 中的 Column(Integer, ForeignKey('company.id'), nullable=False)，此处同样使用 Column 方法来定义一个表中的列，但是区别在于此列使用 ForeignKey 构建了外键约束，即该列的值只能是另一个表中某列中的值（这里是 company 表中的 id 列）；此处另一个参数 nullable=False 约束了该列的值不能为空。

完成映射类的声明后，使用 Base.metadata.create_all(engine) 即可将映射类构建到数据库中，在数据库中生成真实的对应表。

此时，数据库中的表的详细架构如图 5-5 所示。

- 外键约束标识（Foreign-key constraints）出现在了表 staff 中，受此约束限制，在往 staff 表中插入数据时，company_id 必须为 company 中已有的 id。
- 被引用标识（Referenced by）出现在了 company 表中，此时如果删除表 company，就会受限于引用关系，从而导致其无法被删除。

```
postgres=# \d company
                                      Table "public.company"
 Column |         Type          | Collation | Nullable |              Default
--------+-----------------------+-----------+----------+------------------------------------
 id     | integer               |           | not null | nextval('company_id_seq'::regclass)
 name   | character varying(20) |           |          |
Indexes:
    "company_pkey" PRIMARY KEY, btree (id)
Referenced by:
    TABLE "staff" CONSTRAINT "staff_company_id_fkey" FOREIGN KEY (company_id) REFERENCES
company(id)

postgres=# \d staff
                                       Table "public.staff"
   Column    |         Type          | Collation | Nullable |             Default
-------------+-----------------------+-----------+----------+----------------------------------
 id          | integer               |           | not null | nextval('staff_id_seq'::regclass)
 name        | character varying(20) |           |          |
 company_id  | integer               |           | not null |
Indexes:
    "staff_pkey" PRIMARY KEY, btree (id)
Foreign-key constraints:
    "staff_company_id_fkey" FOREIGN KEY (company_id) REFERENCES company(id)
```

图 5-5　数据库中的表的详细架构

接下来，可以插入一些数据到表中，如下述代码所示：

```
1    with DBSession() as session:
2        c1 = Company(name="Go")
3        c2 = Company(name="Az")
4        c3 = Company(name="Fb")
5        s1 = Staff(name="张三", company=c1)
6        s2 = Staff(name="李四", company=c1)
7        s3 = Staff(name="王五", company=c2)
8        session.add_all([s1,s2,s3,c3])
9        session.commit()
```

此处需要注意的是，在代码 5 到代码 8 中，在 Staff 的初始化中传入了参数 company，其传递值为 Company 实例，由此构建了 Staff 和 Company 的关系（在这种方式下，无须为 Staff 传入特定的 id 值）。

此时，数据库中完成插入后两个表中的数据如图 5-6 所示。

```
postgres=# select * from company;
 id | name
----+------
  1 | Go
  2 | Az
  3 | Fb
(3 rows)

postgres=# select * from staff;
 id | name | company_id
----+------+------------
  1 | 张三 |          1
  2 | 李四 |          1
  3 | 王五 |          2
(3 rows)
```

图 5-6　数据库中完成插入后两个表中的数据

最后，对上述构建的数据关系进行关联查询。例如：

result = session.execute(select(Company.id, Company.name, Staff.id, Staff.name).join(Staff)).all()

此时，上述查询等同于以下 SQL 语句：

SELECT company.id, company.name, staff.id AS id_1, staff.name AS name_1
FROM company JOIN staff ON company.id = staff.company_id

上述查询的返回结果为：

[(1, 'Go', 1, '张三'), (1, 'Go', 2, '李四'), (2, 'Az', 3, '王五')]

注意：其中(1, 'Go', 1, '张三')的列表项实际为一个 sqlalchemy.engine.row.Row 对象，可以通过 result[0].keys 的方法获取该查询结果的列名，结果为 RMKeyView(['id', 'name', 'id_1', 'name_1'])。

2．多对多关系的构建与查询

多对多关系的典型实例为文章与标签。例如，一篇文章可以有多个标签，如技术类、干货、Python 等，同时，每个标签可以关联多篇文章，如在 Python 下有数篇文章。多对多关系的构建示例如下述代码所示：

```
1    from sqlalchemy import Table
2    association_table = Table('post_tag', Base.metadata,
3        Column('post_id', Integer, ForeignKey('post.id')),
4        Column('tag_id', Integer, ForeignKey('tag.id')))
5
6    class Post(Base):
7        __tablename__ = 'post'
8        id = Column(Integer, primary_key=True)
9        title = Column(String(100))
10       tags = relationship("Tag", secondary=association_table, backref="posts")
11
12   class Tag(Base):
```

```
13          __tablename__ = 'tag'
14          id = Column(Integer, primary_key=True)
15          name = Column(String(20))
```

上述代码分别构建了 3 个表，分别为 post_tag、post、tag，其中，post 与 tag 是业务中期望构建的表；而 post_tag 则并没有实际的业务价值，它是一个中间表（中介表），仅用于构建 post 与 tag 的多对多关系。

代码中有以下几个关键点需要注意。

- 代码 2 到代码 4 使用 Table 类构建了一个数据库表对象，其中有两个外键约束列，分别对应 post 的 id 与 tag 的 id。
- 代码 10 使用 secondary=association_table 指定了该表关联的多对多关系的中间表（也就是这里的 association_table），并同时使用 backref 参数构建双向映射关系。

在数据库中，上述 3 个表的详细架构如图 5-7 所示，可以看到，post_tag 表中存在两个外键约束，而 post 和 tag 表中分别添加了引用。

```
postgres=# \d post_tag
            Table "public.post_tag"
 Column  |  Type   | Collation | Nullable | Default
---------+---------+-----------+----------+---------
 post_id | integer |           |          |
 tag_id  | integer |           |          |
Foreign-key constraints:
    "post_tag_post_id_fkey" FOREIGN KEY (post_id) REFERENCES post(id)
    "post_tag_tag_id_fkey" FOREIGN KEY (tag_id) REFERENCES tag(id)

postgres=# \d post
                                Table "public.post"
 Column |          Type          | Collation | Nullable |              Default
--------+------------------------+-----------+----------+-----------------------------------
 id     | integer                |           | not null | nextval('post_id_seq'::regclass)
 title  | character varying(100) |           |          |
Indexes:
    "post_pkey" PRIMARY KEY, btree (id)
Referenced by:
    TABLE "post_tag" CONSTRAINT "post_tag_post_id_fkey" FOREIGN KEY (post_id) REFERENCES
post(id)

postgres=# \d tag
                                Table "public.tag"
 Column |         Type          | Collation | Nullable |             Default
--------+-----------------------+-----------+----------+----------------------------------
 id     | integer               |           | not null | nextval('tag_id_seq'::regclass)
 name   | character varying(20) |           |          |
Indexes:
    "tag_pkey" PRIMARY KEY, btree (id)
Referenced by:
    TABLE "post_tag" CONSTRAINT "post_tag_tag_id_fkey" FOREIGN KEY (tag_id) REFERENCES tag(id)
```

图 5-7   post_tag、post、tag 表的详细架构

继续往表中插入一些示例数据，相应代码如下：

```
1    with DBSession() as session:
2        t1 = Tag(name="Python")
```

```
3        t2 = Tag(name="SQLAlchemy")
4        t3 = Tag(name="PyMySQL")
5        p1 = Post(title="使用 Python 连接 MySQL")
6        p1.tags = [t1, t3]
7        p2 = Post(title="Python Orm")
8        p2.tags = [t1, t2]
9        session.add_all([p1, p2])
10       session.commit()
```

此时，数据库中 3 个表下对应的数据如图 5-8 所示，可以看到，在 post_tag 表下，通过 post_id 与 tag_id 将 post 表和 tag 表进行了关联。

```
postgres=# select * from post;
 id |        title
----+--------------------
  1 | 使用Python连接MySQL
  2 | Python Orm
(2 rows)

postgres=# select * from tag;
 id |    name
----+------------
  1 | Python
  2 | SQLAlchemy
  3 | PyMySQL
(3 rows)

postgres=# select * from post_tag;
 post_id | tag_id
---------+--------
       1 |      1
       1 |      3
       2 |      1
       2 |      2
(4 rows)
```

图 5-8　post、tag、post_tag 表下对应的数据

假设此时想要获取标题为"Python Orm"的文章对应的所有标签，则可以采用如下代码：

```
1    with DBSession() as session:
2        post = session.execute(select(Post).where(Post.title=="Python Orm")).first()
3        post_tags = post[0].tags
4        [print(i.name) for i in post_tags]
```

最终打印输出为：

```
Python
SQLAlchemy
```

上述代码的关键点在于，首先通过执行查询语句获得了 Post 实例，然后通过 post[0].tags 获取了关联在 Post 实例上的标签对象，并完成了打印。

5.4.4 技术要点

1．ORM

ORM（Object Relational Mapping，对象关系映射）是一种程序设计技术，用于将面向对象编程中的对象映射到关系数据库上。SQLAlchemy 是 Python 中最流行、使用最广泛的 ORM 方案。

在 ORM 中，数据库被映射为对象，我们熟悉的表、记录、字段被分别映射为类、类实例（对象）、类属性。

通过使用 ORM，后端开发人员可以在不使用 SQL 语句的情况下使用自己熟悉的面向对象的风格进行数据库的操作，而不用关心其底层实现的细节。

ORM 的显著优点如下。

- 抽象了数据库表元数据，更加利于维护与使用。
- 灵活性强，既能使用高层对象来操作数据库，又支持执行原生的 SQL 语句。
- ORM 内部进行了 SQL 逻辑优化，可以避免用户在不熟悉 SQL 的情况下写出性能较差或不安全的 SQL 语句。
- 可移植性好，ORM 通常支持多种 DBMS，包括 MySQL、PostgreSQL、Oracle、SQL Server、SQLite 等；使用 ORM，当切换 DBMS 时，仅需该表极少的配置项即可，而不需要考虑不同 DBMS 下的 SQL 方言问题。

ORM 的缺点如下。

- ORM 的学习和使用门槛很高，其复杂度并不比学习 SQL 低，甚至更难。
- 对于复杂的查询逻辑，ORM 可能难以表达，无法执行。
- ORM 会存在一定的性能损耗，难以发挥最大性能。

2．SQLAlchemy 执行常规 SQL 语句

某些操作通过 ORM 虽然可以实现，但是可能直接使用 SQL 语言更加简单，此时也可以直接使用 SQL 语言。

以如下代码为例：

```
1    from sqlalchemy import text
2    with DBSession() as session:
3        result = session.execute(text("select * from post;")).all()
```

上述代码的核心在于 text 方法，使用该方法，可以直接构造 SQL 文本子句，这种方法也可以作为一个查询中的一环。例如，result = session.execute(select(Post).where(text("post.id = 1"))).all()，在这段代码中，text("post.id = 1")就作为 where 方法的一个子句，与 select、where 等方法混合使用。灵活运用 text 方法，可以在适当的时候为我们带来极大的便利。

5.5　案例：某传统零售企业基于关系数据库的数据集市

5.5.1　企业背景

该企业为大型传统零售企业，其线上网站主要进行某日常用品的推广、使用、销售，产品线中包含百余种不同类型的产品，企业网站采用了标准电商网站设计架构，并为数据的进一步分析、管理额外设置了基于 SQL Server 的数据集市（Data Mart），主要用于网站会员/用户主题分析。网站相关数据及其他第三方数据通过相应的传输工具定期汇总至 SQL Server 数据库中，通过原生 SQL、R、Python、相关数据可视化工具使用数据库中的数据。

注意：数据集市是一个主要用于检索客户端数据、面向特定业务线或部门、具有特定结构和访问模式的数据库，是数据仓库（Data Warehouse）的子集。数据集市不同于业务数据库或数据仓库，通常为一个特定业务部门所有（如市场部门、运营部门），而独立于技术部门，以用于相应业务部门针对相关数据的深入研究。

5.5.2　企业为什么选择 SQL Server 作为数据集市

企业选择 SQL Server 作为数据集市的原因是多方面的。

- 基于 Windows 生态，可以实现可视化操作，使得业务便利性、可用性、运维管理能力等得到极大的提升。
- SQL Server 相关生态中的 BI 体系健全、完整，除了 SQL Server，体系中还包括诸如 SQL Server Reporting Services（SSRS）、Microsoft Analysis Services 等功能强大的工具，后期数据智能工作升级路径清晰、方便。
- 日常业务分析和使用便利，包括 Excel、Power BI 等常用业务分析工具，可以和 SQL Server 快速结合，应用门槛低且集成便利。
- 企业为传统企业，内部有 SQL Server 的历史，基于历史延续，无须重新采购软件；同时降低学习成本、迁移成本，更能兼顾历史习惯、工作流程和技能水平。

5.5.3　数据字典

数据字典（Data Dictionary）是有关数据库中相应表信息的集中说明，如表之间的关系、来源、用法和格式等。

通过数据字典可以快速了解数据集结构。数据字典一般由维度表、行为表、标准表等表类型构成，此处筛选了不同类型的几个表作为示例，如表 5-4 所示。

表 5-4　企业数据字典结构示意

表 类 型	表 名 称	说 明
维度表	用户表（DIM_CUST）	主要用于记录来站访问用户的基本信息，包括客户注册或参与活动时填写的相关身份信息，如性别、年龄、出生年月日等；或者根据相关算法或方法获取、推测的用户相关信息，如预测性别等；或者从第三方数据中获取的相关用户信息等 此部分信息通常会对部分字段，如姓名、联系方式等进行加密混淆，由于数据集市中的数据往往用于分析、预测，所以此处的加密混淆不会对其产生影响，可以在一定程度上保护用户的隐私，保证关键数据的安全
维度表	客户标签表（DIM_CUST_TAG）	该企业线上网站中构建了线上论坛，以允许用户自由注册、发言，形成内部社区，企业为客户提供了标签功能，以允许官方、其他用户为某用户添加客户标签，并支持其他用户对该标签进行互动（赞、踩、评论），该部分行为对应一个客户标签表，记录了相应客户 ID 的对应标签与标签的评论、赞、踩次数，以及标签的创建时间、记录的创建时间、创建作业 ID、更新时间、更新任务 ID 等
	产品表（DIM_PRODUCT）	用于描述线上产品的相关信息，如产品的 ID、名称、标准名称、简称、来源、类目 ID、类目名称、品牌 ID、品牌中文名、质量、件数、质量体积单位、产品分组、产品价格记录创建时间、记录创建任务 ID、记录创建时间、记录更新时间、更新任务 ID 等
	活动基础表（DIM_CAMP）	该企业会定期组织线上活动，允许用户在线上领取试用产品，参与线上游戏互动等，以进行产品的营销宣传。活动基础表中包含了相应线上活动的基本数据，如活动编码、活动名称、活动类型、活动是否收集了相关信息、活动主打产品、活动开始时间、活动结束时间、记录创建时间等
行为表	客户行为表（FACT_CUST_BEHAVIOR）	此表结合企业内部流量数据采集工具采集的相关用户行为，进行编码转换后存储在数据库中。该表主要由用户 ID、行为涉及产品信息、行为编码构成 例如，(123,123,123)表示一个 ID 为 123 的用户与编号为 123 的产品发生了一个编码为 123 的行为（如在产品列表中浏览、在产品列表中点击、在某活动中领取试用、加入购物车、结账）等 该表的数据量（记录数）极大，呈亿级，通常会根据日期进行分表，以减少存储、计算压力
标准表	客户行为编码标准表（STAD_CUST_BEHAVIOR）	此表中记录了用户行为和对应编码的映射关系，在实际使用时，必须参考该表对客户行为表进行操作，该表的信息包括映射关系 ID、编码 ID、编码说明、记录创建时间、记录创建作业 ID 等

表 5-4 中所列项还达不到实际使用中涉及的表的十分之一，对于其他主题的表，如用户与 IMEI 关联表（DIM_IMEI_CUSTID）、订单表（FACT_ORDER_BO）、城市表

（DIM_CITY）、省份表（DIM_PROVINCE）、咨询表（DIM_QUESTION）、投诉表（DIM_COMPLAINT）、积分表（DIM_POINT）、评论表（FACT_COMMENT）等，限于篇幅和客户隐私，此处无法完整罗列客户数据集市中涉及的完整的表及字段信息。

图 5-9 展现了一个大的数据仓库中的数据字典的冰山一角，读者可以此为参考，看看实际生产环境中企业的数据集市多么复杂。

	表中文名	数据库表	字段英文名	字段中文名	字段解释	字段类型	长度	是否主外键
386	EDM发送用户	EDM_SEND_TEMP_NEW	EMAIL	解析前邮箱		VARCHAR2	400	
387	EDM发送用户	EDM_SEND_TEMP_NEW	RESULTS	结果		VARCHAR2	200	
388	EDM发送用户	EDM_SEND_TEMP_NEW	SEND_STATUS	发送状态		VARCHAR2	100	
389	EDM发送用户	EDM_SEND_TEMP_NEW	FLAG	活动标识		VARCHAR2	40	
390	EDM发送用户	EDM_SEND_TEMP_NEW	SENDDATE	发送时间		VARCHAR2	40	
391	EDM发送用户	EDM_SEND_TEMP_NEW	INSERTDATE	数据插入时间		DATE		
392	EDM发送用户	EDM_SEND_TEMP_NEW	UPDATEDATE	数据更新时间		DATE		
393	EDM发送用户	EDM_SEND_TEMP_NEW	CLUSTERS	人群分类		VARCHAR2	10	
394	评论表	FACT_COMMENT	ID	用户ID		INT		PK
395	评论表	FACT_COMMENT	SOUCEID	来源		INT		PK
396	评论表	FACT_COMMENT	PRODUCTID	商品ID		INT		FK
397	评论表	FACT_COMMENT	COMMENTTIMEKEY	评论时间键		INT		FK
398	评论表	FACT_COMMENT	CUSTID	用户ID		VARCHAR	40	FK
399	评论表	FACT_COMMENT	COMMENTTIME	评论时间		DATE		
400	评论表	FACT_COMMENT	ORDERID	订单ID		VARCHAR	40	
401	评论表	FACT_COMMENT	SCORE	评分		INT		
402	评论表	FACT_COMMENT	AGREE_QUANTITY	认为有用的数量		INT		
403	评论表	FACT_COMMENT	DISAGREE_QUANTITY	认为没有用的数量		INT		
404	评论表	FACT_COMMENT	TITLE	评论标题		VARCHAR	100	
405	评论表	FACT_COMMENT	COMMENT	评论内容		VARCHAR	800	
406	评论表	FACT_COMMENT	ADVANTAGE	优点		VARCHAR	100	
407	评论表	FACT_COMMENT	DISADVANTAGE	缺点		VARCHAR	100	
408	评论表	FACT_COMMENT	INSERTDT	插入时间		DATE		
409	评论表	FACT_COMMENT	UPDATEDT	修改时间		DATE		
410	优惠券表	FACT_COUPON	COUPONID	优惠券ID		VARCHAR	40	PK
411	优惠券表	FACT_COUPON	SOURCEID	来源		INT		PK
412	优惠券表	FACT_COUPON	CUSTID	用户ID		VARCHAR		FK
413	优惠券表	FACT_COUPON	ORDERID	订单ID		VARCHAR		
414	优惠券表	FACT_COUPON	ORDERID_USED	订单号（使用这个优惠券的订单号）		VARCHAR		
415	优惠券表	FACT_COUPON	COUPONTYPE	优惠券类型		INT		
416	优惠券表	FACT_COUPON	EFFECTDATE	优惠券生效时间		DATE		
417	优惠券表	FACT_COUPON	EXPIRYDATE	优惠券过期时间		DATE		
418	优惠券表	FACT_COUPON	AMOUNT	优惠券面额		DECIMAL	19,4	
419	优惠券表	FACT_COUPON	STATUS	优惠券状态		VARCHAR	40	
420	优惠券表	FACT_COUPON	SENDTYPE	发放方式		VARCHAR		
421	优惠券表	FACT_COUPON	INSERTDT	插入时间		DATE		
422	优惠券表	FACT_COUPON	UPDATEDT	修改时间		DATE		

图 5-9　企业数据集市示例截图

数据集市会如此庞大、复杂的原因在于企业的运营、生产活动中会不断引入新的数据架构，或者针对特定的业务进行变化、区分。例如，初始时仅有一个客户基础表，但随着运营的细化，需要对客户的来源、类型进行不断的分层，或者进行区分管理，映射一个表到多个表中，并对多个表分别进行权限划分，由不同的运营专员或外部组织负责，最终导致数据集市中涉及的表越来越多，逻辑越发复杂。

5.5.4　应用场景

该企业对上述数据集市的使用主要分为 3 种形式：一是一般运营分析人员，基于 SQL 进行常规查询、分析操作；二是基于 SQL Server API 使用诸如 Python、R 等高级语言进行独立的分析、查询、建模作业，以满足常规 SQL 无法或难以完成的作业；三是作为企业层面集中大型数据仓库的一个数据源，进行定期的数据导出，导入诸如 Hadoop 的集群中，通过 Hive 等大型分布式数据仓库进行其他处理。

企业中数据集市的应用场景一般包括以下几种。

1. 业务应用：数据驱动与辅助决策

- 简单统计报表分析：即席查询、报表查询分析等。
- 常规业务分析：OLAP、多维分析、下钻分析等。
- 专项报告分析：以流量业务为主题的专项分析报告、复盘与总结。
- 专项数据挖掘分析：利用 Python、Spark 等实现数据挖掘、机器学习。

2. 技术开发：自动化工作与二次系统集成、开发

- 自动化模型：以程序化方式自动、定期执行数据挖掘任务。
- 自动数据预警：特定维度和指标的自动监测与分析。
- 精准营销与广告投放：将精准用户群体、广告投放内容自动推送到广告媒体，并自动化管理投放策略。
- 站内资源自动化运营：根据运营目标自动匹配素材并精准推送给个体。
- 个性化推荐系统：在正确的场景下为正确的人推荐正确的内容。个性化推荐系统是企业智能化运营中的典型示例。

5.6 常见问题

1. 关系数据库是否已经不再适用

关系数据库还是适用的，虽然近些年来 NoSQL 数据库越发流行，但是 NoSQL 本质上并不是为了取代关系数据库而设计的，往往是针对某一特定场景而设计的（如文档搜索、文档存储、列式存储、高性能数据库等）。NoSQL 数据库和关系数据库是并行关系，相互之间在适用场景上有所区别，其本身也存在功能上的限制和差异性的定位。事实上，关系数据库仍是大部分数据使用场景（特别是 OLAP 和 OLTP）的最佳选择和事实标准。

2. 如何存储和管理非"数据库"数据

数据库中的数据往往是格式化的、结构化的数据，但是对于一些非"数据库"数据，如图片、视频、音频等，大致有两种"数据库"存储方案。

一是首先转化为二进制格式，然后插入特定数据类型字段下，相当于将二进制数据直接存储在数据库中，但是这种方式不适合较大体积的二进制数据，并且过长的二进制结构可能会加重数据库的负担，一种相对折中的方案是对二进制数据进行再编码或压缩，如使用 Base64 转码，或者使用压缩算法进行压缩等。

二是仅在数据库中存储相关二进制文件的路径，在使用时，根据路径进行查询。这种方法是相对主流的应用方案，除了本地文件系统路径，还可以结合分布式文件系统，以适

配大规模数据场景。

3. 什么是分布式关系数据库

分布式关系数据库是相对于单机关系数据库的概念，用于解决单机关系数据库的拓展性问题（纵向拓展易、横向拓展难的问题）。Google 的 Spanner 最早提出了分布式关系数据库的概念。分布式关系数据库的最大特征是在操作、使用上与传统关系数据库保持一致（或相似），但是支持跨设备、跨机房、跨区域的事务一致性，数据以分片形式存储在多个节点（实例）上，整个数据库服务由多个共同工作的数据库实例构成，并且当需要时，仅需横向增加数据库实例，即可增加存储容量或提升查询性能。有时分布式关系数据库也称为 NewSQL（但 NewSQL 的概念更广阔一些）。

目前，主流的分布式关系数据库方案如 TiDB / OceanBase / Spanner。

事实上，MySQL 和 SQL Server 等也支持通过主从复制、读写分离等方式构建服务集群，提高并发处理能力，甚至通过替换底层数据引擎的方式，也可以实现数据的分布式存储，但其整体架构和公认的分布式关系数据库仍有很大的区别，难以跳出原有逻辑的限制。

第**6**章

NoSQL 数据库

知识
导览
- NoSQL数据库概述
- 不同类型NoSQL数据库的技术选型
- 使用Python操作HBase
- 使用Python操作Redis
- 使用Python操作ES
- 使用Python操作Neo4j
- 使用Python操作MongoDB
- 案例：某菜谱网站基于ES+Redis构建智能搜索推荐引擎

6.1 NoSQL 数据库概述

6.1.1 NoSQL 数据库的相关概念

NoSQL（Not Only SQL）数据库泛指区别于传统关系数据库（如 MySQL / PostgreSQL / SQL Server 等）的新型非关系数据库。NoSQL 最初仅代表不支持 SQL 功能的数据库，后续基于广泛应用中遇到的传统关系数据库无法解决的一系列问题不断演化而逐渐发展扩大。

采用 NoSQL 数据库而不选择关系数据库一般主要出于以下几种诉求。

- 需要更好的拓展性，以支持超大规模的数据集或超高写入吞吐量。
- 实现一些关系型模型无法或难以实现的查询操作，如对图数据的查询操作、对文本数据的查询操作等。
- 不希望受限于关系数据库严格的数据结构限制，而希望采用一种更加灵活、动态的数据架构。
- 对于关系型模型和程序中数据结构存在差异（这种现象被称为"阻抗失协"）的问题，需要更加灵活、低成本、简易的解决方案。
- 希望使用开源、免费或更加新兴的解决方案。

NoSQL 数据库不同于关系数据库，没有一种统一的、规范的数据结构，通常表现为传统关系数据库数据结构的"弱化"，以增强结构的自由度、灵活性、性能等。一般将 NoSQL 数据库分为四大类。

- 键值（Key-Value）数据库。
- 文档（Document）型数据库。
- 列式（Column）存储数据库。
- 图（Graph）数据库。

常见的 NoSQL 数据库如 HBase / Redis / ES / Neo4j / MongoDB / Cassandra 等。

6.1.2 使用 NoSQL 数据库的 5 种场景

NoSQL 是为了解决特定问题而产生的，因此其应用场景非常聚焦。

- **海量数据高并发实时查询**：随着大数据时代的到来，传统的关系数据库借助传统的分库、分表或纵向拓展等方式已无法满足高并发、实时查询的需要。而 NoSQL 数据库，如 HBase、MongoDB 等通过更加灵活、分布式的架构设计，即使在海量数据下，也可以通过横向拓展来应对，进而提高并发吞吐量和实时查询效率。

- **缓存**：用来存储数据集中热度较高、请求频繁、静态数据的部分，可以有效避免重复的计算、查询等操作，提高整体效率和读取吞吐量。NoSQL 数据库以 Redis、Memcached 为典型，同时通过对内存（RAM，随机存取存储器）等快速存取硬件的有效使用，可以使缓存数据的查询、读取速度大大提升。

- **非结构化文本存储与检索**：非结构化数据由于结构不规范、字段格式不统一、类型不明确、长度不一致、没有明确数据模式，所以一般无法通过二维表格的方式展示其数据结构，如复杂的文本检索在搜索场景中应用广泛。ES 是专为非结构化文本存储与检索而生的 NoSQL 文档型数据库，可以对非结构化文本数据进行存储、检索、分析等。

- **复杂网络信息存储与检索**：传统的数据存储方式在应对网络信息中的网页链接、社交网络等信息的管理，特别是大型、复杂、高维网络数据的存储、处理、检索、分析网络数据的难度越来越大，NoSQL 数据库中的图数据库通过基于图论的数据模型提供原生的图数据库支持，得以提供高效的图信息存储与检索功能，并为以图论为基础的诸多经典算法的实现奠定了基础。

- **向量存储与检索**：向量是随着深度学习和神经网络逐渐兴起的一种新的数据存储对象。通过神经网络建模，将原始数据对象转换为向量对象进行存储，并在应用时通过向量数据库进行有效的检索、分析、建模，Milvus、Faiss、Pinecone 是该领域的典型代表。

6.2　不同类型 NoSQL 数据库的技术选型

6.2.1　常见的 3 种键值数据库技术选型

1．Redis

Redis 是一个开源的、基于内存的、分布式的键值数据库。Redis 由于基于内存存储，因此具有极快的运行速度。Redis 功能丰富、使用简单，是目前使用最为广泛的 NoSQL 数据库之一。

Redis 的优点如下。

- 性能极佳，查询、操作速度极快。
- 上手容易，使用简单，用户友好。
- 应用广泛，社区活跃。
- 功能丰富，适合多场景应用。

Redis 的缺点在于不适合存储大容量数据，更适合用作缓存。

2．Memcached

Memcached 是一个开源的、高性能的、分布式的、基于内存的键值数据库。

Memcached 的优点在于操作简单、使用广泛，便于上手与快速启动。

Memcached 的缺点如下。

- 缺乏安全管理机制。
- 仅能作为缓存，无法进行持久化操作。

3．Riak

Riak 是一个类似于 Amazon Dynamo 的分布式键值数据库，以 Erlang 语言编写，以分布式、水平扩展性、高容错性等特点著称。

Riak 的优点在于易于部署和拓展，可以无缝地向群集添加额外的节点。

Riak 的缺点如下。

- 国内应用较少。
- 基于 Erlang 语言编写，不适合国内主流开发环境。

6.2.2　常见的 3 种文档型数据库的技术选型

1．MongoDB

MongoDB 是通用的、基于文档的分布式数据库，由 C++ 语言编写，内置有强大且丰富的查询语言，可以有效地完成聚合、基于地理的搜索、图搜索、文本搜索等查询操作；提供完整的 ACID 事务支持。MongoDB 是 NoSQL 类型数据库中功能最丰富、最类似关系数据库的方案。

MongoDB 的优点如下。

- 性能极佳，在海量数据下也能保持极高的性能。
- 使用 JavaScript 作为内置操纵语言，使用简单。
- 支持动态查询。
- MapReduce 支持复杂聚合。
- 内置 GridFS（分布式文件系统），可以支持海量的数据存储。

MongoDB 的缺点如下。

- 占用空间很大。
- 通过 MapReduce 实现复杂聚合操作，执行速度较慢。

2．ES

ES 是一个分布式的、近实时的文档型数据库，支持 PB 级别的结构化与非结构化海量数据的处理，提供海量数据下的高性能文本搜索与数据分析能力。

ES 基于 Java 编写，内部对 Lucene（开源的全文检索引擎）进行了封装，屏蔽了 Lucene 的复杂性，使得开发人员可以轻松上手，进行全文文本搜索。

ES 提供了 RESTful 风格接口，对多语言提供支持，是目前应用最为广泛的文档型数据库与数据搜索引擎。

ES 的优点如下。

- 支持全文索引，非常擅长文本处理、搜索。
- 生态丰富，ELK（ES，Logstash，Kibana）生态使得 ES 可以提供完善的日志分析、搜索引擎等解决方案。

ES 的缺点如下。

- 空间占用较大。
- 开源支持较差、开源限制较多。

3．CouchDB

CouchDB 是一个使用 JSON 作为存储格式，使用 JavaScript 作为查询语言，使用 Erlang 语言开发，使用 MapReduce 和 HTTP 作为 API 的文档型数据库，主要针对 Web 应用。

CouchDB 的优点如下。

- 接口设计优秀，操作非常简单。
- 为移动设备提供了支持，可以应用于移动设备，如 iOS 和 Android 设备。
- 强调安全性。

CouchDB 的缺点在于使用 Erlang 语言开发，不适合国内主流开发环境。

6.2.3 常见的两种列式存储数据库的技术选型

1. Cassandra

Apache Cassandra 是最初由 Facebook 研发的开源分布式宽列式存储数据库，在设计中借鉴了 Google Bigtable 的数据模型与 Amazon Dynamo 的分布式架构，具有良好的可拓展性和性能，被 Apple、Instagram、Spotify、eBay 等诸多著名企业使用。

Cassandra 的优点如下。

- 易于上手，学习门槛较低。
- 结构简单，运维友好。
- 持续在线。
- 可以适用于 OLTP 场景。

Cassandra 的缺点在于在国内不如 HBase 流行。

2. HBase

HBase 是 Apache Hadoop 的一个子项目，是目前应用最为广泛的宽列式存储方案，其设计参考借鉴了 Google Bigtable，数据存储于 Hadoop 文件系统 HDFS 上，并由 ZooKeeper 进行集群状态的管理。

HBase 的优点如下。

- 提供多版本单元格数据支持。
- 按键范围查询效率很高。
- 提供协处理器功能，支持在服务端完成特定任务。
- 基于 Hadoop 生态，与生态高度集成，是大数据环境下的标准选型。

HBase 的缺点如下。

- 不适合小规模数据的存储。
- 不适合批量随机更新。
- 故障恢复时间较长。

6.2.4 常见的两种图数据库的技术选型

1. Neo4j

Neo4j 是以数学中的图论为理论基础、当前应用最广泛、最先进的开源、原生图数据库，诞生于 2007 年，基于 Scala 和 Java 语言开发，提供了对 ACID 事务、集群部署等的完整支持，提供了高效、简单、专属的用于图数据库查询、管理的 Cypher 语言，且提供了高可视化、操作简单、直观的周边可视化工具。

Neo4j 的优点如下。

- 提供了声明式查询语言 Cypher。

- 提供了集查询、展示于一体的 Web UI 界面。
- 提供了大量基于图论的算法，对于图搜索、图遍历等行为非常方便、高效。
- 用户生态完整，社区活跃。

Neo4j 的缺点如下。

- 对超级节点（拥有很多关系的节点）处理乏力，对该节点的操作速度将大大减慢。
- 插入速度慢。
- 对分布式、集群模式的支持度较差，开源版本不支持分布式。

2．Titan

Titan 是一个分布式的图数据库，支持横向拓展，可容纳数千亿个顶点和边。Titan 支持事务，并且可以支撑上千个用户并发，支持计算复杂图形遍历。从严格意义上讲，Titan 并不是一个数据库，而是基于数据库之上的客户端库，依赖于底层的存储引擎，如 Cassandra、Hadoop、DerkeleyDB 进行数据存储，也依赖于索引引擎，如 Lucene、ES 或 Solr 来执行相关的查询。

Titan 的优势如下。

- 完全免费。
- 功能更加丰富，支持数据模式、顶点索引、组合键等。
- 分布式，在大规模数据量和吞吐量下，也可以保持较好的操作效率。

Titan 的劣势如下。

- 社区活跃度差。
- 作者已停止更新维护，官方仓库已数年没有更新。
- 稳定性较差，不适合工业级环境。

6.2.5　NoSQL 数据库技术选型的五大维度

1．应用场景

应用场景是 NoSQL 数据库技术选型的核心因素，大部分 NoSQL 数据库都是针对特定应用场景研发的。

- 面向海量数据高并发实时查询场景，主要考虑列式存储数据库方案，如 HBase、Cassandra 等。
- 面向缓存场景，主要考虑结构简单、基于内存的键值数据库，如 Redis、Memcached 等。
- 面向非结构化文本存储与检索场景，主要考虑结构灵活、支持全文检索引擎的文档型数据库，如 ES 等。
- 面向网络信息存储与检索场景，主要考虑以图论为基础的、提供图相关算法支持的原生图数据库，如 Neo4j 等。

- 对于向量存储场景，由于向量数据结构的特殊性，主要使用结构简单的键值数据库为底部存储引擎，目前新兴的开源向量存储数据库有 Milvus，可以尝试使用。

2．性能

对于数据库，性能是选型的核心因素，其中键值数据库基于内存和简单的数据结构，通常可以提供最高的性能支持；列式存储数据库、文档型数据库由于其分布式架构，一般也可以提供较高的性能；图数据库结构复杂，性能相对较差。

3．可拓展性

可拓展性用于描述系统应对负载增加的能力。例如，面对网站访问用户数的暴增，系统是否可以快速地调整、拓展，以应对负载的变化情况。可拓展性与数据库的数据结构、逻辑结构相关，由于大部分 NoSQL 都是针对分布式场景设计的，所以普遍可以提供较好的负载能力。

4．灵活性

灵活性主要指数据架构的灵活性。其中，键值数据库因为结构简单、没有复杂的数据结构限制而灵活性较高；而文档型数据库则由于文档格式的自由性，也可以拥有较高的灵活性；列式存储数据库在列族的限制下可以自由地拓展列，也拥有不错的灵活性，但是由于其数据格式单一，因此灵活性不如上述二者高。

图数据库在特定领域（图相关）拥有较高的灵活性，但不适合其他应用场景。

5．可维护性

可维护性受多种因素影响，如数据架构会影响操作的复杂性，键值数据库由于其结构简单的数据模型，在理解、应用时，比以图论为基础的图数据库简单得多。

另外，文档、设计、操作接口、生态环境设计等也会对操作复杂性产生影响。例如，Neo4j 虽然为图数据库，数据结构很复杂，但是由于其提供了非常人性化的文档，且提供了高可视化、操作简便的 Web UI 工具，所以可以进一步提高其可维护性。

6.2.6　NoSQL 数据库技术选型总结

综上，在进行 NoSQL 数据库技术选型时，首先考虑其应对的场景，通过适用场景找到相应的数据库，然后进行细化的选型。

6.3　使用 Python 操作 HBase

6.3.1　安装配置

1. 安装单机版 HBase

通常情况下，HBase 基于 Hadoop 构建，需要先在分布式集群环境下安装 Hadoop，再安装 HBase，但是为了方便测试、体验，HBase 也支持单机安装，本节简单说明单机安装的方式、方法，以便于快速启动，同时，在后续附录 B 中，也会专门说明如何构建 Hadoop 集群。

读者可以在 HBase 官网查找对应平台和版本的安装包，这里选择 2.3.6 版本，tar.gz 类型的安装包，该版本为当前的稳定版本。

以下为单机版 HBase 的安装、配置过程。

注意：HBase 依赖 Java，在安装配置 HBase 前要确保 Java 已正常安装、配置，环境变量 JAVA_HOME 已正确指向。

（1）在命令行终端通过 wget 命令从 Apahce 中下载编译好的二进制安装包：

```
wget https://*/dist/hbase/2.3.6/hbase-2.3.6-bin.tar.gz
```

注意：此处为了加快下载速度，使用了清华的镜像源（mirrors.tuna.tsinghua.edu.cn）。

（2）在安装包所在路径下，通过 tar 命令解压安装包到指定路径下（如果路径不存在，则需要手动创建路径）：

```
tar -zxvf ./hbase-2.3.6-bin.tar.gz -C /usr/local/hbase
```

注意：此处指定的路径为 /usr/local/hbase，在 Linux 目录中，usr 是 unix shared resources（UNIX 共享资源）的缩写，类似于 Windows 下的 program files 目录。/usr/local 目录常供系统管理员在本地安装软件时使用。解压后的文件路径为/usr/local/hbase/hbase-2.3.6。可以看到，hbase 路径后为 hbase-2.3.6，这有利于多版本的管理。

（3）启动单机版 HBase。

执行命令 /usr/local/hbase/hbase-2.3.6/bin/start-hbase.sh，启动单机版 HBase。

若执行正常，则命令行中会输出诸如 running master, logging to /usr/local/hbase/hbase-2.3.6/bin/../logs/hbase--master-58e7ac501f37.out 的内容，提示启动了 Master 节点，并指明了日志的输出位置。

此时，在命令行中执行 jps 命令，会显示类似如下的信息，表示服务已正常启动：

```
663 Jps
216 HMaster
```

提示：JPS（Java Virtual Machine Process Status，Java 虚拟机状态）是 JDK 提供的一个查看当前 Java 进程的工具，默认输出包含进程标识符、类名或 jar 包名等内容，上述示例中的 663 / 216 为进程 ID。

（4）通过 HBase Shell 进行连接。

执行命令 /usr/local/hbase/hbase-2.3.6/bin/hbase shell，启动 HBase 自带的命令行工具，若执行正常，则会出现类似如下的信息：

```
2021-10-04 14:47:26,762 WARN    [main] util.NativeCodeLoader: Unable to load native-hadoop library for
your platform... using builtin-java classes where applicable
    HBase Shell
Use "help" to get list of supported commands.
Use "exit" to quit this interactive shell.
For Reference, please visit: http://hbase.apache.org/2.0/book.html#shell
Version 2.3.6, r7414579f2620fca6b75146c29ab2726fc4643ac9, Wed Jul 28 22:24:42 UTC 2021
Took 0.0010 seconds
hbase(main):001:0>
```

此时键入相应命令，即可进行 HBase 的相应操作。

（5）查看 Web UI 界面。

在启动了单机版 HBase 的主机上访问 localhost:16010，即可进入 HBase Web UI 界面，并在其中进行相应的操作。Web UI 界面如图 6-1 所示。

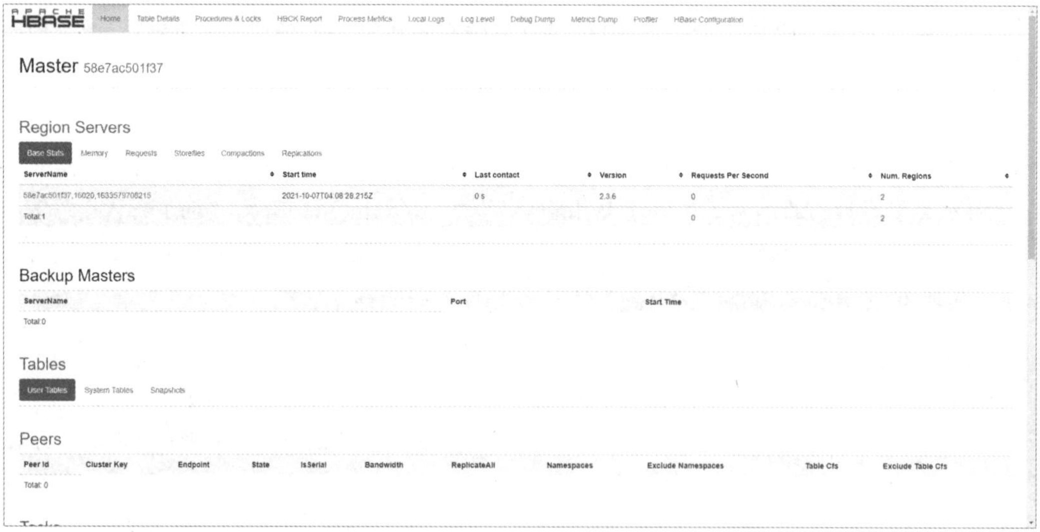

图 6-1　Web UI 界面

（6）启动 Thrift Server。

Apache Thrift 是一个跨平台、跨语言的 RPC（Remote Procedure Call，远程过程调用）

框架。Thrift Server 是 Apache HBase 提供的一个用于非 Java 语言编写的客户端（如 Python 客户端 Happybase）的接口服务器。

通过命令 /usr/local/hbase/hbase-2.3.6/bin/hbase-daemon.sh start thrift 可以启动该服务，如果命令执行正常，则该命令会输出诸如 running thrift, logging to /usr/local/hbase/hbase-2.3.6/bin/../logs/hbase--thrift-58e7ac501f37.out 的信息，表明 Thrift Server 已启动，并指明了日志的输出位置。

Thrift Server 在启动后会自动在后台运行，并监听 9090 端口。

2．安装 Python 相关库

此处使用的 Python 客户端库为 Happybase。Happybase 基于 Python Thrift 库，通过 Thrift 网关连接到 HBase（因此必须先启动 HBase Thrift Server）并执行相关操作，读者可以通过 pip3 install Happybase 命令进行安装，本书使用的库版本为 1.2.0。

6.3.2　基本示例

本节通过几个简单的示例说明如何使用 Happybase 进行 HBase 的基础操作。

1．建立连接 & 创建表

```
1    import happybase
2    conn = happybase.Connection(host='localhost', port=9090)
3    conn.create_table("test", {"cf":dict()})
```

- 代码 1 导入了 Happybase 库。
- 代码 2 通过 happybase.Coonection 方法创建了一个连接至本地 9090 端口（Thrift Server 默认端口）的连接实例。
- 代码 3 使用连接实例（conn）的 create_table 方法进行表 test 的创建。在此处，该方法接收了两个参数：name、families。其中，name 为表的名称（test）；families 为一个字典对象，表示该表中列族和列族属性的映射关系，此处使用 dict 表示使用默认的列族属性。create_table 方法返回一个表对象（table），后续可以基于该表对象对该表进行相应的增、删、改、查等。

在 HBase 中，数据存储在表（table）中，表由行（row）和列（column）组成，列必须属于某个列族（column family），列族需要在表创建时确定，一个列族下可以有多个列，如图 6-2 所示。不同列族可以拥有不同的列族属性，如 max_versions（最大单元版本）、

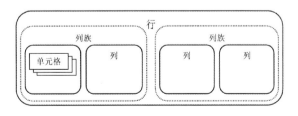

图 6-2　HBase 数据架构示例

compression（压缩方式）、in_memory（值是否缓存在内存中）、time_to_live〔TTL，数据生存时间（秒）〕等；同一列族下的不同列会共享相同的列族属性，如压缩模式，因此，同一列族下的不同列应具有相近的模式，HBase 会把相同列族的列的数据尽可能放在一起（物理上的邻近，如放在同一台服务器中），以提高查询速度和压缩效率。

执行完上述代码后，在 Web UI 界面中，可以看到如图 6-3 所示的内容，表明已经成功创建了相应的表，可以通过 Web UI 界面查看该新创建表的更多详细信息。

图 6-3　Web UI 表相关信息

2. 在表中添加数据

```
1    table = conn.table('test')
2    table.put(b'row1', {b'cf:a': b'value1'})
3    table.put(b'row2', {b'cf:b': b'value2'})
4    table.put(b'row3', {b'cf:c': b'value3'})
5    table.put(b'row4', {b'cf:d': b'value4'})
```

- 代码 1 使用连接实例（conn）的 table 方法声明了一个 table 对象（此处没有实际连接至 Thrift Server，因此并不会检查该表是否真实存在）。
- 代码 2 至代码 5 使用表对象（table）的 put 方法进行数据的插入。put 方法在此处接收了两个参数，即 row、data。其中，row 为字符串格式，表示行键；data 是一个字典，表示值和列的映射关系。除了 put 方法，Happybase 还支持通过 batch 方法获取批量操作实例 Batch，并调用该实例的同名 put 方法进行批量插入，以提高插入效率。

在 HBase 中，一个表中存在多行，每行都由一个行键（row key）和一列或多列组成，行键具有唯一性，用于标识行。

区别于传统的关系数据库，HBase 一行中包含的列并不固定，不同行包含的列可以完全不同。例如，在上述代码插入的数据中，分别涉及 cf:a / cf:b / cf:c / cf:d 4 种不同的列。此处需要注意的是，在 HBase 中，列的名称由列族和列限定符（column qualifier）组成。例如，cf:a，其中 cf 为列族，a 为列限定符，因此，上述 4 列虽然属于不同的列，但同属于 1 个列族。

3．数据检索、查询

```
1    row = table.row(b'row1')
2    print(row)
3
4    for key, data in table.rows([b'row3', b'row1']):
5        print(key, data)
6
7    for key, data in table.scan(row_prefix=b'row'):
8        print(key, data)
```

- 代码 1 使用表对象的 row 方法检索获取了行键为 row1 的行的值，并在代码 2 处进行了打印，此处 row 方法接收参数 row（字符串格式，行键的值）来进行行的检索。
- 代码 4 使用表对象的 rows 方法（注意与 row 方法区分）同时传入了多个行键来进行批量检索。
- 代码 7 使用表对象的 scan 方法查询并返回了行键开头为 row 的所有行。另外，scan 方法还支持查询诸如从行 row1 至行 row4 的区间数据。例如，table.scan("row1", "row4")会返回 row1/row2/row3 行键及其对应的行值；或者只传入起始或结束的行键，以获取始于或截止于的区间结果；或者通过设定 filter 过滤器进行更加复杂的查询。如果不传递任何参数而直接调用 scan 方法，则会默认遍历表中的所有数据。

上述代码的输出结果为：

```
{b'cf:a': b'value1'} # row 方法的输出结果
b'row3' {b'cf:c': b'value3'} # rows 方法的输出结果
b'row1' {b'cf:a': b'value1'}
b'row1' {b'cf:a': b'value1'} # scan 方法的输出结果
b'row2' {b'cf:b': b'value2'}
b'row3' {b'cf:c': b'value3'}
b'row4' {b'cf:d': b'value4'}
```

4．数据更新

在 HBase 中，数据更新较常规理解有所不同，以如下代码为例：

```
table.put(b'row1', {b'cf:a': b'value1_version2'})
```

上述代码使用表对象的 put 方法对行键 row1 再次执行了添加操作，并为列 cf:a 提供了新值。

此时，如果再次查询行键 row1 对应的值，则返回结果为{b'cf:a': b'value1_version2'}。可以看到，行键为 row1 对应的行的列 cf:a 的值已经被"更新"为 value1_version2 了。

但是需要注意的是，此"更新"并非我们通常所理解的更新，即将原来的记录的值变更，在 HBase 中，属于"原地更新"，即"删除原来的值，在原处重写一个新的值"。尝试执行下述代码，通过表对象的 cells 方法检索"单元格"的不同版本记录。此方法依次传入行键（row1）、列（cf:a）参数：

```
table.cells(b"row1", b"cf:a", include_timestamp=True)
```

可以看到，其输出结果类似下面的代码形式：

```
[(b'value1_version2', 16335972*****), (b'value1', 16335971*****)]
```

除了"更新"的 value1_version2，之前的 value1 也返回了，并分别搭配了一个对应的时间戳。

在 HBase 中，一列中可以存储多个单元格（cell）的值，单元格是 HBase 中数据存储的最小单元，可以理解为每个单元格就是(行键:列)组合的一个版本（versions）。换句话说，(行键:列:版本)组合指向一个单元格，当使用 put 方法对一个已存在的(行键:列)组合操作时，并不会删除该单元格中原来的值，而是新增了一个值，并保留了原始值。

此处的 16335972*****、16335971***** 实际为添加该单元格的时间戳（默认状态下自动添加，也可以在添加时指定该值，如 1/2/3 等，此时该值的含义更贴近于版本）。

注意：读者在尝试多次添加并检索时会发现，返回的结果始终只会出现 3 个，这是因为本案例在创建列族时使用了默认的列族配置，其中 max_versions 为单元格保存的最大版本，其默认配置为 3，可以在 Web UI 界面中查看表的更多详细相关配置信息。

在获取数据时，可以通过版本号获取指定版本的数据，默认状态下获取最后一个版本的数据。

5．数据删除、表删除

（1）数据删除。

可以通过类似代码 table.delete(b'row1')，使用表对象的 delete 方法，基于行键进行数据的删除。该方法可以通过传入 column 参数来指定删除行键对应的列数据，还可以通过传入 timestamp 参数来指定删除特定版本单元格，默认情况下该方法会删除对应行键的所有列的所有版本数据。

注意：在 HBase 中，数据删除操作并没有真的立即执行删除操作，而是对指定行/列标记了一个墓碑标记，表示该版本及之前版本的数据不可被查询，HBase 会定期清理这些被标记为"删除"的数据，这种方式有助于减小删除操作对性能的影响。

（2）表删除。

在 HBase 中，表删除必须先将表状态设置为 disabled，然后才可以执行删除操作，具体删除方式类似代码 conn.delete_table("test", disable=True)。此处使用了连接对象（conn）的 delete_table 方法。需要注意的是，其中的 test 为需要删除的表名，disable 参数为 True 表明该删除操作会先查看表状态是否已经被设置为 disabled，如果没有，则先设置为 disabled，再删除。因此，在当前该表未被设置为 disabled 的状态下，该方法实际执行了两步操作。

- 执行 disable 操作，将表状态设置为 disabled。
- 执行 delete 操作，删除表。

通过 Web UI 的 Local Logs 中的相关 hbase-thrift-**** 日志，可以查看上述操作的详细信息。例如：

```
2021-09-08 02:50:45,822 INFO    [thrift-worker-1] client.HBaseAdmin: Operation: DISABLE, Table Name: default:test, procId: 27 completed
2021-09-08 02:50:45,945 INFO    [thrift-worker-1] client.HBaseAdmin: Operation: DELETE, Table Name: default:test, procId: 30 completed
```

可以看到，通过 Thrift Server 调用 HBaseAdmin，分别执行了 DISABLE 及 DELETE 操作。

6.3.3　HBase 应用过滤器进行复杂查询

HBase 中的过滤器在创建后会被序列化并传输到 Region Server 进行本地化的过滤处理，在 Scan 查询操作中，不符合过滤条件的数据会直接在 Region Server 中被过滤掉，保留有效的数据并返回至客户端。

Thrift API 使用特殊的 Filter 语言，在 Happybase 中表现为字符串格式的 filter（此处可以类似理解为传输的 SQL 语句，不过此处是 filter 语句）。

一个简单的过滤器示例如下述代码所示：

```
for key, data in table.scan(filter=b"ValueFilter (>=, 'binary:value3')"):
    print(key, data)
```

该段代码的返回值为：

```
b'row3' {b'cf:c': b'value3'}
b'row4' {b'cf:d': b'value4'}
```

在上述 filter 语句中，使用值过滤器 ValueFilter 对所有值进行了匹配，匹配方式为使用 BinaryComparator 比较值与传入参数的大小，判断是否匹配的根据是匹配操作符 >=，即经过比较后，只有大于或等于传入参数的值才会被返回。

因此，value3/value4 因为大于或等于 value3 而保留了下来，而 value1/value2 则被过滤掉了。

过滤的语法是字符串格式的："FilterName (argument, argument,... , argument)"。其中，

FilterName 为过滤器名称，argument 为过滤器相关参数，多个过滤器可以通过诸如 AND/OR 等二元操作符（Binary Operators）组合构建复合过滤器。

上述参数可以是字符串，也可以是比较操作符、比较操作器。例如，上述 ValueFilter 实际的语法构成为"ValueFilter (<Compare Operator>, <Comparator>)"，即第 1 个参数为比较操作符，第 2 个参数为比较操作器。

Compare Operator（比较操作符）包括 LESS（<，小于）、LESS_OR_EQUAL（<=，小于或等于）、NOT_EQUAL（!=，不等于）、GREATER（>，大于）、GREATER_OR_EQUAL（>=，大于或等于）、NO_OP（无操作），在 filter 语法中，应该使用诸如符号<、<=、=、!=、>、>= 来表示。

Comparator 为比较操作器，如 SubstringComparator 可以用于判断目标字符串是否包含指定的字符串，在 filter 语法中对应 substring。比较操作器的语法为 ComparatorType: ComparatorValue。

HBase 提供的比较操作器如表 6-1 所示。

表 6-1　HBase 提供的比较操作器

比较器类型	示　　例	说　　明
BinaryComparator	binary:abc	将匹配字典序大于 abc 的数据，如 bcd
BinaryPrefixComparator	binaryprefix:abc	会匹配所有以 abc 为前缀的字符串
RegexStringComparator	regexstring:ab*yz	会匹配所有不以 ab 开头和 yz 结尾的数据，只可以使用 EQUAL 和 NOT_EQUAL 比较操作符
SubStringComparator	substring:abc123	该过滤器仅返回以指定列开头的列的值

可以理解为比较操作器是一个用于比较的工具，其有很多比较的方法，如比字节、比长度，但是具体怎么比较依赖于比较操作符，如是大于还是小于。举例来说，若比较操作符为 >，比较操作器为 BinaryComparator，则比较操作器会认为过滤数据与比较操作器中的值相比，字典序大的为 True，可以返回。

HBase 常用的过滤器及其接收的参数如表 6-2 所示。

表 6-2　HBase 常用的过滤器及其接收的参数

过滤器名称	参　　数	说　　明
值过滤器 ValueFilter	比较操作符、比较操作器	该过滤器使用比较操作符（Compare Operator）将每个值与比较操作器（Comparator）进行比较，返回比较匹配的值
单列值过滤器 SingleColumnValueFilter	列族、限定符、比较操作符、比较操作器	与值过滤器相比，它通过第一、二参数限定了仅比较特定列的值
前缀过滤器 PrefixFilter	行键前缀	该过滤器仅返回行键前缀与过滤器参数相符合的行的值。例如，当行键为 row1 / row_1 / r_row_1，且过滤器参数为 row_ 时，只有匹配的 row_1 被返回

续表

过滤器名称	参　　数	说　　明
列前缀过滤器 ColumnPrefixFilter	列前缀	该过滤器仅返回以指定前缀开头的列的值。注意：此处匹配的是列名称中 <列族:列限定符> 中的列限定符，而不会从列族开始匹配
分页过滤器 PageFilter	页大小	类似分页，返回特定行数（页大小指定，如小于或等于页大小）

关于 HBase 过滤器的更多详细信息，请查阅官方文档。

下方为一个稍微复杂一些的过滤器示例，希望过滤列前缀为 a 或 b 且值大于或等于 value3 的结果：

```
b"(ColumnPrefixFilter ('a')) OR (ColumnPrefixFilter ('b')) AND (ValueFilter (>=, 'binary:value3'))"
```

6.3.4　批量操作

对于需要操作多条数据的情况，使用批量操作是一种官方提供的高效方案，如执行批量数据的插入、删除操作。

以下是一个执行批量插入操作的代码示例：

```
1    table = conn.table('test')
2    batch = table.batch()
3
4    for i in range(100,200):
5        row_key = f"row{i}".encode("utf-8")
6        data = {b"cf:test" : f"value{i}".encode("utf-8")}
7        batch.put(row_key, data)
8
9    batch.send()
```

- 代码 1 声明了连接至表 test 的表对象。
- 代码 2 使用表对象的 batch 方法构建了一个批处理对象。
- 代码 4 至代码 7 构建了一个循环，并使用批处理（batch）的 put 方法进行数据的添加。该 put 方法与表对象的 put 方法的使用方式相仿。需要注意的是，在执行此步时，并没有实际执行添加操作，此时如果进行数据查询，则无法查询到想要插入的数据。
- 代码 9 发送批处理数据至服务端，只有在该步执行完毕后，才可以查询到插入的数据。

6.3.5　技术要点

HBase 在使用中需要注意的技术要点如下。

- HBase 实际只支持一种数据结构，即 byte 型，如果想要存储特定数据类型的数据，如浮点型、整型、列表、散列等，则需要先将其转换为 byte 型，然后进行存储，使用时也需要进行解析。

- HBase 结构复杂，导致其即使在存储小规模数据集的情况下，也难以得到期望的较快的响应速度。HBase 的数据结构更适合应用在大规模数据集上。
- HBase 不适合执行复杂的查询、分析操作，尽量不要使用 HBase 执行此类工作。
- HBase 的行键设计非常关键，在进行行键设计时，需要尽量遵循以下原则。

① 行键的长度越短越好，尽量不要超过 16 字节。

② 行键必须唯一。

③ 尽量保证行键均匀分布，以避免数据堆积，产生热点现象。

6.4 使用 Python 操作 Redis

6.4.1 安装配置

Redis 安装简易，可以采用多种安装方式，由于 Redis 提供了官方的 Docker 镜像，所以本书使用 Docker 进行 Redis 的安装，以提高效率。关于其他安装、配置方法，可以参阅官方文档。

1. 使用 Docker 安装 Redis

使用 Docker 安装 Redis 可以分为以下几步。

（1）拉取。

在命令行中使用 docker pull 命令，从 Docker Hub 上拉取官方镜像到本地，如 docker pull redis:6.2.4。此处选择标签为 6.2.4 版本的镜像，该镜像使用 6.2.4 版本的 Redis。

Redis 的更新十分频繁，此处选择了较近的 6 代版本，Redis 6.X 相较于前代，增加了丰富的内容，在安全性（ACL 访问控制、SSL 加密）、性能（多线程 I/O、客户端缓存）、易用性（官方支持的集群管理、缓存过期管理）等多方面进行了显著的更新，更值得读者学习和使用。

（2）使用。

在命令行中使用如下命令开启 Redis 服务：

```
docker run --name some-redis -d -p 6379:6379 redis:6.2.4
```

该命令会创建 Redis 服务实例，自动开启 Redis 服务并将容器的 6379 端口映射到宿主机的相应端口上，Redis 会默认在 6379 端口上监听连接（如果以集群模式运行 Redis，则默认监听端口为 6379）。

容器启动成功后，可以通过 docker exec -it some-redis /bin/bash 命令进入容器，在容器中可以直接使用诸多 Redis 官方提供的命令行工具。

- redis-cli：官方自带的命令行操作、查询工具。

- redis-benchmark：官方提供的性能测试工具。
- redis-check-aof：AOF 持久化文件检测工具和修复工具。
- redis-check-rdb：RDB 持久化文件检测工具和修复工具。
- redis-sentinel：哨兵，为 Redis 提供高可用解决方案。
- redis-server：用于启动 Redis 服务。

2．安装 Redis Python 客户端库

本书选用 redis-py 作为 Redis Python 客户端库。该库是 Redis 官方推荐的客户端库。如果读者有特殊需要，那么也可以使用其他 Redis 客户端库。

通过 pip3 install redis 命令即可完成 redis-py 的安装。

6.4.2　基本示例

本节通过几个简单的示例介绍 Redis Python 客户端 redis-py 的基本用法，包括不同数据类型的添加、查询、删除，以及 Redis Server 基础操作等。

1．Redis 字符串操作

字符串（String）是 Redis 中最为基础的键值对类型，除了字符串数据，其他包括图片、视频、音频等二进制数据也可以作为字符串键的值进行存储。

字符串类型常用于缓存（如对于网页、复杂的查询结果、高热访问查询结果的访问缓存等）、计数器、迭代生成器等场景。

在 redis-py 中，对于字符串的相关操作如下述代码所示：

```
1   import redis
2
3   r = redis.Redis()
4   r.set("张三", 25)
5   print(f"张三的年龄：{r.getset('张三', 27).decode()}")
6   print(f"更新后张三的年龄：{r.get('张三').decode()}")
7   r.delete("张三")
```

- 代码 1 导入了 Redis 库。
- 代码 3 创建了 redis.Redis 实例，后续的所有 Python 操作 Redis 命令都将基于此实例。redis.Redis 初始化时可以传入多种参数，包括 host（Redis 服务所在主机名，默认为 localhost）、port（Redis 服务监听端口，默认为 6379）、db（Redis 连接的数据库，默认为 0）等。
- 代码 4 使用实例的 set 方法设置了一个字符串键"张三"，并将其值设置为 25，在这里假设传入的字符串键为人名，值为人的年龄，则此行相当于在 Redis 中设置了一个键值对，用于记录张三的年龄为 25。

- 代码 5 使用了实例的 getset 方法。该方法会先获取字符串键当前的值并返回，然后为键设置新值，这里传入的新值为 27，使用 print 打印 getset 返回的旧值。需要注意的是，在 Redis 中存储的对象为二进制对象，而 get/getset 方法默认获取的也是二进制对象，需要使用 decode 进行编码。
- 代码 6 使用实例的 get 方法获取更新后字符串键的值。
- 代码 7 使用实例的 delete 方法删除键"张三"及其对应的值。

上述代码的执行结果为：

```
张三的年龄：25
更新后张三的年龄：27
```

还可以再次执行 r.get('张三')命令，但由于 delete 方法的执行，此时，get 方法无法检索到对应键，所以默认返回 None。

除了 set/get/getset/delete 方法，redis-py 中其他针对字符串键常用的操作方法及说明如表 6-3 所示。

表 6-3　redis-py 中其他针对字符串键常用的操作方法及说明

方　法	说　明
setnx(name, value)	只有当 key 不存在时，才设置值
setex(name, time, value)	为键设置过期时间（单位：秒），过期后对键的取值结果为 None
psetex(name, time_ms, value)	与 setex 方法相似，区别为过期时间的单位为毫秒
mset(mapping)	用于批量设置值，mapping 为一个字典对象，其中 key 为要设置的键，value 为键对应的值
mget(keys, *args)	返回一个与键相匹配的值的列表 例如，执行 r.mget("张三","李四","王五")，返回[b'27', b'23', b'21']
getrange(key, start, end)	用于获取键所对应值的子序列，start 和 end 分别表示获取字符串的起始、截止位置。例如，一个键值对用来设置用户名和身份证号，此时可以使用 r.getrange("张三", 6,13)来获取张三的出生日期
setrange(name, offset, value)	相对于 getrange，它用于设置一个字符串键值的子序列。其中，offset 表示偏移量，即子序列在字符串中开始的位置；value 表示要替代的值
strlen(name)	返回 name 对应的键的值的长度
incr(name, amount=1)	对 name 对应的键进行自增，自增的值为 amount，如果键没有对应的值，则初始化为 amount 对应的值
decr(name, amount=1)	相对于 incr，它用于自减
append(key, value)	追加字符串型 value 到值的末尾，如果值不存在，则使用 value 进行初始化，并返回新构建的值的长度

2. Redis 散列操作

散列（Hash）在性质上可以理解为 Python 中的字典，散列中的字段即字典的键，相应地，散列中的字段同样以无序的方式排列。

散列相对于字符串类型，更适合存储一些类型复杂的数据。例如，对于一个用户的数据存储，可能同时包含姓名、年龄、性别、昵称等多个维度，如果使用字符串进行存储，那么不仅增加了键的数量，还会增加查询的复杂度；而通过散列就可以将用户 ID 作为键，将其他维度作为散列的字段，这样结构上更加合理，操作效率也更高。

redis-py 中对于散列的相关操作如下述代码所示：

```
1    r = redis.Redis(decode_responses=True)
2    r.hset("张三", mapping={"年龄":27, "性别":"男"})
3    print(f"张三的年龄：{r.hget('张三', '年龄')}")
4    print(f"张三的基本信息：{r.hmget('张三', '年龄', '性别')}")
5    r.hdel("张三", "性别")
```

- 代码 1 初始化了 redis.Redis 实例，这里相较于前面增加了一个 decode_responses=True 参数，用于自动对响应结果进行解码，以减少重复的 decode 操作。
- 代码 2 至代码 5 分别使用了 hset/ hget/ hmget/ hdel 方法，与字符串方法类似，除了前缀的 h 用以表示是对哈希散列进行的操作，其他在性质上类似。其中，hset 用于设置散列键中某个字段的值，hget 用于获取散列键中某个字段的值（但是区别在于需要指明获取的散列的字段）等。

上述代码的执行结果为：

```
张三的年龄：27
张三的基本信息：['27', '男']
```

redis-py 中其他针对散列常用的操作方法及说明如表 6-4 所示。

表 6-4　redis-py 中其他针对散列常用的操作方法及说明

方　　法	说　　明
hsetnx(name, key, value)	仅在键（name）所对应的散列中的字段（key）不存在的情况下为其设置字段值（value）
hgetall(name)	获取字典格式的包含所有字段的散列结果
hlen(name)	得到散列结果的长度。注意：这里等于散列中字段的个数
hkeys(name)	返回列表格式的散列中的所有字段名
hvals(name)	返回列表格式的散列中的所有字段的值
hexists(name, key)	用于查看字段是否存在于键（name）对应的散列中
hincrby(name, key, amount=1)	散列形式的自增，作用于散列的具体字段（由 key 指定）
hstrlen(name, key)	用于获取键对应散列中字段的值的长度。注意：这里所计算的长度是基于二进制的，因此 "男" 对应的长度不是 1，而是 3（在 UTF-8 编码下）

3．Redis 列表操作

Redis 中的列表（List）与 Python 中的列表类似，同样是一种有序的、线性的存储结果，存在左、右两种方向，元素被按照推入的顺序和方向有序的存储，一般情况下，将左侧作为列表的头部，将右侧作为列表的尾部，列表中的元素可以重复。

列表适合构建堆栈数据结构，适用于一些对顺序性有要求的场景，如数据分页、消息队列、秒杀等。

redis-py 中对于列表的相关基础操作如下述代码所示：

```
1    r.rpush("工作日", "周三", "周四")
2    r.lpush("工作日", "周二", "周一")
3    r.linsert("工作日", "after", "周四", "周五")
4    print(f"工作日: {r.lrange('工作日', 0, 7)}")
5    print(f"工作日的第一天: {r.blpop('工作日')}")
6    print(f"工作日的最后一天: {r.brpop('工作日')}")
7    r.ltrim("工作日", 1, 0)
```

- 代码 1 至代码 3 分别使用 rpush / lpush / linsert 方法进行数据的插入。其中，rpush 可以理解为 right-push，即从右侧依次插入；对应的 lpush 可以理解为 left-push，即从左侧依次插入；顾名思义，linsert 可以将一个新元素插入列表中指定元素的前面或后面，其定义为 linsert(name, where, refvalue, value)，其中 name 对应键，where 表示新插入元素对应元素的位置［包括 after（新元素后）和 before（新元素前）两种方式］，refvalue 表示指定元素，value 为新元素。因此，r.linsert("工作日", "after", "周四", "周五")即可理解为，将新元素<周五>插入指定元素<周四>的后方。需要注意的是，如果键不存在，则操作不执行，同时，如果列表中对应的 refvalue 有多个匹配结果，则会选取从左到右匹配到的第 1 个。

- 代码 4 使用 lrange 方法获取了键"工作日"对应的列表索引为 0～7 的所有元素。此处也可以使用负数，表示从列表右侧开始计数，如使用[0,-1]获取列表中的所有元素。

- 代码 5 与代码 6 分别使用 blpop 方法弹出了列表左侧的首个元素，使用 brpop 方法弹出了列表右侧的首个元素。

- 代码 7 使用 ltrim 方法进行了列表的清空。ltrim 方法的定义为 ltrim(name, start, end)，表示删除键为 name 的列表中不在[start, end]范围内的元素，代码中设置 start 为 1，end 为 0，而[1,0]区间中不包含任何元素，因此可以快速清空列表中的所有元素，这是 ltrim 方法使用的一个小技巧。

上述代码的执行结果为：

```
工作日: ['周一', '周二', '周三', '周四', '周五']
工作日的第一天: ('工作日', '周一')
工作日的最后一天: ('工作日', '周五')
```

redis-py 中其他针对列表常用的操作方法及说明如表 6-5 所示。

表 6-5　redis-py 中其他针对列表常用的操作方法及说明

方　　法	说　　明
lindex(name, index)	返回键 name 对应列表中指定索引位置的元素
lpushx(name, value)	如果键 name 对应的列表存在，则将元素 value 推入列表的头部
rpushx(name, value)	与 lpushx 类似，只是插入的方向为列表的尾部
llen(name)	返回键 name 对应列表的长度
lrem(name, count, value)	用于从键 name 对应的列表中删除值等于 value 的 count 个元素，当 count>0 时，表示从列表头部开始匹配，直到删除 count 个元素；当 count<0 时，表示从列表尾部开始匹配，直到删除 count 的绝对值个元素；当 count=0 时，表示删除列表中的所有匹配元素
lset(name, index, value)	设置键 name 对应的列表中索引为 index 的位置的值为 value
rpoplpush(src, dst)	将键 src 对应的列表的尾部元素弹出，推入键 dst 对应的列表的头部

4．Redis 集合操作

集合（Set）与列表相似，允许同时存储多个元素，两者之间的主要区别有以下两点。

- 集合存储的元素都是唯一不重复的元素，而列表中的元素可以重复。
- 列表中存储的元素是有序的，而集合中存储的元素是无序的。

Redis 集合适用于一些对存储数据要求不重复、无顺序的数据应用场景，如唯一身份访客数量计算（基于不重复的 IP 或客户端 ID 进行计算）、文章/视频点赞统计、随机数据抽取（如抽奖）等。

redis-py 中对于集合的基础操作如下述代码所示：

```
1    r.sadd("redis:data-types", "binary-safe-strings", "hashes", "lists", "sets", "sort-sets", "bit-arrays", "hyperloglogs", "streams")
2    print(f"hashes 是 redis 中的数据类型：{r.sismember('redis:data-types', 'hashes')}")
3    print(f"redis 中的数据类型：{r.smembers('redis:data-types')}")
4    r.srem("redis:data-types", "bit-arrays", "hyperloglogs", "streams")
5    print(f"剩余 redis 数据类型个数：{r.scard('redis:data-types')}")
```

- 代码 1 使用 sadd 方法为键为 redis:data-types 的集合添加了数个元素。
- 代码 2 使用 sismember 方法判断元素 hashes 是否在键 redis:data-types 对应的集合中。
- 代码 3 使用 smembers 方法返回键 redis:data-types 对应的集合中的所有元素。
- 代码 4 使用 srem 方法删除键 redis:data-types 对应的集合中的"bit-arrays"、"hyperloglogs"、"streams"3 个元素。
- 代码 5 使用 scard 方法统计键 redis:data-types 对应的集合中的元素数目。

上述代码的执行结果为：

```
hashes 是 redis 中的数据类型：True
redis 中的数据类型：{'bit-arrays', 'lists', 'hyperloglogs', 'hashes', 'sets', 'sort-sets', 'binary-safe-strings', 'streams'}
```

剩余 redis 数据类型个数：5

redis-py 中其他针对集合常用的操作方法及说明如表 6-6 所示。

表 6-6　redis-py 中其他针对集合常用的操作方法及说明

方　法	说　明
sdiff(keys, *args)	用于返回第一个集合与其他集合的差异，或者说第一个集合的特有元素。例如，若存在 3 个集合 a -> (1,2,3,4)、b -> (1,2)、c -> (3)，则 sdiff(a,b,c)的结果为{'4'}
sdiffstore(dest, keys, *args)	与 sdiff 类似，但是将结果返回键值为 dest 的集合中
sinter(keys, *args)	与 sdiff 相反，返回所有键为传入参数的集合的交集，如 sinter(a,b,c)的结果为{'1', '2'}
sinterstore(dest, keys, *args)	与 sdiffstore 类似，将 sinter 取并的结果返回键为 dest 的集合中
smove(src, dst, value)	将元素 value 从键 src 对应的集合中取出，并移入键 dst 对应的集合中
spop(name, count=None)	从键 name 对应的集合中随机弹出 count 个元素，默认弹出 1 个
srandmember(name, number=None)	从键 name 对应的集合中随机获取 number 个元素。注意：此方法区别于 spop，即只获取而不弹出
sunion(keys, *args)	返回所有键为传入参数的集合的并集
sunionstore(dest, keys, *args)	与 sunion 类似，但是将结果返回键值为 dest 的集合中

5．Redis 有序集合

有序集合（Sorted Set），顾名思义，就是有顺序的集合，其顺序由一个与元素相关联的浮点数决定，这个浮点数也称为分数（从这个角度讲，其数据结构类似于散列，因为每个元素都映射在一个值上）。在列表中，顺序由推入的顺序和方向决定；而在有序集合中，顺序由分数决定，即当获取元素时，如果 A 元素的顺序先于 B 元素，则 A 元素的分数小于 B 元素的分数。

基于有序集合的特点，其非常适合排行榜、热榜、推荐结果存储等场景。

redis-py 中对于有序集合的相关基础操作如下述代码所示：

```
1    r.zadd("考试成绩", {"张三":100, "李四":80, "王五":55})
2    print(f"各同学考试成绩为：{r.zrange('考试成绩', 0, -1, withscores=True)}")
3    print(f"王五同学的排名是：{r.zrevrank('考试成绩', '王五') + 1}")
4    print(f"张三同学的得分是{r.zscore('考试成绩', '张三')}")
5    r.zrem("考试成绩", "王五", "张三", "李四")
```

- 代码 1 使用 zadd 方法为键<考试成绩>对应的有序集合分别添加了 3 个同学及其考试得分的记录。
- 代码 2 使用 zrange 方法获取键为<考试成绩>的有序集合中的所有元素，并设置 withscores 参数为 True，以使返回的结果中包含元素对应的得分。
- 代码 3 使用 zrevrank 方法获取键<考试成绩>对应的有序集合中王五同学的排名 [zrevrank 返回倒序排序的从 0 开始的元素在所有元素中的位置，另一种对应的方法为 zrank，返回正序（从小到大）的排序]。

- 代码 4 使用 zscore 方法获取得分为 100 的同学。
- 代码 5 使用 zrem 方法删除"王五"、"张三"、"李四"3 位同学的考试成绩记录。

上述代码的执行结果为：

各同学考试成绩为：[('王五', 55.0), ('李四', 80.0), ('张三', 100.0)]
王五同学的排名是：3
张三同学的得分是 100.0

redis-py 中其他针对有序集合常用的操作方法及说明如表 6-7 所示。

表 6-7　redis-py 中其他针对有序集合常用的操作方法及说明

方　　法	说　　明
bzpopmin(keys, timeout=0)	移除并返回键 keys 对应的有序集合中分数最低的元素，如果集合中没有元素，则将阻塞，直到 timeout 或集合中出现元素。此处的 keys 可以是字符元素（对应一个键），也可以是列表（对应多个键）
bzpopmax(keys, timeout=0)	与 bzpopmin 方法类似，移除并返回有序集合中分数最高的元素
zpopmin(name, count=None)	与 bzpopmin 方法类似，但是它只能对键为 name 的单个集合进行操作
zpopmax(name, count=None)	zpopmin 的 max 版本
zcard(name)	返回键 name 对应的有序集合中元素的个数
zincrby(name, amount, value)	为键 name 中 value 元素的得分增加 amount 对应的数值，并返回增加后的得分
zinterstore(dest, keys, aggregate=None)	获取 keys 对应的多个有序集合的交集，并返回到键 dest 对应的有序集合中。注意：交集是基于有序集合的值来匹配的，即如果一个值在多个集合中都有出现，但是其分数在各个有序集合中各不相同，则该方法依然会提取出这个值，且其值会由多个集合中的值聚合得到，聚合的方法由 aggregate 指定，传入一个函数，用于对多个值进行处理，并返回一个新的分数。默认情况下使用的聚合方法为 SUM，即多个值相加；也可以使用 MAX / MIN 参数
zremrangebyrank(name, min, max)	将键 name 对应的有序集合中排序在[min,max]区间的元素去除
zremrangebyscore(name, min, max)	将键 name 对应的有序集合中得分在[min,max]区间的元素去除
zrevrange(name, start, end, withscores=False, score_cast_func=<class 'float'>)	与 zrange 方法类似，但是返回的结果是按照得分从高到低的顺序排序获取的
sunionstore(dest, keys, *args)	返回所有键为传入参数的并集，并将结果返回键为 dest 的集合中

6. Redis Server 基础操作

针对 Redis Server 的常用操作方法及说明如表 6-8 所示。

表 6-8　针对 Redis Server 的常用操作方法及说明

方　　法	说　　明
bgrewriteaof	通知 Redis 服务基于内存中的现有数据重写 AOF 文件
save	通知 Redis 服务将当前内存中的数据库以同步的方式存储到硬盘中。该方法会阻塞 Redis 服务，直到存储完毕；该操作会生成一个 RDB 格式文件 注意：不要在生产环境下使用该方法，它会阻塞其他客户端操作
bgsave	通知 Redis 服务持久化内存中的数据到硬盘。这种方法区别于 save 方法，异步执行存储操作，并立即返回 OK，接收该命令后，服务器会分支出一个子进程进行数据库的存储，并在存储完毕后退出。该方法常与 lastsave 方法搭配使用，以查看备份任务是否加载完成
lastsave	返回一个 Python Datetime 对象，用于标识 Redis 上次备份执行完成的时间
execute_command(*args, **options)	执行字符串格式的 redis-cli 命令并返回解析后的响应，如 r.execute_command("LRANGE 工作日 0 -1")
flushdb(asynchronous=False)	用于清空当前数据库下的所有键
flushall(asynchronous=False)	用于清空当前连接主机下所有数据库的所有键值对，其中 asynchronous 用于控制是否异步地执行该操作 注意：请谨慎使用该命令
info(section=None)	返回字典格式的服务器相关信息，如数据库下的键的数量
memory_stats	返回字典格式的 Redis 服务的内存使用情况
memory_usage(key, samples=None)	返回键 key 占用的内存（这是一个估算值，单位为字节，包含了存储和管理开销）
migrate(self, host, port, keys, destination_db, timeout, copy=False, replace=False, auth=None)	将一个或一组键（keys）从当前 Redis 服务中迁移至另一个由 host/port/ destination_db 指定的数据库中
move(name, db)	将键为 name 的键值对从当前数据库移动到 db 指向的另一个数据库中
ping	ping 一下 Redis 服务，如果连通无误，则返回 True。该方法常用于测试与 Redis 服务的连通性
shutdown(save=False, nosave=False)	用于关停 Redis 服务，并在默认情况下根据服务器配置决定是否进行持久化，也可以通过 save 或 nosave 参数进行控制
dbsize	返回当前数据库中键的数量

6.4.3　使用 HyperLogLog 实现独立 IP 计数器

在集合中提到，唯一身份访客数量计算是一种适合集合使用的场景，其原理可以表述为：每当一个客户端 ID 或 IP 访问服务器时，便将这个元素添加到集合当中，由于集合是非重的，所以当添加一个重复的客户端 ID 时，添加行为被忽略，而如果集合中未存储此元素，则该 IP 或客户端 ID 将会被存储，并通过诸如 SCARD 的方法统计集合中的元素数量，即可快速了解唯一身份访客数量。

这其中执行添加的 SADD 方法和执行集合元素数量统计的 SCARD 方法的算法时间复杂度都是 $O(1)$，在性能上并不存在问题，是一种高效的选择，但是如果数据量巨大，那么对于 IP 或客户端 ID 的存储，反而会因为占用内存空间大而产生新的问题。以 Google Analytics 的客户端 ID 为例（其通常表现为类似如下格式：150659863.1627114553），假设设置一个 cid 键，并在其中持续存入 Google Analytics 客户端 ID 元素，则当集合中存储了 1 万个相同格式的客户端 ID 元素时，使用 r.memory_usage('cid')方法可以看到此时该键值对占用的内存为 676752 字节，约 660KB，而如果存储量级为 10 万条，则内存占用约 6MB，如此，假设网站用户为千万级，则单一场景占用的内存就达到了 600MB，考虑如果对网站的不同页面分别进行统计，则占用的内存量更会急剧上升，对于相对昂贵的内存存储，这种在小规模数据量下简单好用的方法在这种场景下反而显得难以为继。

Redis 中另一种重要的数据结构 HyperLogLog 就很适合此时的场景。HyperLogLog 是用来做基数统计的算法，其优点在于，即使输入元素的数量或体积非常大，计算基数所需的空间也总是固定的、很小的（占用 12KB，存储 2^{64} 个元素）。图 6-4 对比了在"计数"相同元素（这里模拟的是 GA cid）的情况下，两种不同数据类型分别占用的内存，可以看到，对集合来说，随着数据量的增大，内存占用也会不断变大；而对比 HyperLogLog，在数据量变大的情况下，依然仅占用极小的一部分空间（这里的单位是 bit）。

集合

```
[10000] cid length: 10000, memory useage: 676752
[20000] cid length: 20000, memory useage: 1353360
[30000] cid length: 30000, memory useage: 1702288
[40000] cid length: 40000, memory useage: 2706576
[50000] cid length: 50000, memory useage: 3186576
[60000] cid length: 60000, memory useage: 3404432
[70000] cid length: 70000, memory useage: 4933008
[80000] cid length: 80000, memory useage: 5413008
[90000] cid length: 90000, memory useage: 5893008
[100000] cid length: 100000, memory useage:
6373008
```

HyperLogLog

```
[10000] cid length: 9912, memory useage: 14384
[20000] cid length: 19719, memory useage: 14384
[30000] cid length: 29877, memory useage: 14384
[40000] cid length: 39924, memory useage: 14384
[50000] cid length: 50035, memory useage: 14384
[60000] cid length: 59935, memory useage: 14384
[70000] cid length: 69775, memory useage: 14384
[80000] cid length: 80066, memory useage: 14384
[90000] cid length: 90461, memory useage: 14384
[100000] cid length: 100363, memory useage:
14384
```

```
for i in range(0, 100000):
    _ = f"150659863.{str(int(1627114553)+i)}"
    r.sadd("cid", _)
    if (i+1) % 10000 == 0:
        print(f"[{i+1}] cid length:
{r.scard('cid')}, memory useage:
{r.memory_usage('cid')}")
```

```
for i in range(0, 100000):
    _ = f"150659863.{str(int(1627114553)+i)}"
    r.pfadd("cid", _)
    if (i+1) % 10000 == 0:
        print(f"[{i+1}] cid length:
{r.pfcount('cid')}, memory useage:
{r.memory_usage('cid')}")
```

图 6-4　集合和 HyperLogLog 内存占用对比

HyperLogLog 中目前仅包含 3 个命令，如表 6-9 所示。

表 6-9　HyperLogLog 中目前包含的命令

方　　法	说　　明
pfadd(name, *values)	添加元素到指定的 HyperLogLog 键中，如果元素已存在，则返回 0；如果元素未记录，则返回 1
pfcount(*sources)	返回集合"存储"元素数量的近似值
pfmerge(dest, *sources)	合并 N 个不同的 HyperLogLog 为 1 个

在图 6-4 中，应用到了表 6-9 中的两个命令，即使用 pfadd 将构建的 cid 值添加到 cid 键中，并使用 pfcount 进行结果的统计。可以看到，区别于集合，使用 pfcount 统计得到的结果和实际情况有些出入，这是因为 HyperLogLog 的 pfcount 方法实际执行的是一种概率统计操作，结果并不准确，近似误差为 0.81%。

6.4.4　Redis 数据持久化

Redis 的核心特点是将数据都存储在内存中，以带来极快的数据读/写速度，但是使用内存进行数据的存储并不"可靠"，数据会在断电时丢失。持久化就是用于解决该问题的，其本质是将内存中的数据以文件形式存储到硬盘中，而 Redis 服务可以通过加载硬盘中的数据来重新读/写信息到内存中，从而保证即使在断电状态下也不会完全丢失数据。

Redis 主要有 4 种持久化方式，相关信息如表 6-10 所示。

表 6-10　Redis 的持久化方式及其特征

持久化方式	说　　明	特　　点
RDB（默认方式）	创建一个后缀为.rdb 的二进制文件，存储数据库相关的所有信息，可以通过 SAVE（阻塞式创建）或 BGSAVE（使用子进程，非阻塞式创建）命令手动创建，也可以通过配置选项让 Redis 服务自动创建	① 全量式持久化 ② 对资源的占用较大 ③ 主要用于数据备份、灾难恢复 ④ 恢复速度快 ⑤ 对于持久化操作完成后的数据操作无法还原，可能导致该部分数据丢失
AOF	通过配置 appendonly 配置项来开启，对服务器每次执行的命令进行"记录"，通过重新执行所记录的"命令"来恢复状态，生成一个后缀为.aof 的文件	① 增量式持久化 ② 生成的持久化文件空间占用较大 ③ 持久化恢复速度较慢 ④ 持久化效果更好，有更少的数据丢失
RDB & AOF 混合	混合方式集合了 RDB 和 AOF 方式各自的优势，将持久化文件划分为两部分，即 RDB 格式的二进制数据和 AOF 格式的日志化数据，恢复时先恢复二进制格式 RDB 数据，再使用 AOF 格式数据进行重建	通过 RDB 格式数据压缩了持久化文件的空间占用、加快了恢复速度，通过 AOF 格式保证了较少的数据丢失
无持久化	不进行持久化	适用于纯粹将 Redis 作为缓存的场景

6.4.5　技术要点

Redis 涉及的内容非常丰富，上面受制于篇幅，仅介绍了操作命令相关部分内容，除上面所述内容外，Redis 中还包括以下内容。

- Stream 流数据结构。
- 发布/订阅模式。
- Redis 集群构建。
- Redis 管道（Pipeline）。
- Redis Module（模块）。

6.5　使用 Python 操作 ES

6.5.1　安装配置

ES 支持多种安装方式，其中 Docker 是一种官方推荐的安装方式，并且在官方的快速入门中作为示例展示。本书同样使用 Docker 进行安装。除了 Docker，其他安装配置方式可以参阅官方文档。

1. 使用 Docker 安装 ES

使用 Docker 安装 ES 可以分为以下几步。

（1）拉取。

在命令行中使用 docker pull 命令，从 Docker Hub 上拉取官方镜像到本地，如 docker pull elasticSearch:7.7.0。此处选择标签为 7.7.0 的镜像，该镜像使用 7.7.0 版本的 ES。

注意：在官方示例中，提供的拉取命令为 docker pull docker.elastic.co/elasticSearch/elasticSearch:7.7.0，如果要查看 Docker Hub 中对应的官方 ES 镜像构建的 dockerfile 文件，则会发现，其实从 Docker Hub 上拉取的镜像也是从 docker.elastic.co/elasticSearch/elasticSearch:7.7.0 下获取的镜像，此处的 docker.elastic.co 实际上是 Elastic 公司私有的 Docker 镜像仓库。此处使用 Docker Hub 中镜像的主要原因在于，由于一般会给 Docker Hub 配置镜像源，所以其拉取速度较直接拉取 ES 的私有仓库更快一些。

（2）使用。

在命令行中使用如下命令开启 ES 服务：

```
docker run --name es-test -p 9200:9200 -p 9300:9300 -e "discovery.type=single-node" -d elasticSearch:7.7.0
```

该命令会自动开启 ES 服务，并将容器的 9200 和 9300 端口分别映射到宿主机的相应端口上，同时，这里使用 -e 参数设置了容器内环境变量 discovery.type=single-node，以开启单机模式。

如果运行顺利，那么此时打开浏览器访问 http://localhost:9200/，会出现如图 6-5 所示的内容。

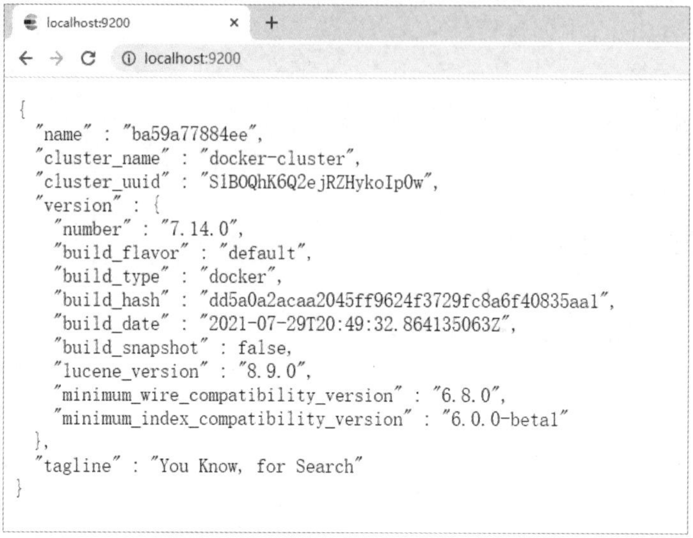

```
{
  "name" : "ba59a77884ee",
  "cluster_name" : "docker-cluster",
  "cluster_uuid" : "S1BOQhK6Q2ejRZHykoIp0w",
  "version" : {
    "number" : "7.14.0",
    "build_flavor" : "default",
    "build_type" : "docker",
    "build_hash" : "dd5a0a2acaa2045ff9624f3729fc8a6f40835aa1",
    "build_date" : "2021-07-29T20:49:32.864135063Z",
    "build_snapshot" : false,
    "lucene_version" : "8.9.0",
    "minimum_wire_compatibility_version" : "6.8.0",
    "minimum_index_compatibility_version" : "6.0.0-beta1"
  },
  "tagline" : "You Know, for Search"
}
```

图 6-5　http://localhost:9200/ 访问结果

Kibana（ES 的专有数据可视化仪表板软件）通常和 ES 共同安装，可以通过 docker pull kibana:7.7.0 来拉取搭配的 Kibana 镜像，并通过 run 命令启动。此处需要注意的是，Kibana 镜像启动时，可以配置容器内的环境变量 ELASTICSEARCH_HOSTS 以指向 Kibana 连接的 ES 服务的域名/端口。一般情况下，我们会先通过诸如 docker network create <network-name>的命令来创建一个网络，然后将容器加入网络，以支持 Kibana 和 ES 的连接。不安装 Kibana 不影响对 ES 的使用，图 6-6 展示了 Kibana 安装并打开后的样式（通常在网页端通过 5601 端口访问）。

（3）插件安装。

由于 ES 默认没有提供中文分析器，而中文分析器对日常使用 ES 又至关重要，故此处特地说明中文分析器的安装方式。

此处选用的中文分析器是开源项目 elasticSearch-analysis-ik，是 ES 官方推荐的社区开源项目。目前，GitHub 上有多于 1.2 万个星星，是最流行的 ES 中文分析器插件之一。

简单来说，中文分析器可以通过两种方式安装：方式一是先将插件直接下载并解压到 ES 根目录下的 plugins 文件（/usr/share/elasticSearch/plugins）中，然后重启加载插件；方式二是先使用 ES 提供的命令行工具进行插件的安装，然后重启加载插件。

此处具体说明一下方式二的安装流程。

● 首先，通过 docker exec -it es-test /bin/bash 进入容器内部，默认此时会处于工作目录/usr/share/elasticSearch 下。

- 然后，执行命令 ./bin/elasticSearch-plugin install https://github.com/medcl/elasticSearch-analysis-ik/releases/download/v7.7.0/elasticSearch-analysis-ik-7.7.0.zip。该命令会自动下载插件，并解压到 plugins 目录下。
- 最后，通过 exit 命令从容器中退出，并使用 docker restart es-test 命令对容器进行重启即可，重启后可以通过 docker logs --tail 10000 es-test 命令查看重启过程中输出的日志，正常情况下可以搜索到诸如 loaded plugin [analysis-ik] 的日志内容，表明插件安装成功。也可以再次进入容器，执行 ./bin/elasticSearch-plugin list 命令，可以打印出已安装的插件。

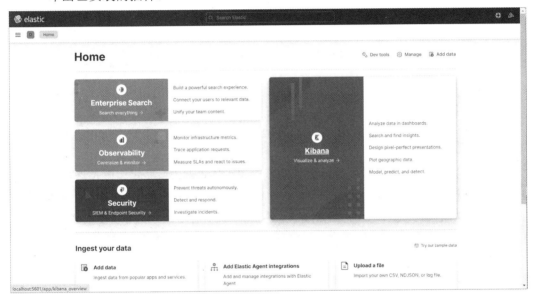

图 6-6　Kibana 界面

2. 安装 ES Python 客户端

ElasticSearch-py 是 ES 的官方 Python 客户端库，可以通过 pip3 install elasticSearch 命令进行安装。

6.5.2　基本示例

本节通过一个简单的示例介绍 ElasticSearch-py 的基本使用方法。该示例首先会演示如何连接至 ES 服务，并创建索引、索引映射；然后将文档存入索引，并获取、搜索文档内容；最后删除文档。

1. 索引的创建、配置

首先实现与 ES 服务的连接和索引的创建、配置：

```
1    from elasticSearch import ElasticSearch
2
3    es = ElasticSearch(hosts="localhost:9200")
4    es.indices.create("es-test-index", {
5        "mappings": {
6            "properties": {
7                "content": {
8                    "type": "text",
9                    "analyzer": "ik_max_word",
10                   "Search_analyzer": "ik_smart"
11               }
12           }
13       }
14   })
```

- 代码 1 从 elasticSearch 库中导入 ElasticSearch 类，该类是 ES Python 客户端的核心类，用于构建稳定的、长期的、线程安全的与 ES 服务的连接，将 ES 的 Restful API 与 Python 方法、函数映射，以允许用户通过执行 Python 方法调用相应的 ES API，完成相应的操作。

- 代码 3 创建了一个 ES Python 客户端实例，在该实例中，显式地传入了 hosts 参数，用于指定客户端连接的 ES 服务。这里简单地使用了 localhost:9200，用于连接被映射在本地 9200 端口上的 ES 服务。除了这种简单的连接，还可以使用多种 hosts 的形式来满足不同的连接需求（如 SSL 加密连接、集群连接等）。

- 代码 4 进行索引（index）的构建。索引是 ES 存储数据的逻辑命名空间，文档被存储在索引中。索引是一种灵活的数据结构，可以在文档存入时自动地构建，但由于此处需要指定索引中字段所使用的分析器（区别于默认的中文分析器），所以需要手动创建索引及映射。此处创建了一个名为 es-test-index 的索引，并为其中的 content 字段设置了相应的分析器。

注意：在上述代码中，content 字段分别设置了两种分析器，即 analyzer 对应的 ik_max_word 和 Search_analyzer 对应的 ik_smart。ik_max_word 类似于结巴分词中的全模式，会将文本做最细粒度的拆分，尝试构建尽可能多的分词结果，以提高召回率；而 ik_smart 则类似于精确模式，仅做粗粒度的拆分。图 6-7 所示为两种分词模式的对比。由于分词方法的不同，此处设置 analyzer 为 ik_max_word，即在索引环节尽量多地构建分词结果；设置 Search_analyzer 为 ik_smart，即在搜索时使用尽量准确的结果，以提高搜索效率和准确度。

在图 6-7 中，使用 es 实例的 indices.analyze 方法对同一段文本执行了分析过程，并返回了分词结果（tokens）。

```
es.indices.analyze({
    "text": "我是中国人",
    "analyzer": "ik_max_word"
}, "es-test-index")
```

```
es.indices.analyze({
    "text": "我是中国人",
    "analyzer": "ik_smart"
}, "es-test-index")
```

```
{'tokens': [{'token': '我',
'start_offset': 0, 'end_offset': 1,
'type': 'CN_CHAR', 'position': 0},
{'token': '中国人', 'start_offset': 2,
'end_offset': 5, 'type': 'CN_WORD',
'position': 1}, {'token': '中国',
'start_offset': 2, 'end_offset': 4,
'type': 'CN_WORD', 'position': 2},
{'token': '国人', 'start_offset': 3,
'end_offset': 5, 'type': 'CN_WORD',
'position': 3}]]}
```

```
{'tokens': [
{'token': '我',
'start_offset': 0,
'end_offset': 1, 'type':
'CN_CHAR', 'position': 0},
{'token': '中国人',
'start_offset': 2,
'end_offset': 5, 'type':
'CN_WORD', 'position': 1}]]}
```

图 6-7　两种分词模式的对比

2．添加文档

完成了索引的创建，接下来开始向索引中传入文档：

1　res = es.index("es-test-index", {"content": "ElasticSearch 是一个分布式的 RESTful 搜索和分析引擎。"})

如上述代码所示，通过 es 实例的 index 方法在索引 es-test-index 中创建了一个文档，该文档为 JSON 格式，其中包含一个字段 content，内容为"ElasticSearch 是一个分布式的RESTful 搜索和分析引擎。"

index 方法用于创建或更新一个文档，不过此处并未指定文档 ID，因此，即使重复执行上述代码，也不会更新文档，而是继续构建一个新的文档，并自动为其生成文档 ID。

打印 res，其结果及相应的释义如下：

{'_index': 'es-test-index',　-- 添加文档的索引名称
'_type': '_doc', -- 文档类型，目前仅支持 _doc 一种类型
'_id': 'zYwGlnsB-04N6UJdxAAz', -- 文档在索引中的唯一身份识别 ID
'_version': 1, -- 文档版本，在每次文档更新时自增
　'result': 'created', -- 标识该文档操作的类型，created 或 updated
　'_shards': {'total': 2, 'successful': 1, 'failed': 0}, -- 分区复制操作的相关信息，total 为全部需要进行复制的分区数，successful 为成功复制的数量，failed 为复制失败的数量
'_seq_no': 3, -- 整数，是分配给文档的序列号，每个文档一个，分片级别递增，标记发生在某个分片上的写操作
'_primary_term': 4} – 整数，每当主分片发生变化时递增，_seq_no 和 _primary_term 都是实现乐观锁的方式

下面额外添加几条文档数据，如下所示：

es.index("es-test-index", {"content": "Elastic Stack 核心产品包括 ElasticSearch、Kibana、Beats 和 Logstash。"})

```
es.index("es-test-index", {"content": "Kibana 是一个免费且开放的用户界面，能够让您对 ElasticSearch
数据进行可视化。"})
```

此处沿用了 index 的方法，需要注意的是，对于大批量的数据写入，更推荐的方法是使用 Bulk 方法进行批量写入，以提高写入性能。

3. 文档获取、搜索

通常有两种方式获取文档：一种方式是调用 Get API 从索引中检索指定的文档，另一种方式是调用 Search API 在索引中查询文档。

（1）Get API。

Get API 的调用方法如以下代码所示：

```
es.get(res['_index'], res['_id'])
```

es.get 方法需要输入索引名称及文档 ID，返回结果为特定的文档。例如：

```
{'_index': 'es-test-index',
 '_type': '_doc',
 '_id': 'zYwGlnsB-04N6UJdxAAz',
 '_version': 1,
 '_seq_no': 3,
 '_primary_term': 4,
 'found': True,
 '_source': {'content': 'ElasticSearch 是一个分布式的 RESTful 搜索和分析引擎。'}}
```

上述大部分字段含义与创建时返回结果一致。除此之外，found 字段用于指示文档是否存在，_source 为 JSON 格式的文档的原始内容，可以设置仅返回特定字段，或者在返回结果中排除某些字段。

（2）Search API。

相较于 Get API，更常用的是 Search API，即搜索、查询 API，下述代码为使用 Search API 进行文档查询的简单示例：

```
1    res = es.search(index="es-test-index", body={
2      "query": {
3        "match": {
4          "content": "ElasticSearch"
5        }
6      }
7    })
```

如上述代码所示，此处使用了 search 方法，并分别传递了 index 和 body 参数，index 用于表示所要查询的索引，示例中为刚才创建并填充的索引 es-test-index，该参数可以指定一个或多个要查询的索引甚至全部索引。

body 参数为 DSL（Domain Specific Language）格式的查询语言，表现为 JSON 格式，

用于查询返回与提供的文本、数字等相匹配的内容，其中，query 标识了查询的上下文；match 是一种进行全文本查询的标准查询，在 match 中，content 为要查询匹配的字段，ElasticSearch 为查询的文本（query），该文本在匹配前，会先通过分析器进行处理，然后使用输出的分词结果进行查询匹配。也就是说，此处填写的 query 内容并不需要和 content 完全一致，这类似于搜索引擎的模式。

上述代码的返回示例如下：

```
{'took': 0,
 'timed_out': False,
 '_shards': {'total': 1, 'successful': 1, 'skipped': 0, 'failed': 0},
 'hits': {'total': {'value': 3, 'relation': 'eq'},
  'max_score': 0.14745165,
  'hits': [{'_index': 'es-test-index','_type': '_doc','_id': '1oxJlnsB-04N6UJdCgDv','_score': 0.14745165,'_source':
{'content': 'Elastic Stack 核心产品包括 ElasticSearch、Kibana、Beats 和 Logstash。'}},
   {'_index': 'es-test-index','_type': '_doc','_id': '1YxJlnsB-04N6UJdCgDc','_score': 0.13786995,'_source':
{'content': 'ElasticSearch 是一个分布式的 RESTful 搜索和分析引擎。'}},
   {'_index': 'es-test-index','_type': '_doc','_id': '14xJlnsB-04N6UJdCgDz','_score': 0.118602425,'_source':
{'content': 'Kibana 是一个免费且开放的用户界面，能够让您对 ElasticSearch 数据进行可视化。'}}]}}}
```

返回结果中有几个重要的参数，其含义如表 6-11 所示。

表 6-11　ES 搜索返回结果中的几个重要参数及其含义

参　数　名	参　数　含　义
took	ES 执行请求花费的毫秒数
timed_out	请求是否超时，如果值为 True，则返回的结果可能是部分的
_shards	此次请求涉及的分片数
hits	包含返回的文档和返回结果的元数据
hits.total	搜索返回文档的总数
hits.max_score	返回文档得分的最大值（此处得分为文档的相关性得分，得分越高，说明文档越可能为用户想要搜索得到的结果）
hits.hits	返回存放返回文档结果的数组
hits.hits -> _score	标识文档相关性的得分，得分越高，相关性越强

可以调整一下 DSL 中的 query 语句，如调整为"content": "Elasticsearch 搜索"。图 6-8 所示为两种不同的查询语句返回的响应结果的对比。可以看到，在 Elasticsearch 搜索的搜索结果中，由于搜索这个额外关键词，各个返回结果的相关性得分由较为相近的得分 [0.14745165, 0.13786995, 0.118602425] 变为了差距较大的得分 [1.1505672, 0.14745165, 0.118602425]，匹配内容更多的文档从众文档中脱颖而出，获得了更显著的得分。

文档搜索是 ES 功能的核心，有关 ES 搜索功能的更多介绍，可以参阅官方文档。

```
"content": "Elasticsearch"

{'took': 1,
 'timed_out': False,
 '_shards': {'total': 1, 'successful': 1,
'skipped': 0, 'failed': 0},
 'hits': {'total': {'value': 3, 'relation': 'eq'},
  'max_score': 0.14745165,
  'hits': [{'_index': 'es-test-index',
    '_type': '_doc',
    '_id': '1oxJlnsB-04N6UJdCgDv',
    '_score': 0.14745165,
    '_source': {'content': 'Elastic Stack 核心产品
包括 Elasticsearch、Kibana、Beats 和 Logstash。'}},
   {'_index': 'es-test-index',
    '_type': '_doc',
    '_id': '1YxJlnsB-04N6UJdCgDc',
    '_score': 0.13786995,
    '_source': {'content': 'Elasticsearch 是一个分
布式的 RESTful 搜索和分析引擎。'}},
   {'_index': 'es-test-index',
    '_type': '_doc',
    '_id': '14xJlnsB-04N6UJdCgDz',
    '_score': 0.118602425,
    '_source': {'content': 'Kibana 是一个免费且开放
的用户界面，能够让你对 Elasticsearch 数据进行可视化。
'}}]}}
```

```
"content": "Elasticsearch 搜索"

{'took': 0,
 'timed_out': False,
 '_shards': {'total': 1, 'successful': 1,
'skipped': 0, 'failed': 0},
 'hits': {'total': {'value': 3, 'relation': 'eq'},
  'max_score': 1.1505672,
  'hits': [{'_index': 'es-test-index',
    '_type': '_doc',
    '_id': '1YxJlnsB-04N6UJdCgDc',
    '_score': 1.1505672,
    '_source': {'content': 'Elasticsearch 是一个分
布式的 RESTful 搜索和分析引擎。'}},
   {'_index': 'es-test-index',
    '_type': '_doc',
    '_id': '1oxJlnsB-04N6UJdCgDv',
    '_score': 0.14745165,
    '_source': {'content': 'Elastic Stack 核心产品
包括 Elasticsearch、Kibana、Beats 和 Logstash。'}},
   {'_index': 'es-test-index',
    '_type': '_doc',
    '_id': '14xJlnsB-04N6UJdCgDz',
    '_score': 0.118602425,
    '_source': {'content': 'Kibana 是一个免费且开放
的用户界面，能够让你对 Elasticsearch 数据进行可视化。
'}}]}}
```

图 6-8　两种不同的查询语句返回的响应结果的对比

6.5.3　批量加载文档到 ES+使用 Kibana 进行分析

本节实现批量加载文档到 ES，并使用 Kibana 连接 ES 进行分析。整个过程如下。

1．获取 Google Analytics Demo 数据

此处使用 Google BigQuery（简称 BQ）公共数据集中的 Google Analytics Demo 数据。该数据是经过混淆处理的 Google Analytics 360 真实数据。

Google Analytics Demo（DEMO）数据的获取流程大致如下。

（1）进入 Google BigQuery 控制台。

（2）在探索器中搜索 analytics，在"bigquery-public-data"（谷歌公开数据集）目录中找到"google_analytics_sample"目录，选择"ga_sessions_(366)"选项进入表的详情页面，如图 6-9 所示。

可以在此处查看表的架构信息，或者在"详情"选项卡中查看表的相关信息，如表大小、表行数、表的修改、过期时间、表位置等，还可以通过"预览"选项卡直接查看表数据。

关于表中各字段的函数，可以参阅 Google 官方文档。

表 6-12 列举了一些 Google Analytics Demo 中比较重要的字段。

图 6-9　BigQuery Google Analytics Demo 数据

表 6-12　Google Analytics Demo 中比较重要的字段

字 段 名 称	数 据 类 型	说　　明
fullVisitorId	STRING	唯一身份访问者 ID
userId	STRING	发送到 Google Analytics（分析）的覆盖后的 UserID
visitNumber	INTEGER	此用户的会话次数。如果是首次会话，则此值为 1
visitStartTime	INTEGER	时间戳（以 POSIX 时间的形式表示），会话开始时间
Date	STRING	以 YYYYMMDD 格式显示的会话日期
totals	RECORD（嵌套字段）	包含整个会话的汇总值，如总跳出次数、总命中（hit）数、总网页浏览量等
trafficSource	RECORD	显示与发起会话的流量来源相关的信息，如流量的来源、媒介、关键字、引荐路径等
device	RECORD	与用户所用设备相关的信息，包括用户所用浏览器，设备类型，移动设备品牌、型号、宣传名称等
customDimensions	RECORD	为某次会话设置的所有用户级或会话级的自定义维度
geoNetwork	RECORD	与用户地理位置相关的信息
hits	RECORD	会话中命中相关信息，包括命中对应的行为类型、命中的顺序、命中相关参数等 hits 是所有字段中包含信息量最大的字段，也往往是进行处理、分析的核心

（3）单击详情页右上角的"导出"按钮，将当前的表数据导出，这里导出的是 2017

年 8 月 1 日的数据；此处选择导出到 GCS 中。

（4）在右侧的弹出框中，配置导出至 GCS（Google Cloud Storage）的位置和导出文件名（例如，zws_gcp_gcs/bq_ga_20170801.zip，其中 zws_gcp_gcs 是 GCS 中创建的存储桶的名称，此处读者需要自主创建存储桶以用于导出），以及导出格式，由于 GA 360 表结构中包含嵌套格式数据，所以此处需要选择 JSON 格式，同时为了控制文件大小，选择 GZIP 压缩格式，如图 6-10 所示。

图 6-10　导出至 GCS 配置示例

（5）进入 GCS 控制台，并从刚才配置导出的 GCS 存储路径中检索刚才配置导出的数据文件，单击按钮执行下载操作。

（6）查看 DEMO 数据。下载的 DEMO 数据在解压缩后为由换行符分隔的 JSON 对象组成，如图 6-11 所示。

图 6-11　DEMO 数据示例

该文件总共包含 2556 行数据，对应 2017 年 8 月 1 日中的 2556 个会话。

上述流程同样适用于其他 BigQuery 数据的导出，无论是自己项目中的 GA 数据、广告数据、账单信息、云服务统计数据等，还是 Google 提供的公开数据集中的海量、多样数据，都可以参考此流程导出，并最终导入其他数据库（如 ES、MongoDB、Hive 等）进行分析。

提示：读者可直接使用本章附件文件（电子资源），该文件名为 bq_ga_20170801.zip。

2．批量数据加载

接下来，需要将下载的数据批量加载到 ES 中，并为之构建索引，此处可以沿用基本示例中的方法：

```
1    import json, time
2    from elasticsearch import Elasticsearch
3
4    es = Elasticsearch(hosts="localhost:9200")
5
6    with open("./bq_ga_20170801.json", "r") as f:
7        _all_data = f.readlines()
8
9    for i in _all_data:
10       i = json.loads(i)
11       es.index("google-analytics-demo-20170801", i, id=f"{i['fullVisitorId']}-{i['visitId']}")
```

在上述代码中，首先在代码 6 和代码 7 中进行数据的读取，然后在代码 9 至代码 11 中循环加载 JSON 数据，并通过 es.index 方法，将之加载到索引（google-analytics-demo-20170801）中。此处需要注意的是，在 es.index 中，为参数 id 传入了格式化字符串 f"{i['fullVisitorId']}-{i['visitId']}"，fullVisitorId 表示一个唯一身份访问者 ID，而 visitId 表示用户此次会话的标识符，对 DEMO 数据来说，每行都代表一个会话，而 fullVisitorId＋visitId 则表示一个特定用户的某次特定会话，由此即可标识一个唯一的会话，正好对应一个文档，可以以此作为文档的 ID。

经过一段时间后，上述代码执行完毕，此时可以通过 Search API 或 Get API 进行文档的查询。例如：

```
res = es.search(index="google-analytics-demo-20170801", body={"query": {"match_all": {}}, },
    _source_includes=["fullVisitorId", "visitId", "totals"], size=2)
```

此处通过 match_all 的 DSL 查询语句直接搜索了索引下的全部文档，由于文档中包含的字段甚多，所以此处使用_source_includes 筛选返回结果中仅包含指定的 3 个字段（fullVisitorId、visitId、totals），并通过 size 指定返回结果数为 2（默认为 10）。

上述代码的查询返回结果如下：

```
1    {'took': 1,
2     'timed_out': False,
3     '_shards': {'total': 1, 'successful': 1, 'skipped': 0, 'failed': 0},
4     'hits': {'total': {'value': 2556, 'relation': 'eq'},
5      'max_score': 1.0,
6      'hits': [{'_index': 'google-analytics-demo-20170801',
7        '_type': '_doc',
8        '_id': '2421708913980275160-1501651422',
```

```
9          '_score': 1.0,
10         '_source': {'visitId': '1501651422',
11          'totals': {'hits': '8',
12            'visits': '1',
13            'timeOnSite': '125',
14            'pageviews': '8',
15            'newVisits': '1',
16            'sessionQualityDim': '1'},
17          'fullVisitorId': '2421708913980275160'}},
```

可以看到，在代码 4 中，hits total 字段中的 value 表示此索引下目前共有文档 2556 个，这与实际情况相符。hits 中包含了返回的两个文档的信息，在_source 对应的原始文档内容中，也如需返回了所筛选的字段。值得注意的是，这里的 totals 字段是一个嵌套字段，其中又包含了 visits/timeOnSite/pageviews 等字段，此处也随着 totals 取得。

通过上述查询可以看到，文档已自动被加载到索引中，索引根据文档中的内容自动完成了构建工作。

上述代码的唯一问题在于执行的时间过长，对于这种大批量的文档加载，通过 Bulk 批量加载的方式，可以明显地提高加载效率。

下面为通过 Bulk 方法进行批量加载的代码示例：

```
1    def generate():
2        for i in _all_data:
3            i = json.loads(i)
4            yield {
5                "_index": "google-analytics-demo-20170801",
6                "_id": f"{i['fullVisitorId']}-{i['visitId']}",
7                "_source": i
8            }
9
10   from elasticsearch import helpers
11   res = helpers.bulk(es, generate())
```

上述代码的核心为代码 11 中的 helpers.bulk(…)函数。该函数接收了两个参数，分别为 es 客户端实例对象（对应参数 client），以及由 generate 函数返回的一个生成器（对应参数 actions），actions 参数也可以直接传递一个可迭代的对象，其中包含了需要批量传入的且按照特定格式包装好的对象。

在本书的测试环境中（2C2G 容器），通过循环进行加载所需的时间为 18s，而基于 Bulk 方法的批量加载方法则仅需 5s。

注意：此处虽然重复执行了一次文档的批量插入操作，但是实际上由于指定了文档 ID，所以实际文档总数并不会增加，而只是 _version 变为 2，表示此文档发生了一次更新，但是如果不指定文档 ID，而是默认由 ES 自动生成文档，则此处会重复索引文档。

3．在 Kibana 中加载、分析数据

在安装 Kibana 并连接 ES 服务后，即可在浏览器中访问 Kibana 服务，如 http://localhost:5601/。

（1）配置索引模式（Index Patterns）。

首先通过链接 http://localhost:5601/app/management/kibana/indexPatterns 进入索引模式配置页面，如图 6-12 所示。

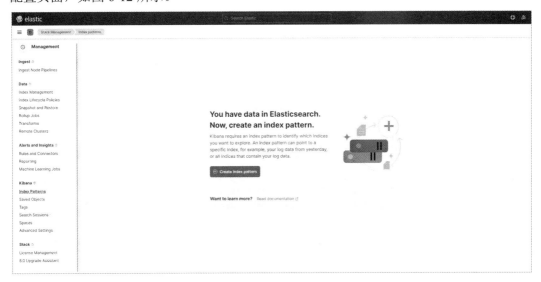

图 6-12　索引模式配置页面

在图 6-12 中，如页面提示语所示，此时已经在 ES 中加载好了数据，现在需要创建一个索引来告知 Kibana 我们想要探索、分析的索引。

单击"Create index pattern"按钮，按照提示定义索引模式，完成配置即可。创建完毕后，会自动进入索引模式详情页，会显示所创建的索引模式中涉及的字段信息，如图 6-13 所示。

（2）执行探索。

进入 Kibana 概览页面（可以在首页或通过链接 http://localhost:5601/app/kibana_overview#/i 进入）。

选择"Discover"选项卡，进入数据探索页面，此时可以看到预加载的索引模式匹配的文档数据，如图 6-14 所示。

此时可以展开文档，查看文档中各字段的详细信息，或者通过字段的组合、操作来进行数据的探索。

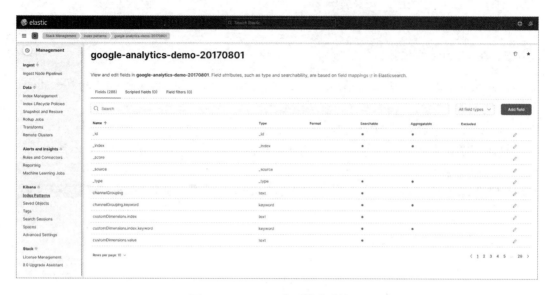

图 6-13　Kibana 索引模式详情页

图 6-14　数据探索页面示例

从问题出发，可以试图使用 Kibana 来回答一些关于数据的疑问，如以下两点。

● 当前有多少用户访问了该 DEMO 站点。

选择代表用户唯一身份识别 ID 的 fullVisitorId，单击"Visualize"按钮进入"Visualize Library"页面。在此页面中，可以首先选择"Metric"选项进行单纯的指标统计；然后在右侧"Metric"配置面板中选择"Quick functions"选项卡，使用系统默认提供的配置信息；最后选择"Unique count"选项进行去重统计，在选择好需要统计的字段 fullVisitorId 后，

即可得到当日访问 DEMO 站点的无重 fullVisitorId 数，如图 6-15 所示，表示当日有 2293
个用户访问了该 DEMO 站点。

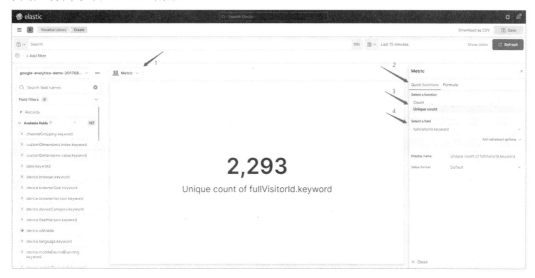

图 6-15　当日访问 DEMO 站点的无重 fullVisitorId 数

- 会话流量的来源、媒介分布情况。

在 GA 数据中，通过 trafficSource.source 及 trafficSource.medium 识别流量的来源/媒
介，可以在 Kibana 中探索该部分数据的分布情况，如图 6-16 所示。

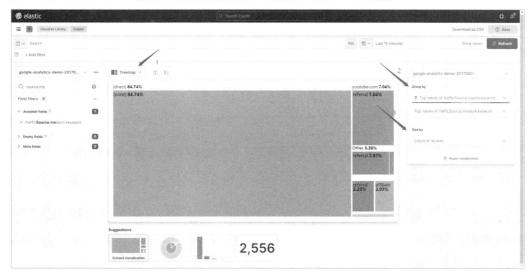

图 6-16　DEMO 数据来源、媒介默认分布情况

首先重新选择图表类型为 Treemap，然后选择 trafficSource.source 及 trafficSource.

medium 进行 Group by，并选择记录数（会话数，Count of records）作为统计指标。

从图 6-16 中可以看到，其中 (direct)/(none) 的组合占据了统计中的绝大多数（84.74%），在剩余数据中，来自 YouTube 的 referral（引荐）来源数据占比较大，达到了 7.04%

虽然(direct)/(none)的流量占比很大，但意义不大，我们可能希望更加聚焦于其他来源/媒介的组合，使用过滤器对数据进行过滤，过滤掉来源媒介为 (direct)/(none) 的数据可能是一种好方法。如图 6-17 所示，通过单击"Add filter"（添加过滤器）按钮，配置字段 trafficSource.source 不等于（is not）(direct)，以及 trafficSource.medium 不等于(none)来将此部分流量过滤掉。

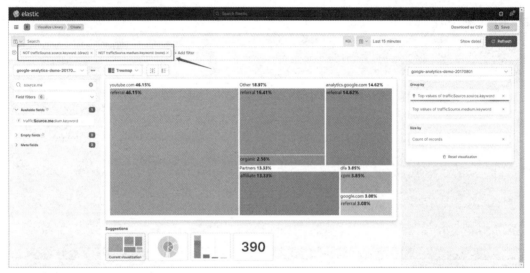

图 6-17　添加过滤器

如此便可更加突出地展现剩余其他特殊来源、媒介的分布了。

6.5.4　技术要点

1. 倒排索引

倒排索引是 ES 中的核心知识点，是理解 ES 可以进行文本搜索（如前面使用的 Search API 中的 match 参数）并计算相似度得分的关键。

假设现在有 100 篇文章，需要将其存入数据库中，并希望可以通过关键词搜索到文章，如搜索"螃蟹"，得到相关的几篇涉及螃蟹的文章。

对于上述的这种信息检索问题，常见的方案有两种，即正排索引及倒排索引。

正排索引相对较好理解，如图 6-18 所示，对于一篇文章，可以通过分词等方式将其切分为数个单词，并记录其在文章中开始和结束的位置。

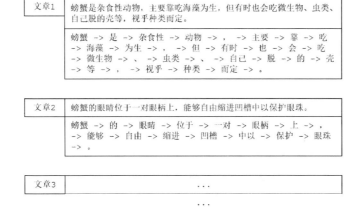

图 6-18　正排索引示意图

如果此时需要搜索螃蟹，则可以依次遍历每篇文章，并查看螃蟹这个单词是否存在于文章中，如果存在，就将文章取出，如此即可检索到所有包含螃蟹的文章。

这种方法很好理解，但是问题在于，当文章数量巨大时，循环、检索的工作量会变得巨大。

而相对应的倒排索引，其结构如图 6-19 所示，可以看到，区别于正排索引中以文章为键，它以文章中包含的词的列表为值，倒排索引使用词为键，以出现了该词的文档为值。

基于倒排索引这种特殊的数据结构，对于某个特定关键词的匹配，需要遍历每篇文章，而仅需找到对应的关键词，提取出关键词对应的文章即可，如此效率便大大提高。

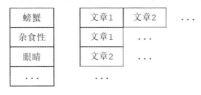

图 6-19　倒排索引的结构

当然，除关键词出现的文章外，它还会记录包括关键词在文章中出现的位置、频率等信息。

2．ELK

与 ES 相关的一个重要名词即 ELK，也可以称为 ELK Stack，现在还称为 Elastic Stack，实际指的就是以 ES 为核心的一套工具。最初的时候称其为 ELK，主要因为这套工具由 3 个核心工具构成，即 ES/Logstash/Kibana，分别取该 3 个工具的首字母，构成了 ELK，但随着 Elastic公司的发展，一些新的工具，如 Beats 加入了 Elastic 家族，如果此时延续之前的称呼，则不甚妥当，于是 Elastic 官方便索性使用 Elastic Stack 替代了之前的 ELK，形成了如今的局面。

6.6 使用 Python 操作 Neo4j

6.6.1 安装配置

Neo4j 支持多种安装方式，Docker 是一种官方推荐的安装方式，Neo4j 内部甚至基于 Docker 提供了 Neo4j 在线沙箱功能，本书同样使用 Docker 进行安装。除 Docker 外，Neo4j 还可以直接在云端开盒即用或下载桌面应用使用等，具体可以参阅官方文档。

1. 使用 Docker 安装 Neo4j

使用 Docker 安装 Neo4j 可以分为以下两步。

（1）拉取。

在命令行中使用 docker pull 命令，从 Docker Hub 上拉取官方镜像到本地，如 docker pull neo4j: 4.2.0-community。此处选择标签为 4.2.0-community 的镜像，该镜像使用 4.2.0 社区版 Neo4j。社区版 Neo4j 开源免费、功能齐全，足以满足一般场景的使用需求。当然，根据使用需求，也可以使用 enterprise 企业版镜像。

（2）使用。

在命令行中使用如下命令开启 Neo4j 服务：

```
docker run --publish=7474:7474 --publish=7687:7687 --volume=$HOME/neo4j/data:/data -d   neo4j:4.2.0-community
```

该命令会创建 Neo4j 服务实例，自动开启 Neo4j 服务并将容器的 7474 端口、7687 端口分别映射到宿主机的相应端口上，--volume 参数用于挂载卷到容器，此处将本地 $HOME/neo4j/data 目录挂载到容器/data 目录下，容器中的 Neo4j 数据库数据会默认存储于该目录下，并得到持久化保存。

备注：7474 端口用于提供 Neo4j Browser（基于 Web 的面向开发人员的 Cypher 查询可视化工具）及 HTTP API 服务；7687 端口主要用于基于 Bolt 协议（一种用于 Neo4j 数据库客户端—服务端连接的二进制网络协议，具有高性能、轻量级的特点）的数据库连接。

该命令执行成功后，可以通过 http://localhost:7474/browser/ 进入 Neo4j 的网页端控制台页面，如图 6-20 所示。

首次连接时需要手动配置连接，如果没有特殊设置，那么 Docker 中的 Neo4j 默认使用的用户名和密码均为 neo4j，而 Connect URL 则需要填写连接的 Neo4j 服务地址，由于之前映射了容器 7687 端口到宿主机（本地），所以此处可以填写 localhost:7687。除此之外，还可以选择填写远程服务地址或云服务地址等（若有）。连接成功后会自动提示更新密码，按所需更新即可。

至此，完成了 Neo4j 服务的配置。另外，Neo4j 还默认提供了其他诸多功能丰富的参数、配置项以供使用，具体可参阅官方文档。

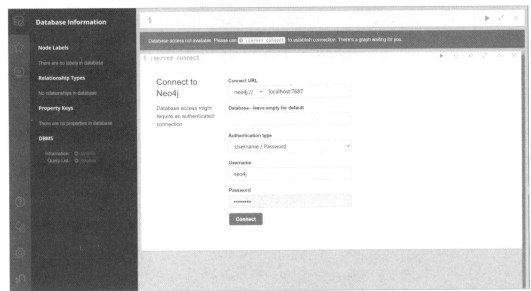

图 6-20　Neo4j 的网页端控制台页面

2. 安装 Neo4j Python 驱动

对于 Neo4j Python 驱动（driver），可以使用 pip3 install neo4j 命令进行安装。

6.6.2　基本示例

本节通过一个简单的示例介绍 Neo4j Python 驱动的基本用法。该示例首先连接至默认数据库 Neo4j；然后在数据库中写入几个节点（Node），并创建节点间的关系（Relationships）；最后执行一个简单的查询，并将结果打印出来：

```
1    from neo4j import GraphDatabase
2
3    with GraphDatabase.driver("neo4j://neo4j_server:7687", auth=("<YOUR_ACCOUNT>", "<YOUR_
PASSWORD>")) as driver:
4        with driver.session() as session:
5            session.write_transaction( lambda tx, name, person_1_name, person_2_name: tx.run(
6                "CREATE (a:Person {name:$name}) CREATE (a)-[:KNOWS]->(a) "
7                "CREATE (a)-[:IS_FRIENDS_WITH]->(b:Person {name: $person_1_name}) "
8                "CREATE (a)<-[:IS_FRIENDS_WITH]-(b) "
9                "CREATE (b)-[:IS_FRIENDS_WITH]->(c:Person {name: $person_2_name, year: 18}) "
10               "CREATE (a)-[:IS_CLASSMATES_WITH]->(c) SET c.year=24",
11               {"name": name, "person_1_name":person_1_name, "person_2_name":person_3_name}
12           ), "张三", "李四", "王五")
```

```
13
14          _query = "MATCH (:Person {name: $name})-[:IS_FRIENDS_WITH]-(n:Person) RETURN n"
15          lisi_friends_result = session.read_transaction(
16              lambda tx, name: tx.run(_query, name=name).data(), "李四")
17          print(lisi_friends_result)
```

- 代码 1 从 Neo4j 中导入 GraphDatabase 类，用于构建驱动、连接数据库。

- 代码 3 使用 with 命令创建代码块，保证基于 GraphDatabase.driver 方法构建的 driver 驱动可以在内部代码执行完毕后自动调用 close 方法关闭，此处的 driver 为 neo4j. Neo4jDriver 类实例对象，其中存储了和数据库连接的相关信息，并维护了一个连接池，以供 neo4j.Session 等对象取用，初始化该对象需要传入连接 URL、登录验证信息（auth）等参数。

- 代码 4 调用 driver 对象的 session 方法以创建一个 neo4j.work.simple.Session 对象，并同样使用 with 来进行管理，此处的 session 是事务单元的逻辑上下文，从驱动维护的连接池中获取连接进行使用，并按照调用顺序执行查询语句。

- 代码 5 使用 session.write_transaction 方法构建了一个写事务（Write Transaction）的工作单元（此处的写及后续的读均是一种模式，是访问模式的一种，在集群环境中，其会根据事务模式的不同路由至相应的服务器中，而对于此处单个实例的情况，不同模式实际上并没有本质上的不同）。session.write_transaction 方法接收一个事务函数，以及其他*args、**kwargs 可变参数。在调用该方法时，会自动执行传入的事务函数，并将可变参数传入事务函数中，将事务函数的返回结果作为结果返回。此处使用 lambda 构建了一个匿名函数，并传入了 tx、name 等 4 个变量，其中 tx 为传入的一个 neo4j.work.transaction.Transaction 实例对象，可以通过该对象的 run 方法来执行 Cypher 查询语句，并确保查询语句在一个统一的上下文环境中。

- 代码 6 到代码 11 为 run 方法执行的 Cypher 文本。需要注意的是，此文本并不是一个实际的、直接可执行的 Cypher 语句，其中还包含了诸如$name 的参数，允许传入调用 run 时传入的参数，如代码 11 中的{"name": name, "person_1_name":perso… }。关于 Cypher 语句的作用，本书稍后进行统一说明。

- 代码 14 到代码 17 与代码 6 到代码 11 类似，通过调用 session 对象的 read_transaction 方法来构建一个读事务，并打印 Cypher 语句查询的返回结果。

对于一个空白数据库，上述代码的返回结果为：

```
[{'n': {'name': '王五', 'year': 24}}, {'n': {'name': '张三'}}, {'n': {'name': '张三'}}]
```

接下来分析一下执行的 Cypher 语句的逻辑，以及返回结果是如何产生的。

在代码 6 中，首先使用 CREATE 子句创建了一个标签（Label）为 Person、属性（Properties）name 为$name 的节点，并使用变量 a 来代表此节点。在 Cypher 中，用()代表一个节点。

　　紧接其后是另一段 CREATE 子句，此子句中引用了刚才创建的节点 a，并使用-[]->语法构建了一个指向节点 a（其自身）的关系（Relationship），使用->表示关系的指向，关系[]中包裹的 KNOWS 表示一种关系的类型。此 CREATE 子句可以理解为创建了节点 a 与节点 a 的关系，表示为节点 a 知道节点 a，由于节点 a 可以理解为一个叫张三的人，所以此处也可以理解为创建了一个模式，即张三知道张三。

　　可以看到，Cypher 语句作为一种基于声明式的查询语言，其语法是十分符合人类的语言表达习惯的。

　　与之相同，在下述的几段子句中，又分别创建了和节点 a 是朋友关系的节点 b：

　　（CREATE (a)-[:IS_FRIENDS_WITH]->(b:Person {name: $person_1_name})

　　b 也是一个人（节点标签为 Person），其名字为传入的变量值，即李四。

　　此段需要注意的是，开始时，先使用-[:IS_FRIENDS_WITH]->创建了关系，即张三是李四的朋友；然后在后面又使用<-[:IS_FRIENDS_WITH]-创建了一个反向关系，即李四也是张三的朋友，从而形成了一个双向关系。

　　注意：Cypher 不支持在 CREATE 中使用双向关系<-[]->或无向关系-[]-，因此此处构建了一个反向关系，从而实现了一个双向关系，不过需要注意的是，如果一个关系本身是双向的，如朋友，那么实际上没有必要创建一个反向关系，而仅需在匹配（MATCH）时不指定方向即可；但是对于一些有向的关系，如谁是谁的粉丝，需要明确方向。例如，对于 A 是 B 的粉丝，而 B 也是 A 的粉丝这种情况，构建双向关系就是有必要的了。

　　后面王五节点的创建与前面相似，但是需要注意的是，在创建王五节点的过程中，对于属性，除设置了其名字为王五外，还传入了一个属性年龄（year）并赋值 18，并在后面使用 SET 子句对这个属性进行了更新，更新为 24。

　　在王五节点的关系上，除了指向节点 b，即李四的 IS_FRIENDS_WITH 关系，还设置了一个关系 IS_CLASSMATES_WITH 来指向节点 a，即张三，构建了一个多重的关系网络。

　　可以通过 URL http://localhost:7474/访问 Neo4j Browser，查看上述命令创建的节点和关系的可视化效果，如图 6-21 所示。

　　可以看到，在 Neo4j Browser 的左侧栏中，呈现了节点标签、关系类型、属性键等关键信息，而在右侧命令输入区域，则使用 MATCH (n) RETURN n LIMIT 25 语句查询了之前创建的标签为 Person 的所有节点及节点的关系，并最终呈现为 3 个橙色的节点与 5 条连接节点的关系。

　　可视化效果十分容易理解，此处不再赘述。如果此时想要从上述图数据中查询李四的朋友，该如何操作呢？

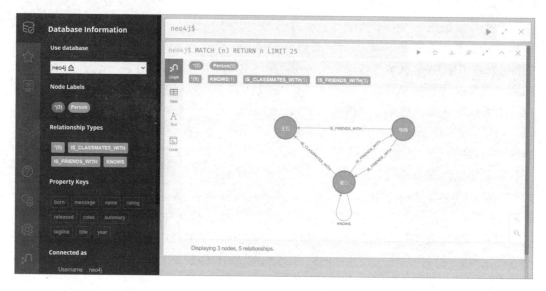

图 6-21　Neo4j Browser 中的 Cypher 语句执行结果（一）

如代码 14 所示，此处使用 Cypher 语句 MATCH (:Person {name: $name})-[:IS_FRIENDS_WITH]-(n:Person) RETURN n，使用 MATCH 子句首先找到了属性 name 为李四的节点，然后根据关系-[:IS_FRIENDS_WITH]-找到和李四具有朋友关系的节点 n，并最终将 n 返回。

代码的输出结果为[{'n': {'name': '王五', 'year': 24}}, {'n': {'name': '张三'}}, {'n': {'name': '张三'}}]。但是需要注意的是，如图 6-21 所示，与李四是朋友关系的是张三和王五，只有两人，但是此处的返回结果是王五、张三、张三，总计 3 条，问题在于此处匹配使用的关系-[:IS_FRIENDS_WITH]-是无向的，即该匹配中的节点间的关系既可以是正向的，又可以是反向的，因此张三是李四的朋友，李四也是张三的朋友，导致结果重复，最终出现了 3 条记录。

此外，如果仔细观察，那么还可以发现，在返回结果中，对于王五的返回结果，除了返回了 name 属性，还返回了 year 属性，如果仅需要查询李四朋友的名称，该如何处理呢？

可以修改查询语句为 MATCH (:Person {name: $name})-[:IS_FRIENDS_WITH]->(n:Person) RETURN n.name AS name，即使用 n.name 的方式要求返回结果仅为节点的特定属性值，并使用 AS 来为其赋予别名。重新执行脚本（注意：不要重复创建命令），上述代码的返回结果为[{'name': '王五'}, {'name': '张三'}]，可以看到，已经满足了初始的查询需求。

6.6.3　APOC

APOC（Awesome Procedures on Cypher）是 Neo4j 最大的、应用最广泛的组件，其中包含了 450 多个函数、程序，提供集合操作、图操作、文本搜索、数据类型转换等功能。作为一个函数和过程的集合，它可以在 Cypher 中使用，以丰富 Cypher 的能力。

对于大部分 Cypher 难以实现的功能，都可以优先到 APOC 中查询是否有实现。

（1）在 Docker 容器中安装 APOC。

在 Neo4j 官方镜像中，提供了一些启动脚本，可以在运行时自动下载并配置插件，这其中就包括了 APOC。在 Docker 容器启动命令中，设置--env NEO4JLABS_PLUGINS='["apoc"]'即可，这种方法推荐在测试环境中使用，对于生产环境，建议先手动下载匹配 Neo4j 版本对应的 APOC 发布版本，然后创建 plugins 文件夹，并将该文件夹挂载到 neo4j/plugins 目录下，如此，在容器启动时，即可自动加载 APOC。

在 Neo4j Browser 中，可以执行命令 CALL dbms.procedures 来查看 APOC 是否正常安装，如果安装成功，则在输出结果中会看到大量 name 中包含 apoc.****的记录，如图 6-22 所示。

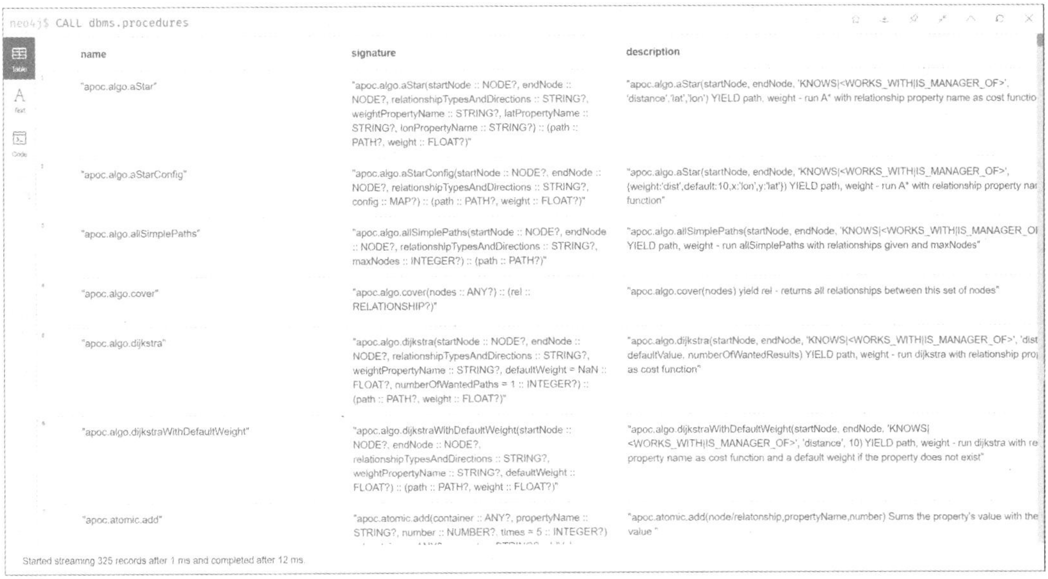

图 6-22　CALL dbms.procedures 命令执行结果（APOC 安装成功）

如图 6-22 所示，其中说明了可执行的 APOC 程序及其作用、用法，一个类似的命令是 CALL apoc.help("apoc")，调用 apoc 自带的帮助命令，用于查看 apoc 中的函数和程序。

对于其他 Neo4j 安装方式对应的 APOC 安装方法，具体可查阅官方文档。

（2）简单使用：

```
1    from neo4j import GraphDatabase
2
3    with GraphDatabase.driver("neo4j://neo4j_server:7687", auth=("neo4j", "mcxays52")) as driver:
4        with driver.session() as session:
5            random_str = session.read_transaction(
6                lambda tx: tx.run("RETURN apoc.text.random(5) as random_str").data())
```

| 7 | print(random_str) |

执行上述代码，返回结果为[{'random_str': 'iF5Uu'}]。

注意：这是一个随机的结果。

上述代码的核心为查询语句 RETURN apoc.text.random(5) as random_str。此处调用了 apoc.text.random 函数，用于生成了一个 5 位随机数，其使用方式与 Neo4j 内置函数的使用方式一致。

可以在 Neo4j Browser 中使用 CALL apoc.help("apoc.text.random")命令查看该函数的使用说明，如图 6-23 所示。可以看到，该函数接收两个参数，分别为 length、valid，前者用于限制生成字符串的长度，后者用于限制生成字符串的范围，更多、更详细的说明，可以参阅官方文档。

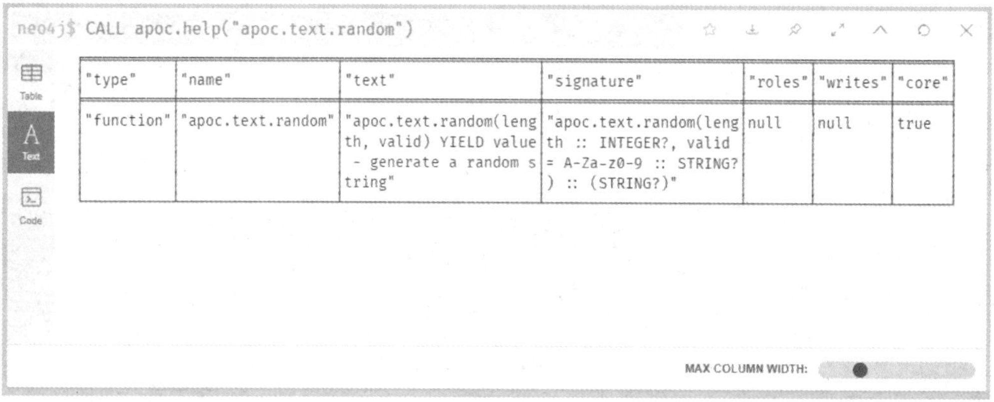

图 6-23　CALL apoc.help("apoc.text.random") 命令执行结果

除了函数（Function），APOC 中另一类命令是程序（Procedures），在 Neo4j 中使用 CALL 调用，如上面提到的 CALL apoc.help("apoc.text.random")，在 Python 中也可以使用程序。例如，session.read_transaction(lambda tx: tx.run("CALL apoc.help('apoc.text.random')").data())，其返回结果为：

[{'type': 'function', 'name': 'apoc.text.random', 'text': 'apoc.text.random(length, valid) YIELD value - generate a random string', 'signature': 'apoc.text.random(length :: INTEGER?, valid = A-Za-z0-9 :: STRING?) :: (STRING?)', 'roles': None, 'writes': None, 'core': True}]

程序和函数也可以结合起来使用，以构建更加复杂的查询。关于 APOC 中其他函数的使用用法和说明，可查阅官方文档。

6.6.4　技术要点

Neo4j 涉及的内容非常丰富，上面受制于篇幅，仅涉及了核心使用中的部分内容。Neo4j 还涉及如下技术要点，有待读者进一步学习掌握。

- Cypher 的语法结构，如文中未提及的 WITH、ORDER BY、MERGE、REMOVE、DELETE 等关键词。
- 在 Neo4j 中编写用户自定义函数（UDF）。
- 进行查询性能优化，灵活引用 Explain、Profile 命令，建立索引等。
- 多来源、多类型数据导入、导出。
- 地理位置查询。
- 系统安全认证。
- Neo4j 与其他工具打通、整合等。

6.7　使用 Python 操作 MongoDB

6.7.1　安装配置

关于 MongoDB 的安装配置方式，请参考 2.5.1 节，此处不再赘述。

6.7.2　基本示例

本节通过一个简单的示例介绍 MongoDB 的基本使用方法。该示例演示如何连接至 MongoDB 服务，并执行文档的基本插入、查询、更新、删除操作：

```
1    import pymongo
2
3    with pymongo.MongoClient(host='172.17.0.2', port=27017) as client:
4        db = client["example"]
5        collection = db["user"]
6        collection.insert_one({"name": "张三", "year": 27, "gender": "男"})
7        collection.insert_many([
8            {"name": "李四", "year": 26, "gender": "女"},
9            {"name": "王五", "gender": "女", "hobby": ["跑步", "读书"]},
10       ])
11       print(collection.find_one({ "$or": [{"year": {"$gt": 28}}, {"gender": {"$eq": "女"}}]}))
12       collection.update_one({'name': "王五"}, {'$set': {'year': 24}, "$set": {'gender': "男"}})
13       collection.update_many({}, {"$set": {"job": "Data Engineer"}})
14       for i :in collection.find({}, projection={"name":1, "_id":0}):print(i)
15       collection.delete_one({"name": "李四"})
16       delete_result = collection.delete_many({})
17       print(f"删除文档数：{delete_result.deleted_count}")
18       print(f"集合中现存文档数：{collection.count_documents({})}")
```

- 代码 1 引入了 pymongo 客户端库。
- 代码 3 使用 pymongo 的 MongoClient 初始化一个客户端连接实例, 此处使用的 host

为 MongoDB 服务所在的 IP 地址，端口为 MongoDB 服务的默认端口 27017（此处由于使用的是默认端口，所以该参数传值实际可以省略）。

- 代码 4 和代码 5 分别声明连接所用的数据库(db)，以及数据库中的集合(collection)。
- 代码 6 使用集合对象（collection）的 insert_one 方法插入了一条类 JSON 格式的文档数据，该文档中包含 3 个字段，分别是 name、year、gender。

注意：在执行插入操作前，本书并没有如同在关系数据库中一般，首先设计并创建数据库、表，而是简单"声明"了一下所用的数据库、集合，然后就执行了插入操作。在 MongoDB 中，数据库、集合都是动态创建的，即在传入文档数据时会自动创建，由此可见 MongoDB 的灵活性。

- 代码 7 至代码 10 使用集合对象的 insert_many 方法执行批量插入操作。批量插入区别于仅插入一条的 insert_one 方法，它接收一个可迭代对象，其中每个对象都是一个类 JSON 格式的文档。
- 代码 11 使用集合对象的 find_one 方法，通过 filter 表达式 {"$or": [{"year":{"$gt": 28}}, {"gender": {"$eq": "女"}}]} 查询一个满足年龄大于 28 或性别为女的文档记录。

此处的 filter 表达式由查询运算符\$or / \$gt / \$eq 拼接组成，其中，\$or 对应的语法为 { \$or: [{ <expression1> }, { <expression2> }, …, { <expressionN> }] }，即 \$or 为 key，value 为列表格式的表达式，作用为当列表中的某个表达式为真时进行匹配，上述语法本身也是一个表达式，表达式中可以嵌套、组合子表达式，构建复杂的表达式。

如果不使用\$or 而直接传入多个表达式，如{"year": {"$gt": 28}, "gender": {"$eq": "女"}}，则其等同于 AND 关系，即要求传入的表达式都满足时可以匹配成功。

{"year": {"$gt": 28}}同样为一个表达式，含义为对于字段 year，要求匹配的值大于（\$gt – greater than）28，查询运算符包括比较操作符（Comparison）、逻辑操作符（Logical）、数组操作符（Array）、按位操作符（Bitwise）等。

更多关于查询运算符的内容，请参阅官方文档。

- 代码 12 使用集合的 update_one 方法匹配 filter 表达式 {'name': "王五"}，即 name 为王五的文档记录的更新，更新的内容为新增设置 year 字段为 24，更新设置 gender 字段为男。
- 代码 13 使用集合的 update_many 方法，使用 filter 表达式{}以匹配当前集合中的所有记录，并对多个文档进行批量更新，新增 job 字段，并设置该字段值为 Data Engineer。
- 代码 14 使用集合的 find 方法，继续使用 filter 表达式{}匹配所有文档，并打印输出结果。此处区别于 find_one，find 方法返回的为一个可迭代对象，此处使用 for 循环来打印所有的匹配结果。需要注意的是，在此方法中，此处还额外传递了一个参数 projection（投射），参数值为{"name":1, "_id":0}。投射可以管理、控制查询的返回字段。例如，此处传递的参数值表明要求仅返回字段 name 的值，且不返回_id（如果不指明不返回_id，则_id 会默认返回）。除了上述形式，还可以直接使用列表指明想要返回的字段。

- 代码 15 使用集合的 delete_one 方法，使用 filter 表达式{"name": "李四"}匹配 name 字段为李四的记录并删除。delete_one 方法一次仅删除一条匹配记录，如果存在多条匹配记录，则删除其中的一条。
- 代码 16 使用集合的 delete_many 方法，通过 filter 表达式{}批量删除当前集合中的所有记录，delete_result 为删除方法的返回对象，在代码 17 中，可以打印该对象的 deleted_count 属性，以此来获取被删除的文档数量。
- 代码 18 使用集合的 count_documents 方法统计了此时文档中所有的文档数。

上述代码的输出结果为：

```
1    {'_id': ObjectId('6163d343887069b1493787c3'), 'name': '李四', 'year': 26, 'gender': '女'}
2    {'name': '张三'}
3    {'name': '李四'}
4    {'name': '王五'}
5    删除文档数：2
6    集合中现存文档数：0
```

需要注意的是，输出结果的第 1 行对应代码 11，打印了执行 find_one 方法后筛选获得的文档记录，在输出结果中出现了'_id': ObjectId('6163d343887069b1493787c3')，其中_id 为每个文档中都必定拥有的一个唯一的标识符字段，其定位相当于 SQL 中的主键(primary key)，我们可以在插入时自主指定_id，如果没有指定，则该字段会自动生成一个唯一值来标识文档，在使用时，可以通过该字段来精准定位某个文档。

6.7.3　文档聚合与管道

聚合是进行数据分析、统计的常用操作，在 MongoDB 中，也可以执行聚合操作，且使用方法简单。此处沿用 6.5.3 节中下载获得的 DEMO 数据，并以此数据为示例进行简单的聚合分析演示。

1. 批量加载 DEMO 数据至 MongoDB 数据库

```
1    import pymongo, json
2
3    with pymongo.MongoClient(host='172.17.0.2', port=27017) as client:
4        db = client["example"]
5        collection = db["ga_demo"]
6
7        with open("./bq_ga_20170801.json", "r") as f:
8            _all_data = f.readlines()
```

```
9            _all_data = [json.loads(i) for i in _all_data]
10
11           collection.insert_many(_all_data)
12           print(f'集合中现存文档数：{collection.count_documents({})}")
```

上述代码加载解析了之前下载的 bq_ga_20170801.json 文件，并通过集合对象
（collection）的 insert_many 方法将其批量加载至数据库 example 的集合 ga_demo 中。

2. 使用聚合与管道进行简单分析

（1）不同浏览器在该日的会话数统计。

该示例主要用到了 device.browser（表示该会话所用的浏览器）字段，示例代码如下：

```
1    res = collection.aggregate([
2        {"$group": { "_id": "$device.browser", "total": {"$sum": 1}}},
3    ])
4    for i in res: print(i)
```

如上述代码所示，此处使用集合对象的 aggregate 方法执行聚合操作。聚合操作接收
一个列表对象（此列表对象实际代表一个 Pipeline，即进行数据操作、处理的管道），在该
列表对象中，设置了一个聚合操作语句，即{"$group": { "_id": "$device.browser", "total":
{"$sum": 1}}}。该语句等同于以下 SQL 语句：

```
1    SELECT
2        device.browser,
3        COUNT(*)
4    FROM
5        `bigquery-public-data.google_analytics_sample.ga_sessions_20170801`
6    GROUP BY
7        device.browser
```

MongoDB 聚合语句的输出结果为：

```
{'_id': 'Safari (in-app)', 'total': 10}
{'_id': 'Edge', 'total': 23}
{'_id': 'Android Browser', 'total': 2}
{'_id': 'Firefox', 'total': 101}
{'_id': 'Internet Explorer', 'total': 54}
{'_id': 'UC Browser', 'total': 6}
{'_id': 'Opera Mini', 'total': 21}
{'_id': 'Coc Coc', 'total': 2}
{'_id': 'Chrome', 'total': 1900}
{'_id': 'Nokia Browser', 'total': 2}
{'_id': 'Safari', 'total': 397}
{'_id': 'YaBrowser', 'total': 2}
{'_id': 'Opera', 'total': 16}
```

{'_id': 'Android Webview', 'total': 19}
{'_id': 'Mozilla Compatible Agent', 'total': 1}

可以看到，_id 字段为聚合后的 device.browser，total 字段为对应的聚合值。

（2）查询首次访问会话在该日的浏览器中的分布情况。

此示例相对于上一个示例，仅增加了要求必须为首次访问会话的限制，会话是否为首次访问，可以通过 visitNumber 字段来判定，如果是首次访问会话，则此值为 1。

相关示例代码如下：

```
1    res = collection.aggregate([
2        {"$match": { "visitNumber" : {"$eq": "1"}}},
3        {"$group": { "_id": "$device.browser", "total": {"$sum": 1}}},
4    ])
5    for i in res: print(i)
```

可以看到，此处相比上一个示例代码，仅在列表对象中增加了{"$match": { "visitNumber" : {"$eq": "1"}}}一步操作，$match 可以类比为 SQL 中的 WHERE，在此处起到了过滤的作用，后续$match 的 value 即常规的过滤语句。

需要注意的点在于，这步操作实际上是与下一步的 group 组合成了一个 Pipeline 管道操作，即首先过滤出 visitNumber 为 1 的首次访问会话，然后把此步得到的结果继续应用到下一步中进行 group 分组，并分组统计数量，最终得到首次访问会话在该日的浏览器中的分布情况。

该查询部分的结果为：

{'_id': 'Firefox', 'total': 86}
{'_id': 'Android Browser', 'total': 2}
{'_id': 'Edge', 'total': 22}
{'_id': 'Safari (in-app)', 'total': 7}
{'_id': 'Android Webview', 'total': 15}
{'_id': 'Opera', 'total': 9}
……

（3）对结果进行排序。

在之前的示例中，我们获取了不同浏览器首次访问会话的分布情况，但是结果数很多，我们希望可以基于 total 数进行排序，以便于查看。相关示例代码如下：

```
1    res = collection.aggregate([
2        {"$match": { "visitNumber" : {"$eq": "1"}}},
3        {"$group": { "_id": "$device.browser", "total": {"$sum": 1}}},
4        {"$sort": { "total": -1}},
5    ])
6    for i in res: print(i)
```

此处同样在 Pipeline 中新增了一步操作，即{"$sort": { "total": -1}}，用于对上一步的结果按照 total 字段进行倒序排序。

该查询结果为：

```
{'_id': 'Chrome', 'total': 1327}
{'_id': 'Safari', 'total': 329}
{'_id': 'Firefox', 'total': 86}
{'_id': 'Internet Explorer', 'total': 43}
{'_id': 'Edge', 'total': 22}
……
```

（4）结果输出。

如下述代码所示，对结果进行输出，将上述结果输出至数据库的另一个集合中，以便后续使用：

```
1    res = collection.aggregate([
2        {"$match": { "visitNumber" : {"$eq": "1"}}},
3        {"$group": { "_id": "$device.browser", "total": {"$sum": 1}}},
4        {"$sort": { "total": -1}},
5        {"$out": { "db": "example", "coll": "new_visit_browser_dist" } }
6    ])
7    print(db["new_visit_browser_dist"].find_one())
8    print(db["new_visit_browser_dist"].count_documents({}))
```

此部分区别于上述实例，在 Pipeline 中继续增加了{"$out": { "db": "example", "coll": "new_visit_browser_dist" }}操作，以将上一步的结果输出至数据库 example 的集合 new_visit_browser_dist 中。

上述代码的执行结果为：

```
{'_id': 'Chrome', 'total': 1327}
15
```

6.7.4　技术要点

MongoDB 在使用中需要注意以下技术要点。

- 在 MongoDB 中，文档是一个类似于 JSON 格式的对象，但是在实际存储中，MongoDB 使用的是一种名为 BSON（Binary JSON，二进制 JSON）的数据格式。BSON 与 JSON 在结构方面保持一致，但是 BSON 实际上是基于二进制进行编码、解码的，且相较于 JSON 拓展了部分数据类型，如日期、二进制数据等。BSON 相较于 JSON，可以更加有效地存储、查询文档数据。
- 由于 MongoDB 采用预分配空间的方式来防止文件碎片，所以即使插入很小的数据量，MongoDB 的数据文件也会占用较大的空间。
- 由于 MongoDB 在默认情况下可以通过其服务端口直接进行访问，所以在非安全环境下，建议对 MongoDB 进行权限设置，以避免出现安全风险。

- 在 MongoDB 中，可以对某个字段或某几个字段进行索引的建立。索引是一种目录式的数据结构，应用索引有助于提高查询速度、效率。
- MongoDB 拥有强大的分析能力，内置了诸多聚合查询语言以供使用，如果存在无法直接使用内置聚合函数查询的情况，那么 MongoDB 还提供了 MapReduce 以支持自定义的查询、分析、聚合操作。

6.8　案例：某菜谱网站基于 ES+Redis 构建智能搜索推荐引擎

6.8.1　案例背景

该网站为一个具有大量用户的线上菜谱网站，其中存储了大量主要由图文信息构成的菜谱，主要分为两大类。其中一类为由网站主持、专业厨师或专家撰写的专业菜谱。此类菜谱内容完善、结构规范，且针对菜谱内容（时令、调味料、原材料、烹饪方式、口味、菜系等）提供了相应的标签，以允许用户通过标签信息进行检索、查询。

另一类菜谱为网站用户撰写、提供的菜谱。该类菜谱内容质量参差不齐，且大部分没有提供标签，只能通过文本信息进行检索。

该网站之前采用了一套简易的自建搜索引擎，通过全文搜索引擎，根据搜索关键词与菜谱文本分词结果的匹配进行搜索，并按照菜谱热度进行搜索结果的返回。

随着该网站用户规模的不断扩大，以及菜谱内容的不断增加，该网站迫切需要一种更加高效、智能的搜索引擎系统。

6.8.2　为什么选择 ES+Redis

该网站选择使用 ES+Redis 的原因主要为基于使用场景的需要。

根据案例背景，该网站对于搜索引擎的需求可以表述为以下两点。

- 高效：需要的是海量用户、高并发场景下的高效，这意味着该系统应该尽可能考虑分布式架构产品，支持横向拓展，以能够应对用户规模的增长。
- 智能：之前的搜索引擎是基于搜索关键词和内容的，即不管什么用户，在同一时间搜索得到的搜索结果是一致的，而智能化的搜索引擎则要求不同的用户由其互动行为、用户特征等特征，在搜索同一关键词时，可以获得不同的、有针对性的搜索结果，以体现差异性。

前面提到，ES 作为一款分布式的、近实时的文档型数据库，支持 PB 级别的结构化与非结构化海量数据的处理，内核基于 Lucene 提供海量数据下高性能的文本搜索能力。通过使用 ES，可以满足高效的诉求。

但是仅靠 ES 并不足以在满足高效诉求的同时满足智能诉求，基于 ES 的全文搜索引擎依然只能够根据关键词内容与存储于其中的菜谱文档内容进行匹配，计算得到相关性得分并返回。

满足智能化诉求的一种常规方案如下。

（1）通过 ES+关键词获得初始搜索结果。

（2）根据用户（USER）-菜谱（ITEM）的可能偏好进行加权排序，并返回最终结果。

用户-搜索结果的可能偏好可以通过一种建模方式进行推导，即首先建立用户的特征指标矩阵与菜谱的特征矩阵；然后根据用户对历史的搜索结果的曝光、点击率及其他互动行为获得得分，并建模进行得分的计算；最后通过所建模型将用户与所有特征化的菜谱带入模型，计算获得用户对所有菜谱（或热门菜谱）的得分，该得分表明了用户对菜谱的偏好。

注意： 此处的"得分"建模依赖于业务对用户与菜谱互动行为中关键指标的筛选、确立。

在建模的过程中，由于和本章内容无关，所以此处略过不提。建模后，会得到最终的用户-菜谱的得分数据，此时要求对该部分数据进行存储，要求可以通过用户 ID 快速搜索用户对应的菜谱数据（要求搜索速度足够快），菜谱数据由多条菜谱数据组成，每条菜谱数据由菜谱 ID 与用户对该菜谱的偏好得分组成。

可以看到，Redis 作为基于内存的键值数据库，使用其散列数据结构，可以完美地满足上述需求。

此外，对于短时间范围的某用户对某关键词的搜索结果，也可以通过用户 ID+关键词的形式缓存在 Redis 中，一方面，Redis 基于内存的高性能读取可以提高查询、搜索的效率；另一方面，Redis 自身提供的可灵活设置的数据自动过期机制也可以高效地对缓存数据进行管理，及时地进行更新、淘汰，解放空间占用。

在该系统中，另外一处应用到 Redis 的场景为用户历史搜索，即需要记录用户之前的搜索记录，此部分数据出于读/写性能考虑，也放到了 Redis 中进行缓存。

6.8.3 系统架构

该方案的系统架构如图 6-24 所示。可以看到，ES 和 Redis 在这个系统架构中的位置与作用。

如图 6-24 所示，一个 Web 请求首先会被发送到一个中间层（如基于 Node.js 实现的中间层），该中间层一般有请求鉴权、清洗，负载均衡，系统容错等功能，中间层对请求进行处理后，会进一步将请求发送至 API 服务接口。

API 服务接口会根据请求中携带的搜索关键词信息与可能携带的用户 ID 信息，分别从 Redis 中获取用户对菜谱的偏好数据，以及通过 ES 实时查询接口获取的按相关性得分排序的菜谱搜索结果数，并进行加权合并，最终返回用户相关的推荐结果。

Redis 和 ES 中的数据主要通过离线批处理获得。离线批处理一方面会计算用户对菜谱的偏好数据，并存储在 Redis 中；另一方面会对文档数据进行自然语言处理，进行相关分类、增强搜索并将该部分处理后的数据存储到 ES 中。

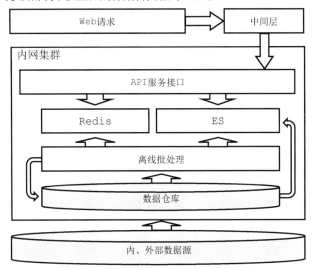

图 6-24　该方案的系统架构

6.8.4　相关要点

（1）在 Redis 存储中，由于网站内部使用的用户 ID 和菜谱 ID 的长度过长，直接原样存储会导致大量的空间占用，所以在实际使用时，选择额外增加一个 Redis DB 进行原始菜谱 ID 与散列后的短 ID 的映射关系的存储。这种方式虽然增加了一步查询、匹配操作，但是有效地降低了 Redis 对内存空间的占用。

（2）ES 中除了存储菜谱的相关文档信息（标题、菜谱内容、相关标签），还会设置其他额外字段。

- 首先基于分类算法，通过训练由专业厨师标注的且具有口味、菜式、菜系等标签的菜谱，然后得到基于菜谱文本特征的分类模型，最后基于分类模型对没有相关标签的文档进行分类（及分类的得分）。
- 增强型搜索拓展，如对菜谱文档中各词元对应的拼音、拼音缩写、纠错词（如西红柿—西虹市）、别名（西红柿—番茄）、同义词、近义词、英文等进行拓展，以提高搜索结果的召回率。

对于上述字段，ES 可以灵活设置相应字段对全文搜索结果的相关性影响权重。例如，对标题设置较大的权重，对同义词、近义词设置较小的权重，从而进行综合匹配。

（3）智能搜索推荐引擎是否满足了预期的项目目标，需要对其进行综合性评估，包括以下几项。

- 对性能的评估，包括高并发下是否满足预期的响应时间范围。
- 对系统安全性、稳定性的评估。
- 对推荐效果的评估。首先需要确定评估的指标，如搜索结果综合点击率指标、搜索结果多样性指标等；然后需要构建 AB 测试分组，将应用了智能搜索推荐引擎的系统与原始系统进行对比，查看各项指标是否有符合预期的提升。

6.8.5　案例延伸

（1）上述案例在智能推荐环节仅使用了离线批处理的数据（一般是 T+1 的），针对用户的实时互动行为，如不喜欢、屏蔽、收藏等，无法针对推荐结果进行实时调整，可以在此案例的基础上，通过采集用户的实时互动行为数据，并对该部分数据进行实时处理来动态更新用户对菜谱的偏好，提高系统的智能化程度。

（2）除了对搜索结果的推荐，还有一种智能化搜索形式，即搜索联想词的推荐。例如，在搜索猪肉时，首先联想到猪蹄、猪五花等可以更加高效命中或提高相关指标的联想词，这种形式同样可以基于 ES + Redis 实现。

6.9　常见问题

1．是否可以在一个系统中同时应用多个 NoSQL 数据库

完全可以在一个系统中同时应用多个 NoSQL 数据库。事实上，很多 NoSQL 在设计时都是针对某一特定场景的，而很多系统都是多场景的组合，因此，多个 NoSQL 数据库的组合可以充分发挥各个数据库在不同场景下的作用，提升系统整体效能。

此外，还可以同时将 NoSQL 数据库与关系数据库混用。例如，使用 MySQL 作为常规的数据存储，使用 Redis 或 Memcached 进行缓存，使用 ES 提供搜索引擎支持等。

2．是不是只有在大数据场景下才应该使用 NoSQL

并不是只有在大数据场景下才应该使用 NoSQL，大数据场景只是 NoSQL 应对的场景中的一种，除此之外，其他诸如面向缓存、面向非结构化文本存储与检索、面向网络信息存储与检索、面向向量存储等场景都可以使用 NoSQL，即使是小到个人博客这种项目，也可以通过诸如 ES 数据库为博客内的文章搜索提供有力支持。

知识
导览

批处理概述

批处理的技术选型

Python使用PyHive操作HQL进行批处理

PySpark操作DataFrame进行批处理

案例：某B2C企业基于PySpark实现用户画像标签的构建

7.1 批处理概述

批处理就是对某对象进行批量处理。本书中的批处理特指大数据系统中的批处理，其操作对象是数据，在此语境下，与批处理对应的概念为流处理。

注意：此处的批处理和 DOS &Windows 系统中的批处理文件（*.bat 文件）有区别，后者是一种简化的脚本语言，用于批量处理、执行一些任务。

此外，批处理并不是仅适用于大数据环境的。例如，在 UNIX 系统中，使用管道对文件进行处理也是一种经典的批处理的表现。

7.1.1 批处理的基本特征

批处理针对的数据对象具有有界、持久及海量的特征。批处理本身的特点如下。

- 有界，即数据是有范围的，数据的大小，以及所需处理数据的计算量是确定的、已知的。
- 持久，即数据是长期存储在相应持久化存储系统中的，而不是临时性的。
- 大量，即所需处理的数据是大量的，通常是常规计算、处理环境下无法解决的。

批处理本身的特点如下。

- 输入数据、输出数据，但不修改输入，输出的结果为新的数据，可以理解为对只读文件进行处理后的另外保存。

- 需要一定的处理时间，并不适合实时的、对处理时间要求较高的场合。
- 所假设的操作者通常不是外部用户，而是内部员工或系统自动的调度。

执行批处理的形式很多，从通用形式的角度来说，一般分为以下 3 种。

- 使用 MapReduce 进行批处理。
- 使用类 SQL 语句进行批处理。
- 使用类似 DataFrame 等特定抽象数据格式及其 API 进行批处理。

MapReduce 由于其应用的复杂性，一般不作为直接的操作方案，而会采用基于 MapReduce 的类 SQL 语句或 DataFrame 方案。

除了通用形式，针对一些特殊类型数据（如图片、视频、音频等二进制数据，文本数据，图结构数据等）的特定场景，还可能依赖特定的应用程序，要求使用特定的开发方式，此时需要具体问题具体分析。

7.1.2 批处理的 3 类应用场景

本书的批处理即在大数据系统中针对数据的批量处理，其应用场景十分广泛，大致可以分为以下 3 类。

- **批作业**：通过定时任务、事件触发任务等对数据的处理、转换、抽取、编码等，使之达到另一种易于使用的状态。在这种定义下，数据加工又可以细分为 ETL（Extract，Transform，Load）和特征工程。数据加工产出的结果通常无法直接使用或产生价值，而通常作为下一阶段处理的输入，如模型训练、预测，以及数据分析、查询等。
- **数据分析和计算**：主要面向 OLAP、即席查询、交互式访问、报表统计分析等，进而得出可以支持商业决策的规律。数据分析通常用于企业内部，为企业内部的业务决策提供支持，使用者通常为企业内部的运营、市场、产品等岗位人员，或者其他相关决策者、管理者。
- **事务性批处理**：基于 OLTP 的相关事务处理，如客户状态管理（如大规模发送优惠券、变更相关状态）等。

7.2 批处理的技术选型

7.2.1 批处理的 5 种技术

1. Hadoop MapReduce

Hadoop MapReduce 是 Hadoop 的原生计算引擎。其中，Map 表示为映射，Reduce 表示为归约。MapReduce 最早是由 Google 提出的一种软件架构，后作为开源工具 Hadoop 的核心组件而得到了广泛的使用。通过 MapReduce，可以在屏蔽分布式计算的底层执行细节的基础上，较为容易地编写应用程序，并在由成百上千台商用机组成的大型集群上运行，进而可靠地处理 TB 级甚至 PB 级的海量数据。

MapReduce 的优点在于提供了一种较为底层的抽象 API，可以在屏蔽分布式细节的同时，通过组合处理几乎所有的应用场景。

MapReduce 的缺点如下。

- 所提供的 API 较为低级，使用复杂，即使针对一些简单、常用的数据处理需求，也可能需要组合多个 API，同时需要自主管理各作业间的依赖，复杂度很高。
- 计算效率相对较低。

2．Hive

Hive 是一种数据仓库处理工具，专为联机分析处理（OLAP）而设计，最初由 Facebook 研发，后开源贡献给 Apache 基金会。Hive 可以将 HDFS（或其他 Hadoop 兼容文件系统，如 AWS S3）中存储的结构化数据映射为一个数据库表，并提供类 SQL 语言的 Hive QL 语言（简称 HQL）进行数据查询（其本质上是将 SQL 语句转换为一系列计算作业，如 MapReduce 作业，依赖于计算引擎并行执行）。

Hive 和 MapReduce / Tez / Spark / Flink 有所不同，即其本身由多种可插拔式的组件构成，可以自由选择将 MapReduce / Tez / Spark 作为其计算引擎。Hive 本身的价值更多地在于作为一种通用的数据仓库的解决方案进行元数据的管理。

Hive 的核心优点如下。

- 可以用于搭建数据仓库。
- 支持更换底层计算引擎，如 Tez、Spark 等，从而获得相应场景下性能的提升。

Hive 的缺点在于 HQL 语言的表达能力有限，对于一些复杂、特定的应用场景，如图遍历、迭代算法、机器学习算法等难以有效表达。

3．Tez

Tez 是 Apache 开源的支持 DAG 作业的计算框架，是一个基于 Hadoop YARN 构建的、用以替代 MapReduce 的新一代计算框架，通过对 Map 和 Reduce 的进一步拆分，将任务组成一个有向无环图（DAG）来执行多个作业，以允许通过内部优化的形式将多个具有依赖关系的作业转换为一个或少数个作业，从而避免重复、无必要的 I/O 过程，进而大幅提高执行效率。

Tez 的核心优点在于基于 YARN 构建，与 YARN 有良好的集成度，可以充分利用资源。

Tez 的核心缺点如下。

- 依赖于 Hadoop YARN，无法脱离 YARN 环境，而 Spark 则支持多种运行模式（standalone / cluster）。

- 相比于 Spark / Flink，其功能较为简单。

4．Spark

Spark 是专为大规模数据处理而设计的快速通用的计算引擎，是类似于 MapReduce 的通用并行框架，但是不同于 MapReduce 的是，Spark 中任务执行的中间结果可以保存在内存中，不需要读/写到 HDFS 等文件系统中而造成没有必要的 I/O 消耗。Spark 也和 Tez 一样应用有向无环图，通过内部优化来提高执行效率。另外，Spark 还可以根据谱系图、血统来保证可靠性，因此可以更好地适用于数据挖掘与机器学习等需要大量迭代的场景。

Spark 的核心优点如下。

- 基于内存，无须缓存中间结果到文件系统，运算速度快。
- 功能强大，同时支持使用类 SQL / DataFrame 等形式处理数据，支持常见的特征工程及机器学习算法（Spark ML / MLlib），支持图计算（Spark Graphx），支持流处理等，可以提供一站式的数据计算服务。
- 兼容多种开发语言（Java / Scala / Python / R）。
- 与多种数据源、文件系统兼容，如 Hadoop HDFS、Hive、Amazon S3、Cassandra、MongoDB 等。

Spark 的缺点在于不如 Tez 般可以充分、灵活地运用 YARN 资源，可能导致资源的无效占用。

5．Flink

Flink 是一个开源的、支持流批一体的分布式计算框架。Flink 的批处理区别于上述几种技术方案，是基于流数据形成的批。关于 Flink 的更多内容，可查看第 8 章的内容。

7.2.2　批处理选型的 8 个技术因素

在批处理选型过程中，主要考虑的技术因素包括以下 8 个。

- 应用场景：对上述各类方案来说，批处理都不是其功能的全部，而仅作为其功能的核心或一部分。例如，Hive 更多地被用于搭建数据仓库，着重依赖的是其元数据管理、服务能力；Spark 除了批处理能力，还提供了流处理能力、图计算能力；Flink 更着力于流处理，同时支持流批一体。对于生产环境，通常不会仅仅使用一种选型方案，而往往采用复合的技术选型方案。
- 吞吐能力：即每秒可处理的记录条数，或者针对特定数据集的总处理时长。显然，在相同的硬件环境下，处理条数越多或总处理时长越短，吞吐能力越强，效果越好。
- 横向拓展能力：即系统是否支持方便、快捷地添加新的计算设备进入，从而弹性增强负载能力。

- 容错性：容错代表当发生异常时，数据不会丢失并保证数据结果正常。
- 可维护性：主要侧重于系统运维人员的使用，主要体现在方案是否可以通过简单的配置即可发挥较大的作用，系统在运行过程中是否可以对其状态进行监测，遇到问题时是否可以对问题进行有效、快速的追踪等。
- 易用性：主要针对直接开发人员、使用人员，主要体现在方案是否是易于使用和入门的；是否有提供充分、完善的使用说明文档；所提供的 API、功能是否是层级、结构合理且易于理解的等。
- 社区成熟度：批处理技术所在的社区越成熟，其技术更新、问题修复、版本迭代、技术讨论等也会更加迅速、完善和充分，在解决具体技术问题时，也会更加游刃有余，可以选择的解决方案和技术路线也就更多。
- 未来业务发展需求：如果企业尚未上线、部署大数据系统或批处理作业，则在当前发展趋势下，可能需要综合考虑是否要兼顾未来发展需要，如是否要应用流处理、未来业务的核心是流处理还是批处理、是否要考虑采用流批一体的解决方案等。

7.2.3　批处理选型总结

这里总结本节涉及的批处理技术及部分技术选型维度。数据同步技术选型总结如表 7-1 所示。

表 7-1　数据同步技术选型总结

技　　术	MapReduce	Hive	Tez	Spark	Flink
吞吐能力	低	依赖于执行引擎	高	高	高
横向拓展能力	高	高	高	高	高
容错性	高	高	高	高	高
可维护性	中	高	中	高	高
易用性	低	高	中	高	中
社区成熟度	高	高	中	高	中

在上述几种方案中，Hive 作为 Hadoop 环境下搭建数据仓库的方案首选，其他方案并不具备搭建数据仓库的能力。

MapReduce / Tez / Spark / Flink 作为计算执行引擎，可以同级比较，而其中 MapReduce 相对于其他方案是一种低级的抽象，使用复杂度较高，每个任务间存在中间态，需要频繁而不必要的 I/O，相对来说，基于 DAG（有向无环图）的 Tez / Spark 进一步抽象了 MapReduce 的这些复杂性、中间态缺点，从而进一步提高了执行效率。

从计算速度、效率上看，Tez 和 Spark 难分伯仲，但相对来说，Tez 是一种轻量级的解决方案，功能较为单一；Spark 功能更为强大，应用更为广泛，更受用户认可。

在大量实际生产应用中，Hadoop + Hive + Spark 被当作一种标准的数据处理解决方案。

Spark 和 Flink 都作为分布式计算执行引擎，且同时支持流批处理，但其"看待"数据的形式完全不同，Spark 以批的形式理解数据，而将流数据看作"微批"；Flink 以流的形式理解数据，将批看作一种特殊的流。这种形式的差异也决定了其应用侧重点的不同，对于以批处理为核心、流处理为辅助的系统，较适合使用 Spark，反之则较适合使用 Flink。

7.3 Python 使用 PyHive 操作 HQL 进行批处理

7.3.1 安装配置

关于 Hive 的安装配置，会在附录 B 中介绍，这里不再赘述。

PyHive 是基于 HiveServer2 Thrift 接口、符合 Python DB-API 规范的简易封装，同时支持同步、异步的 Hive 查询，支持通过 HQL 语句操作 Hive，或者注册到 SQLAlchemy 以 ORM 形式进行操作。

注意：PyHive 依赖于 HiveServer2，请确保 HiveServer2 已经正常启动且端口开放可正常访问。

PyHive 可以使用 pip3 install 'pyhive[hive]' 进行安装。关于 PyHive 的更多详细信息，请参阅 GitHub 官方代码仓库。

7.3.2 基本示例

本节通过一个简单的示例介绍 PyHive 的基本用法。该示例首先连接至 HiveServer2，然后完成数据库<imdb_movies>的创建、表<test>的创建、表数据插入、数据查询等操作。

1. 连接、建库、建表

```
1   from pyhive import hive
2
3   with hive.connect(host="master1", port="10000") as cnn:
4       cursor = cnn.cursor()
5       _sql = """CREATE DATABASE IF NOT EXISTS imdb_movies"""
6       cursor.execute(_sql)
7
8       _sql = """CREATE TABLE IF NOT EXISTS imdb_movies.test (
9           name string COMMENT "your name",
10          age int COMMENT "your age")"""
```

```
11        cursor.execute(_sql)
12
13        _sql = """SHOW TABLES IN imdb_movies"""
14        cursor.execute(_sql)
15        print(cursor.fetchall())
```

上述代码和之前在第 5 章中介绍的 DB-API 的常规操作模式基本相同，故不针对上述代码再做解释，其主要完成了连接（代码 3）、建库（代码 5 和代码 6）、建表（代码 8 到代码 11）操作。

代码 13 至代码 15 使用了 HQL 语句 SHOW TABLES IN imdb_movies，用于罗列数据库 imdb_movies 中的表（table），并将结果返回。

上述代码的执行结果为：

```
[('test',)]
```

可以看到，返回结果为一个列表，其中每一行结果为一个元组。

需要注意的是，虽然 PyHive 基本符合 DB-API 规范，但是受制于 Hive 本身的特性，一些 DB-API 声明的功能无法实现，如提交（commit）、回滚（rollback），因此，对于建库、建表此类操作，PyHive 无须执行 commit 命令即可提交操作请求，这点和之前在第 2 章中介绍的示例有较大的区别。

提示：HQL 语句大小写不敏感，CREATE 与 create 作用一致。

2．数据插入与查询

```
1    with hive.connect(host="master1", port="10000") as cnn:
2        cursor = cnn.cursor()
3        _sql = """INSERT INTO TABLE imdb_movies.test
4            VALUES ("zhangsan", 21), ("lisi", 24), ("wangwu", 27)"""
5        cursor.execute(_sql)
6
7        cursor.execute("SELECT * FROM imdb_movies.test")
8        _res = cursor.fetchall()
9        print(_res)
```

上述代码首先利用代码 3 至代码 5 执行了 3 条数据的插入操作，然后利用代码 7 至代码 9 实现了数据的查询和打印，其整体易于理解，这里不再赘述。但是如果读者实际执行，则可能会发现上述代码的执行时间会超出预期，在 MySQL 等关系数据库中，毫秒级即可完成的任务，此处却会阻塞将近数秒甚至数十秒。

产生上述现象的原因在于 Hive 基于 HDFS，其在执行插入操作时，并非简单地进行数据的插入，而是需要执行命令转换、编译，开启 MapReduce 命令等诸多操作，在默认 HiveServer2 配置下，可以使用 print(cursor.fetch_logs())命令来输出 HiveServer2 端的执行日志，如图 7-1 所示。

同时，可以访问 YARN Web UI（如 master1:8088），以此来查看任务执行详情（此处对应执行日志中的最后一条：… job: job_1635825812791_0010），如图 7-2 所示。

```
INFO  : Compiling command(queryId=hadoop_20211108120236_401a264a-9906-4108-b453-
1809bb861fcb): INSERT INTO TABLE imdb_movies.test
VALUES ("zhangsan", 21), ("lisi", 24), ("wangwu", 27)
INFO  : Concurrency mode is disabled, not creating a lock manager
INFO  : Semantic Analysis Completed (retrial = false)
INFO  : Returning Hive schema: Schema(fieldSchemas:[FieldSchema(name:col1, type:string,
comment:null), FieldSchema(name:col2, type:int, comment:null)], properties:null)
INFO  : Completed compiling command(queryId=hadoop_20211108120236_401a264a-9906-4108-b453-
1809bb861fcb); Time taken: 0.262 seconds
INFO  : Concurrency mode is disabled, not creating a lock manager
INFO  : Executing command(queryId=hadoop_20211108120236_401a264a-9906-4108-b453-
1809bb861fcb): INSERT INTO TABLE imdb_movies.test
VALUES ("zhangsan", 21), ("lisi", 24), ("wangwu", 27)
WARN  : Hive-on-MR is deprecated in Hive 2 and may not be available in the future versions.
Consider using a different execution engine (i.e. spark, tez) or using Hive 1.X releases.
INFO  : Query ID = hadoop_20211108120236_401a264a-9906-4108-b453-1809bb861fcb
INFO  : Total jobs = 3
INFO  : Launching Job 1 out of 3
INFO  : Starting task [Stage-1:MAPRED] in serial mode
INFO  : Number of reduce tasks determined at compile time: 1
INFO  : In order to change the average load for a reducer (in bytes):
INFO  :    set hive.exec.reducers.bytes.per.reducer=<number>
INFO  : In order to limit the maximum number of reducers:
INFO  :    set hive.exec.reducers.max=<number>
INFO  : In order to set a constant number of reducers:
INFO  :    set mapreduce.job.reduces=<number>
INFO  : number of splits:1
INFO  : Submitting tokens for job: job_1635825812791_0010
...
```

图 7-1　HiveServer2 端的执行日志

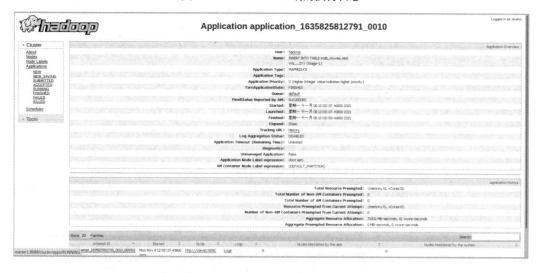

图 7-2　任务执行详情

插入的数据最终会变成存储于 HDFS 中的文件对象，可以直接通过 HDFS Web UI 来查看，在默认情况下，HDFS 中的路径为 hdfs://mycluster/user/hive/warehouse/imdb_movies.db/test。

上述代码的查询输出结果为：

```
[('zhangsan', 21), ('lisi', 24), ('wangwu', 27)]
```

上述代码还可以进一步修改为如图 7-3 所示的形式，其中新增部分代码用黑体加粗凸显了出来，其核心区别在于代码 6，区别于之前的 execute 方法，此处额外传递参数 async_=True 来表示此操作为一个异步操作任务，即当不添加此参数时，此方法会一直阻塞，直到结果返回；而如果添加，则在提交后可以继续执行后续代码。

```
1    from TCLIService.ttypes import TOperationState
2    with hive.connect(host="master1", port="10000") as cnn:
3        cursor = cnn.cursor()
4        _sql = """INSERT INTO TABLE imdb_movies.test
5            VALUES ("zhangsan", 21), ("lisi", 24), ("wangwu", 27)"""
6        cursor.execute(_sql, async_=True)
7
8        status = cursor.poll().operationState
9        while status in (TOperationState.INITIALIZED_STATE,
TOperationState.RUNNING_STATE):
10           logs = cursor.fetch_logs()
11           for message in logs:
12               print(message)
13           status = cursor.poll().operationState
14
15       cursor.execute("SELECT * FROM imdb_movies.test")
16       _res = cursor.fetchall()
17       print(_res)
```

图 7-3　异步插入

如图 7-3 所示，另一部分重要的内容为代码 8 至代码 13，此处使用 cursor.poll().operationState 获取了操作的状态（常量，如 1/2），并使用了一个 while 循环，配合 cursor.fetch_logs 方法，在 status 为 INITIALIZED_STATE（已初始化）或 RUNNING_STATE（正在执行）的情况下，持续地输出执行日志记录并更新状态［status = cursor.poll().operationState］。

除了上述两种状态，还存在如表 7-2 所示的多种状态。

表 7-2　status 的状态

状　　态	常　量　值	释　　义
CANCELED_STATE	3	作业已取消
CLOSED_STATE	4	作业已关闭
ERROR_STATE	5	作业执行异常
FINISHED_STATE	2	作业执行完毕
INITIALIZED_STATE	0	作业已初始化完毕
PENDING_STATE	7	作业等待执行
RUNNING_STATE	1	作业执行中

状　　态	常　量　值	释　　义
TIMEDOUT_STATE	8	执行超时
UKNOWN_STATE	6	未知状态

读者可以根据不同的执行状态对其进行细化处理。

7.3.3　数据批量加载及处理

在 7.3.2 节的基础示例中，我们通过 INSERT INTO … HQL 语句执行了数据的插入操作，但是可以看到，使用这种方式的执行效率较低，并不适合实际使用。

本节介绍另一种批量加载数据的方式，并会根据该数据的情况，进行一些针对性的处理。

在开始进行数据批量加载前，要先获取一些用于测试的示例数据。此处使用 Kaggle 上的公开数据集 IMDb movies extensive dataset，其中包括 4 部分数据，即 IMDb movies.csv、IMDb names.csv、IMDb ratings.csv、IMDb title_principals.csv，包含电影相关信息、电影评分信息、演员信息、角色信息等。

关于此数据集的具体信息，可查阅 Kaggle。

在本示例中，可通过浏览器下载或使用 wget 命令等方式下载此部分数据到本地目录下，以待后续使用。

准备好待加载数据后，有关数据批量加载的代码如下：

```
1   _sql = """CREATE TABLE IF NOT EXISTS imdb_movies.title_principals (
2       imdb_title_id string COMMENT "title ID on IMDb",
3       ordering int COMMENT "order of importance in the movie",
4       imdb_name_id string COMMENT "name ID on IMDb",
5       category string COMMENT "category of job done by the cast member",
6       job string COMMENT "specific job done by the cast member",
7       characters string COMMENT "name of the character played"
8   ) ROW FORMAT SERDE 'org.apache.hadoop.hive.serde2.OpenCSVSerde'
9   TBLPROPERTIES ("skip.header.line.count"="1")"""
10  cursor.execute(_sql)
11
12  _sql = "LOAD DATA LOCAL INPATH '/home/hadoop/IMDb title_principals.csv' OVERWRITE INTO TABLE imdb_movies.title_principals"
13  cursor.execute(_sql)
```

如上述代码所示，其执行可以分为两大阶段。

（1）建表（代码 1 至代码 10）。

（2）从本地加载数据到 Hive（代码 12 和代码 13）。

关于 Hive 的数据批量加载，可以做如此理解：Hive 本身并不存储数据，存储数据的是 HDFS，Hive 本身存储的是元数据（关于数据的数据，默认情况下存储于内嵌的 Derby 数据库中，但在一般实际生产情况下，会使用 MySQL 数据库替代，以获取并发查询、操作支持）。

将数据"加载"到 Hive 中，实质上是将数据从本地上传到 HDFS 中（如 hdfs://mycluster/user/hive/warehouse/imdb_movies.db/title_principals），在 Hive 中构建有关此部分数据的元数据，将虚拟的、逻辑上的表结构和 HDFS 中的数据关联，并在后续执行 HQL 操作时，根据元数据对 HDFS 中的数据执行相应的操作。

由于从 Kaggle 中下载的数据为 CSV 格式的数据，因此，如果想要 Hive 能够"了解"该部分数据的架构，并能够按照预期读取、查询数据，则在进行表的创建时，需要指明使用何种方式来"理解"数据，即数据的格式是什么样的，此处即对应上述代码中的代码 8：ROW FORMAT SERDE 'org.apache.hadoop.hive.serde2.OpenCSVSerde'。

- ROW FORMAT 用于声明指定行格式。
- SERDE 表示一种行数据的序列化与反序列化方式（是 Serializer and Deserializer 的缩写）。例如，此处的 org.apache.hadoop.hive.serde2.OpenCSVSerde，即用于处理以 CSV 或 TSV 格式存储的纯文本文件，正好对应当前所获取数据的格式。

关于 SERDE 的更多详细信息，可以参阅官方文档。

对于代码 9，即 TBLPROPERTIES ("skip.header.line.count"="1")，此处设置表属性，用于跳过首行（标题行）。

定义完表后，即可进行数据的加载，此处使用了 LOAD DATALOCAL INPATH … OVERWRITE INTO TABLE…的方法，即从本地路径下加载数据并覆盖至相应表中。

除了 LOCAL 对应的本地数据，还可以不使用 LOCAL 而从 HDFS 中获取数据。

加载完毕后，即可对数据进行查询、处理等相关操作，但是此时读者可能会发现一个问题，即在建表时，定义字段 ordering 为整型，但是如果此时使用 desc imdb_movies.title_principals; 命令，则会发现所创建的表的所有字段均为字符串类型，且注释信息也和设定的类型不符，如图 7-4 所示。

```
0: jdbc:hive2://localhost:10000> desc imdb_movies.title_principals;
+----------------+------------+---------------------+
|    col_name    | data_type  |       comment       |
+----------------+------------+---------------------+
| imdb_title_id  | string     | from deserializer   |
| ordering       | string     | from deserializer   |
| imdb_name_id   | string     | from deserializer   |
| category       | string     | from deserializer   |
| job            | string     | from deserializer   |
| characters     | string     | from deserializer   |
+----------------+------------+---------------------+
6 rows selected (0.092 seconds)
```

图 7-4　通过 org.apache.hadoop.hive.serde2.OpenCSVSerd 加载的表结构信息

注意：图 7-4 所示的结果为在 Beeline 命令行工具中执行 HQL 命令的结果，相较于 PyHive 执行 HQL 语句，Beeline 可以提供更高可视化的结果，更适合进行数据探索，但是本身执行的 HQL 语句并没有区别，也可以在 PyHive 中使用。

产生该现象的原因在于 org.apache.hadoop.hive.serde2.OpenCSVSerde 会默认将所有列视为字符串类型，即使在创建表时定义的是非字符串类型。

解决上述问题的推荐方法为基于此表创建一个视图，并在视图中通过 cast 函数进行格式转换。例如：

```
1    CREATE VIEW IF NOT EXISTS imdb_movies.ods_title_principals
2    AS SELECT
3        imdb_title_id,
4        cast(ordering as int) as ordering,
5        imdb_name_id,
6        category,
7        job,
8        characters
9    FROM imdb_movies.title_principals
```

后续的查询基于 ods_title_principals 视图即可。

延伸：Hive 在 3.0.0 版本中增加了物化视图功能，视图本身是逻辑性的，可以简单理解为对一段查询语句的引用，而物化视图则会根据构建视图的查询语句和依赖的基表进行自动查询重写。

可以理解为物化视图就是一个表，且这个表是依赖于其他表自动更新的。物化视图是应用于数据仓库领域的一种非常重要的功能。

除了 CSV 数据，Hive 还支持处理 JSON 格式的数据，或者以特定分隔符分隔的数据（如使用\t 来分隔）等。

注意：Hive 本身的数据加载功能更适用于中小规模数据或结构简单数据，而对于复杂的数据同步、传输工作，可以参考第 3 章中的内容，综合利用 DataX、Sqoop 等工具进行同步。

加载后的数据可以使用 desc formatted <table-name> HQL 语句查看表的相关信息，其中输出的 Location 对应表在 HDFS 中存储的位置，如 hdfs://mycluster/user/hive/warehouse/imdb_movies.db/title_principals。

此时进入 HDFS Web UI 中，即可看到如图 7-5 所示的内容。可以看到，此处的数据加载操作仅是将文件上传到该 HDFS 文件系统的特定 URL 位置下，而对文件没有进行任何额外的编辑、修改，其仍保持原始的 CSV 数据格式。

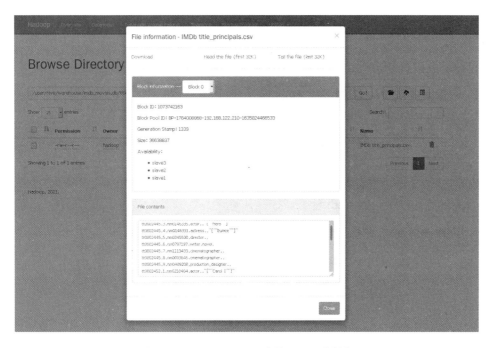

图 7-5 HDFS Web UI 中的 Hive 表数据

7.3.4 Hive 函数

在开始讲解本节内容之前，需要先参考 7.3.3 节的内容，将 IMDb movies.csv 加载到 Hive 中，并创建视图 ods_movies。

视图 ods_movies 的结构及含义如图 7-6 所示。

```
0: jdbc:hive2://localhost:10000> desc ods_movies;
+----------------------+-----------+----------------------------------+
|        col_name      | data_type |             comment              |
+----------------------+-----------+----------------------------------+
| imdb_title_id        | string    | title ID on IMDb                 |
| title                | string    | title name                       |
| original_title       | string    | original title name              |
| year                 | string    | year of release                  |
| date_published       | string    | date of release                  |
| genre                | string    | movie genre                      |
| duration             | string    | duration (in minutes)            |
| country              | string    | movie country                    |
| language             | string    | movie language                   |
| director             | string    | director name                    |
| writer               | string    | writer name                      |
| production_company   | string    | production company               |
| actors               | string    | actor names                      |
| description          | string    | plot descrption                  |
| avg_vote             | string    | average vote                     |
| votes                | int       | number of votes received         |
| budget               | string    | budget                           |
| usa_gross_income     | string    | USA gross income                 |
| worlwide_gross_income| string    | worldwide gross income           |
| metascore            | float     | metascore rating                 |
| reviews_from_users   | float     | number of reviews from users     |
| reviews_from_critics | float     | number of reviews from critics   |
+----------------------+-----------+----------------------------------+
```

图 7-6 视图 ods_movies 的结构及含义

Hive 函数主要分为以下几类。

- BIF（Built-in-Functions）：内建函数，如常见的数学函数、集合函数、类型转换函数、日期函数、字符串函数、条件函数、数据掩码（混淆）函数等。
- UDAF（Built-in Aggregate Functions）：内建聚合函数。
- UDTF（Built-in Table-Generating Functions）：内建表生成函数。

下面分别对不同类型的函数基于一些简单的示例来演示其类型中部分常用函数的使用方式、方法。

注意：后续部分内容仅演示所执行的 HQL 语句与执行结果，其余诸如 Python 的 cursor.execute(...)命令、fetchall 命令，将不再赘述。

1. 内建函数

（1）常用数学函数。

下面的示例中仅列出了函数对象名称，而省略了 select 方法，如 select rand 会直接写成 rand。

常用的数学函数如表 7-3 所示。

表 7-3　常用的数学函数

函　　数	示　　例	结　　果	说　　明
rand	rand	0.061065600067342074	用于生成一个[0,1)区间的随机数
floor	floor(1.6)	1	向下取整
ceil	ceil(1.6)	2	向上取整
bround	bround(1.5)	2	四舍五入取整
round	round(1.51,1)	1.5	返回 n 位小数
exp	exp(2)	7.38905609893065	EXP 表示 e^a，其中 e 为自然对数函数的底数
ln	ln(exp(2))	2.0	LN 对应 ln，表示以数学常数 e 为底数的对数函数，此处的 LN(EXP(2)) 等同于 $\ln e^2$
log2	log2(4)	2.0	等同于 $\log_2 4$
pow	pow(2,3)	8.0	等同于 2^3
sqrt	sqrt(16)	4.0	等同于 $\sqrt[2]{16}$
bin	bin(31)	'11111'	用于二进制转换
hex	hex(31)	'1F'	用于十六进制转换

（2）常用日期函数。

常用日期函数如表 7-4 所示。

表 7-4　常用日期函数

函　数	示　例	结　果	说　明
unix_timestamp	unix_timestamp()	1636363236	UNIX_TIMESTAMP 函数如果不传递参数，则返回当前时间的时间戳表示，也可以传入字符串格式的日期并进行转换，同时支持自定义的时间、日志格式，如 yy/MM/dd hh:mm
	unix_timestamp('2021-11-07 17:30:01')	1636306201	
	unix_timestamp('21/11/07 17:30', 'yy/MM/dd hh:mm')	1636306200	
current_date	current_date()	'2021-11-08'	用于返回当前日期（yyyy-MM-dd 格式）
date_add	date_add('2021-07-11', 31)	'2021-08-11'	用于在开始日期上添加特定天数
datediff	datediff('2021-11-08', '2022-01-01')	51	用于计算两个日期之间的差值，第一个参数为结束日期，第二个日期为开始日期，结果表示为结束日期-开始日期的天数
year	year("2021-11-01 14:26:13")	2021	提取日期中的年份
quarter	quarter("2021-11-01 14:26:13")	4	返回日期对应的季度
month	month("2021-11-01 14:26:13")	11	返回日期中的月份
day	day("2021-11-01 14:26:13")	1	返回日期中的天数
hour	hour("2021-11-01 14:26:13")	14	返回日期中的小时数
minute	minute("2021-11-01 14:26:13")	26	返回日期中的分钟数
second	second("2021-11-01 14:26:13")	13	返回日期中的秒数
weekofyear	weekofyear("2021-11-01 14:26:13")	44	返回日期是一年中的第几个星期
date_format	date_format("2021-11-01 14:26:13", "u")	1	将日期转换为特定格式，第二个字符是一个常量，这里的 u 表示日期对应的星期几，如 1 对应星期一
next_day	next_day("2021-11-01 14:26:13", "fri")	2021-11-05	返回给定日期后指定的第一个日期，这个日期由第二个参数指定，如这里的 fri（Friday 的前 3 个字符，类似的还有 mon 代表周一、wed 代表周三等）表示给定日期后的第一个周五
trunc	trunc("2021-11-01 14:26:13", "YEAR")	2021-01-01	将给定日期截断，第二个参数约束截断的范围，如 YEAR 表示对应日期的当年的首天。如果是 MONTH，则此处返回 2021-11-01

以 movies 表为例，其中的 year 字段表示电影的上映年份，date_published 表示电影的发布日期。在一般情况下，并没有比较大的统计分析的价值，而通过一些数学函数、日期函数，即可在 Hive 中对数据进行处理，将此类字段拓展为更多、更丰富、更易于统计分析的字段。

下述代码为一个简单的日期内容处理示例：

```
1   SELECT
2       year,
3       date_published,
4       quarter(date_published) as quarter,
5       month(date_published) as month,
6       weekofyear(date_published) as weekofyear,
7       date_format(date_published, "W") as weekinmonth,
8       date_format(date_published, "D") as dayinyear,
9       day(date_published) as dayinmonth,
10      date_format(date_published, "u") as dayinweek,
11      year(current_date()) - cast(year as int) as yearstotoday,
12      datediff(current_date(), date_published) as daystotoday
13  FROM ods_movies
14  LIMIT 5;
```

其中，代码 11 对应电影上映日期距离今天的年数、代码 12 对应电影上映日期距离今天的天数。

上述代码的执行结果如图 7-7 所示。

```
+------+----------------+---------+-------+------------+-------------+-----------+------------+-----------+--------------+------------+
| year | date_published | quarter | month | weekofyear | weekinmonth | dayinyear | dayinmonth | dayinweek | yearstotoday | daystotoday |
+------+----------------+---------+-------+------------+-------------+-----------+------------+-----------+--------------+------------+
| 1894 | 1894-10-09     | 4       | 10    | 41         | 2           | 282       | 9          | 2         | 127          | 46417      |
| 1906 | 1906-12-26     | 4       | 12    | 52         | 5           | 360       | 26         | 3         | 115          | 41957      |
| 1911 | 1911-08-19     | 3       | 8     | 33         | 3           | 231       | 19         | 6         | 110          | 40260      |
| 1912 | 1912-11-13     | 4       | 11    | 46         | 3           | 318       | 13         | 3         | 109          | 39808      |
| 1911 | 1911-03-06     | 1       | 3     | 10         | 2           | 65        | 6          | 1         | 110          | 40426      |
+------+----------------+---------+-------+------------+-------------+-----------+------------+-----------+--------------+------------+
```

图 7-7 常用日期函数、数学函数示例输出结果

（3）常用字符串函数。

常用字符串函数如表 7-5 所示。

表 7-5 常用字符串函数

函　　数	示　　例	结　　果	说　　明
length	length('zhangsan')	8	返回字符串长度
concat	concat('zhang', 'san')	'zhangsan'	将给定的字符串连接在一起
concat_ws	concat_ws('-', 'zhang', 'san')	'zhang-san'	使用特定分隔符将字符串连接起来

续表

函　　数	示　　例	结　　果	说　　明
get_json_object	get_json_object('{"hobby": ["reading", "running"]}', '$.hobby[0]')	'reading'	根据指定的 JSON 路径从 JSON 字符串中提取 JSON 对象，并返回提取的 JSON 对象的 JSON 字符串。如果输入的 JSON 字符串无效，则返回 NULL
locate	locate('sa', 'zhangsan')	6	返回子字符串在字符串中首次出现的位置
lower / upper	lower('ZhangSan')	'zhangsan'	返回小写（lower）/大写（upper）字符
lpad / rpad	lpad('16',6,'0')	'000016'	根据给定字符（如 0），将字符串（16）补齐到特定长度（1 表示从左补齐、r 表示从右补齐）
	rpad('16',6,'0')	'160000'	
ltrim / rtrim / trim	ltrim(' zs '), rtrim(' ls '), trim(' ww ')	'zs ', ' ls', 'ww'	去除字符串前方（ltrim）、后方（rtrim）、前后方（trim）的空格。注意：不去除中间的空格
parse_url	parse_url('https://*/stefanoleone992/imdb-extensive-dataset', 'HOST')	'*'	将 URL 解析，并根据关键字提取特定的部分，可供提取的内容包括 HOST（主机名）、PATH（路径）、QUERY（查询参数）、REF（锚点）、PROTOCOL（协议）等
regexp_extract	regexp_extract("zhang ws", "^zhang (.*)", 1);	'ws'	使用正则表达式进行字符串的提取，其中"zhang ws"为待提取的字符串，"^zhang (.*)"为用于匹配的正则表达式，1 为匹配项索引
regexp_replace	regexp_replace("zhang ws", "^zh(.*)g", "wang")	'wang ws'	使用正则表达式进行字符串的替换
repeat	repeat('z',3)	'zzz'	重复给定字符串 n 次
replace	replace("zhangsan", "zhang", "wang")	'wangsan'	将给定字符中的子字符替换为给定字符
reverse	reverse("zhangsan")	'nasgnahz'	进行字符串的翻转
split	split("zhang san", " ")	["zhang","san"]	将字符串按照给定的分隔符切分，如此处的" "。此处需要注意的是，在 Hive 中，通过 split 切分返回的是一个数组（array<string>），但是这个数组在通过 Python 请求时，返回的是字符串格式的数组，如['zhang',"san"]，而并不会处理成 Python 的列表格式

续表

函 数	示 例	结 果	说 明
substr	substr("zhang san", 3, 3)	'ang'	基于索引位置截取子字符串，第一个参数为截取的起始位置，第二个参数为截取的长度
str_to_map	str_to_map("name,z3; age,21", ";", ",")		将字符串按照给定的两个分隔符进行分割，第一个分隔符用于将文本分割为键值对，第二个分隔符用于将键值对切分

除了上述罗列的常用的字符串函数，还有一些，（如 NGRAMS、PRINTF、QUOTE、STR_TO_MAP 等）可以用于特定场景的函数。

（4）集合函数。

集合函数主要用于处理 Map<K.V>、Array<T>格式的数据，其中，Map 可以理解为 Python 中的字典格式（Dict），Array 可以理解为 Python 中的列表格式（List）。

常用的集合函数如表 7-6 所示。

表 7-6　常用的集合函数

函 数	示 例	结 果	说 明
size	size(split("a,b,c", ","))	3	返回 Array 或 Map 中的元素个数
array_contains	array_contains(array("a","b","c"),"a")	true	判断元素是否在 Array 中注：此处使用 array 函数来构造 Array
sort_array	sort(split("b,a,c,e,d", ","))	["a","b","c","d","e"]	对数组进行排序
map_keys	map_keys(map("age","23","name","l4"))	["age","name"]	返回 Array 格式的 Map 中的 Key
map_values	map_values(map("age","23","name","l4"))	["23","l4"]	返回 Array 格式的 Map 中的 Value

仍以 movies 表为例，如图 7-8 所示，为该表中涉及的主要文字格式字段和内容。

```
0: jdbc:hive2://localhost:10000> select title, original_title, genre, country, language, director from ods_movies limit 5;
+-----------------------------+-----------------------------+--------------------------+-------------------+-----------+---------------------------------------------+
|            title            |       original_title        |          genre           |      country      | language  |                director                     |
+-----------------------------+-----------------------------+--------------------------+-------------------+-----------+---------------------------------------------+
| Miss Jerry                  | Miss Jerry                  | Romance                  | USA               | None      | Alexander Black                             |
| The Story of the Kelly Gang | The Story of the Kelly Gang | Biography, Crime, Drama  | Australia         | None      | Charles Tait                                |
| Den sorte drøm              | Den sorte drøm              | Drama                    | Germany, Denmark  |           | Urban Gad                                   |
| Cleopatra                   | Cleopatra                   | Drama, History           | USA               | English   | Charles L. Gaskill                          |
| L'Inferno                   | L'Inferno                   | Adventure, Drama, Fantasy| Italy             | Italian   | Francesco Bertolini, Adolfo Padovan         |
+-----------------------------+-----------------------------+--------------------------+-------------------+-----------+---------------------------------------------+
```

图 7-8　movies 表中涉及的主要文字格式字段和内容

以 genre 字段为例，该字段表示电影的类型、题材，示例中的值包括 Biography、Crime、Drama。如果直接按照该值进行统计，如想统计总计有多少部犯罪片（Crime）、奇幻片

（Drama），那么在不对字符进行分割的情况下是无法统计的；又或者，对于两个值 Crime、crime，实际表示了相同的含义，但是由于大小写的区别而无法被归纳为一个等，此类问题都需要调用字符串函数、集合函数等相关函数进行处理。

下述代码为一个简单的文字内容处理示例：

```
1   SELECT
2       genre,
3       split(genre, ",") as words_in_genre,
4       split(genre, ", |,") as trim_words_in_genre,
5       split(lower(genre), ", |,") as trim_words_in_genre
6   FROM ods_movies
7   LIMIT 5;
```

上述代码的输出结果如图 7-9 所示。

```
+---------------------------+-----------------------------------+------------------------------------+-----------------------------------+
|          genre            |          words_in_genre           |         trim_words_in_genre        |         trim_words_in_genre        |
+---------------------------+-----------------------------------+------------------------------------+-----------------------------------+
| Romance                   | ["Romance"]                       | ["Romance"]                        | ["romance"]                       |
| Biography, Crime, Drama   | ["Biography"," Crime"," Drama"]   | ["Biography","Crime","Drama"]      | ["biography","crime","drama"]     |
| Drama                     | ["Drama"]                         | ["Drama"]                          | ["drama"]                         |
| Drama, History            | ["Drama"," History"]              | ["Drama","History"]                | ["drama","history"]               |
| Adventure, Drama, Fantasy | ["Adventure"," Drama"," Fantasy"] | ["Adventure","Drama","Fantasy"]    | ["adventure","drama","fantasy"]   |
+---------------------------+-----------------------------------+------------------------------------+-----------------------------------+
```

图 7-9 文字内容处理示例结果

（5）其他常用函数。

Hive 中还包含一些其他类型的、用于特定场景的函数。例如，Data Mask Functions 用于数据混淆、掩码；Conditional Functions 用于条件判断；一些系统或杂类函数，如 CURRENT_USER 返回当前连接的用户、CURRENT_DATABASE 返回当前使用的数据库、VERSION 返回数据库版本等。

2．内建聚合函数

所谓聚合，可以理解为对多行数据进行处理，并输出一条记录。如图 7-10 所示，在 age 列下有 4 条记录，分别对其使用聚合函数进行处理，会得到类似如下的结果。

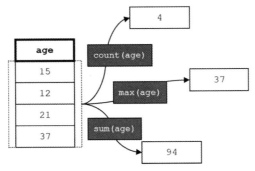

图 7-10 不同聚合函数示意图

- count(age) - 4：用于统计行数。
- max(age) - 37：用于计算记录中值最大的记录。
- sum(age) - 94：用于对所有记录进行加和。

聚合函数通常和 GROUP BY 子句搭配使用，其形式如图 7-11 所示。可以看到，相比于图 7-10，此处使用了 GROUP BY 子句，基于 sex 字段进行分组，分别对各组执行聚合函数（avg 求平均数），最终得以统计得到男性（male）、女性（female）的平均年龄。

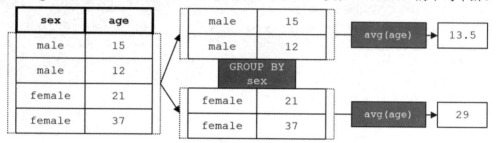

图 7-11　聚合函数 + GROUP BY 子句的形式

除了上述已经介绍到的 count / max / sum / avg 聚合函数，其他常用的聚合函数如表 7-7 所示。

注意：表 7-7 中的示例基于 imdb_movies 中的表 ods_moivies，省略了诸如 SELECT … FROM … 等重复内容，以 MIN 的示例 min(year) 为例，其完整的 HQL 语句如下：

```
SELECT MIN(year) FROM imdb_movies.ods_movies;
```

表 7-7　其他常用的聚合函数

函　数	示　例	结　果	说　明
min	min(year)	1894	返回组中指定列的最小值
*count	count(DISTINCT year)	113	区别于 count(col)，此处通过 DISTINCT 关键字指定统计非重复的元素个数
variance	variance(year)	632.707…	返回数字格式列的列内元素的方差 类似的还有 VAR_SAMP（返回无偏样本方差）、COVAR_POP（返回协方差）等
corr	corr(reviews_from_users, reviews_from_critics)	0.6716…	返回两列的皮尔逊相关系数 注：这里的 reviews_from_users 是来自用户的评论，reviews_from_critics 是来自评论家的评论，结果≈0.67 表示这两者有一定的相关性
percentile	percentile(cast(year as int), 0.9)	2017.0	按百分位返回组内的元素；此处的语句和结果可以理解为 90%的电影都是在 2017 年以前上映的，如果设置百分位数为 0.5，则年份是 2003

续表

函　　数	示　　例	结　果	说　　明
percentile	percentile(cast(year as int), array (0.2,0.4,0.6,0.8))	[1972.0, 1996.0, 2007.0, 2014.0]	此处区别与上一个示例，传入了一个数组格式的百分位数，其同样会返回一个对应的数组，以表明每个百分位数对应的年份 与 PERCENTILE 类似的函数还有 PERCENTILE_APPROX，用来返回近似的百分位数（以提高计算效率、应对大数据量场景）
regr_count	regr_count(reviews_from_users, reviews_from_critics)	69968	返回非空的、可以用于进行线性回归计算的自变量（independent）/因变量（dependent）组队数 注：REGR_* 相关的函数都是围绕线性回归（Linear Regression）展开的
rege_intercePT	regr_intercept(reviews_from_users, reviews_from_critics)	−10.056…	返回拟合得到的线性回归方程 $y = ax + b$ 中的 b 值（对应 y 轴的截距或 x 为 0 时的 y 值）
rege_slope	regr_slope(reviews_from_users, reviews_from_critics)	2.115…	返回拟合得到的线性回归方程 $y = ax + b$ 中的 a 值（斜率）
rege_r2	regr_r2(reviews_from_users, reviews_from_critics)	0.451…	返回拟合出的线性回归方程的 R2 得分（决定系数，Coefficient of Determination），这里的得分 0.451…偏小，说明方程拟合效果一般
collect_set	collect_set(country)	["USA", "Australia", "Germany, Denmark" …	返回一个由组内去重元素组成的 ARRAY 对象
collect_list	collect_list(country)	略	返回一个由组内所有元素组成、不删除重复元素的 ARRAY 对象

3．内建表生成函数

对于一般的内建函数（BIF），一行数据输入，一行数据输出；对于内建聚合函数（UDAF），一组数据输入，一行数据输出；对于内建表生成函数（UTDF），一行数据输入，多行数据输出，其区别如图 7-12 所示。可以看到，对于单行数据［ARRAY(a,b)］，经过内建表生成函数处理后，被拆分为了 a、b 两行。

常用的内建表生成函数如 EXPLODE，将一个数组展开为多行，数组中的每个元素对应一行。

在内建函数中，我们曾使用 split(lower(genre), ",|,") as trim_words_in_genre 语句来将 Biography、Crime、Drama 转换为 ["biography","crime","drama"]，但经过该转换后，虽然生成了 ARRAY 格式的数据，但是依然很难对其中的元素进行有效的统计，如查看具体题材的分布。此时即可使用 EXPLODE 函数，先把 ARRAY 展开，再进行聚合统计。

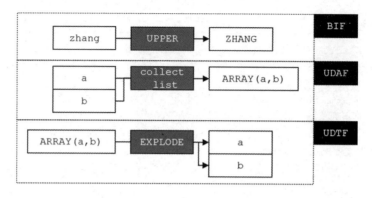

图 7-12　BIF / UDAF / UDTF 的区别

下方示例代码展现了上述处理过程：

```
1    WITH T1 AS (
2        SELECT explode(
3            split(lower(genre), ", |,")) as genre_words
4        FROM ods_movies
5    ) SELECT
6        genre_words,
7        COUNT(*) AS counts
8    FROM T1
9    GROUP BY genre_words
```

```
+--------------+--------+
| genre_words  | counts |
+--------------+--------+
| action       | 12948  |
| adult        | 2      |
| adventure    | 7590   |
| animation    | 2141   |
| biography    | 2377   |
| comedy       | 29368  |
| crime        | 11067  |
| documentary  | 2      |
| drama        | 47110  |
| family       | 3962   |
| fantasy      | 3812   |
| film-noir    | 663    |
| history      | 2296   |
| horror       | 9557   |
| music        | 1689   |
| musical      | 2041   |
| mystery      | 5225   |
| news         | 1      |
| reality-tv   | 3      |
| romance      | 14128  |
| sci-fi       | 3608   |
| sport        | 1064   |
| thriller     | 11388  |
| war          | 2242   |
| western      | 1583   |
+--------------+--------+
```

图 7-13　综合处理统计结果示例

上述代码的执行结果如图 7-13 所示。

与 EXPLODE 函数类似的还有 POSWXPLODE 函数，区别在于其返回结果中还有元素在数组中的位置，即保留位置信息。

除了上述介绍的函数，Hive 中还有诸多函数，适用于各类应用场景，可以通过 HQL 语句 SHOW FUNCTIONS 查看目前 Hive 支持的所有函数，同时可以使用 DESC FUNCTION <function_name>语句查看相关函数的具体说明。

7.3.5　窗口

窗口（Window）和分组（GROUP BY）有些类似，都表现为记录（行）的集合，区别在于分组最终将一组记录汇总为一条返回；而窗口则会针对多行记录整体进行计算，但为窗口内的每行返回一个结果。

窗口和分组的区别如图 7-14 所示。可以看到，同样基于 sex 对记录进行划分，分组是对各组内记录进行 MAX 聚合，找到最大值，最后作为该组的结果返回，最终的记录数是分组的个数；而窗口中同样基于 sex 划分，但会将结果分配到各行记录上，记录数不变。

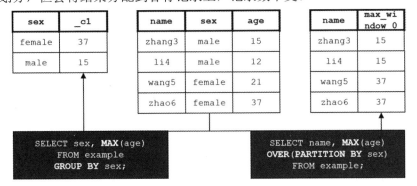

图 7-14　窗口和分组的区别

应用于窗口的函数称为窗口函数。窗口函数又可以细分为以下几种。

- 导航函数：针对窗口中与当前行不同的其他行进行计算，如为当前行计算其所在窗口的首行的值。
- 编号函数：根据窗口中每行的位置为该行分配数值，如根据大小排序的序号。
- 聚合分析函数：与聚合函数相同，区别在于其针对每一行对应的窗口进行聚合，返回聚合值给每一行。

以下通过几个简单示例分别说明导航函数和编号函数的使用方式，聚合分析函数较好理解，本书中不予以说明。

1. 导航函数

如果想要知道每部电影的导演拍摄的上一部/下一部电影是什么，则可利用以下代码：

```
1  SELECT title, date_published, director,
2      LEAD(title, 1) OVER ( PARTITION BY director
3          ORDER BY date_published),
4      LAG(title, 2) OVER ( PARTITION BY director
5          ORDER BY date_published)
6  FROM ods_movies
7  WHERE director IS NOT NULL AND director != ""
8  LIMIT 20;
```

上述代码的输出结果如图 7-15 所示。

- LEAD 函数输出了一列（LEAD_window_0），该列中的值为同一个导演此行电影对应的下一部（往后推 1）电影。例如，A. Bhimsingh 的电影 *Kalathur Kannamma*（发布于 1960-08-12），其 LEAD_window_0 的值为"Pasamalar"（发布于 1961-05-14）。
- LAG 函数输出了一列（LAG_window_1），该列中的值为同一个导演此行电影对应的上上部（往前推 2）电影。例如，A. Bhimsingh 的电影 *Khandan*（发布于 1965 年），其 LAG_window_1 的值为"Kalathur Kannamma"，正好是其上上部电影。

```
+----------------------------+----------------+-----------------------+-----------------------------+-------------------------------+
|           title            | date_published |        director       |        LEAD_window_0        |          LAG_window_1         |
+----------------------------+----------------+-----------------------+-----------------------------+-------------------------------+
| Guardian of the Realm      | 2006-11-03     | 'Evil' Ted Smith      | NULL                        | NULL                          |
| City Dragon                | 1995           | 'Philthy' Phil Phillips| NULL                       | NULL                          |
| Kamaraj                    | 2004-02-13     | A. Balakrishnan       | NULL                        | NULL                          |
| Kalathur Kannamma          | 1960-08-12     | A. Bhimsingh          | Pasamalar                   | NULL                          |
| Pasamalar                  | 1961-05-14     | A. Bhimsingh          | Khandan                     | NULL                          |
| Khandan                    | 1965           | A. Bhimsingh          | Aadmi                       | Kalathur Kannamma             |
| Aadmi                      | 1968           | A. Bhimsingh          | Gopi                        | Pasamalar                     |
| Gopi                       | 1970           | A. Bhimsingh          | Loafer                      | Khandan                       |
| Loafer                     | 1973-03-12     | A. Bhimsingh          | Naya Din Nai Raat           | Aadmi                         |
| Naya Din Nai Raat          | 1974-05-07     | A. Bhimsingh          | Sadhu Aur Shaitaan          | Gopi                          |
| Sadhu Aur Shaitaan         | 1979           | A. Bhimsingh          | NULL                        | Loafer                        |
| Backfire!                  | 1995-01-20     | A. Dean Bell          | What Alice Found            | NULL                          |
| What Alice Found           | 2016-10-28     | A. Dean Bell          | NULL                        | NULL                          |
| It's the Old Army Game     | 1926-07-15     | A. Edward Sutherland  | Lui, lei, l'altra           | NULL                          |
| Lui, lei, l'altra          | 1929-10-25     | A. Edward Sutherland  | Il re dei chiromanti        | NULL                          |
| Il re dei chiromanti       | 1931-10-03     | A. Edward Sutherland  | Il signor Robinson Crosuè   | It's the Old Army Game        |
| Il signor Robinson Crosuè  | 1932-08-19     | A. Edward Sutherland  | Secrets of the French Police| Lui, lei, l'altra             |
| Secrets of the French Police| 1932-12-02    | A. Edward Sutherland  | Murders in the Zoo          | Il re dei chiromanti          |
| Murders in the Zoo         | 1933-03-31     | A. Edward Sutherland  | International House         | Il signor Robinson Crosuè     |
| International House        | 1933-05-27     | A. Edward Sutherland  | L'uomo dai diamanti         | Secrets of the French Police  |
+----------------------------+----------------+-----------------------+-----------------------------+-------------------------------+
```

图 7-15   导航函数示例输出结果

LEAD/LAG 均接收 3 个参数，即使用的列、向前/后偏移的行数、偏移超出边界时的默认值（默认为 NULL）。

另一个比较贴近使用场景的示例是计算用户在每个网页上的停留时长，对该指标的计算通常基于两个网页浏览行为的时间间隔。此时使用导航函数就会十分方便，可以首先以一个唯一的会话 ID（标识唯一用户的唯一会话）进行分区，接着基于网页浏览的触发时间排序，然后使用 LEAD 函数找到网页浏览对应的下一个网页浏览的触发时间，最后进行两个时间的差值计算即可找到大致的网页停留时长（注意：这部分有个问题，就是边界问题，即对于退出页这种没有下一个网页的场景，使用上述方法无法计算该网页的停留时长）。

除了 LEAD/LAG，Hive 还支持导航函数 FIRST_VALUE / LAST_VALUE，用于返回同一分区中的首值/尾值。例如，想要计算用户每次购买距离其第一次/最后一次购买的时间，可以首先以用户分区；接着以购买时间排序；然后使用 FIRST_VALUE 或 LAST_VALUE 获取当前分区的首行/尾行记录对应的购买时间，对应的 SQL 语句形如"FIRST_VALUE/LAST_VALUE (购买时间) OVER PARTITION BY 用户 ORDER BY 购买时间"；最后计算两列的差值即可。

2. 编号函数

如果想要知道每部电影在其导演所拍摄的所有电影中的排序，则可利用以下代码：

```
1    SELECT title, duration, director,
2        RANK() OVER ( PARTITION BY director
3            ORDER BY duration) AS rank,
4        DENSE_RANK() OVER ( PARTITION BY director
5            ORDER BY duration) AS dense_rank,
6        ROW_NUMBER() OVER ( PARTITION BY director
```

```
7          ORDER BY duration) AS row_number
8      FROM ods_movies
9      WHERE director IN ("A. Edward Sutherland", "A. Dean Bell");
```

上述代码的执行结果如图 7-16 所示。可以看到，此处分别使用了 3 种编号函数，即 RANK / DENSE_RANK / ROW_NUMBER。它们彼此之间有细微的不同，具体体现在 ROW_NUMBER 是根据排序从 0 开始依次顺延的，不考虑排名相同的情况；RANK 在遇到排名相同的情况时，如 title 为 Lui, lei, l'altra / Nine Lives Are Not Enough / Comando segreto 的这 3 部都是时长为 63 分钟的电影，会将其编号为同一排名，下一个排名从 5 开始（略过了 4）；DENSE_RANK 对于同样的情况不会跳排名，而是按序顺延，即下一部电影的序号为 4。

```
+---------------------------+----------+-----------------------+------+------------+------------+
|           title           | duration |       director        | rank | dense_rank | row_number |
+---------------------------+----------+-----------------------+------+------------+------------+
| Backfire!                 | 93       | A. Dean Bell          | 1    | 1          | 1          |
| What Alice Found           | 96       | A. Dean Bell          | 2    | 2          | 2          |
| Secrets of the French Police | 58    | A. Edward Sutherland  | 1    | 1          | 1          |
| Murders in the Zoo         | 62       | A. Edward Sutherland  | 2    | 2          | 2          |
| Lui, lei, l'altra         | 63       | A. Edward Sutherland  | 3    | 3          | 3          |
| Nine Lives Are Not Enough  | 63       | A. Edward Sutherland  | 3    | 3          | 4          |
| Steel Against the Sky      | 67       | A. Edward Sutherland  | 5    | 4          | 5          |
| International House        | 68       | A. Edward Sutherland  | 6    | 5          | 6          |
| I diavoli volanti          | 69       | A. Edward Sutherland  | 7    | 6          | 7          |
| It's the Old Army Game     | 70       | A. Edward Sutherland  | 8    | 7          | 8          |
| Having Wonderful Crime     | 70       | A. Edward Sutherland  | 8    | 7          | 9          |
| Sing Your Worries Away     | 70       | A. Edward Sutherland  | 8    | 7          | 10         |
| La donna invisibile        | 72       | A. Edward Sutherland  | 11   | 8          | 11         |
| Poppy                      | 73       | A. Edward Sutherland  | 12   | 9          | 12         |
| Il signor Robinson Crosuè  | 76       | A. Edward Sutherland  | 13   | 10         | 13         |
| Il re dei chiromanti       | 77       | A. Edward Sutherland  | 14   | 11         | 14         |
| Every Day's a Holiday      | 80       | A. Edward Sutherland  | 15   | 12         | 15         |
| One Night in the Tropics   | 82       | A. Edward Sutherland  | 16   | 13         | 16         |
| La marina è vittoriosa     | 82       | A. Edward Sutherland  | 16   | 13         | 17         |
| Comando segreto            | 82       | A. Edward Sutherland  | 16   | 13         | 18         |
| Al di là del domani        | 84       | A. Edward Sutherland  | 19   | 14         | 19         |
| L'uomo dai diamanti        | 88       | A. Edward Sutherland  | 20   | 15         | 20         |
| Dixie                      | 89       | A. Edward Sutherland  | 21   | 16         | 21         |
+---------------------------+----------+-----------------------+------+------------+------------+
```

图 7-16　窗口函数执行结果示例

Hive 提供的其他编号函数包括：CUME_DIST，返回当前行值在区间中的累积分布，是[0,1]区间的浮点数形式；PERCENT_RANK，返回当前行在分区中值的相对位置，[0,1] 区间；NTILE，将当前行分配到指定数量的分区内的分桶中。

示例代码如下：

```
1    SELECT title, duration, director,
2        ROUND( CUME_DIST() OVER (
3            PARTITION BY director
4            ORDER BY duration), 2) AS cume_dist,
5        PERCENT_RANK() OVER ( PARTITION BY director
6            ORDER BY duration) AS percent_rank,
7        NTILE(5) OVER ( PARTITION BY director
8            ORDER BY duration) AS ntile
```

```
9    FROM ods_movies
10   WHERE director IN ("A. Edward Sutherland", "A. Dean Bell");
```

上述代码对应的执行结果如图 7-17 所示。

此处以图 7-17 中的第 9 行的电影为例，该行在分组中排序第 7，分组中的记录有 21 行，则 CUME_DIST 等于 7/21≈0.33，PERCENT_RANK 等于(7−1)/(21−1)=0.3。

```
+----------------------------+----------+------------------------+-----------+--------------+-------+
|            title           | duration |        director        | cume_dist | percent_rank | ntile |
+----------------------------+----------+------------------------+-----------+--------------+-------+
| Backfire!                  | 93       | A. Dean Bell           | 0.5       | 0.0          | 1     |
| What Alice Found            | 96       | A. Dean Bell           | 1.0       | 1.0          | 2     |
| Secrets of the French Police| 58      | A. Edward Sutherland   | 0.05      | 0.0          | 1     |
| Murders in the Zoo          | 62       | A. Edward Sutherland   | 0.1       | 0.05         | 1     |
| Lui, lei, l'altra           | 63       | A. Edward Sutherland   | 0.19      | 0.1          | 1     |
| Nine Lives Are Not Enough   | 63       | A. Edward Sutherland   | 0.19      | 0.1          | 1     |
| Steel Against the Sky       | 67       | A. Edward Sutherland   | 0.24      | 0.2          | 1     |
| International House         | 68       | A. Edward Sutherland   | 0.29      | 0.25         | 2     |
| I diavoli volanti           | 69       | A. Edward Sutherland   | 0.33      | 0.3          | 2     |
| It's the Old Army Game      | 70       | A. Edward Sutherland   | 0.48      | 0.35         | 2     |
| Having Wonderful Crime      | 70       | A. Edward Sutherland   | 0.48      | 0.35         | 2     |
| Sing Your Worries Away      | 70       | A. Edward Sutherland   | 0.48      | 0.35         | 3     |
| La donna invisibile         | 72       | A. Edward Sutherland   | 0.52      | 0.5          | 3     |
| Poppy                       | 73       | A. Edward Sutherland   | 0.57      | 0.55         | 3     |
| Il signor Robinson Crosuè   | 76       | A. Edward Sutherland   | 0.62      | 0.6          | 3     |
| Il re dei chiromanti        | 77       | A. Edward Sutherland   | 0.67      | 0.65         | 4     |
| Every Day's a Holiday       | 80       | A. Edward Sutherland   | 0.71      | 0.7          | 4     |
| One Night in the Tropics    | 82       | A. Edward Sutherland   | 0.86      | 0.75         | 4     |
| La marina è vittoriosa      | 82       | A. Edward Sutherland   | 0.86      | 0.75         | 4     |
| Comando segreto             | 82       | A. Edward Sutherland   | 0.86      | 0.75         | 5     |
| Al di là del domani         | 84       | A. Edward Sutherland   | 0.9       | 0.9          | 5     |
| L'uomo dai diamanti         | 88       | A. Edward Sutherland   | 0.95      | 0.95         | 5     |
| Dixie                       | 89       | A. Edward Sutherland   | 1.0       | 1.0          | 5     |
+----------------------------+----------+------------------------+-----------+--------------+-------+
```

图 7-17 编号函数 CUME_DIST / PERCENT_RANK / NTILE 示例输出结果

7.3.6 技术要点

1．Hive 的查询性能优化

Hive 作为一款专为 OLAP 场景设计的数据仓库工具，进行大量的批处理计算是其最核心的工作内容，但是受各种因素的影响，Hive 在相同的硬件设施的基础上，面对同样内容的数据，在执行效率上可能会出现巨大的差别。

通过各类针对性的优化方案，在多环节对 Hive 的查询操作进行优化。这是 Hive 在企业使用场景中必须考虑的问题。

影响 Hive 查询性能的常见问题包括大量小文件问题/文件碎片问题、数据倾斜问题（由于数据分布不均导致的部分节点任务执行时间超长产生的性能瓶颈）、HQL 语句问题（错误、不当的 HQL 逻辑导致的执行效率低下问题）等。

2．Hive 中的数据存储格式

Hive 支持数种文档存储格式，包括 Text File、SequenceFile、RCFile、Avro Files、ORC Files、ParquetFiles、自定义格式，默认情况下使用 Text File，但在实际使用中，ORC Files / Parquet Files 由于其基于行列式、列式存储的数据结构，得以在基于字段的数据统计、查询、分析场景下表现出更高的性能，从而被广泛应用。

3．Hive 计算引擎

在客户端定义的 HQL 语句最终都会被处理解析为可供后端执行引擎执行的任务。可供 Hive 选择的执行引擎包括 MapReduce / Tez / Spark，其中，MapReduce 目前已不被推荐使用，Tez / Spark 由于更先进的技术架构和更优的性能，在实际生产环境中更常被使用。

4．分区、分桶

分区（Region）、分桶（Bucket）实际上都是一种约束、规范数据在集群环境下分布、存储的方式，目的都是提高特定场景下数据查询的效率。分区、分桶也是一种数据查询优化的常规方法。

7.4　PySpark 操作 DataFrame 进行批处理

7.4.1　安装配置

关于 Spark / PySpark 的安装配置，会在附录 B 中介绍，这里不再赘述。

7.4.2　基本示例

PySpark 是由 Spark 官方提供的、使用 Python 操作 Apache Spark 的接口，允许用户使用 Python API 编写 Spark 应用程序。

PySpark 支持以下两种使用方式。

- spark shell：类似 IPython 的交互式操作方式，通过 PySpark 启动，常用于探索性、测试性场景。spark shell 的使用示例（交互式命令行）如图 7-18 所示。此外，还可以使用一种可视化程度更高、操作使用更便捷且功能更强大的方式，那就是使用 Jupyter Notebook 操作 Spark（但需要进行额外的配置）。
- Spark 应用：使用 spark-submit 的任务提交方式，常用在生产环境下构建自动化、批量化数据处理系统。

注意：图 7-18 中提供了诸多非常有价值的信息。

- Setting default log level to "WARN". To adjust logging level use sc.setLogLevel(newLevel). 指明当前日志记录级别，以及如何调整日志输出。
- Spark context Web UI available at http://master1:4041 指明了 Spark Web UI 的查看地址，可以通过访问该地址来可视化地查看 Spark 的执行状态。
- Spark context available as 'sc' (master = spark://master1:7077, app id = app-20211110174943-0004).SparkSession available as 'spark'. 指明了 spark shell 提供的预置上下文环境（sc）与会话（spark）。SparkContext 是 Spark 应用程序的起点，每个

Spark 应用程序应有且仅有一个 SparkContext，spark shell 中只能使用系统预设的 SparkContext(sc)，自定义的 SparkContext 将不生效。

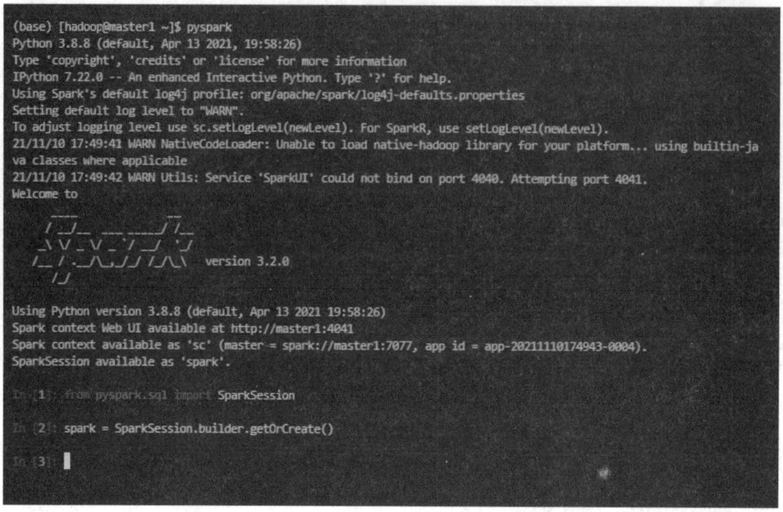

图 7-18　spark shell 交互式命令行

1. spark shell 基础使用示例

以下为使用 PySpark 进行数据获取并基于 DataFrame（数据框）进行数据处理的基本示例。此处使用的示例数据仍为 7.3.3 节中介绍的公开数据集 IMDb movies extensive dataset，具体详情可参考该节。

```
1    df = spark.sql("select * from imdb_movies.ods_movies where imdb_title_id != 'imdb_title_id'")
2    r1 = df.count()
3    r2 = df[["year"]].distinct().count()
4    r3 = df.groupby("year").count().sort("count", ascending=False).first()
5    print(f"ods_moveis: \n- row_count is {r1}, \n- unique value of column year is {r2}, \n- most movies
released in {r3.year}, with {r3['count']}.")
```

- 代码 1 使用 spark.sql(…)执行了 SQL 语句。该 SQL 语句用于从库 imdb_movies 的表（视图）ods_movies 中获取数据。需要注意的是，此处使用 imdb_title_id != 'imdb_title_id' 进行过滤，由于 Hive 的配置 TBLPROPERTIES ("skip.header.line.count"="1");在 Spark 中无法被识别，所以即使在 Hive 中设置了略过首行，在 Hive 中查询生效，但是在 Spark 中读取行时，依然会保留首行。这个问题在使用中比较隐蔽，由此可能产生一些漏洞，此处以此为例。
- 代码 2 使用 DataFrame（df）的 count 方法计算了 df 的总行数。
- 代码 3 先使用 df[["year"]]方法构建并返回了一个新的 DataFrame，其中只包含一列（year）；然后通过链式调用的方式，在返回的 DataFrame 的基础上继续使用 distinct

方法，对 DataFrame 进行去重并继续返回一个新的 DataFrame；最后对新 DataFrame 使用 count 方法，计算新 DataFrame 的总行数，其实质代表了原有数据的 year 列中所有非重元素的总数。

- 代码 4 首先使用 groupby 方法，基于 year 列进行聚合，并返回一个聚合对象；然后对该对象调用聚合函数 count，对组内的元素数进行统计，并返回一个新的 DataFrame 对象（DataFrame[year: string, count: bigint]）；接着基于该新返回的 DataFrame 调用 sort 方法进行排序，排序的方式为基于 count 字段倒序排序（ascending=False，默认为正序排序）；最后返回首行数据［Row(year='2017', count=3329)］。

- 代码 5 对相应结果进行了打印。此处需要注意的是，代码 5 的返回结果 r3 为一个 Row 实例，可以通过 r3.year 或 r3['count'] 这两种方式获取行中的具体字段的值，但是，count 本身也是 Row 对象的一个方法，无法通过类似.year 的形式获取，使用 r3.count 返回的是方法对象，只能通过 r3['count']这种方式取数。

上述代码的执行输出为：

```
1   ods_moveis:
2    - row_count is 85855,
3    - unique value of column year is 113,
4    - most movies released in 2017, with 3329.
```

上述代码段除了具体的代码释义，还包含几个执行的细节、重点。

（1）DataFrame 与 RDD。

Spark 的 DataFrame 对象是由 Row 对象组合而成的，并不是 Spark 独创的概念，而是受到了 Python Pandas、R 中的 DataFrame 的启发。

从数学角度看，DataFrame 是矩阵的抽象，这使其可以应用诸多针对矩阵的数学算法，从而提高计算性能。

从数据工程角度看，DataFrame 又类似于关系数据库中的表，这使其可以兼容 SQL 语言，对熟悉 SQL 的用户十分友好。

本质上，PySpark 中的 DataFrame 是对 RDD（Resilient Distributed Dataset，分布式弹性数据集）API 的拓展。RDD 是 Spark 对数据的核心抽象，是只读的，不可修改，只能基于一个 RDD 构建另一个新的 RDD。

（2）DataFrame 与 SQL、Hive。

通过 spark.sql 可以自动连接 Hive（默认状态下需要进行配置，但一般在 EMR 环境下都已自动配置完毕）执行 SQL 语句，并以 DataFrame 的形式返回。

Spark 同时支持对 DataFrame 使用 SQL 语言进行操作，即 Spark 被赋予了同时使用 DataFrame 和 SQL 操作数据的能力，这在实际使用中会非常灵活。例如，df.filter(df.country == 'USA').filter("language = 'English'")，其中混用了 Python 表达式与字符串格式的 SQL 语句。

在 spark shell 中，可以通过 sc.getConf().get("spark.sql.catalogImplementation") == "hive" 来判断是否配置使用了 Hive 的元数据，如果使用了，则上述判断式返回 True。

（3）链式调用、转换、动作。

代码 3 和代码 4 使用了链式调用的形式，通过多个方法的叠加来构建一个复杂的计算逻辑。在 Spark 中，链式调用这种方法被大量使用，绝大部分 DataFrame 的方法返回的都是一个新的 DataFrame，这种形式的使用有效地提高了代码的可读性，避免了重复赋值。

Spark 本身将针对 DataFrame（或者说底层的 RDD）的操作分为了两类，即转换（transformation）和动作（action）。转换可以理解为根据当前的 DataFrame（RDD）构建一个新的 DataFrame（RDD），但是要注意，这种构建仅限于逻辑上的构建，即转换操作实际上不发生针对数据的实质性计算，而只有到了动作操作才会汇总之前链路上的转换操作，进行统一计算。这种方式有助于 Spark 计算引擎对链路上的转换操作进行优化，进而提高执行效率。

（4）Spark 读取其他数据源数据。

Spark 除了可以从 Hive 中读取数据，还可以直接读取 HDSF 中的数据。例如：

```
df = spark.read.option("header","true").
csv("hdfs://mycluster/user/hive/warehouse/imdb_movies.db/movies")
```

此时返回的 df 为：

```
DataFrame[imdb_title_id: string, title: string, original_title: string, year: string, date_published: string, genre: string, duration: string, country: string, language: string, director: string, writer: string, production_company: string, actors: string, description: string, avg_vote: string, votes: string, budget: string, usa_gross_income: string, worlwide_gross_income: string, metascore: string, reviews_from_users: string, reviews_from_critics: string]
```

可以看到，区别在于 Hive 中定义的数据结构，此处 Spark 基于类型推断自动识别了字段的类型，并通过选项（option）将首行识别为 header。这种方式是可行的，但是在生产环境中，由于数据来源、数据结构的复杂性，先使用 Hive 进行数据架构的构建，再通过 Spark 获取 Hive 的元数据并进行计算，在架构上更加可控、逻辑上更加清晰。

2. spark submit 基础使用示例

区别于主要致力于探索性分析的 spark shell，对于工业级、生产级需求，主要还是使用 spark submit，以构建批量化、流水化操作。以下为一个使用 spark-submit 提交的程序的代码示例：

```
1    from pyspark.sql import SparkSession, Row
2
3    def main():
4        spark = SparkSession.builder.appName("example").
enableHiveSupport().getOrCreate()
```

```
5       conf = spark.sparkContext.getConf().getAll()
6       df = spark.createDataFrame([Row(key=i[0], value=i[1]) for i in conf]).coalesce(1)
7       df.write.csv('example.csv', header=True, mode="overwrite")
8
9   if __name__ == '__main__':
10      main()
```

在上述代码中，首先通过 SparkSession.builder.appName("example").enableHiveSupport().
getOrCreate() 构建了一个 Spark 会话；然后通过 spark.sparkContext.getConf().getAll()获取
了该会话的默认配置；最后通过 createDataFrame 方法，使用上一步获取的配置清单构建
了一个 DataFrame，并最终以 CSV 格式将其写入 HDFS 路径下。

这里面有几个细节值得注意。

- 代码 4 使用 enableHiveSupport 方法配置获取 Hive 支持，以自动连接 Hive Metastore，
  如果不开启该配置，则在默认的 spark-submit 会话中是无法连接至 Hive 的。
- 代码 6 在由 createDataFrame 获得 DataFrame 后调用了 coalesce 方法，用于对
  DataFrame 对象重新进行分区，如果不使用该方法，则创建的 DataFrame 会根据默
  认配置进行分区，此时，对于配置信息这类的少量数据，会导致产生很多不必要的
  小文件，进而影响执行性能。此处使用 coalesce(1)，相当于约束 DataFrame 仅为 1
  个分区，即不分区。

该程序的提交命令格式如下：

```
1   spark-submit --master yarn --deploy-mode cluster \
2       --num-executors 4 --executor-cores 4 --driver-memory 6G \
3       spark-submit-example.py
```

其中，--master yarn --deploy-mode cluster --num-executors 4 --executor-cores 4 --driver-
memory 6G 为执行任务时的相关配置项，spark-submit-example.py 为要执行的 Python 脚
本文件。

7.4.3　常用 Spark DataFrame 操作示例

本节展示几个常用的 Spark DataFrame 操作示例，下述示例的初始 df 均默认为通过
df = spark.sql("select * from imdb_movies.ods_movies where imdb_title_id != 'imdb_title_id'")
语句获取的 DataFrame 对象。该 DataFrame 初始状态数据示例如下：

Row(imdb_title_id='tt0000009', title='Miss Jerry', original_title='Miss Jerry', year='1894', date_published=
'1894-10-09', genre='Romance', duration='45', country='USA', language='None', director='Alexander Black',
writer='Alexander Black', production_company='Alexander Black Photoplays', actors='Blanche Bayliss, William
Courtenay, Chauncey Depew', description='The adventures of a female reporter in the 1890s.', avg_vote='5.9',
votes=154, budget='', usa_gross_income='', worlwide_gross_income='', metascore=None, reviews_from_users=
1.0, reviews_from_critics=2.0)

各字段数据类型如下：

```
[('imdb_title_id', 'string'),
 ('title', 'string'),
 ('original_title', 'string'),
 ('year', 'string'),
 ('date_published', 'string'),
 ('genre', 'string'),
 ('duration', 'string'),
 ('country', 'string'),
 ('language', 'string'),
 ('director', 'string'),
 ('writer', 'string'),
 ('production_company', 'string'),
 ('actors', 'string'),
 ('description', 'string'),
 ('avg_vote', 'string'),
 ('votes', 'int'),
 ('budget', 'string'),
 ('usa_gross_income', 'string'),
 ('worlwide_gross_income', 'string'),
 ('metascore', 'float'),
 ('reviews_from_users', 'float'),
 ('reviews_from_critics', 'float')]
```

1. 列操作

（1）列格式转换。

列格式转换是最常见的处理，如示例 df 中的 duration 为 string（字符串）格式，但是实际应该将其作为数值型对待，即应该对其进行类型转换。类型转换的示例代码如下：

```
1    from pyspark.sql.functions import col
2    new_df = df.withColumn("duration", col("duration").cast("int"))
```

此处的类型转换和形如 Pandas 或 SQL 中的类型转换有些区别。之前提到，DataFrame 基于 RDD，RDD 本身是一个不可变集合，因此，针对 DataFrame 的"修改"操作实质上都生成了一个新的 DataFrame，通过 withColumn(colName, col)方法生成一个新的 col（列），添加或修改一个列，这里的 colName 是要替换或添加的列名，col 是列对象。

col 方法用于返回一个列对象，除了使用 col("duration").cast("int") 这种形式，也可以使用诸如 df.duration.cast("int") 的形式。

（2）使用默认值添加新列。

withColumn 方法还可以用于添加新列。例如：

```
1    import pyspark.sql.functions as F
2    _ = df.withColumn("flag", F.lit(1))
```

pyspark.sql.functions 是一个专门提供 Spark 内建函数方法的模块，一般在使用中，将其导入并命名为 F，如此便可以直接使用 F.col 或 F.lit 这种形式进行函数方法的使用。

此处的 F.lit 方法用于使用给定的内容（字符串、数值、布尔值）构建一个列对象。

2．基础统计

```
1    df_describe = new_df.describe()
2    df_describe[["summary", "title", "duration"]].show()
```

describe 方法用于自动计算输入列的基础统计信息，包括计数、平均值、标准差、最小值、最大值，可以指定特定列，如 new_df.describe(["title", "duration"])。

此类基础的统计信息有助于我们快速了解列的基本信息情况。

上述代码的执行结果如图 7-19 所示。可以看到，describe 方法对于字符串等非数值型字段虽然也可以统一，但是效果不佳。

```
+-------+--------+------------------+
|summary|   title|          duration|
+-------+--------+------------------+
|  count|   85855|             85855|
|   mean|Infinity|100.35141808863781|
| stddev|     NaN|  22.5538479853691|
|    min|"Giliap"|                41|
|    max|  ärtico|               808|
+-------+--------+------------------+
```

图 7-19　执行结果

除了 describe 方法，还可以单独计算 min/max/mean 等指标。例如，下述代码会返回一个只有一行的 DataFrame 对象，此处的 agg 方法可以理解为将整体 DataFrame 作为一个分组进行聚合（Group By）：

```
_ = new_df.agg({"duration": "min", "year": "max", "metascore":"avg" })
```

3．连接

连接（Join）在 DataFrame 和 SQL 中都是十分核心的操作，Spark 中的连接操作十分灵活，允许使用多种连接方法。此处使用之前章节中介绍的 ods_title_principals 表和 df（ods_movies）进行连接为例。ods_title_principals 表的示例数据如下：

```
Row(imdb_title_id='tt0000009', ordering=1, imdb_name_id='nm0063086', category='actress', job=",
characters='["Miss Geraldine Holbrook (Miss Jerry)"]')
```

使用 right_df = spark.sql("select * from imdb_movies.ods_title_principals where imdb_title_id != 'imdb_title_id'") 语句读取该表，并将其命名为 right_df。

ods_title_principals 表中的 imdb_title_id 对应 ods_movies 表中的 imdb_title_id，用以作为连接键，其他信息表示电影中（由 imdb_name_id 连接）角色的重要性（ordering）、类型、职业等属性信息。

（1）左连接和右连接。

假如想要查看 1997 年发布的电影的角色相关信息，ods_title_principals 表中为所有电影角色的相关信息，但是没有年份信息，年份信息在 ods_movies 表中，因此可以先在 ods_movies 表中过滤，得到 1997 年发布的电影，再通过连接筛选 1997 年发布的电影的角色相关信息。相关代码如下：

```
1    left_df = new_df[["imdb_title_id"]].where("year = 1997")
2    _ = left_df.join(right_df, on="imdb_title_id", how="left")
```

其中，对于 left_df 的构造，先筛选了 imdb_title_id，然后使用 where 语句进行过滤。此处先筛选列的原因在于，如果不筛选就使用 left_df 进行过滤，则会使得新构造的 DataFrame 中出现并不需要的原先 left_df 中的列。此处连接方式中的 how 使用的是 left，即左连接，也可以使用 _ = right_df.join(left_df, on="imdb_title_id", how="right") 的形式，即右连接，但由于此时左侧 DataFrame 为 right_df，右侧 DataFrame 为 left_df，所以实际返回的结果是一样的。

（2）Semi Join。

上述方式由于仅需保留 right_df 中的角色属性信息，却需要先对关联 df 进行过滤，所以略显麻烦。另一种比较方便的方式是使用 Semi Join 这种方式：可以使用一侧的 DataFrame 作为过滤项，仅返回匹配的另一侧 DataFrame。例如：

```
_ = right_df.join(new_df.where("year = 1997"), on="imdb_title_id", how="left_semi")
```

上述返回结果与初始示例一致，但可以看到，此处没有对 new_df 进行筛选处理，而直接将其作为右侧 DataFrame 连接，即可返回左侧 DataFrame 中匹配的内容。

（3）Anti Join。

如果想要排除 1997 年发布的电影的角色的相关信息，则可以使用 Anti Join。例如：

```
_ = right_df.join(new_df.where("year = 1997"), on="imdb_title_id", how="left_anti")
```

（4）Inner Join。

如果仅想要筛选 1997 年的男演员（category = actor）的相关属性，则此时可以考虑使用 Inner Join，仅返回两个 DataFrame 交集的内容。例如：

```
1    left_df = new_df[["imdb_title_id"]].where("year = 1997")
2    _ = left_df.join(right_df.where("category = 'actor'"), on="imdb_title_id", how="inner")
```

除了上述介绍的几种模式，Spark 还支持 cross、outer、full、fullouter、leftouter、rightouter 等模式，更多详细信息可查阅官方文档。

4. DataFrame 导出

对 DataFrame 进行计算后，还需要将其导出到其他持久化存储介质中，只有这样才能最终完成整个生命周期。

（1）导出到 HDFS 中。

```
1    new_df.write.csv('/user/hadoop/example/movies.csv', header=True)
2    new_df.write.parquet('/user/hadoop/example/movies.parquet')
3    new_df.write.orc('/user/hadoop/example/movies.orc')
```

上述代码演示了如何将数据以不同的格式（CSV/Parquet/ORC）导出到 HDFS 中，其中，在导出 CSV 时，可以使用 header=True 来使导出的 CSV 文件中包含 header 信息；Parquet/ORC 格式文件是自解析的，即在文件中已经包含了有关数据的元数据信息，因此不用考虑传递 header 信息，在后面使用时依然可以获取列名、格式等信息。

（2）导出到 Hive 中。

```
new_df.write.format("hive").mode("overwrite").saveAsTable("imdb_movies.new_movies")
```

上述代码将 DataFrame 对象 new_df 以表形式存储到了 Hive 中，且当 Hive 中已存在同名表时覆盖［由 mode("overwrite")指定］。

Spark 中的 DataFrame API 内容非常丰富，本书限于篇幅，只能罗列结果典型的示例，关于 DataFrame API 的更多详细信息，请参阅官方文档。

7.4.4　使用 Spark MLlib + DataFrame 进行特征工程

特征工程（Feature Engineering）是应用机器学习的重要环节。该环节将原始的数据转换为更适合模型使用的数据，如将文本数据转换为稀疏、向量化数据，将分类数据转换为 0,1 类别数据，将标量数据进行归一化、标准化，对缺失值进行填充等。特征工程是批处理的主要工作内容。

注意：虽然也可以尝试使用 Spark 函数或 SQL 语句实现某些特征工程操作，但基于效率和复杂度考虑，使用 Spark MLlib 是一种更好的方案。

本节沿用了 7.4.3 节中所述的初始 df 对象（DataFrame - movies）。

1．二值化

二值化的作用为通过给定阈值，将一个双精度类型的字段划分为 0 和 1 两种结果。代码示例如下：

```
1    from pyspark.ml.feature import Binarizer
2    binarizer = Binarizer(threshold=90, inputCol="duration", outputCol="duration_bin")
3    binarizer_df = binarizer.transform(df.withColumn(
"duration",col("duration").cast("double")))
4    binarizer_df[["duration", "duration_bin"]].show(5)
```

在上述代码中，首先通过 Binarizer(threshold=90, inputCol="duration",outputCol="duration_bin")初始化了一个二值化特征工程对象，定义输入的列为 duration、输出的列为 duration_bin。需要注意的是，此处输入的列必须为 DataFrame 中一个已存在的列（而输出则没有需求），同时该列必须满足相应特征工程所需列的数据格式要求，如这里要求输入的 duration 必须为双精度类型。

上述代码对应的输出结果如图 7-20 所示。可以看到，由于设置了阈值 90，所以大于 90 的 100 被划分为了 1，而其他小于 90 的数据则均被划分为了 0。

```
+--------+------------+
|duration|duration_bin|
+--------+------------+
|    45.0|         0.0|
|    70.0|         0.0|
|    53.0|         0.0|
|   100.0|         1.0|
|    68.0|         0.0|
+--------+------------+
only showing top 5 rows
```

图 7-20　二值化输出结果示例

2．数据分桶

```
1    from pyspark.ml.feature import Bucketizer
2    bucketizer = Bucketizer(splits=[0,60,90,float("inf")], inputCol="duration", outputCol="duration_buck")
3    bucketizer_df = bucketizer.transform(df.withColumn("duration", col("duration").cast("double")))
4    bucketizer_df[["duration", "duration_buck"]].show(5)
```

上述代码的整体结构和二值化部分代码相似，主要区别在于分桶器 Bucketizer 中传递了参数 splits=[0,60,90,float("inf")]，替代二值化中的 threshold=90。此处的 splits 可以理解为执行分桶的边界，即将[0,60)区间划分为一个分桶，将[60,90)区间划分为另一个分桶，依次类推。

上述代码的执行结果如图 7-21 所示。

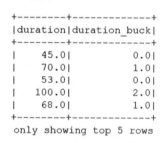

```
+--------+-------------+
|duration|duration_buck|
+--------+-------------+
|    45.0|          0.0|
|    70.0|          1.0|
|    53.0|          0.0|
|   100.0|          2.0|
|    68.0|          1.0|
+--------+-------------+
only showing top 5 rows
```

图 7-21　数据分桶输出结果示例

7.4.5　技术要点

Spark DataFrame 每次转换都会依据谱系图从上一个持久化的父分区开始逐步转换，这会导致以下两个比较明显的问题。

一是对于 spark shell 这种交互式探索性分析的场景，由于会较为频繁地输出数据来进行验证（如使用 show / head / first 方法），所以需要执行计算的动作（action）很多，然而，每次动作都得从上一个持久化的"源头"开始，如 Hive。此时带来的一个明显的感受就是计算效率很低，即使很小规模的数据，当有较多的逻辑时，也需要较长的处理时间。

二是对于一些逻辑链条较长的计算，当执行遇到故障时，执行也会从上一个持久化节点开始计算，当外部环境（如网络环境）不佳时，这往往会导致频繁的重复计算。

上述两个问题都可以通过缓存（cache）及检查点（checkpoint）机制来解决。缓存和检查点的相似点是都会将计算链条截断，使之后的计算都基于缓存时的 DataFrame 而对之前的计算逻辑不理会；区别在于缓存虽然会截断计算，但是会保留谱系图（血统），依然可以向前追溯，但是检查点仅会保存数据，而不会保留血统。

一般来说，缓存应用更为广泛，对于需要应用检查点的场景，不如直接存入 Hive 更加方便。

7.5 案例：某 B2C 企业基于 PySpark 实现用户画像标签的构建

1．案例背景

该企业是一个 B2C 企业，面向全球用户销售电子消费品。该企业的营销运营部门希望通过对历史数据的处理构建用户画像标签系统，以满足后续的 A/B 测试、精准化营销、个性化推荐等需求。

在业务方面，由于企业对用户状态的变化比较敏感，所以希望可以每日对用户画像数据进行更新。

在技术方面，企业希望将整体系统部署在云上，并基于技术部门熟悉的 Hadoop 生态体系构建。

2．技术选型

由于企业已经明确要求了希望将整体系统部署在云上，并基于 Hadoop 生态体系构建，所以此处最终选用了 Amazon EMR。选择该方案的主要原因如下。

- 客户其他业务系统部署在 AWS 上，使用 Amazon EMR，可以避免跨云操作，共享内部基础设置，提高数据在内网中的流转速度。
- EMR 可以自动化地完成集群的构建，可以界面化地安装、配置所需的数据存储、处理工具，如 Hadoop HDFS、Hive、Spark 等。

3．项目实施

该用户画像标签系统关于批处理、离线计算部分主要基于 Hive 和 Spark。

- 应用 Hive 作为数据仓库进行元数据的管理，并通过 Hive on Spark 应用 Spark SQL

作为计算引擎，通过 Hue 提供了网页面板化、交互式的 SQL 查询接口，方便数据分析师、运营、产品等同事使用 SQL 语言进行即席查询。

- 应用 Spark 作为核心计算引擎，由数据工程师使用 PySpark 基于 DataFrame API + MLlib API 撰写进行用户画像标签构建的相关处理脚本，并通过 spark-submit + airflow 进行定期定时调度。

项目实施后，用户画像标签体系如下：从分类上，包含了属性类、价值类、偏好类、社交类、营销活动、风控类及业务场景类，如图 7-22 所示。每个类别下又细分了多个层级，一共有超过 1800 个常用标签。用户画像标签定义部分细节如图 7-23 所示。

图 7-22　用户画像标签体系

	标签体系						标签					通用权重		
	一级	二级	三级	四级	五级	六级	标签解释	标签值说明（离散	标签值定义方法&逻辑	数据来源	数据时间窗口	一级	二级	三级
394	属性类	行为属性	行为汇总	通用行为	跳出率	>40%	365天用户访	0/1	计算365天内用户跳出次数与总访问次数的占		365天	1	2	1
395	属性类	行为属性	行为汇总	通用行为	访问时长	0-120s	365天用户访	0/1	计算365天内用户总访问时长/访问次数		365天	1	2	1
396	属性类	行为属性	行为汇总	通用行为	访问时长	>120s	365天用户访	0/1	计算365天内用户总访问时长/访问次数		365天	1	2	1
397	属性类	行为属性	行为汇总	关键行为	通用行为	注册行为	365天用户访	0/1	有注册操作-00，无注册操作-01		365天	1	2	1
398	属性类	行为属性	行为汇总	关键行为	通用行为	登陆行为	365天用户访	0/1	有登录操作-00，无登录操作-01		365天	1	2	1
399	属性类	行为属性	行为汇总	关键行为	通用行为	搜索行为	365天用户访	0/1	有搜索操作-00，无搜索操作-01		365天	1	2	1
400	属性类	行为属性	行为汇总	关键行为	通用行为	抽奖行为	365天用户访	0/1	有抽奖操作-00，无抽奖操作-01		365天	1	2	1
401	属性类	行为属性	行为汇总	关键行为	通用行为	留资行为	365天用户访	0/1	有留资操作-00，无留资操作-01		365天	1	2	1
402	属性类	行为属性	行为汇总	关键行为	通用行为	订阅行为	365天用户访	0/1	有订阅操作-00，无订阅操作-01		365天	1	2	1
403	属性类	行为属性	行为汇总	关键行为	通用行为	下载	365天用户访	0/1	有下载操作-00，无下载操作-01		365天	1	2	1
404	属性类	行为属性	行为汇总	关键行为	通用行为	点击编辑选	365天用户访	0/1	有点击“编辑选择”操作-00，无“编辑选择		365天	1	2	1
405	属性类	行为属性	行为汇总	关键行为	通用行为	在线咨询	365天用户访	0/1	有点击在线咨询操作-00，无在线咨询操作-0		365天	1	2	1
406	属性类	行为属性	行为汇总	关键行为	通用行为	加入DJI Ca	365天用户访	0/1	有点击“加入DJI Care随心换”操作-00，无		365天	1	2	1
407	属性类	行为属性	行为汇总	关键行为	交易行为	点击开始选	365天用户访	0/1	有点击“开始选购”操作-00，无“开始选购		365天	1	2	1
408	属性类	行为属性	行为汇总	关键行为	交易行为	促销领券行	365天用户访	0/1	有领券操作-00，无领券操作-01		365天	1	2	1
409	属性类	行为属性	行为汇总	关键行为	交易行为	加车行为	365天用户访	0/1	判断一天内，用户是否有加车操作，有加车操		365天	1	2	1
410	属性类	行为属性	行为汇总	关键行为	交易行为	结账行为	365天用户访	0/1	有结账操作-00，无结账操作-01		365天	1	2	1
411	属性类	行为属性	行为汇总	交易行为	有		365天用户访	0/1	有交易-1，无交易-0		365天	1	2	1
412	属性类	行为属性	行为汇总	交易行为	无		365天用户访	0/1	有交易-1，无交易-0		365天	1	2	1
413	属性类	行为属性	行为汇总	交易行为	订单金额	0-2000	365天用户访	0/1	判断365天内，用户达成交易订单的订单金额		365天	1	2	1

概要　属性类　价值类　偏好类1　偏好类2　偏好类3　偏好类4　社交类1　社交类2　风控类1　风控...

图 7-23　用户画像标签定义部分细节

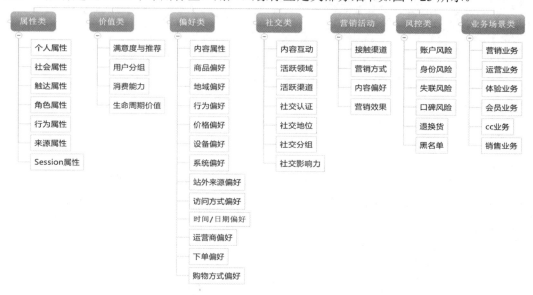

4．案例小结

在企业生产环境中，批处理的核心价值在于可以对大规模数据进行处理，以支持从海量数据中提取有效信息，并最终辅助、支持企业的经营决策行为。在本案例中，企业使用批处理进行用户画像标签的计算，并最终应用至业务中，有效挖掘了数据的价值。

对于一般企业，用户画像标签、个性化推荐系统等是企业进行数据应用的主要场景。

7.6　常见问题

1．批处理与离线处理、离线计算的区别和联系

离线处理和离线计算是一件事的两种表达方式，批处理和离线计算是一类数据处理过程从两种不同维度的描述。

离线计算强调的是其离线特征，强调非实时性，与之相对的是实时计算；批处理强调的是数据是以批量、有界的形式进行计算的，与之相对的是流处理；前一个维度主要从业务角度考虑，后一个维度主要从技术角度考虑。

批处理也可以应用于实时计算，但是由于批处理需要处理的数据量往往较大，难以在短时间内返回结果，所以很少用于实时计算，一种相关的概念——微批处理，即应用较小规模数据量的批处理支持在实时范畴（秒级、毫秒级）内响应。

2．什么是数据仓库，与批处理有什么关系

数据仓库是面向商务智能（BI）活动，用于提供报告和进行数据分析的数据管理系统，通常由来自一个或多个源的数据组成，如关系数据库、日志、静态文件等。

数据仓库通常具有以下特性。

- 面向主题性：对于数据仓库的设计，通常会围绕主题（如产品、顾客、销售、渠道、交易等）将数据划分开来，因此可以高效地分析关于特定主题或领域的数据。
- 集成性：数据仓库可以将来自不同来源的数据集成到一起，并使其保持一致性。
- 时间差异性：区别于 OLTP 场景下数据库中仅保存有当前状态数据，数据仓库将当前数据和历史数据存储在一起，以能够记录、追踪数据的状态、变化。
- 不变动性：数据一旦确认写入数据仓库，就轻易不会被取代或删除，即使数据是错误导向，针对错误导向的修正，也会以新数据的形式引入，并由于时间差异性的特点而能够被识别。

存储与计算是数据仓库的核心功能，而针对大数据场景，大部分计算任务都采取的是批处理的形式。批处理也依赖数据仓库，需要从数据仓库中获取数据的模式、层级、主题、血统等信息，以及使用数据仓库进行中间结果的存储等。

批处理和数据仓库在大部分企业级大数据应用场景下都是密不可分的。

3．什么是数仓分层，为什么要做数仓分层

数仓分层可以理解为将数据仓库根据用途划分为几个不同的层级，通过不同层级的划分细化数据仓库中的数据架构，提高查询、使用的效率。

举例来说，对于一个原始数据表，在针对特定场景进行查询、分析时，往往需要进行大量的处理、清洗、转化等操作，而不同的查询、分析场景可能对应不同的处理流程，如果每个场景都需要从源头开始执行查询、处理操作，则查询效率极低（体现为计算的复用性低）且复杂度极高（体现为链路过长、依赖复杂、层级混乱）；而通过引入数仓分层的概念，将数据划分为不同层级，则可以构建出清晰的数据架构、建立好数据血缘关系，允许复用中间结果，精简查询链路，有效避免重复计算、重复开发等，并最终达到提高整体系统效率及可靠性的目的。

数仓分层的核心思想可以归纳为解耦、以空间换时间。

数仓分层的方式很多，一般来说，会将其分为以下 3 层。

- ODS（Operation Data Store，数据引入/操作数据）层：用于存放未经过处理的原始数据，是后续层的基础。
- CDM（Common Data Model，通用数据模型）层：由 ODS 层数据加工而成，可以简单将其理解为中间层，目的在于构建可复用的中间表。CDM 层又可以细分为DWD（Data Warehouse Detail，数据明细）层、DWM（Data Warehouse Middle，数据中间）层、DWS（Data Warehouse Service，公共汇总）层。
- ADS（Application Data Service，数据应用）层：存放面向应用的具体统计指标数据，是基于 ODS 层和 CDM 层加工而成的。

有的分层方法也会将数仓划分为 ODS 层 / DW（数据仓库）层/ ADS 层。不同分层方法的主要差异体现在命名方式和侧重点上，但核心思想不会有太大差异。

4．什么是湖仓一体

湖仓一体简单来说就是将数据湖和数据仓库打通、融合，使数据可以在数据湖、数据仓库中自由流动，减少重复建设，提高数据应用效率。

数据仓库中存储的是结构化数据，对于入库的数据，需要先进行模式（Schema）的定义；而数据湖中的数据格式不限，结构化、半结构化、非结构化数据都可以自由存储，也不需要预先定义模式。

数据湖提供了很高的自由性，但是缺点是在缺乏模式的情况下，对于数据的识别、处理、使用，会花费更高的成本，简而言之，即前期使用成本低，但是后期使用成本高。而相对的数据仓库的前期构建成本较高，因为前期需要进行大量的数据调研、主题的划分、数仓的分层等设计工作，但是后期使用时就相对轻松。

数据仓库和数据湖并不是对立的关系，湖仓一体的核心思想就是将数据湖、数据仓库

的优势充分结合，并互补彼此的劣势。

湖仓一体的概念、内涵非常庞大，本书仅进行部分介绍，对于具体内容，读者可在后续的学习中进行深入探索。

5. 既然 Spark SQL 这么强大，为什么还要继续使用 Hive

Spark 本身只是一个计算引擎，而 Hive 是一个数据仓库，即 Hive 可以提供有效的元数据管理，而 Spark 不具备此功能，Spark 依赖于 Hive 提供的元数据，而且 Hive 也可以使用 Spark SQL 作为其计算引擎。

6. 即席查询和批处理的关系

即席查询（Ad-Hoc）是指用户根据自己的业务需求自由选择查询条件，对数据系统进行查询，并返回相应数据。

即席查询和普通应用查询的最大区别在于，一般的应用查询任务是定制开发的，只能满足特定的查询条件。例如，一份定制的报表可以选择不同时间的数据呈现，但是不能在现有报表的维度、指标基础上新增、修改其他的维度、指标数据。

而即席查询可以做到自由选择查询条件，即可以任意增加、修改维度、指标数据。

从技术角度来看，普通应用查询固化了一段查询逻辑，并从其中抽象出某些特定的接口，以供用户临时修改、选择，是相对静态的；而即席查询先将用户传入的查询意图"编译"为特定的查询逻辑、查询语句（如 HQL 语句），然后执行查询操作，是相对动态的。

即席查询的最大优势在于赋予了业务人员更自由地进行数据探索、分析的能力。

即席查询通常也是根植于数据仓库的，与批处理有一定的相关性，因为其实质就是一个由用户自定义的批处理。但在日常语境下，两者又有一定的细微差别，体现在即席查询更强调是一种临时的、突发的、多变的数据处理过程，而批处理通常指的是定时的、按计划调度的、逻辑相对稳定的处理过程。延伸出来的问题即针对相对固定的批处理，可以有相对充分的时间由操作人员来进行优化，从而提高查询效率；而即席查询则很难，更多地需要数据仓库系统内部自动优化，因此对数据仓库的要求也更高。

第 **8** 章

流处理

知识导览

- 流处理概述
- 流处理的依赖条件
- 流处理的技术选型
- Python操作Structured Streaming实现流处理
- 案例：某B2C企业基于Structured Streaming实现实时话题热榜统计

8.1 流处理概述

流处理相对于批处理而存在，解决的核心问题是降低数据从产生、处理到应用的延迟，即当数据产生后，立即进行处理并推送给下游实时应用。一般的延迟时间在毫秒级别。

8.1.1 流处理的核心概念

流处理是针对无限数据实现低延迟、无限处理的处理机制，能够实现该机制的系统就是流处理系统。这里突出的是 3 个核心概念。

- **无限数据**。无限数据指数据不停地产生，类似于"流水"。无限数据是流处理的基础，如果没有无限数据，那么流处理由于无法针对流数据进行处理并得到最新的结果，因此也就失去了流处理的意义。
- **无限处理**。无限处理是指在无限数据基础上无穷尽地执行特定的处理操作，而且该操作没有停止状态。这种状态类似于程序中的 While True 的工作状态。
- **低延迟**。低延迟是流处理在时间上的显著性特征，当数据实时产生、实时进入流处理系统后，数据就被直接处理掉。它不会像批处理那样，需要等待一个特定的触发时间（如每天、每小时）进行处理操作。

8.1.2　流处理的 3 个特征

流处理与批处理相比具有很多差异性,其中最主要的差异特征包括时序特征、低延迟、不可预知性。

- **时序特征**:包括数据的时序特征和处理的时序特征。流处理的数据一般都带有明确的时序标识,如时间戳、序列号等,以此来标记不同数据的状态或序列关系。在流处理过程中,先处理先进入的数据,后处理后进入的数据。在某些情况下(如针对过去特定窗口内的数据进行处理的微批处理模式),可能会存在一起处理先后数据的情况,但不会出现后进入的数据比先进入的数据先被处理的情况。
- **低延迟**:从流数据产生到进入流处理系统并完成处理经过了 3 个时间,分别是数据时间、同步时间、处理时间,分别对应数据何时产生、何时被"传输"到流处理系统、何时被处理。
- **不可预知性**:由于流处理的数据对象不是预先选择或确定好的,只能"被动"接收并处理数据,因此可能面对很多不可预知的问题,主要体现在数据量级的不可预知性及数据质量的不可预知性上。这些都会给流处理系统的容错性、稳定性、可靠性等带来挑战。

8.1.3　流处理的适用/不适用场景

流处理的典型适用场景如下。

- **事件驱动的应用**:根据特定事件对应的逻辑触发对应的操作或应用,如实时更新数据、触发业务应用、推送信息到另一个业务系统等。常见的使用场景如实时推荐、复杂事件处理、模式识别等。
- **实时分析**:基于流处理引擎,可以将实时数据接入分析、查询或可视化系统中,持续地随着事件的发生更新结果或得到最新发现。这种分析模式在重大事件发生或需要持续观测数据反馈的场景下非常有用, 如"双 11"等大型促销场景。
- **数据同步管道**:流处理作为数据处理的一种模式,可以实现对数据的清洗、转换、加工等,能实现与传统 ETL 类似的功能。因此,流处理可以作为数据同步的管道,能利用自身的低延迟特性为后续服务提供更"新"的数据应用机会。
- **物联网应用**:物联网广泛应用于智能交通、智能家居、智能工业、公共安全、智慧城市等领域。在很多领域中,流处理都发挥着重大作用。以智能交通中的智能驾驶为例,汽车自动对交通线路上的各种数据做实时采集后,需要立即在云服务中心或终端设备上进行处理,整个过程必须是低延迟的,因此,流处理是物联网中的一个基础应用。

流处理的典型不适用场景如下。

- **针对大规模数据的应用**:主要指传统批处理的作业任务,包括报表类分析、统计分析、ETL、数据挖掘、机器学习、自然语言处理、离线数据同步等。由于数据集量级比较大，所以如果使用流处理系统，那么需要的时间会比较长，也就无法体现流处理的低延迟对业务应用的价值。

- **模型训练阶段的应用**：在数据应用中，有些场景可能用到算法或模型。算法或模型的应用分为模型训练和模型应用（主要是预测）两个阶段。在模型训练阶段，由于数据量级大、过程环节多，以及需要反复调参或自我学习，因此花费的时间很长，也就不能满足流处理的低延迟需求了。
- **必须要有延迟的应用**：在有些数据应用场景下，必须要具备一定的延迟条件，这些延迟条件往往基于特定的业务规则或需求产生。例如，当用户将商品加入购物车后，如果用户没有完成提交订单操作，那么一般在过一段时间后才会提示用户并推送促销信息，因为此时用户仍然处在正常的转化周期内，所以如果立即推送促销信息，则可能会给用户的购物体验带来负面影响。
- **没有必要的应用**：在某些业务场景下，数据处理可以任意使用流处理或批处理作业。一般情况下，对于相同的数据处理需求，批处理的硬件成本要低于流处理。另外，由于批处理的技术成熟、企业内应用广泛，所以直接使用批处理进行开发可以极大地缩短开发周期，节省人力资源的投入。

8.2 流处理的依赖条件

流处理作为数据从生产到消费的中间环节，要真正发挥其作用必须依赖前、后两端。如图 8-1 所示，在流处理之前的数据生产环节，需要能拿到实时的事件数据流；在流处理之后的数据消费环节，数据应用也必须具有低延迟的应用场景和价值。

图 8-1 流处理过程

8.2.1 流数据

常见的流数据包括服务器日志数据、IoT（Internet of Things，物联网）数据、网站或应用事件数据、社交媒体数据、订单数据等。

- **服务器日志数据**：包括所有关于服务器端得到的外部请求和访问数据，用于网络入侵检测、实时流量监控、服务检测和统计等。
- **IoT 数据**：物联网数据，实时采集物联网终端数据并支持在"云"（远程云服务中心）或"端"（本地终端处理中心）实现流处理。

- 网站或应用事件数据：包括 Web 站点、移动站点、小程序站点、App 站点上的所有用户行为数据，用于实时用户画像分析、个性化推荐等。
- 社交媒体数据：包括社交媒体上的用户评论、转发、点赞、发帖等行为，用于实时舆情检测、情报收集等。
- 订单数据：包括订单客户、商品、金额、状态、支付、收货人等信息，用于实时屏蔽恶意订单、网络刷单、黄牛订单等。

流数据进入流处理系统一般需要通过消息队列、管道流或消息中间件的方式，常见技术包括 Kafka、Flume 及各种 MQ 技术栈。关于消息队列的更多信息，请参考第 4 章的内容；关于企业内部日志数据采集的更多信息，请参考"2.2 节企业内部流量数据采集技术选型"。

8.2.2 流式应用

流处理的应用端（消费端）支持流式应用和非流式应用。其中，非流式应用包括数据进入持久化存储系统（如数据仓库、HFDS、RDMBS、K-V 数据库、文件存储等）、报表分析系统、ETL 或作为其他应用的上游环节。

只有流式应用才能使流处理作业变得有意义。例如，如果流处理以毫秒级别获得数据并推送给报表分析系统，但由于报表的使用频率为小时级别，使得流处理的结果并没有被有效利用，则流处理在该场景下也就失去了意义。

8.3 流处理的技术选型

本节介绍常见的流处理技术的选型及其相关知识点。

8.3.1 流处理的 3 种技术

常见的企业内主流的流处理技术包括 Storm、Spark Streaming 和 Flink。

1. Storm

Storm 是最早出现的流处理技术之一，是 Twitter 开源的分布式实时大数据处理框架。Storm 在传统行业及互联网发展早期应用广泛，包括金融、保险、银行及传统大型互联网企业的早期项目。

Storm 的特点和优势如下。

- 低延迟：这是流处理系统的基础，Storm 几乎能满足一切低延迟的数据应用需要。
- 高性能：每毫秒支持几百万条级别的事件处理。
- 健壮性强：集群管理简便，节点重启不影响应用。
- 可扩展性高：使用分布式集群实现横向拓展，使用 ZooKeeper 协调集群的服务配置。

- 容错性好：消息处理过程中出现异常，Storm 会进行重试；受益于分布式处理机制，在少量节点出现问题时，不会影响整个集群。
- 支持 SQL：支持在流处理上通过 SQL 查询和处理数据。
- 运维简单：只需在安装少量的依赖库的基础上就能实现系统部署；同时，提供 UI 以 Rest API 等多种方式对集群进行管理。
- 数据不丢失：使用 ACK 消息追踪框架和复杂的事务性处理机制能够保证数据不丢失。这是 Storm 与其他流处理系统最主要的区别，是保险、金融、银行等对数据完整性和质量度要求极高的行业选择 Storm 最主要的原因之一。

Storm 的不足如下。

- 多语言支持不足：基础编程都是通过 Java 实现的，虽然支持其他语言（如 Python、Ruby、Perl 等），但支持的能力非常有限。
- 应用仅局限于流处理：Storm 在流处理上非常优秀，但也仅仅只能解决流处理问题，相对于其他技术，其适用面太窄。例如，Flink 支持流批一体，且自己带有机器学习库；Spark Streaming 和 Structured Streaming 本身就是基于 Hadoop 生态的，一套技术框架几乎可以解决任何问题。

2. Spark Streaming 和 Structured Streaming

Spark Streaming 是 Spark 的一个子套件，默认集成在 Spark 技术框架中。由于 Spark 根植于 Hadoop 生态之上，可以方便地与 Hadoop 内的其他技术框架集成使用，因此 Spark Streaming 天然继承了这种特性。

除了具备健壮性强、可扩展性高、容错性好、支持 SQL、运维简单等特性，Spark Streaming 的独特优势源自其 Hadoop 生态的完整性。

- Spark Streaming（借助 Spark 和 Hadoop）能同时适用于流处理和批处理两种场景，因此，只需一套技术框架即可；集群运维、部署、管理和协调方便。
- Spark 包括 Spark Streaming、Structured Streaming、Spark DataFrame、Spark SQL、Spark Machine Learning、GraphX，使用一套技术框架能够满足几乎所有的应用需求，特别是涉及复杂场景下的机器学习、图计算等，这些在 Spark 中都是"开箱即用"的。
- API 简单实用、帮助文档清晰规范，开发语言支持 Python、Java、Scala、R 等常用语言，能满足更多的技术栈的开发需求。

当然，Spark Streaming 虽然看似全能，但仍然存在短板，最主要的问题在于延迟性较高。Spark Streaming 虽然可以归为流处理系统，但其延迟性要到秒级别（Storm 和 Flink 是毫秒级别）。Spark Streaming 把流处理作为批处理的一个特例，通过更小的时间窗口、以微批次（micro-batches）的方式来满足近乎"实时"且"低延迟"的需求。

例如，假设 Spark Streaming 的数据处理时间窗口为 1 秒（也可以设置为其他时间），那么这个时间内无论进来多少数据量，系统都不会处理，只有到达时间了才能触发处理机制。

从 2016 年开始，Spark 启动了 Structured Streaming 项目，这是一个基于 Spark SQL 的全新流式计算引擎。Structured Streaming 将数据对象抽象成一个无限表格，而流数据则作为新的数据记录被不断追加到表格中。Structured Streaming 与 Spark Streaming 相比，主要差异在于如下 5 方面。

（1）多种触发机制，特别是连续处理机制。

Structured Streaming 不再采用微批次的方式处理数据，而是采用触发间隔（Trigger Interval）模式处理数据。在 Structured Streaming 中，支持一次（One-time）、微批次、连续（Continuous）3 种触发器模式。

连续意味着只要数据进入系统就直接处理而无须等待，配合上游的流数据进入，能实现真正意义上的无限数据流处理模式。

（2）毫秒级延迟。

在 Structured Streaming 使用连续数据处理模式时，其工作逻辑与 Storm、Flink 流处理相同。如图 8-2 所示，在输入的事件流中，epoch 是最小的数据处理单位。当数据进入 Spark 引擎中时，连续模型能保证每个进入的数据都可以被处理，即只要有数据就会进行处理，这种机制保证数据能在毫秒级别上被处理。毫秒级别的延迟让 Structured Streaming 具备与 Storm 和 Flink 相同的低延迟能力。

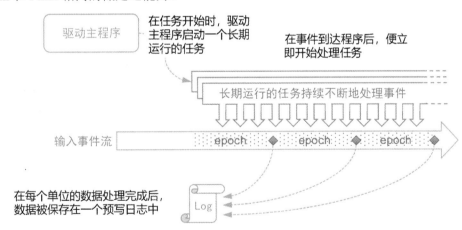

图 8-2　Structured Streaming 使用连续数据处理模式

（3）使用数据产生时间，而非系统处理时间。

Structured Streaming 使用数据产生时间带来的好处是让处理时间真正与数据时间（Event Time）相一致，更能满足实际作业需求。在 Spark Streaming 中，处理时间是系统工作时间而非数据产生时间，这种模式会导致在特定情况下出现问题。例如，假设指定

Spark Streaming 的处理间隔是 1 秒，Spark Streaming 在 12:00:01 执行任务时，处理的是 12:00:00 到 12:00:01 之间的所有数据，理论上数据都应该是在这个时间周期内产生的；但可能由于数据传输或其他原因导致其中出现了一条在 11:59:57 产生的数据，这种情况会导致数据不准确。

Structured Streaming 由于使用的是数据产生时间，所以在指定相同的触发器模式下，仅处理 12:00:00 到 12:00:01 之间产生的数据（而不处理 12:00:00 到 12:00:01 之间收到的数据）。当然，Structured Streaming 也可以通过水印机制来设定数据有效期，这样能解决由于数据同步机制导致的数据延迟而无法正常被处理的问题。关于水印机制的更多内容，将在 8.4 节中介绍。

（4）提供更高级的 API。

Spark Streaming 的 API 封装过于初级，使用起来的学习成本高、开发难度大、开发体验差。Structured Streaming 基于 Spark SQL 封装，因此可以使用 Spark SQL 的工作模式和语法实现流处理，其好处体现在以下几方面。

- 上手容易、降低开发工作量、提升开发效率及体验。
- 在流批一体的开发中，基于 Spark SQL 的统一语法，开发者更容易在两套应用需求中复用代码。

（5）性能提升。

由于 Spark SQL 在执行时做了很多优化工作（如计划优化、CodeGen、内存管理），因此，Structured Streaming 集成了 Spark SQL 的高性能和高吞吐量优势。

3．Flink

Flink 是一个开源的、支持流批一体的分布式计算框架，流处理只是 Flink 支持的应用的一个子集。Flink 几乎具备 Storm 和 Spark 的所有优点，包括高性能、低延迟、健壮性强、可扩展性好、容错性好、支持 SQL、运维简单、多语言支持（Scala API、Java API、Python API）等。Flink 与 Structured Streaming 的特性非常类似，与 Storm 和 Spark Streaming 相比，其核心优势如下。

- Flink 支持流批一体，能同时处理流处理和批处理任务，这点是 Storm 不具备的。此外，在应用层，Flink 也提供了众多库用于完成多种数据处理任务，如 Flink ML（机器学习库）、Gelly（图计算库）、Table API（流批一体的基于表的操作库）。
- Flink 的流处理是基于 Event 级别的低延迟处理，这是 Flink 相对于 Spark Streaming 最大的不同。相比于 Spark Streaming 把流处理作为批处理的一个特例，Flink 的逻辑正好相反，它把批处理作为流处理的一个特例。Flink 的时间窗口定位非常灵活，包括 time、count、session 及 data-driven 等，窗口可以通过灵活的触发条件来定制，以支持复杂的流式计算模式。

当然，Flink 由于起步晚，社区生态完整度，以及 API、帮助信息的成熟度不如 Storm

和 Spark，这需要更多的时间实现知识的积累和文档的迭代更新。

8.3.2 流处理选型的 7 个技术因素

在流处理选型过程中，主要考虑的技术因素如下。

- 延迟性：低延迟是流处理的核心，理论上延迟时间越短越好。一般的时间延迟要求为毫秒级别，其次为秒级别。
- 吞吐能力：代表系统的处理能力，即可以同时处理多少个事件。吞吐能力越强，也就越容易应对数据并发问题。因此，吞吐能力越强越好。
- 容错性：容错代表当发生异常时，数据不会丢失及保证数据结果正常。流处理系统需要通过一定的机制保障在任何情况下数据都是可用的且是 100%可靠的。
- 高级 API：如果流处理技术能够提供更高级的 API，就能用更简单、高效的方式实现功能开发；如果流处理技术能够提供多个层次的 API，如提供底层、中层和高层 API 来分别面对不同级别的开发需求，就更能满足定制化及复杂的开发需求。
- 社区成熟度：流处理技术所在的社区越成熟，其技术更新、问题修复、版本迭代、技术讨论等也会更加迅速、完善和充分，在解决具体技术问题时也会更加游刃有余，可以选择的解决方案和技术路线也就更多。
- 应用场景：流处理和批处理是企业数据处理的两个分支。在进行技术选型时，考虑到企业未来的应用需求，选择具有流批一体特性的技术更容易满足更多应用需求。
- 企业历史"包袱"：很多企业内部可能已经存在大数据系统或批处理作业。如果企业需要沿袭之前的技术路线，或者流处理需要依赖历史技术项目，那么需要考虑新的流处理技术所依赖的库、工具、环境等是否能满足要求。

提示：在流处理出现之前，批处理是大数据作业的主要模式，很多企业构建的大数据系统几乎都基于 Hadoop 生态。当 Spark 出现之后，以批处理为主的计算模式演变为支持流批一体的计算模式，因此，企业的历史项目可以继续使用 Hadoop+Spark 技术路线来满足流批一体需求，而无须推翻重来。

8.3.3 流处理技术选型总结

这里总结本节涉及的流处理技术及技术选型维度，如表 8-1 所示。

表 8-1 流处理技术选型总结

流处理技术	Storm	Spark Streaming	Structured Streaming	Flink
延迟性	低，毫秒	高，秒	低，毫秒	低，毫秒
吞吐能力	中	高	高	高

流处理技术	Storm	Spark Streaming	Structured Streaming	Flink
容错性	高，ACK 机制对每个消息进行全链路跟踪，当处理失败或超时时重发	高，WAL 和 RDD 机制保障数据不丢失	高，输入源、执行引擎和接收器等多个层次保障容错性	高，通过检查点机制，当发生错误时，使系统回滚
高级 API	低，需要按照特定规则编写代码	中，Spark 生态组件直接可用	高，更易用的 API，Spark 生态组件直接可用	高，机器学习、图分析、表操作处理
社区成熟度	高	高	高	中
应用场景	流处理	流处理、批处理	流处理、批处理	流处理、批处理

综合以上因素，在此列出各流处理技术适用的场景。

- Storm 适用于有高性能、高数据吞吐、无数据缺失等需求的流处理场景，特别是金融、保险、银行、证券等领域。
- Spark Streaming 适用于对延迟要求不高（如可以容忍到秒级别）的场景，无论是企业历史技术项目的延续、功能开发、社区活跃度，还是运维管理都很简单方便。但 Spark Streaming 由于自身定位问题，可能会慢慢被 Structured Streaming 取代，Spark 官方将其定义为 old API。
- Structured Streaming 适用于对流处理、批处理都有要求，且对流处理的延迟性要求高（毫秒级别）的场景。它几乎具备 Spark Streaming 的所有优势，如果侧重于 Hadoop 技术生态体系，或者拥有众多的 Hadoop、Spark 技术项目，那么 Structured Streaming 更加合适。
- Flink 适用于企业对流处理、批处理都有需求的场景，尤其在不存在历史"包袱"时，选择一个能够满足未来各种场景需求的全新技术框架更加务实、可靠。随着社区、生态的不断完善，Flink 的发展会更加成熟、稳定，易用性和开发便捷性会更好。

8.4　Python 操作 Structured Streaming 实现流处理

8.4.1　安装配置

1. Spark 准备

关于 Hadoop 和 Spark 的安装与配置，会在附录 B 中介绍，这里不再赘述。

2. PySpark 配置

在默认情况下，配置完成后，已经可以正常使用 PySpark 了。当然，读者也可以手动更新其中的配置信息。例如，默认的 EMR 或 PySpark 是基于之前的 Python 2 或 Python 3

配置的，可以将其更改为其他 Python 版本，如 Python 3.8。这里介绍自定义修改方法。

使用 find / -name spark-env.sh 找到 spark-env.sh 文件路径，如本书中的路径为/bigdata/libs/hadoop/spark-3.1.2-bin-hadoop3.2/conf/spark-env.sh。

使用 vi 命令打开上述路径文件 vi /bigdata/libs/hadoop/spark-3.1.2-bin-hadoop3.2/conf/spark-env.sh，并在文件中默认添加如下配置信息。

- export PYSPARK_DRIVER_PYTHON=ipython3。
- export PYSPARK_PYTHON=python3。

上面两条配置信息分别用于配置 PySpark 交互命令行使用 IPython 3，Python 版本使用 Python 3。这里需要注意的是，IPython 3 和 Python 3 都已经在系统环境变量中配置好链接指向，如果未经过配置，则需要使用绝对路径。例如：

```
export PYSPARK_DRIVER_PYTHON=/usr/bin/ipython3
export PYSPARK_PYTHON=/usr/bin/python3
```

这种绝对路径的配置方式适用于系统环境内存在多个 Python 版本的情况，由于无须修改全局变量，因此不会影响其他已经在用的应用程序。

注意：如果使用 Spark 集群模式，那么集群的每个节点都需要做相同的修改，而不能只修改 Master（主）节点。

上述修改完成后，保存配置信息，重启 Spark 服务使配置信息生效。在系统终端输入 "pyspark" 进入交互窗口，提示信息如下（显示信息可能有差异，具体取决于 Spark 的配置情况）：

```
[root@tm ~]# pyspark
Python 3.8.8 (default, Apr 13 2021, 19:58:26)
Type 'copyright', 'credits' or 'license' for more information
IPython 7.22.0 -- An enhanced Interactive Python. Type '?' for help.
22/03/28 10:42:20 WARN Utils: Your hostname, tm resolves to a loopback address: 127.0.0.1; using
192.168.0.54 instead (on interface em1)
22/03/28 10:42:20 WARN Utils: Set SPARK_LOCAL_IP if you need to bind to another address
22/03/28 10:42:21 WARN NativeCodeLoader: Unable to load native-hadoop library for your platform...
using builtin-java classes where applicable
Welcome to
      ____              __
     / __/__  ___ _____/ /__
    _\ \/ _ \/ _ `/ __/  '_/
   /__ / .__/\_,_/_/ /_/\_\   version 3.1.2
      /_/

Using Python version 3.8.8 (default, Apr 13 2021 19:58:26)
Spark context Web UI available at http://192.168.0.54:4040
```

Spark context available as 'sc' (master = local[*], app id = local-1648435344774).
SparkSession available as 'spark'.

In [1]:

提示：在默认情况下，Python 第三方库 PySpark 已经包含在官方的 Spark 发行版本中，如果读者使用自定义安装的方式，则可以使用 pip3 install pyspark 进行安装。

8.4.2 基本示例

在通过 PySpark 操作 Structured Streaming 时，主要需要定义数据源（Source）、流处理过程和数据输出函数。

1．定义数据源

Structured Streaming 支持的数据源包括文件（或文件系统）、Socket、Rate、Kafka，如表 8-2 所示。

表 8-2　Structured Streaming 支持的数据源

数据源类型	说　明	主要通用参数
文件（或文件系统）	格式包括 text/csv/json/orc/parquet 等	path：文件路径 schema：数据框的结构信息 maxFilesPerTrigger：每个时间间隔触发器中要考虑的最大新文件数（默认：无最大值） latestFirst：是否首先处理最新的新文件，当有大量的文件积压（默认：False）时有用 fileNameOnly：是否仅根据文件名而不是完整路径检查新文件（默认：False） maxFileAge：文件最长有效期（默认：1 周） cleanSource：处理完成后操作，可选值为 archive(归档)、delete（删除）、off（关闭，默认值）
Socket	从一个连接中读取 UTF-8 编码格式的文本数据，用于演示、测试场景	host：主机 port：端口号
Rate	以一定速率生成模拟数据，每条数据包含时间戳和值，用于演示、测试场景	rowsPerSecond：每秒生成的记录数量，默认为 1 numPartitions：分区数量，控制 Spark 的并行度
Kafka	支持 Kafka 0.10.0 以上版本	kafka.bootstrap.servers：Kafka 主机信息 subscribe：订阅的主题

下面定义所有的数据源功能，供读者学习了解：

```
1   def get_source(source_format='text'):
2       if source_format in ['text', 'csv', 'json', 'orc', 'parquet']:
3           return spark \
4               .readStream \
5               .format(source_format) \
6               .option('path', f"/bigdata/test/pyspark/source/{source_format}/*") \
7               .schema(StructType().add("value", "string")) \
8               .load()
9       elif source_format == 'socket':
10          return spark \
11              .readStream \
12              .format("socket") \
13              .option("host", "localhost") \
14              .option("port", 9999) \
15              .load()
16      elif source_format == 'rate':
17          return spark \
18              .readStream \
19              .format("rate") \
20              .option("rowsPerSecond", "100") \
21              .load()
22      elif source_format == 'kafka':
23          return spark \
24              .readStream \
25              .format("kafka") \
26              .option("kafka.bootstrap.servers", "localhost:32768,localhost:32769,localhost:32770") \
27              .option("subscribe", "words1,words2") \
28              .load()
```

上述代码通过函数定义了完整的数据源，通过后期执行时设置的 source_format 来指定不同的数据源类型。

（1）定义文件系统数据源。

代码 2 到代码 8 定义了文件类数据源，实现逻辑如下。

- 基于 Spark 使用 readStream 获取数据源对象，这是固定用法。
- 使用 format 方法指定数据源类型。这里调用 source_format 动态传参，format 可选值除 text/csv/json/orc/parquet 外，还有 socket、rate 和 kafka（后面会介绍这 3 个数据源类型）。
- 使用 option 方法设置数据源属性。这里设置了数据源路径，基于 source_format 动态读取对应目录下的数据；这里使用/*，这样，该路径下的所有文件（含子路径中的文件）都可以被读取；如果使用/，则只有该目录下的文件才能被读取。option 方法用于设置数据源配置信息，设置模式为(key,value)，如代码中的 path；也可以使用 options 设置，可同时设置多个配置信息，设置方法改为 key=value，如 options ('path'=f'/bigdata/test/pyspark/source/{source_format}/*')。

- 使用 schema 设置数据结构。该数据结构支持使用 pyspark.sql.types.StructType 格式或 Spark SQL 中的 DDL（数据库模式定义语言）格式的字符串定义。这里定义的是数据包含 1 列，列名为 value，类型为 string。在默认情况下，如果不事先定义 schema，那么可以通过设置 spark.sql.streaming.schemaInference=true 让系统根据进入的数据自动判断，但这样会增加系统计算耗时。在流处理场景（要求低延迟）下，一般都手动指定 schema。
- 使用 load 方法加载数据源，这也是固定用法。如果使用下面提到的 5 种封装好的文件方法，则不需要增加 load 方法。

在 Structured Streaming 中，默认封装了针对上述 5 种文件格式的读取方法，因此，如果只使用一种方法读取文件，则可以选择更简单的语法代替。

- 读取 text：spark.readStream.text("/bigdata/test/pyspark/source/text/*")。
- 读取 CSV：spark.readStream.csv("/bigdata/test/pyspark/source/csv/*", schema=Struct Type().add("value", "string"))。
- 读取 JSON：spark.readStream.json("/bigdata/test/pyspark/source/json/*", schema=Struct Type().add("value", "string"))。
- 读取 ORC：spark.readStream.schema(StructType().add("value", "string")).option("merge Schema", True).orc("/bigdata/test/pyspark/source/orc/*")。
- 读取 Parquet：spark.readStream.schema(StructType().add("value", "string")).option("merge Schema", True).parquet("/bigdata/test/pyspark/source/parquet/*")。

注意： 文件系统的 path 需要设置的是路径名称，而不是文件名称，否则会出现 StreamingQueryException: 'Option \'basePath\' must be a directory 错误。另外，在读取 Parquet 文件时，这里没有设置检查点，该设置将在 Spark 全局配置中完成。

除了上面通用的参数配置项目，每个文件读取过程中都可以通过 option 指定更多配置信息。

text：使用 wholetext（值为 True 或 False）指定是否将完整文件内容读取为一行，功能等同于 Python 对普通文本文件使用的 read 方法；使用 lineSep（值为字符串，如\r、\r\n、\n）指定行分隔符。

注意： 默认 text 文件为 UTF-8 编码格式。

CSV：使用 sep（值为字符串，如,和\t 等）设置每列的分隔符；使用 encoding（值为字符串，如 UTF-8）设置文件字符编码；使用 quote（值为字符串，如"）设置特定字符串转移，保留字符串并成为值的一部分；使用 header（值为 True 或 False）设置是否使用第一行作为列名；使用 nullValue（值为字符串）和 nanValue（值为字符串，默认为 NaN）分别设置空值及非数字值的对象。

JSON：使用 multiLine（值为 True 或 False）设置 JSON 数据为每行一条数据（默认）还是一条数据可以跨多行表示；使用 allowComments（值为 True 或 False）设置是否忽略 Java/C++风格的代码注释；使用 dateFormat（值为字符串，默认为 yyyy-MM-dd）设置日期格式；使用 prefersDecimal（值为 True 或 False）设置是否对浮点型数值优先选择 decimal 类型，这种精度控制在对数字严谨性有较高要求的场景下非常有用。

ORC 和 Parquet：使用 mergeSchema（值为 True 或 False）设置是否合并 ORC 拆分文件的 Schema 信息。

（2）定义 Socket。

代码 9 到代码 15 实现了从 Socket 中读取文本信息的功能。代码的逻辑与文件定义类似，区别在于 format（固定设置为 socket）和 option 的值发生变化。其中的 host 和 port 用于指定 Socket 所在的主机与端口信息，在实际测试中，读者需要填写真实可用的主机和端口。

（3）定义 Rate。

代码 16 到代码 21 实现了以一定速率产生模拟数据的功能。代码的逻辑与文件定义类似，区别在于 format 和 option 的值发生变化。在参数中，除了 rowsPerSecond，还可以设置 rampUpTime、numPartitions 来控制数据生成细节。

注意：在 Rate 生成数据过程中，数据源的 schema 包含两列，分别为 timestamp（Timestamp 类型，数据产生时间）、value（Long 类型，从 0 开始递增），这个无法自定义，否则会报 RateStreamProvider source does not support user-specified schema 错误。而在 Socket 中则可以根据需求定义任何格式。另外，受限于 numPartitions 和 CPU 核数等因素，系统可能无法达到指定的数据产生速率，如在 1 核 CPU 1GB 的配置上每秒产生 100 亿条记录是无法实现的。

（4）定义 Kafka。

Kafka 是实际生产环境中使用最多的流处理数据源。代码 22 到代码 28 实现了数据源定义功能。这里仅需通过 format（固定设置为 kafka）和 option 来定义配置信息。在 option 中，可以完成以下设置。

- kafka.bootstrap.servers 用于定义 Kafka 的集群地址，支持使用逗号分隔的多个服务器，每个服务器需要按照 IP:PORT 的格式定义。
- subscribe 用于定义 Kafka 的 Topic 信息，即需要流处理系统处理哪些 Topic；多个 Topic 使用逗号分隔。与 subscribe 功能相同的还有 subscribePattern 和 assign 参数。其中，subscribePattern 支持正则表达式，可以批量匹配、默认更灵活，如代码中的

option("subscribe", "words1,words2")可以写成 option("subscribePattern", "words.*");
assign 使用 JSON 的方式配置数据源的 Topic。这 3 个参数只能使用一个来指定
Topic。

除了上面两个参数，其他参数在实际开发中也可能用到，如表 8-3 所示。

表 8-3　Kafka 数据源的其他设置参数

参　　数	值　说　明	默　认　值	适　用　场　景	设　置　说　明
startingOffsetsByTimestamp	JSON 字符串，如 """ {"topicA":{"0": 1000, "1": 1000}, "topicB": {"0": 2000, "1": 2000}} """	None	流处理和批处理	指定查询开始的时间戳偏移量
startingOffsets	字符串（仅供流处理使用），可选值为 earliest 或 latest JSON 字符串，如 """ {"topicA":{"0":23,"1":-1},"topicB":{"0":-2}} """	流处理为 latest，批处理为 earliest	流处理和批处理	指定查询开始的偏移量，通过 earliest（最早）、latest（最新）或自定义 JSON 字符串定义
endingOffsetsByTimestamp	JSON 字符串，如 """ {"topicA":{"0": 1000, "1": 1000}, "topicB": {"0": 2000, "1": 2000}} """	latest	批处理	指定查询结束的偏移量，通过时间戳定义
endingOffsets	latest 或 JSON 字符串，如{"topicA":{"0":23,"1":-1},"topicB":{"0":-1}}	latest	批处理	指定查询结束的偏移量，使用最新（latest）或自定义 JSON 字符串定义
failOnDataLoss	true 或 false	true	流处理和批处理	当数据丢失时是否查询失败
kafkaConsumer.pollTimeoutMs	long	120000	流处理和批处理	从 Kafka 获取数据时的超时时间，以毫秒定义
fetchOffset.numRetries	int	3	流处理和批处理	从 Kafka 偏移量中查询失败前的重试次数
fetchOffset.retryIntervalMs	long	10	流处理和批处理	从 Kafka 偏移量中重试等待的时间（毫秒）
maxOffsetsPerTrigger	long	none	流处理和批处理	每个触发间隔处理的最大偏移量的速率限制
minPartitions	int	none	流处理和批处理	从 Kafka 读取所需的最小分区数
groupIdPrefix	string	spark-kafka-source	流处理和批处理	流处理查询时的组 IP 标识符前缀
kafka.group.id	string	none	流处理和批处理	从 Kafka 查询时使用的组 ID

续表

参　　数	值　说　明	默　认　值	适 用 场 景	设 置 说 明
includeHeaders	boolean	false	流处理和批处理	是否在查询记录中包含 Kafka 的头信息

2．定义流处理过程

为了更好地演示功能，这里定义了 3 类简单的流处理过程：

```
1    def streaming_process(lines, process_type='agg'):
2        if process_type == 'agg':
3            return lines.select(
4                fn.explode(
5                    fn.split(lines.value, " ")
6                ).alias("word")
7            ).groupBy("word").count()
8        elif process_type == 'map':
9            return lines.selectExpr("CAST(value AS STRING)")
10       elif process_type == 'select':
11           return lines
```

这段代码定义了流处理过程函数，函数从外部获得 lines（从数据源获得的 DataFrame）和 process_type，通过 process_type 指定不同的处理方式。

（1）代码中的流处理功能。

由于代码逻辑比较简单，所以这里汇总起来介绍。

代码 2 到代码 7 定义了一个聚合类操作。实现了对原始文本信息先做分词再统计分词结果的功能。其中，lines.select 用来对特定字段做处理，fn.explode(fn.split(lines.value, " "))将 lines 的值使用空格分隔开，并将分隔开的词从 1 行转换为多行，整个过程如图 8-3 所示。

图 8-3　分词并转换多行执行逻辑

在上述过程完成后，通过 lines.select(**.alias("word"))将处理结果的列名更改为 word，最后使用 groupBy("word").count()基于 word 做计数（这是核心的聚合操作），统计每个词的数量。

代码 8 和代码 9 定义了一个 map 操作。该操作首先实现将 DataFrame 中的列（列名为 value）转换为 STRING 类型的功能，然后返回转换后的结果。

代码 10 和代码 11 定义了一个简单的查询操作，直接从原始对象中查询所有数据并返回。这里直接使用 spark.sql 的查询语法定义。关于 Spark SQL 的完整语法，请读者参考 Spark 官网。

（2）Structured Streaming 支持的处理功能。

Structured Streaming 支持的处理功能都在 Spark DataFrame 和 Spark SQL 范畴之内（Structured Steaming 本身就是基于 Spark SQL 的）。Structured Streaming 支持处理的功能如下。

① 基础操作。

基础操作包括查询、过滤、聚合等。但 Spark DataFrame 和 Spark SQL 中有些常用的批处理功能是不支持流处理的，如以下几项。

- 多个 Streaming 聚合操作（如先对一个字段进行计数，再基于计数结果求和这样的链式操作）。
- Limit 和 first N 记录筛选操作。
- 使用 Distinct 对流数据进行去重。
- 排序只有在聚合操作之后且输出模式是 complete 的情况下才能使用，关于输出模式的更多信息，会在后面介绍。
- 少数外关联不被支持或有条件地支持。例如，必须在右侧关联流处理数据对象中的指定水印+时间限制以获得正确的结果，在左侧关联流处理数据对象指定水印以进行所有状态的清理。
- 有些在批处理中立即执行的操作，如 count/foreach/show/collect 等，在流处理中将不被支持，这些功能需要通过显式启动流式查询来实现。

关于 Spark DataFrame 和 Spark SQL 的基础语法，已经在第 6 章中介绍过，这里不再赘述。

② 基于事件时间的水印的窗口操作。

聚合操作是流处理经常使用的功能，这里介绍简单的聚合、带有时间窗口的聚合、带有水印的时间窗口的聚合 3 种模式。

如图 8-4 所示，这是一个简单的聚合，在没有其他过滤条件下，如果数据从 12:00:00 开始产生，那么这里聚合的数据对象包括从 12:00:00 开始之后的所有数据对象。对应的代码如下：

```
windowedCounts = words.groupBy(
    words.word
).count()
```

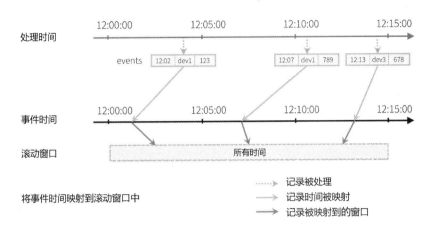

将事件时间映射到滚动窗口中

记录被处理
记录时间被映射
记录被映射到的窗口

图 8-4　简单的聚合

如图 8-5 所示，这是一个带有时间窗口的聚合，这里设置了计算窗口为 10 分钟，滑动窗口为 5 分钟，即每 5 分钟统计一次过去 10 分钟的数据，所以窗口中覆盖的数据有重叠的部分（重叠部分为 5 分钟内的数据，滑动窗口时间不能大于计算窗口时间）。对应的代码如下：

```
windowedCounts = words.groupBy(
    window(words.timestamp, "10 minutes", "5 minutes"),
    words.word
).count()
```

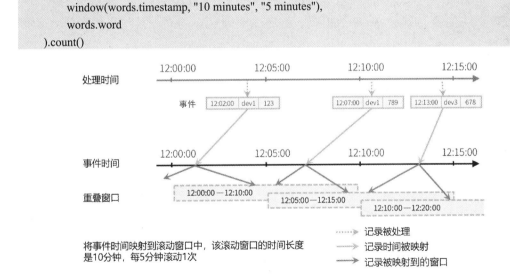

将事件时间映射到滚动窗口中，该滚动窗口的时间长度
是10分钟，每5分钟滚动1次

记录被处理
记录时间被映射
记录被映射到的窗口

图 8-5　带有时间窗口的聚合

如图 8-6 所示，这是一个带有水印的时间窗口的聚合。当由于特殊原因（如网络传输延迟）导致数据进入流系统的时间延迟时，流系统会如何处理呢？此时，可以通过水印机制来确保系统正常处理延时数据。水印机制决定了数据是否有资格参与到流处理过程中。

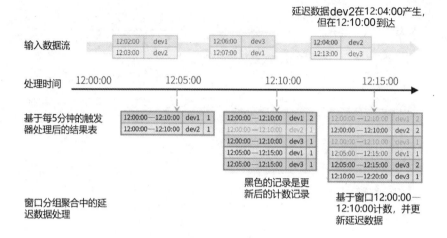

图 8-6　带有水印的时间窗口的聚合

流处理系统对延迟数据的处理分为以下两种情况。

- 如果在系统可接收的有效期内（通过水印机制设置），那么数据将被正确归类到对应的时间窗口结果内。
- 如果超出系统可接收的有效期，那么数据将不会被处理。

在图 8-6 中，延迟数据 dev2 在 12:04:00 产生，但是在 12:10:00 到达流处理系统，此时流处理系统使用 12:04:00（事件时间）作为数据时间，将其处理结果更新到对应的 12:00:00—12:10:00 时间窗口内。

在上述处理之前，系统需要识别 dev2 数据的状态是否有效，识别的条件是基于定义的水印有效期。如果系统识别的最大的事件时间在系统水印指定的有效期时间内，那么该数据就是有效的；否则数据就不会被处理。

在图 8-6 中，当前系统找到的最大的数据产生时间是 12:13:00，假设设置的水印有效期为 10 分钟，那么数据的有效期是 12:03:00—12:13:00，即当数据的事件时间在该周期内时都有效。dev2 的事件时间是 12:04:00，符合有效期条件。

上述逻辑对应的代码如下：

```
windowedCounts = words \
    .withWatermark("timestamp", "10 minutes") \
    .groupBy(
        window(words.timestamp, "10 minutes", "5 minutes"),
        words.word) \
    .count()
```

在使用水印机制时，流处理引擎要想正常工作，必须满足一定的条件，如下。

- 输出模式必须是 append 和 update，而不能是 complete。
- 聚合操作必须基于事件时间字段或事件时间的窗口字段。

- 水印的设定字段必须与聚合的字段一致，因此，df.withWatermark("time", "1 min").groupBy("time2").count()是无效的。
- 水印必须在聚合操作前使用，如 df.groupBy("time").count().withWatermark("time", "1 min")是无效的。

③ 关联。

Structured Streaming 支持流数据与静态数据（如通过非流数据源获取的 Spark DataFrame）、流数据与流数据的关联操作。

从 Spark 2.0 开始，Structured Streaming 支持流数据与静态数据的关联，支持内关联及多种方式的外关联。例如：

```
streamingDf.join(staticDf, "type")    # 流 DataFrame 和静态 DataFrame 的内关联
streamingDf.join(staticDf, "type", "left_outer")    # 流 DataFrame 和静态 DataFrame 的外关联
```

从 Spark 2.3 开始，Structured Streaming 支持流数据与流数据的关联。水印是流处理中状态管理的重要功能，在关联操作中也支持。

在内关联中，支持带有水印及不带有水印两种模式，如果带有水印，则需要在关联时通过额外两个步骤完成如下定义。

- 对输入的两个流数据对象设置水印。
- 可通过表示事件发生时间的字段或带有时间区间的条件指定关联条件。

如下代码是上面两个步骤的具体示例：

```
impressionsWithWatermark = impressions.withWatermark("impressionTime", "2 hours")
clicksWithWatermark = clicks.withWatermark("clickTime", "3 hours")

impressionsWithWatermark.join(
  clicksWithWatermark,
  expr("""
    clickAdId = impressionAdId AND
    clickTime >= impressionTime AND
    clickTime <= impressionTime + interval 1 hour
    """),
  "inner" #可使用"leftOuter"、"rightOuter"、"fullOuter"、"leftSemi"等
)
```

代码中的 impressions 和 clicks 表示两个流数据对象，分别包含广告 ID 和时间戳两个字段。

- impressionsWithWatermark 和 clicksWithWatermark 分别基于两个流数据对象的 imporessionTime 和 clickTime 设置了 2 小时、3 小时的水印有效期。
- 在 join 关联规则中，使用 expr 表示式来完成关联中的 join … on 中的条件定义。在 expr 条件中，定义的 clickAdId = impressionAdId 表示点击和曝光的广告 ID 相同，

clickTime >= impressionTime 表示点击时间必须在曝光时间之后（或同时发生），clickTime <= impressionTime + interval 1 hour 表示点击时间必须在广告曝光时间之后的 1 小时内（或同时发生）；后面的两个规则可以合并为 clickTime BETWEEN impressionTime AND impressionTime + INTERVAL 1 HOUR。

- inner 表示两个对象做内关联。

在外关联中，必须定义水印信息。整个代码实现过程与上述带有水印的内关联相同，区别在于将 inner 更换为其他外关联值即可，如 leftOuter、rightOuter、fullOuter、leftSemi 等。

在半关联中，也必须定义水印信息，其实现方式与上述带有水印的内关联相同，区别在于需要将 inner 更换为 leftSemi 等。

关于静态数据、流数据之间支持的关联模式和限制条件，如表 8-4 所示。

表 8-4 Structured Streaming 关联模式支持

左侧输入	右侧输入	inner	leftOuter	rightOuter	fullOuter	leftSemi
静态数据	静态数据	支持	支持	支持	支持	支持
流数据	静态数据	支持，不支持状态	支持，不支持状态	不支持	不支持	支持，不支持状态
静态数据	流数据	支持，不支持状态	不支持	支持，不支持状态	不支持	不支持
流数据	流数据	支持，可以选择两侧基于水印控制状态	有条件地支持，必须在右侧指定水印和时间约束，可选择在左侧指定水印	有条件地支持，必须在左侧指定水印和时间约束，可选择在右侧指定水印	有条件地支持，必须在一侧指定水印和时间约束，可选择在另一侧指定水印	有条件地支持，必须在右侧指定水印和时间约束，可选择在左侧指定水印

在关联中，还有更多信息需要说明。

- 关联可以使用链式关联，如 df1.join(df2, ...).join(df3, ...).join(df4, ...)；在多个关联对象中，支持每个对象都设置水印信息。在默认情况下，系统将使用所有 DataFrame 中水印延迟时间最短的值作为全局水印；读者也可以根据自身需求，设置最大水印为全局水印，具体可通过将 Spark.SQL.streaming.multipleWatermarkPolicy 设置为 max（默认为 min）来实现。
- 在 Spark 2.4 中，只有在使用 append 输出模式时才支持关联操作，其他模式（complete、update）不支持。
- 在 Spark 2.4 中，在关联之前，不允许有其他非 map 类的功能，如关联之前聚合是不允许的。

注意：在全局水印机制中，如果设置为 max，那么会导致引擎执行的延迟升高。另外，若其他一些带有水印状态的操作在以下这些操作之后产生，则可能出现问题：流数据聚合操作并以 append 模式输出、流数据-流数据的外关联、mapGroupsWithState 和 flatMapGroupsWithState 操作的错误提示。

④ 去重。

Structured Streaming 支持对数据进行去重，不是通过 Distinct 方式，而是通过其他方式实现的。

对于不带有水印的数据，可以使用特定字段（或多个字段）去重；对于带有水印的数据，可以基于特定字段+水印有效期的方式去重。

如下代码演示了两种情况下的去重机制：

```
streamingDf.dropDuplicates("fullVisitorID","visitStartTime")

streamingDf \
   .withWatermark("eventTime", "30 seconds") \
   .dropDuplicates("fullVisitorID","visitStartTime", "eventTime")
```

假设现在的数据源包含 fullVisitorID（匿名 Cookie 识别标志）、visitStartTime（访问开始时间）、eventTime（事件时间）3 个字段。

- 第一段代码使用流数据的 dropDuplicates 基于 fullVisitorID、visitStartTime 去重，得到访问量（或叫作会话数）。
- 第二段代码使用 withWatermark 设置水印有效期为 30 秒，去重基于 fullVisitorID、visitStartTime、eventTime 3 个字段，即 30 秒内产生的数据都将被视为有效访问。

3. 定义数据输出函数

在流处理查询或作业完成后，需要将数据输出到下游的应用或系统中：

```
1    def output_streaming(word_count, output_format='console'):
2        if output_format in ['console', 'memory']:
3            word_count \
4                .writeStream \
5                .queryName(f"{output_format}_sink") \
6                .outputMode("complete") \
7                .format(output_format) \
8                .start().awaitTermination()
9        elif output_format == 'kafka':
10           word_count \
11               .writeStream \
12               .outputMode("update") \
13               .format(output_format) \
14               .option("kafka.bootstrap.servers", "localhost:32768,localhost:32769,localhost:32770") \
15               .option("topic", "streaming_sink") \
```

```
16                    .trigger(continuous='0.1 second') \
17                    .start().awaitTermination()
18          elif output_format in ['text', 'csv', 'json', 'orc', 'parquet']:
19              if not os.path.exists(f'/bigdata/test/pyspark/output/
{output_format}/'):
20                  os.makedirs(f'/bigdata/test/pyspark/output/
{output_format}/')
21              word_count \
22                  .writeStream \
23                  .outputMode("append") \
24                  .format(output_format) \
25                  .option("path", f'/bigdata/test/pyspark/output/{output_format}/') \
26                  .trigger(once=True) \
27                  .start().awaitTermination()
```

上述代码定义了常用的数据输出功能，包括调试窗口、内存、Kafka、文件系统。函数中的 word_count 是前序流处理返回的结果，output_format 是输出方式，后续在执行命令时，可手动传入参数来进行不同的输出目标控制。

（1）输出到 Console 和 Memory。

输出到 Console 和 Memory 主要用于调试、测试等场景。

代码 2 到代码 8 定义了针对调试窗口和内存的输出功能。调用 word_count 的 writeStream 来输出数据流，后续具体设置如下。

通过 queryName 设置输出流的查询名称。该设置在内存模式之外不是必需的，这里设置的目的是当指定输出目标为 Memory 时，后续可以使用 queryName 的值作为数据查询的对象，如 spark.sql('select * from {output_format}_sink')，其他场景没有特殊需求一般不需要指定。

提示：Console 也可以通过.option("numRows", "10")、.option("truncate", "false")来设置输出行数和是否截断输出信息。

通过 outputMode 设置输出模式。在 Structured Streaming 中，这是一个重要参数。outputMode 的设置会受到流处理操作模式、数据流输出目标及 trigger 触发机制的限制和约束，流处理操作模式、数据流输出目标、trigger 触发机制和 outputMode 的设置必须正确匹配。outputMode 包括以下 3 种。

- append：默认输出模式，从上次触发计算到当前新增的行会被输出到 Sink，仅支持行数据插入结果表后不进行更改的 query 操作。因此，这种模式能保证每行数据仅输出一次。支持简单查询，如带有 select、where、map、flatMap、filter、join 等的 query 操作支持 append 模式，不支持聚合操作。
- complete：每次处理都会将整个结果表完整更新后输出到 Sink。该模式只针对有聚合操作的处理过程，支持聚合和排序，否则会提示"AnalysisException: 'Complete output mode not supported when there are no streaming aggregations on streaming DataFrames/Datasets"。

注意：某些数据源也会影响 outputMode 设置，如 Parquet 不支持 complete 模式。

- updata：仅仅将自上次处理之后结果表有变更的行输出到 Sink；支持聚合但不支持排序，如果没有聚合，就和 append 一样。

outputMode 的设置受到流处理过程的限制，表 8-5 显示了二者的约束关系。

表 8-5　outputMode 和流处理过程的约束关系

操作过程	操作细分	支持的 outputMode
聚合操作	带有水印的基于事件时间的聚合	append、update、complete
	其他聚合	update、complete
带有 mapGroupsWithState 的操作		update
带有 flatMapGroupsWithState 的操作	append 操作模式	append
	update 操作模式	update
关联		append
其他操作		append、update

通过 format 指定输出对象，Structured Straming 支持的方式包括 Console、Memory、Kafka、Text、CSV、JSON、ORC、Parquet、Foreach、ForeachBatch。在本基础用法中，将介绍除了 Foreach、ForeachBatch 的其他用法，Foreach、ForeachBatch 由于需要自定义，因此会放在高级用法中讲解。在上面提到了，outputMode 必须与 format 保持一致，表 8-6 列出了二者的支持关系。

表 8-6　outputMode 与 format 的支持关系

Sink 类型	说　明	输 出 模 式
Console	调试窗口，主要用于演示和测试场景	append、update、complete，输出模式选择还受限于表 8-5 中的约束信息
Memory	将数据写入内存，方便后续测试使用，仅适用于测试和小数据量场景	append、update、complete，输出模式选择还受限于表 8-5 中的约束信息
Kafka	目前，Kafka 不支持幂等写入，因此可能会有重复写入问题（可以使用 streaming de-duplication 去重）	append、update、complete，输出模式选择还受限于表 8-5 中的约束信息
文件（或文件系统）	格式包括 orc/csv/text/json/parquet 等	append，且流处理过程中不能有聚合操作
Foreach	定制度非常高的 Sink，适用于对不支持批量操作的对象的输出或以数据行为对象的操作，如 trigger 定义为 continuous 的输出	append、update、complete，输出模式选择还受限于表 8-5 中的约束信息

Sink 类型	说　　明	输 出 模 式
ForeachBatch	定制度非常高的 Sink，适用于针对 Batch 数据的操作，可以以一定的间隔向目标输出数据，如定期向 RDBMS 中写入结果	append、update、complete，输出模式选择还受限于表 8-5 中的约束信息

代码最后通过 start 参数指定开启任务调用。通过 awaitTermination 设置阻塞线程，当遇到 stop 方法或 Exception 时退出程序。

（2）输出到 Kafka。

输出到 Kafka 是企业实际开发中主要的应用方式之一。

代码 9 到代码 17 定义了输出到 Kafka 的过程。其中主要参数设置与上个输出方式相同，这里仅介绍不同的设置项目。

- option("kafka.bootstrap.servers", "localhost:32768,localhost:32769,localhost:32770")定义了输出的目标 Kafka 的主机和端口信息，与 Kafka 作为数据源的配置模式相同。
- option("topic", "streaming_sink")定义了输出到 Kafka 的主题，该主题名（streaming_sink）必须与后续 Kafka 应用一致。
- trigger(continuous='0.1 second')。

在 trigger 中，可以设置 3 种触发模式（所谓触发，就是指流引擎以什么样的时间间隔或机制执行任务）：processingTime、once、continuous。

① processingTime：指定处理时间的间隔。例如，每隔 1 秒处理一次，设置的 trigger 为 processingTime='1 seconds'。这种模式就是传统 Spark Streaming 的微批次（micro-batchs）处理模式，最低的延迟也有 100 毫秒。

② once：设置一次性触发，设置方式为 once=True。

③ continuous：以流式工作模式持续不断地工作。例如，以 0.01 秒的间隔触发可以设置为 continuous='0.01 second'。这种设置模式可以让 Structured Streaming 最快到毫秒级别连续处理数据。

在上述 trigger 模式设置中，processingTime 和 once 几乎适用于传统所有的数据源、流处理操作等；但 continuous 由于是对流数据的持续处理，因此对数据源、流处理操作和输出都有一定的要求。

- 数据源：仅支持 Rate 和 Kafka 两种方式，即能持续不断产生数据的数据源。
- 流处理操作：仅支持类似 map 相关的操作，如 select、map、flatMap、mapPartitions，以及使用 where、filter 等的过滤操作。除了聚合操作、current_timestam 和 current_date，其他大部分 SQL 函数都支持。
- 输出：支持输出到 Kafka、Memory 和 Console。

注意：在 PySpark 环境下使用 Kafka，无须做其他集成和配置，仅需在 spark-submit 提交命令时配置提交参数即可，具体设置方式会在后面的启用查询命令处介绍。

（3）输出到文件系统 text、csv、json、orc、parquet。

文件系统的输出应用也十分广泛，特别是写入分布式文件系统（如 HDFS）、文件备份，经常用到。

代码 18 到代码 27 定义了输出到 text、csv、json、orc、parque 的功能。代码中的主要参数在上面的示例中都已经介绍过，其中的主要区别如下。

- 代码 19 和代码 20 基于 os.path.exists 判断要写入的目标目录是否存在，如果不存在，则新建目标。
- 代码 25 通过 option 定义写入文件的路径信息。

在文件输出中，text、csv、json 将以原始文本的方式直接写文件，即可以在目录中查找对应的文件并直接查看信息；parquet、orc 文件默认采用 Snappy 压缩，需要通过 Spark、Python、Structured Streaming 等方式查看。

4．定义调用主程序

数据源、流处理过程、数据输出函数定义完成后，这里将其功能整合起来，并封装成调用程序：

```
1    def main(source_format, process_type, output_format):
2        lines = get_source(source_format)
3        word_count = streaming_process(lines, process_type)
4        output_streaming(word_count, output_format)
5
6    if __name__ == "__main__":
7        import os, sys, uuid
8        from pyspark import SparkConf
9        from pyspark.sql import SparkSession
10       import pyspark.sql.functions as fn
11       from pyspark.sql.types import StructType
12       conf = SparkConf() \
13           .setAppName("structured_streaming_example") \
14           .set('spark.sql.streaming.checkpointLocation', f'/bigdata/test/pyspark/checkpoint/{uuid.uuid1()}')
15
16       spark = SparkSession.builder.config(conf=conf).getOrCreate()
17       main(source_format=sys.argv[-3], process_type=sys.argv[-2], output_format=sys.argv[-1])
```

代码 1 到代码 4 定义了一个主函数 main，该函数接收外部 3 个参数：source_format（数据源类型）、process_type（处理方式）、output_format（输出类型）并赋值给 3 个函数执行。

代码 6 到代码 17 定义的是调用执行过程。

代码 6 的含义是仅在当前程序直接执行时才执行里面的具体程序，在其他场景下不执行（如使用 import 方法将上面定义的函数作为外部库引用）。

代码 7 导入的 os 库用于在函数 output_streaming 中判断目标目路径是否存在；sys 库用于从系统执行的命名行中获取参数，并将参数作为执行控制信息传入后续执行过程中；uuid 库用来生成随机数。

代码 8 导入的 SparkConf 用来管理 Spark 环境的配置信息，后面的配置项目都根据该对象创建并控制。这样做的好处是可以将启动信息与配置信息分离，在大型项目及有较多配置项目时，更容易管理和使用。

代码 9 从 pyspark.sql 中导入 SparkSession，用来管理 Spark 会话。

代码 10 中的 functions（别名 fn）是 Spark SQL 的功能库，所有的 Spark SQL 的功能都从这里引用，如查询、过滤、聚合等。

代码 11 从 pyspark.sql.types 中导入 StructType，用来构建 struct 类型的数据对象，该方法在 get_source 中会用到。

代码 12 到代码 14 创建了一个 Spark 配置信息对象。其中，代码 13 中的 setAppName 用来设置该程序的名称，后续在使用时可根据名称（当然也可以基于 AppID）识别不同的应用程序；代码 14 使用 set 方法设置 Spark 执行时的特定参数，这里设置的是检查点路径，检查点设置可以使用 option("checkpointLocation",...)或 SparkSession.conf.set("spark.sql.streaming.checkpointLocation", ...);，这里使用 uuid.uuid1()语句，根据时间戳生成随机数，保持不同执行程序的检查点的路径不同。

注意：如果在 checkpoint 参数中设置了固定路径，那么在多次执行程序时，会导致结果都保存在相同路径下，影响数据的准确性，因此，不建议使用固定路径保存可以执行多个任务的程序（如本示例中可以通过参数调节不同的执行状态）。

代码 16 用于构建 Spark 会话对象。其中，builder 是构建时的调用方法；config 是引用配置信息，该信息在代码 12 到代码 14 中定义；getOrCreate 为对象窗口方法，如果 Spark 会话对象已经存在，则直接获取，否则创建一个新的对象。

代码 17 调用 main 函数，从系统执行命令行中获取参数并赋值到 main 中。sys.argv 是一个列表，其中的对象包括文件名及指定的具体参数信息。这里指定从命令行中的最后 3 个参数中获得的值分别作为输入类型、处理方式和输出类型。

将上面所有的程序保存到单独的文件中。本书保存的路径和文件名是/bigdata/test/pyspark/streaming_code/chapter_8.py。

5. 提交命令并执行程序

由于 Spark 支持单机、集群等多种部署模式，所以根据部署技术又可以细分为 Standalone、Mesos、YARN、K8s 等。在默认情况下，本章的执行都基于 Standalone 做演示，读者可根据第 6 章中的内容使用其他集群模式部署。

本章程序的基本提交命令格式如下：

```
spark-submit --conf "spark.driver.extraJavaOptions=-Dlog4j.configuration=file:/bigdata/libs/hadoop/spark-
3.1.2-bin-hadoop3.2/conf/log4j.properties"    --packages    org.apache.spark:spark-sql-kafka-0-10_2.12:3.1.2
/bigdata/test/pyspark/streaming_code/chapter_8.py    kafka agg console
```

其中，spark-submit 为 Spark 任务提交命令，如果读者的系统环境内没有 Spark 配置项，则可以使用绝对路径提交。

--conf 用来设置 Spark 启动时的系统环境，配置方式为参数项目=参数值。示例中设置了 Java 环境的变量信息，Dlog4j.configuration=file:/bigdata/libs/hadoop/spark-3.1.2-bin-hadoop3.2/conf/log4j.properties 用来设置在执行 Spark 时，使用额外定义的 Log 配置文件。与额外定义 Log 配置文件功能匹配的是，需要先通过如下方式将日志输出的信息级别从 INFO 改为 WARN，以减少信息量，便于观察输出结果。

- 第一步，使用 cd $SPARK_HOME/conf 切换到 Spark 配置文件目录。注意：前提是系统环境变量中已经配置了 SPARK_HOME，否则需要写 Spark 程序的绝对路径。
- 第二步，使用 cp log4j.properties.template log4j.properties 复制一份日志配置模板。
- 第三步，使用 vim log4j.properties 打开刚才复制的日志配置模板，将 log4j.rootCategory= INFO, console 改为 log4j.rootCategory=WARN, console 并保存文件。

--packages org.apache.spark:spark-sql-kafka-0-10_2.12:3.1.2 用来设置 Structured Streaming 连接 Kafka 的库，否则流处理系统将无法关联到对应的 Kafka 服务。在执行时，如果系统没有该库信息，则会先下载对应的库（第一次下载可能需要一些等待时间，具体取决于网络环境）。

/bigdata/test/pyspark/streaming_code/chapter_8.py 为 PySpark 程序文件地址。

kafka agg console 为人工指定输入类型、流处理类型、输出类型的 3 个参数，后续可以指定不同的数据源、流处理类型和输出类型以测试不同的功能与结果。

注意：在开始下面的命令提交之前，需要先在服务器端创建好工作路径，并将本章程序脚本上传到服务器中。比较快捷的方式是首先将整个附件目录上传到服务器中，然后删除 source 中的具体文件即可（文件后续会从本地上传到服务器中来模拟数据流过程）。另外，命令中涉及文件路径，需要替换为实际工作路径。

下面通过不同的设置来演示流处理过程。

（1）从本地目录读取 text，做分词统计后打印结果到调试窗口。

本示例实现的是通过 FTP 上传文件来模拟服务器生成流文件，通过 Structured Streaming 实时输出信息并打印在调试窗口。

第一步，服务器端提交命令。

设置输入源为 text，处理方式为 agg，输出为 Console。代码如下：

```
spark-submit --conf "spark.driver.extraJavaOptions=-Dlog4j.configuration=file:/bigdata/libs/hadoop/spark-3.1.2-bin-hadoop3.2/conf/log4j.properties" --packages org.apache.spark:spark-sql-kafka-0-10_2.12:3.1.2  /bigdata/test/pyspark/streaming_code/chapter_8.py    text agg console
```

第二步，通过 FTP 上传 txt 文件并观察流处理结果。

在本章附件\source\text（电子资源）中有两个 txt 文件，words1.txt 的文本内容为 This is the first word，words2.txt 的文本内容为 This is the second word。

这里使用 SecureCRT 自带的 SecureFX，先将 words1.txt 拖入右侧/bigdata/test/pyspark/sink 目录下（实际路径以读者服务器设置为准），如图 8-7 所示。

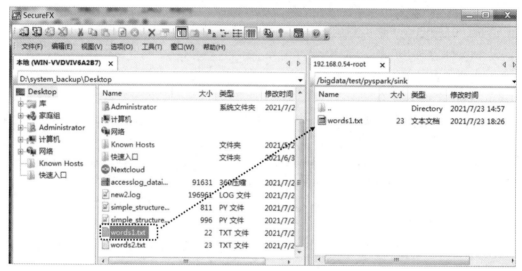

图 8-7　在 FTP 工具中上传 words1.txt

观察刚才启动的 spark-submit 命令提交窗口，Structured Streaming 已经在拖入时立即触发作业，最终会出现如下结果：

```
-------------------------------------------
Batch: 1
-------------------------------------------
21/07/23 18:32:33 INFO CodeGenerator: Code generated in 6.528693 ms
+-----+-----+
| word|count|
+-----+-----+
|   is|    1|
|  the|    1|
| word|    1|
```

```
|This|    1|
|first|    1|
+-----+-----+
```

在上面的结果中，原始 words1.txt 中的文本被先做分词再做计数统计。再次按照如图 8-7 所示的方法，将 words2.txt 拖入服务器目录下，此时调试窗口打印信息如下：

```
----------------------------------------
Batch: 2
----------------------------------------

+------+-----+
|  word|count|
+------+-----+
|    is|    2|
|second|    1|
|   the|    2|
|  word|    2|
|  This|    2|
| first|    1|
+------+-----+
```

在上述结果中可以看到，words2.txt 的结果（先分词再汇总）与 words1.txt 的结果合并到一起打印输出了（因为这里使用的是 complete 输出模式），因此，is/the/word/This 的数量都是 2，而 first/second 的数量都是 1。此时可以使用 Ctrl+C 组合键或直接关闭交互窗口的方式将上述 spark-submit 命令提交窗口关闭。

在本章附件（电子资源）中，csv/json/orc/parquet 也可以使用上面的测试方法，只需将提交命令代码中的 text 替换为 csv/json/orc/parquet 即可。

提示：如何终止 Structured Streaming 任务呢？由于演示代码是通过本地提交的，因此可通过 Ctrl+C 组合键直接终止；如果使用 YARN 等其他方法提交，则可以使用其他方法终止。例如，可以首先使用 yarn top 命令查看对应的 ApplicaitonID，然后使用 yarn application –kill ApplicaitonID 命令即可。

（2）从 Web Socket 中读取"流信息"，做分词统计后打印到调试窗口。

本示例实现的是通过在 Web Socket 窗口中输入信息来模拟数据流，通过 Structured Streaming 实时输出信息并打印在调试窗口。

第一步，启动 Web Socket 服务。

由于本示例中增加了 Web Socket 服务的依赖，因此在启动 Structured Streaming 流处理任务之前，需要先启动 Web Socket 服务。

在一个终端交互窗口中，使用 nc -lk 9999 命令启动服务监听功能。该命令参数如下。

- nc：netcat 的简写，是一款简单的 UNIX 工具，这里用来实现对任意 TCP/UDP 端口的监听。如果读者环境内没有该命令，则可以使用 yum install -y nc 进行安装。
- -l：用来指定 nc 处于监听模式，意味着 nc 被当作一个 Server。
- -k：强制 nc 待命连接。如果不使用该参数，那么当其他客户端从服务端（nc 作为 Server）断开连接一定时间后，该服务端也会停止监听；而使用-k 则能强制让该服务持续保持可连接状态。

在输入上述命令后，终端没有任何反应，这是正常状态。

第二步，服务器端提交命令。

在另一个系统终端中，使用如下命令启动 Spark 处理任务。整个命令模式与之前相同，仅将数据源从 text 改为 socket：

```
spark-submit --conf "spark.driver.extraJavaOptions=-Dlog4j.configuration=file:/bigdata/libs/hadoop/spark-3.1.2-bin-hadoop3.2/conf/log4j.properties" --packages org.apache.spark:spark-sql-kafka-0-10_2.12:3.1.2 /bigdata/test/pyspark/streaming_code/chapter_8.py    socket agg console
```

第三步，将 words1.txt 和 words2.txt 的信息分别粘贴到 Web Socket 窗口中，观察输出结果。

先将 words1.txt 中的信息粘贴到 Web Socket 窗口中并按 Enter 键结束，观察粘贴完成之后 Web Socket 窗口的信息变化；再使用相同的方法将 words2.txt 中的信息粘贴到 Web Socket 窗口中并观察输出结果。该结果与上一个示例相同。

注意：将 words1.txt 和 words2.txt 的文本粘贴到 Web Socket 窗口中后，需要使用 Enter 键表示该次输入结束，只有这样，流处理作业才能通过该端口捕获文本信息。

（3）将输入文件保存到文件系统。

本示例实现的是将从文件系统中获取的信息直接保存到文本文件系统（text）中。

第一步，服务器端提交命令。

这里的提交命令将数据源改为 Parquet，将流处理模式改为 select，将输出类型改为 text。具体如下：

```
spark-submit --conf "spark.driver.extraJavaOptions=-Dlog4j.configuration=file:/bigdata/libs/hadoop/spark-3.1.2-bin-hadoop3.2/conf/log4j.properties" --packages org.apache.spark:spark-sql-kafka-0-10_2.12:3.1.2 /bigdata/test/pyspark/streaming_code/chapter_8.py    parquet select text
```

第二步，查看输出文件结果。

由于在本章附件 source/parquet（电子资源）中包含两个数据源目录，即 words1.parquet 和 words2.parquet（其内容与 words1.txt 和 words2.txt 相同）。因此，在输出到 output/text 时，同时包含了这两个文件内的数据。

提示：演示输出到文件系统的结果可以在（1）完成之后进行，此时 source 中的所有目录都已经有文件上传，这里直接执行程序即可，无须再次上传。

该程序在执行一次后，直接退出应用［原因是在输出设置中配置了 trigger(once=True)］。
切换到输出目录下（本书中的目录为/bigdata/test/pyspark/output/text），会发现生成了两个
文件，分别查看这两个文件的内容，与数据源相同。以下为两个文件的结果：

```
[root@tm text]# ll /bigdata/test/pyspark/output/text
total 12
-rw-r--r-- 1 root root    24 Aug    5    2021 part-00000-faed8850-d2a6-41e8-868d-6927757e5336-c000.txt
-rw-r--r-- 1 root root    23 Aug    5    2021 part-00001-b3802b87-8d04-4edd-8e12-cae1548d6950-c000.txt
drwxr-xr-x 2 root root 4096 Aug    5    2021 _spark_metadata
```

（4）将 Kafka 数据输出到调试窗口。

本示例演示通过 Kafka 接收数据，经过分词及词频统计后输出到调试窗口。

第一步，启动 Kafka 服务。

在第 4 章消息队列中，介绍了如何基于 Docker 方法安装 Kafka 服务，读者可根据具
体内容安装 Kafka 及 Python 依赖库。使用 docker container ls 查看当前 Docker 中的服务，
可以看到本书使用环境内有 3 个服务容器：

```
CONTAINER ID         IMAGE                     COMMAND                        CREATED
STATUS               PORTS                                                    NAMES
29c1a7926ecb         kafka-docker_kafka        "start-kafka.sh"               9 days ago
Up 9 days            0.0.0.0:32769->9092/tcp                                  kafka-docker_kafka_3
f5de7e8202de         kafka-docker_kafka        "start-kafka.sh"               9 days ago
Up 9 days            0.0.0.0:32770->9092/tcp                                  kafka-docker_kafka_2
63c853e532f7         kafka-docker_kafka        "start-kafka.sh"               9 days ago
Up 9 days            0.0.0.0:32768->9092/tcp
```

注意：在上面的输出结果中，主机和端口信息需要与 get_source 中 Kafka 的配置相同。

第二步，服务器端提交命令。

在一个服务器的调试窗口中提交 Spark 任务。这里的提交命令将数据源改为 Kafka，
将流处理模式改为 agg，将输出类型改为 Console，具体如下：

```
spark-submit --conf "spark.driver.extraJavaOptions=-Dlog4j.configuration=file:/bigdata/libs/hadoop/spark-
3.1.2-bin-hadoop3.2/conf/log4j.properties" --packages org.apache.spark:spark-sql-kafka-0-10_2.12:3.1.2 /bigdata/
test/pyspark/streaming_code/chapter_8.py    kafka agg console
```

第三步，启动 Python 环境并调用 Kafka 服务生产数据，观察调试窗口结果。

打开一个新的调试窗口，并通过 Python 连接 Kafka 来生产数据，以此来模拟数据流
的产生。在 Python 交互环境中，输入如下命令：

```
1    from kafka import KafkaProducer
2    producer = KafkaProducer(bootstrap_servers=['localhost:32768', 'localhost:32769', 'localhost:32770'])
3    producer.send('words1', b'This is the first word')
```

代码 1 导入了 Kafka 生产库；代码 2 创建 Kafka 生产服务，指定的服务器信息与刚才

Docker 查看的结果一致；代码 3 使用 send 方法发送一条数据，数据的 Topic 为 words1（该值也与 get_source 中的 Kafka 的 Topic 定义一致），数据为 b'This is the first word'。

上述操作完成后，观察调试窗口，发现流处理系统已经将刚才输出的字符串处理完成并输出了与之前相同的结果；按照同样的方法，在 Python 环境内执行 producer.send('words2', b'This is the second word')，得到的结果与之前的示例相同。

第四步，连续数据演示。

由于第三步的数据输入是手动的，因此效率非常低，也无法模拟无限数据流。这里使用程序自动生成无限数据，观察流处理的输出。在 Python 交互窗口内，输入如下程序：

```
1   from kafka import KafkaProducer
2   import random
3   producer = KafkaProducer(bootstrap_servers=['localhost:32768', 'localhost:32769', 'localhost:32770'])
4   while True:
5       row_num = random.randint(1,20)
6       producer.send('words1', bytes(f'This is the {row_num} word', encoding="utf8"))
```

在上述代码中，代码 1 和代码 3 数据与第三步相同，代码 2 导入的随机库用来产生随机值。

代码 4 到代码 6 通过一个无限循环，利用 Kafka 生成服务不断发送新的数据。

- 代码 4 的 while True 保持在永远为真的条件下，里面的程序无限执行，模拟无限数据流。
- 代码 5 使用 random 方法生成 1～20 的任意随机整数。
- 在代码 6 的 producer.send 中，先通过 f-string 方法生成动态传参的字符串，再使用 bytes 方法将字符串转换为 bytes 类型。

在 spark-submit 命令提交窗口，可以看到数据在不断更新，以下是部分输出结果：

```
-------------------------------------------------------------
Batch: 669
-------------------------------------------------------------
+-------+---------+
|word|    count|
+-------+---------+
|      7|357880|
|    15|358698|
|    11|359063|
|      3|358139|
|      8|358246|
|    16|359063|
|      5|359465|
|    18|358408|
|    17|359593|
```

```
|      6|359031|
|     is|7144238|
|     19|358022|
```

（5）将 Kafka 作为输入，并输出到 Kafka。

本示例模拟将 Kafka 作为输入源，经过 Structured Streaming 流处理［通过 trigger (continuous='0.1 second')指定］并输出到 Kafka。

第一步，启动 Kafka 服务，具体方法与上一个示例相同。

第二步，在第一个调试窗口内提交流处理任务。

这里的提交命令将数据源和输出都改为 Kafka，将流处理模式改为 map。具体如下：

```
spark-submit --conf "spark.driver.extraJavaOptions=-Dlog4j.configuration=file:/bigdata/libs/hadoop/spark-
3.1.2-bin-hadoop3.2/conf/log4j.properties" --packages org.apache.spark:spark-sql-kafka-0-10_2.12:3.1.2 /bigdata/
test/pyspark/streaming_code/chapter_8.py    kafka map kafka
```

第三步，在第二个调试窗口内进入 Python 交互环境，模拟 Kafka 流数据输入。该数据输入和用法与上一个示例相同：

```
1    from kafka import KafkaProducer
2    import random
3    producer = KafkaProducer(bootstrap_servers=['localhost:32768', 'localhost:32769', 'localhost:32770'])
4    while True:
5        row_num = random.randint(1,20)
6        producer.send('words1', bytes(f'This is the {row_num} word', encoding="utf8"))
```

第四步，在第 3 个调试窗口内进入 Python 交互环境，使用如下代码观察数据输出：

```
1    from kafka import KafkaConsumer
2    consumer = KafkaConsumer('streaming_sink',bootstrap_servers=['localhost:32768', 'localhost:32769',
'localhost:32770'])
3    for msg in consumer:
4        print(msg)
```

在该窗口内，发现 Kafka 在不断接收 Structured Streaming 处理的结果，并以流处理的方式处理数据并输出到 Kafka。

- 代码 1 导入了 Kafka 消费库。
- 代码 2 创建 Kafka 消费对象，这里设定的 Topic 必须与 Structured Streaming 相同，后面的 bootstrap_servers 设置为真实消费者服务器信息。
- 代码 3 和代码 4 从 consumer 获得数据后不断打印输出，其中 1 条结果如下：

```
ConsumerRecord(topic='streaming_sink',    partition=0,    offset=352522,    timestamp=1628149652810,
timestamp_type=0, key=None, value=b'This is the 15 word', headers=[], checksum=None, serialized_key_size=-
1, serialized_value_size=18, serialized_header_size=-1)
```

8.4.3 高级用法

本节有两个用法，分别是 Structured Streaming 使用 ForeachBatch 自定义输出到 RDBMS，以及订阅 Kafka 数据并解析后实时存储结果到对象存储系统。

1. ForeachBatch 自定义输出到 RDBMS

（1）自定义输出功能。

在定义 foreachBatch 前，需要先定义一个函数，用于实现自定义输出功能。以下是具体代码：

```
1    def writer_RDBMS(rows, epoch_id):
2        rows.write.jdbc(
3            'jdbc:mysql://192.168.0.54:3306/dwh?createDatabaseIfNotExist=TRUE&serverTimezone=
UTC&useUnicode=true&characterEncoding=utf-8',
4            'streaming_result',
5            'overwrite',
6            {'user': 'root', 'password': 'q1w2e3r4!'})
```

上述代码定义了一个输出到 MySQL 的函数，函数接收 rows 和 epoch_id 两个参数，rows 是批处理的数据 DataFrame，epoch_id 是每个批次的 ID。从代码 2 开始，通过 write 的 jdbc 方法定义了输出具体信息。

- 代码 3 定义了 JDBC 链接。JDBC 的用法在第 3 章数据同步中已经介绍过了。其中 createDatabaseIfNotExist=TRUE 为新增参数，含义是如果库表不存在，则自动创建。
- 代码 4 定义了表的名称。
- 代码 5 定义了写表的模式，这里使用覆盖模式。
- 代码 6 定义了 JDBC 的配置信息，这里定义的是用户名和密码。读者需要根据数据库配置使用真实用户名和密码。

（2）定义 output_streaming 输出功能。

在基本示例原有的 output_streaming 函数里面，通过 elif 条件增加分支。具体代码为：

```
1        elif output_format == 'foreach_batch':
2            word_count \
3                .writeStream \
4                .outputMode("complete") \
5                .foreachBatch(writer_RDBMS) \
6                .trigger(processingTime='10 seconds') \
7                .start().awaitTermination()
```

这段代码定义了当从命令行获得输出类型为 foreach_batch 时，执行该逻辑。代码定义逻辑与其他输出类似，其中的差异在于使用 ForeachBatch 定义输出。这里的 ForeachBatch 使用的对象是上面定义的输出功能；同时，设置的 trigger(processingTime='10 seconds')定义了每 10 秒更新一次数据，因此，这是一个微批次处理的工作模式。

（3）启动 Kafka 服务及生成数据。

该模式与基本示例相同，在确保 Kafka 服务已经启动的前提下，使用如下代码持续产生数据（由于代码与之前的逻辑相同，因此这里不再赘述其具体功能）：

```
1  from kafka import KafkaProducer
2  import random
3  producer = KafkaProducer(bootstrap_servers=['localhost:32768', 'localhost:32769', 'localhost:32770'])
4  while True:
5      row_num = random.randint(1,20)
6      producer.send('words1', bytes(f'This is the {row_num} word', encoding="utf8"))
```

（4）提交流处理任务。

在新的调试窗口中，使用如下命令提交流处理任务：

```
spark-submit --conf "spark.driver.extraJavaOptions=-Dlog4j.configuration=file:/bigdata/libs/hadoop/spark-3.1.2-bin-hadoop3.2/conf/log4j.properties" --packages org.apache.spark:spark-sql-kafka-0-10_2.12:3.1.2 /bigdata/test/pyspark/streaming_code/chapter_8.py    kafka agg foreach_batch
```

在上述命令中，指定了数据源为 Kafka（上个步骤生成的数据），处理过程为基于分词后做计数统计，输出到 MySQL 数据库中。

命令提交后，在 MySQL 客户端或数据库下，在 dwh 数据库中可以看到生成了一个新的数据表 streaming_result，该表每 10 秒更新一次，如图 8-8 所示。

图 8-8　流处理结果写入 MySQL 结果示例

提示：Foreach 的定义与 ForeachBatch 类似，差异在于流处理的操作支持（如不支持聚合操作）、数据输出模式（如不能使用 complete）、trigger（如必须是 continuous 模式）的触发控制。

2．订阅 Kafka 数据并解析后实时存储到对象存储系统

前面提到，要真正实现流数据处理，需要消息队列、流处理和流应用 3 个环节紧密结

合。本部分操作基于 Azure 的 DataBricks，实现首先从 Kafka 集群订阅主题，然后解析特定字段类型，并将结果实时存储到对象存储系统（Delta Lake）中，供后续实时应用获取数据并使用，如做实时报表、进行实时分析等。

在 Azure 的 Databricks 中，直接通过建立 Notebook 并在其中运行和调试代码，以及观察数据的输入和输出，并通过 Databricks 提供的关于 Spark 的任务和集群的监控机制来输出信息。

（1）导入相关库并初始化 Spark 环境：

```
1    from pyspark import SparkConf
2    from pyspark.sql import SparkSession
3    from pyspark.sql.types import *
4    from pyspark.sql.functions import from_json, col, decode, explode, lit, schema_of_json, from_json,
get_json_object
5    conf = SparkConf() \
6        .setAppName("structured_streaming_example") \
7        .set('spark.sql.streaming.checkpointLocation', f'/kafka/checkpoint/') \
8    spark = SparkSession.builder. \
9        config(conf=conf).getOrCreate()
```

上述代码的主要过程如下。

代码 1 到代码 4 分别导入环境配置库、Spark 初始化库、Spark SQL 数据类型函数及 Spark SQL 的功能函数库。

代码 5 到代码 9 实现初始化配置文件（指定应用名称，并简单设置检查点路径）并构建 Spark 对象。

（2）从 Kafka 订阅相关主题消息队列：

```
10   events_raw  = spark \
11                .readStream \
12                .format("kafka") \
13                .option("kafka.bootstrap.servers", "*:9092,*:9092,*:9092") \
14                .option("subscribe", "profile_topic,event_topic") \
15                .load()
```

上述代码使用 readStream 获取实时消息流，指定数据源是 Kafka，其中的关键配置如下。

- kafka.bootstrap.servers：Kafka 的主机和端口（由于涉及客户隐私，所以这里隐藏主机）。
- subscribe：这里指定订阅的主题，通过逗号可指定多个主题。

（3）流处理核心功能。

在解析数据前，先来看一下原始 Kafka 中的数据格式，只有这样才利于理解接下来的功能开发和解析（出于数据隐私考虑，这里隐藏部分字段及值）：

ConsumerRecord(topic='event_topic', partition=8, offset=75514759, timestamp=1666151981901, timestamp_type=0, key=b'{"ver":1,"value_hash_code":-593446735}', value={'identities': {'$identity_cookie_id': '183ee5fe**e5fe6992a1', '$identity_login_id': '5e420f0e**0b764d043'}, 'distinct_id': '5e420f0e4a671d00b764d043', 'lib': {'$lib': 'js', '$lib_method': 'code', '$lib_version': '1.22.8'}, 'properties': {'$timezone_offset': -480, '$screen_height': 889, '$screen_width': 400, '$viewport_height': 755, '$viewport_width': 400, '$lib': 'js', '$lib_version': '1.22.8', '$latest_traffic_source_type': '直接流量', '$latest_search_keyword': '未取到值_直接打开', '$latest_referrer': '', 'Pagegroup1': 'HomePage', 'Pagegroup2': 'HomePage', 'Pagegroup3': '', 'Pagepath': '/*.html', 'Pagetitle': '**', 'Area': 'HomePage', 'Template': 'HomePage', 'Iswechat': 'wechat', 'Bindphone': 'Binded', 'Appname': '官网 web', 'Subarea': '', 'Dynamiccampaigncode': '', 'Citycode': '', '$title': '**', '$url_path': '/**.html', '$is_first_day': False, '$ip': '*', '$url_host': 'www.**.com.cn', '$event_duration': 9.746, }, 'login_id': '5e420f0e4a671d00b764d043', 'anonymous_id': '183ee5fe6****92a1', 'type': 'track', 'event': '$WebStay', 'time': 1666151967476, '_track_id': 68147490, '_flush_time': 1666151967490, 'device_id': '183ee5fe697536-05dff94***ee5fe6992a1', 'map_id': '5e420f0***764d043', 'user_id': 7968***2066608, 'recv_time': 1666151967957, 'extractor': {'f': '(dev=810,ino=268697767)', 'o': 153254249, 'n': 'access_log.2022101911', 's': 50909747, 'c': 50909747, 'e': 'data01.classic-azure-shanghai-01.**.cloud'}, 'project_id': 3, 'project': 'production', 'ver': 2}, headers=[], checksum=None, serialized_key_size=38, serialized_value_size=2045, serialized_header_size=-1)

观察上述消息的数据结构，下面重点解释后续章节会用到的核心字段。

- topic：不同的主题区分字段，后续用这个字段来过滤主题。
- offset：数据偏移量，是 Spark Streaming 能够保持数据一致性的核心字段，用来标识数据读取到哪个位置，可以理解为 Python 的数据对象的索引值。
- timestamp：毫秒级别的时间戳，指发送消息的时间戳。
- value：整个消息最核心的字段之一，因为所有的核心数据都存储在该字段中。该字段是一个 JSON 的嵌套格式，其值一个动态可变对象。
- project_id 和 project：value 的子集，分别表示项目 ID 和项目名称。
- poperties：value 的子集，所有的自定义值都存储在该对象中，正是由于该对象的动态可变性才导致 value 的动态可变的。该字段是一个 JSON 的嵌套格式，且在不同的 event 中，该值的数据结构及值都会发生变化，因此是一个动态可变对象。
- time 和 recv_time：poperties 的子集，都是以毫秒级别表示的时间戳，分别表示事件发生的时间及前端的数据采集系统接收该消息的时间。
- user_id、login_id、device_id：poperties 的子集，分别表示用户 ID、登录 ID 及设备 ID。这些值的业务含义和定义不在此讨论范围之内。
- event：poperties 的子集，表示事件名称，不同的事件的值不同。

由于上述消息中包含了多层数据嵌套关系，所以这里用图 8-9 说明 Kafka 核心字段的包含关系。

另外，从上面几个关键时间来看，time（事件发生时间是 1666151967476）早于 recv_time（前端收到数据的时间是 1666151967957）、timestamp（Kafka 发送时间是 1666151981901），不同的时间与本章最开始介绍的知识相吻合。

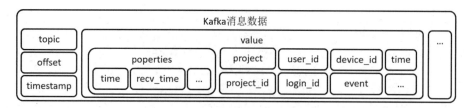

图 8-9　Kafka 消息核心字段逻辑

在了解了上述数据结构后，下面开始数据解析过程：

```
16   def event_process(events_raw, topic):
17       events = events_raw.filter(events_raw.topic==topic)
18       events = events.withColumn('data',col('value').cast('string'))
19       events = events.withColumn('project',get_json_object(events.data, '$.project'))
20       events = events.filter(events.project=='production')
21
22       events = events.withColumn('project_id',get_json_object(events.data, '$.project_id'))
23       events = events.withColumn('user_id',get_json_object(events.data, '$.user_id'))
24       events = events.withColumn('login_id',get_json_object(events.data, '$.login_id'))
25       events = events.withColumn('device_id',get_json_object(events.data, '$.device_id'))
26       events = events.withColumn('event',get_json_object(events.data, '$.event'))
27       events = events.withColumn('time',get_json_object(events.data, '$.time'))
28       events = events.withColumn('properties',get_json_object(events.data, '$.properties'))
29
30       events = events[['offset','project','project_id','user_id','login_id','device_id','event','time','properties']]
31       return events
```

流处理的核心一般是解析字段、转换类型，根据需求将多个表做关联，以及基于特定的时间窗口做汇总计算和处理等。这里为了降低复杂度，仅介绍其中的解析字段和转换类型部分。获得转换后的数据，做多个 DataFrame 关联及基于窗口的汇总就非常简单了，其操作与普通的 Spark DataFrame 和 Spark SQL 基本类似。

整个代码段定义了一个解析函数，通过代码 16 定义了传入原始数据流及可指定 topic 名称做数据过滤。由于前面订阅了两个 topic，所以在此进行过滤。如果在订阅时只有一个 topic，就无须过滤了。

代码 17 基于 topic 过滤出特定 topic 的数据。

代码 18 将消息中的 value 字段提取出来并强制转换为字符串类型，方便后续从中提取特定的字段值，并将该新的字段命名为 data。

代码 19 从新的 data 字段中通过 get_json_object 函数将 data 中 key 为 project 对应的 value 取出来，并建立新的字段 project。get_json_object 函数是 pyspark.sql.functions 专门用来从 JSON 结构的字符串中获取特定字段的方法。该函数的用法非常简单：get_json_object(df.JSStringColName, '$.KeyName')。

- JSStringColName：JSON 结构的字符串的字段名（注意：数据类型必须是 JSON 结构的字符串）。
- KeyName：JSON 内的 Key 的名称（注意：前面的$.表示对象名）。

代码 20 基于代码 19 获得的项目名称进行数据过滤。

代码 22 到代码 28 的逻辑是一致的，目标是从 data 字段中提取特定的字段。在这些字段中，project_id、user_id、login_id、device_id、event、time 都是固定字段，因此直接存储为单独字段；而 properties 是一个 JSON 格式的字符串，存储位动态数据。

代码 30 和代码 31 通过指定特定字段名返回处理结果。

（4）数据结果存储到 Delta Lake 中。

由于 Databricks 的数据存储默认使用 Delta Lake，因此流处理的数据能够实时存储大数据平台供其他业务和技术方使用。

```
32   def write_stream(events, table_name):
33     events.writeStream \
34       .format("delta") \
35       .outputMode("append") \
36       .option("checkpointLocation", f"/tmp/delta/{table_name}/_checkpoints/") \
37       .toTable(table_name)
```

上述代码定义了实时数据流保存功能。代码 32 定义的函数中可自定义传入数据对象及 Spark 检查点名称。

在上述代码中，调用 Streaming 对象的 write_stream 方法输出结果，指定格式为 delta，以追加模式写入。这里单独设置一个检查点，原因是本项目实际案例中会定义多个实时消息处理功能，将检查点区分开利于分别管理。

提示：Delta Lake 是可以提高 Data Lake 可靠性的开源存储层，它提供 ACID 事务和可缩放的元数据处理功能，并可以统一流处理和批数据处理。Delta Lake 在现有 Data Lake 的顶层运行，与 Apache Spark API 完全兼容，因此在基于 Spark 的流批一体的数据计算模式下，它可以完全兼容流批数据的管理和应用。

（5）执行调用：

```
38   events_event = event_process(events_raw, 'event_topic')
39   write_stream(events_event, "events ")
```

上述代码非常简单，将原始 Streaming 对象和要解析的话题传入 event_process 中，并指定写入的表名。写入后的结果可以直接通过数据库或 Spark SQL 查询，图 8-10 是部分查询结果。

直接查看上述数据的物理存储结构，可以看到如下文件列表：

```
_delta_log
part-00000-00e1387f-7ec8-4638-bc0b-0333e7b0d875-c000.snappy.parquet
```

```
part-00000-01463a9d-848d-47cd-b744-df2d63d2c8f7-c000.snappy.parquet
part-00000-015e8d06-e0fe-4c51-ad5b-78e03c97ded0-c000.snappy.parquet
part-00000-0165b301-3e45-486c-a72d-c9edf1b3265a-c000.snappy.parquet
part-00000-0182ee57-029b-4a95-a538-ddc124c2d6cd-c000.snappy.parquet
part-00000-018c8c0a-581c-4d8a-861f-98fabb1aa61f-c000.snappy.parquet
part-00000-0204a1d1-da23-44bb-9f75-843aa1d82a11-c000.snappy.parquet
part-00000-0223a6c3-7d1a-4ebf-8944-99fd8f1a57a0-c000.snappy.parquet
part-00000-0327b7d7-41ec-4537-a556-11de0c187f1e-c000.snappy.parquet
part-00000-04283699-38c8-444d-955f-143fb199e805-c000.snappy.parquet
part-00000-04b79169-89dd-4724-aab9-7d368e9e536a-c000.snappy.parquet
part-00000-04c398bc-f7a2-42db-9712-1aded40a35c7-c000.snappy.parquet
part-00000-04d57e6e-d137-4d40-adcd-058c8f6f83f7-c000.snappy.parquet
…
```

	project	project_id	user_id	login_id	device_id	event	time	properties
1	production	3	14...372	57...4f77	18...	$pageview	1667016265636	{"$timezone_offset":-480,"$screen version":"1.22.8","$latest_traffic_s 开","$latest_referrer":"","Appname ","Pagegroup3":"Y21Q2","Hostnar npack/#!/home_888lj","Pagetitle";
2	production	3	14...372	57...b4f77	184... 31...	Pageview	1667016265662	{"$timezone_offset":-480,"$screen version":"1.22.8","$latest_traffic_s 开","$latest_referrer":"","Appname ","Pagegroup3":"Y21Q2","Hostnar npack/#!/home_888lj","Pagetitle";
3	production	3	14...0372	57...4f77	18421...220... 31...	$WebPageLoad	1667016265688	{"$timezone_offset":-480,"$screen version":"1.22.8","$latest_traffic_s 开","$latest_referrer":"","Appname ","Pagegroup3":"Y21Q2","Hostnar npack/#!/home_888lj","Pagetitle";
4	production	3	14...372	579...b4f77	18421...220... 31...	View	1667016265740	{"$timezone_offset":-480,"$screen version":"1.22.8","$latest_traffic_s 开","$latest_referrer":"","Appname ","Pagegroup3":"Y21Q2","Hostnar npack/#!/home_888lj","Pagetitle";

图 8-10 部分查询结果

8.4.4 技术要点

整个案例的核心技术要点如下。

- 数据源、流处理操作、数据输出类型、输出模式、触发器设置等都需要协调一致，只有这样才能保证系统正常工作。由于目前 PySpark 并没有一个完全的表格来显示所有这些因素间的适配关系，因此很多时候需要读者自己在开发中测试。
- 流处理的参数配置（如触发间隔）、提交到集群的配置信息（如集群内存、CPU 等）的设置需要同时兼顾作业需求及集群硬件配置。在大多数情况下，需要根据作业情况进行多次测试，只有这样才能得到最优配置。
- Kafka 数据源在实际流处理场景中应用最为广泛，而文件数据源由于简单易操作在很多中小型应用中也经常被使用。
- 在数据输出中，文件系统（主要是输出到 HDFS）是最常用的离线数据输出方式，而 Kafka 是最主要的流处理的输出模式。目前而言，Structured Streaming 对其他输出方式的支持较弱，很多需要通过 Foreach 或 ForeachBatch 自定义开发，在易用性、规范性上略差。

- 当 Kafka 中存在动态可变数据时，使用字符串类型的 JSON 嵌套格式存储，后续在使用时单独解析即可将动态结构数据存储为平面二维表。
- Spark Streaming 的数据对象不能直接使用 Spark DataFrame 的 head、collect 等方法查看数据。在 Databricks 中，可以通过 Notebook 的交互窗口查看输出的原始数据结果及任务执行状态。图 8-11 展示了读取话题为 user 的原始数据；图 8-12 展示了在流处理过程中数据输入和数据处理效率等信息。

```
▼ ⊖ df0b5156-d106-4642-aeaa-69143a368b16    Last updated: 5 seconds ago

 Dashboard    Raw Data

{
  "id" : "df0b5156-d106-4642-aeaa-69143a368b16",
  "runId" : "466d6f4e-2926-410d-9904-aaaffdc06870",
  "name" : null,
  "timestamp" : "2022-10-29T12:23:19.859Z",
  "batchId" : 7265,
  "numInputRows" : 58,
  "inputRowsPerSecond" : 15.235093249277647,
  "processedRowsPerSecond" : 16.06203267792855,
  "durationMs" : {
    "addBatch" : 3253,
    "commitOffsets" : 141,
```

图 8-11　读取话题为 user 的原始数据

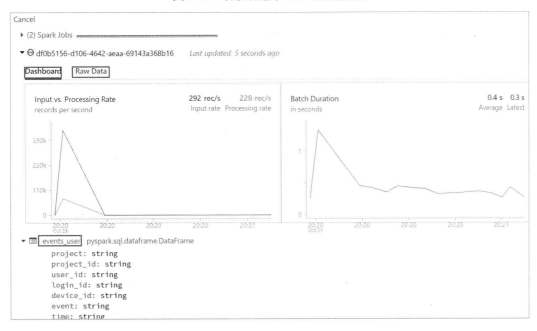

图 8-12　在流处理过程中数据输入和数据处理效率等信息

8.5 案例：某 B2C 企业基于 Structured Streaming 实现实时话题热榜统计

1．案例背景

该企业是一个 B2C 企业，面向全球用户销售电子消费品。该企业除 B2C 商城外，还通过社区来实现舆情监控、用户维系、消费转化、市场需求收集等商业目标。

该企业希望通过统计网站上所有帖子的实时流量情况来发掘帖子热点并将热榜提供给用户，以便于引导用户注意力，形成更大范围的消息传播，并提升用户体验。

在热榜统计实现中，首先需要每分钟更新一次热榜信息，然后推送到前端数据库，前端在每次更新数据时，直接从数据库获取最新数据。

2．技术选型

该企业过去经历的多是一些大数据类的项目，如数据整合、企业数据仓库建设及部分数字化应用等，其核心数据源主要存储在 Hadoop 生态中（主要是 Hive 和 HDFS），还有部分核心数据存储于 RDBMS 中。经过选型比较，最终选择使用 Structured Streaming 作为流处理引擎，原因如下。

- 沿袭历史技术架构。企业已经有 Hadoop 技术架构，基于 Hadoop 的 Structured Streaming 可直接使用，而无须使用新的框架。
- 不需要额外的硬件支持。由于实时话题热榜统计仅是一个相对较小的应用，其逻辑实现也比较简单，因此可在现有 Spark 集群上直接部署使用。
- 学习成本低。由于企业内的技术开发人员对 Hadoop 和 Spark 技术栈相对熟悉，因此可快速使用 Structured Streaming 开发功能，学习成本非常低。
- 项目开发周期短、上线快。由于 Structured Streaming 基于 Spark SQL，因此基于原有的知识开发新的流处理，其功能逻辑、方法等类似，开发时间短、上线快。

3．项目实施

该项目的实施逻辑相对简单，如图 8-13 所示。

第一步，网站埋码采集。通过在网站端植入跟踪监测代码来采集每个话题帖子的用户浏览等数据。

第二步，流数据同步。当网站端产生用户行为后，数据被写入日志文件；Kafka 实时读取日志文件并将同步数据。

第三步，实时热榜统计。在实时热榜统计中，核心使用的字段为话题 ID、时间戳和用户 CookieID，计算逻辑为：使用窗口函数（windows），基于最近 1 分钟内的话题 ID 对用户 CookieID 进行去重计数统计。为了更好地解决数据同步对实时热榜统计的影响，这里还设置了水印时间为 1 分钟。

第四步，将流处理得到的数据输出到 RDBMS（统计结果输出）中。由于目前帖子的数量在 100 万个以内，因此 RDBMS 的性能没有问题；后期如果帖子数量增加，那么可以首先根据前端需求设计新的数据输出选型，然后使用新的 format 指定输出或使用 ForeachBatch 自定义输出功能。

图 8-13　实时话题热榜统计实施逻辑

4．案例小结

在整个项目中，流处理的部分非常简单。前期的网站埋码采集、流数据同步是整个项目的关键支持技术部分。关于日志相关的采集及同步（包括消息队列）具体可参考第 1 章与第 3 章中的内容。

8.6　常见问题

1．流处理能代替批处理吗

传统的大数据工作模式都是针对海量、长周期、大规模数据的批处理操作，这种批处理作业主要执行在 Hadoop 之上。例如，数据存储于 HDFS 或基于 HDFS 的 Hive 中，首先使用 MapReduce 及 Spark 执行分布式计算，然后将数据回写到目标数据库或供其他应用调用。

在流处理模式中，为了确保低延迟性，几个"先天性"的特性使其无法完全代替批处理。

- 无法处理海量数据。批处理的量级一般是 TB、PB、EB、ZB，数据记录数基本上没有上限；而流处理的数据量是针对触发器对应的 Event，或者以毫秒甚至秒为单位的微批次处理。流处理系统面对的数据量级要远小于批处理系统，不具备在低延迟下快速处理海量数据的能力。

- 无法满足复杂计算需求。流处理为了提高计算效率，除了在数据量、执行方式、分布式、并行性等方面进行特定优化，还通过舍弃复杂度高的计算逻辑来确保低延迟。因此，在流处理中，很多批处理中的计算逻辑无法得到支持，如针对任意周期内（非简单窗口，如过去 1 年）的数据汇总、任意多个数据对象的关联、以任意方式将数据写入数据库等。

2. 流批一体架构真的能复用代码吗

传统的流处理和批处理是两套系统，因此需要分别维护两套代码。以 Flink 和 Spark 为代表的大数据处理架构兼顾流批一体特性，能同时支持流处理和批处理作业。

在流批一体的作业中，真的能使用一套代码实现两套作业吗？这其实取决于作业的复杂度和业务的具体需求。

场景 1：简单的 SQL 处理。

常见的简单的 SQL 处理作业包括 ETL、数据汇总报表等。这类作业的特点是功能清晰、逻辑简单，无须复杂的运算模块支持、第三方库及系统集成。这类场景可以实现流批一体代码复用。

场景 2：复杂的 SQL 处理。

在很多批处理中，可能包含复杂的 SQL 处理逻辑，这些逻辑可能无法 100%被流处理引擎支持，或者支持的场景受限。此时，流批一体的实现中既包含了可以复用的代码（流处理与批处理同时支持的功能），又包含了无法复用的代码（流处理与批处理中某一种处理机制无法被另外一种机制支持）。因此，流批一体的逻辑变成了部分复用代码的工作模式。流批一体能复用的代码比例也需要根据实际开发需求进行评估。

场景 3：特殊场景和需求。

在某些特殊场景下，企业中也可能存在如下需求。

- 只需流处理和批处理，无须同时满足两种作业需求。
- 只有流处理或批处理才能满足的特定功能。

当存在类似需求时，开发人员只能选择流处理或批处理实现功能开发，也就不存在代码复用的情况了。

3. 流数据能够持久化保存吗

数据持久化就是将内存中的数据保存到存储设备（如硬盘）的过程。流数据的持久化保存有很多种方式，常用的是数据库和文件系统。

- 数据库。直接将数据存储到数据库是最常用的持久化方法，结构化或非结构化数据都可以直接存库。
- 文件系统。文件系统除支持数据持久化外，还支持更多对象的持久化，如数据结构、数据模型、训练后的模型对象等，因此使用也比较多。

流数据除可以直接通过流处理引擎输出到在线服务或应用外，还可以通过持久化存储的方式将数据保存下来。持久化存储的数据既可以作为流处理系统异常时数据恢复及容错保障使用，又可以作为批处理作业或其他流处理作业的二次应用数据源。

知识
导览

图计算概述
图计算引擎的技术选型
Python操作GraphFrames实现图计算
案例：基于用户社交行为的分析

9.1 图计算概述

图（Graph）是用于表示对象之间的关系的一种抽象数据结构，由顶点 V（Vertex）、边 E（Edge）、权重 D（Data）组成：顶点表示对象，边表示对象之间的关系，D 表示的是对象之间关系的权重。因此，图计算中的数据结构表达式为 G=(V,E,D)。

图计算（Graph Computing）是以图作为数据模型来表示问题并解决问题的过程。任何带有关系的数据问题都可以通过图计算来解决。

例如，社交领域中的好友推荐机制可以使用基于关注关系的相似度来为用户推荐最可能关注的好友。在该社交网络中，对象 V 就是用户，关系 E 就是关注，由于关注一般只能发生一次，因此权重 D 是 1（如果是其他关系，如转发，则可以发生多次，权重就会有差异）。

9.1.1 图计算的特征

图计算与传统的计算方式（如流处理、批处理、机器学习等）相比，显著差异性特征表现在以下 4 方面。

- **只关注图的三要素（对象、关系和权重），一般不关注数据对象本身的属性**。图计算主要基于关系解决问题。以用户群体聚类为例，在图计算中，可以通过用户的关注关系实现社区发现（将用户分为几个社区或群体）；而在机器学习中，则基于用户的属性（如年龄、历史访问次数、互动次数、停留时间、互动度等）计算相似度，进而划分不同的类别。

- 图计算中的对象一般是相同维度的，而不是带有层级的，更不是不同维度的。例如，针对用户的关系计算，数据对象都是用户，不会把用户的层级或隶属关系放到网络关系中。
- 数据对象之间的关系可能是多样的。例如，在社交网络中，用户之间可能有关注、点赞、评论、转发、分享等动作，这些不同的"动作"都可以作为关系；当出现多种关系时，不同的关系之间可以利用权重进行调节，即不同的关系对应的权重是有区别的。
- 图计算的计算深度较浅，一般不会做深度规律挖掘。图计算虽然可以面向海量数据，但其一般不会用来做深度数据规律挖掘。这是它与机器学习、算法建模等比较显著的区别。这主要是由两方面因素导致的：数据源简单、算法简单。

9.1.2　图计算的算法和应用场景

在图计算中，不同类型的算法都是为了解决对应的问题而产生的，因此其应用场景也相对聚焦。图计算的常用算法及算法类型包括网页排序（PageRank）、社区发现（Community Detection）、最短路径、连通分量（Connected Components）、三角形计数（Triangle Count）等。

- 网页排序。网页排序是 Google 提出的针对网页链接分析的重要方法。PageRank 算法基于网页的链接关系，对每个网页进行评分，用来评估网页的重要性或等级。PageRank 得分越高，表示网页质量越好，在搜索引擎中的自然排名也就越高。基于 PageRank 算法的计算逻辑，又可以衍生出很多算法，如 Personalized PageRank（PPR）、TrustRank、TextRank 等。
- 社区发现。社区发现是指从网络社区中发现一些显著的聚集群体。社区发现是一类算法，并不是指某个具体算法。社区发现常用算法包括 LPA、SLPA、infomap、Louvain、谱聚类等，其他算法包括 LFM、Hanp、GCE、NMF、Leading eigenvector、Random Walk、Edge-betweenness、Edge-betweenness 等，有兴趣的读者也可以了解一下。社区发现可以用来寻找用户之间的圈子，如图 9-1 所示。其中，*A/B/C/D/E*、*F/G/H/I*、*G/J/K/L* 分别形成了 3 个虚拟社区。

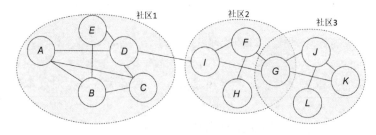

图 9-1　社区发现示例

- 最短路径。最短路径是图论研究中的一个经典问题，旨在寻找图中两顶点之间的最短路径，主要应用于导航规划、工业生产工序管理、设备更新管理等场景，即从起点到终点，哪条路径的权重的和最小。最短路径也是一类算法的统称，主要算法包括深度或广度优先搜索算法、Dijkstra、Bellman-Ford、SPFA、Floyd-Warshall（弗洛伊德算法，简写为 Floyd）等。最短路径示例如图 9-2 所示，其中共有 8 个顶点，分别用字母 A 到字母 H 表示，其中的连接线表示顶点间的距离，如果从顶点 A 出发到达顶点 H，那么哪条路径最短就是最短路径要研究的课题。

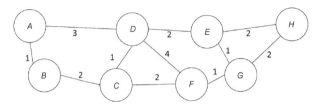

图 9-2　最短路径示例

- **连通分量**。连通分量是一个大图中的子图，子图中的所有顶点都相互连接。连通分量用来查找聚集或孤立的集群或子图，可应用到异常模型查找、新模式发掘、网络社区发现、个性化推荐等场景中。常见的连通分量的相关算法包括 Kosaraju、Tarjan。
- **三角形计数**。三角形计数用于统计图中三角形的数量。在计算三角形的数量时，图都被作为无向图处理。三角形越多，代表图中顶点的关联程度越高，组织关系越严密。三角形计数在社交网络分析中大量使用，如不同社区和组织之间的相似程度、组织质量度的差异化分析。在社交网络中，三角形个数越多，这个网络连接越紧密，其社区的凝聚力就越强。

9.2　图计算引擎的技术选型

本章的图计算技术主要指单独实现图计算引擎的技术框架或系统，不包括图数据库中图计算技术及面向 OLTP（联机事务处理）的图计算任务，关于图数据库的更多内容，请参考第 6 章 NoSQL 数据库。

9.2.1　图计算的 8 种技术

在图计算引擎领域，主要使用的框架或技术包括 Apache Giraph、Spark GraphX、Flink Gelly、GraphScope、Plato、Networkx、igraph、CuGraph。

1. Apache Giraph

Apache Giraph 是一个基于 Hadoop 的开源图处理系统。Apache Giraph 参考了 Google 的 *Pregel: A System for Large-Scale Graph Processing* 的原理，同时增加了一些新的特性，

在 Facebook、Google 等大型社交媒体公司都经过验证。

Apache Giraph 的目的是解决大规模图的分布式计算问题，特别是超大图的计算问题。它具有如下优点。

- 隐藏分布式和并行计算的细节，提供高级的图算法 API，易用性高。
- 基于 Hadoop 架构，可扩展性强。
- 能够与 Hadoop 生态的众多组件直接集成使用。

Apache Giraph 的不足是它基于 Java 开发，不支持其他语言；同时，基于 Hadoop 类似 MapReduce 的执行机制，运行效率较低。另外，其社区活跃度较低、版本更新迭代较慢、支持的算法多样性上也略显不足。

2．Spark GraphX

GraphX 是 Spark 的一个组件，而 Spark 也是基于 Hadoop 的计算引擎，因此天然具有 Hadoop 生态的集成特性；同时，由于 Spark 的计算机制基于内存的 RDD 和 DataFrame 实现，因此计算效率要远高于 Apache Giraph。根据 Spark 官方提供的基于 PageRank 的计算效率对比，GraphX 是 Apache Giraph 的 2 倍以上。

Spark GraphX 的最大优势是基于 Hadoop 和 Spark 生态的集成与使用，因此在各大企业内部几乎都是"开箱即用"的；基于 Spark 的执行引擎，运算效率较高；支持的算法多样性相较于 Apache Giraph 也有很大提升，支持网页排序、标签传播、三角形计数等众多常用算法。

Spark GraphX 的不足之处是对于多客户端开发语言的支持，目前只支持 Spark 的原生语言 Scala，而其他 API 则需要引用第三方库或自己开发的方式实现。例如，GraphFrames 就是基于 Spark GraphX 开发的，它在完整地保留 Spark GraphX 功能的基础上，提供了对 Scala、Java 和 Python 等语言的支持。

3．Flink Gelly

Flink Gelly 是基于 Flink 的开源图计算引擎。它提供了基于 Flink 框架的图分析方法和图算法库，因此继承了 Flink 生态的特点，并可以与 Flink 的其他组件（如 Table、CEP、Flink ML）集成使用。

Flink Gelly 目前只能基于 Java 开发，尚未支持 Scala、Python 等 API，其提供的用于图分析和计算的算法仍然较少。

4．GraphScope

GraphScope 是阿里巴巴于 2020 年开源的一站式大规模图计算平台，提供包含图的交互查询、图分析、图机器学习等在内的众多功能。GraphScope 提供 Python 客户端，易用性非常高。在定位上，GraphScope 由于是一站式框架，因此围绕图相关任务的丰富功能和应用场景覆盖是其核心亮点。

虽然 GraphScope 具有良好的企业背书，但该项目开源时间不长，且没有经过其他大型公司复杂场景和海量数据的验证，因此还需要更多时间观察；同时，为了满足框架的通用性需求，也需要更长时间的迭代更新。

5．Plato

Plato 是腾讯开源的图计算框架，主要是为了满足腾讯的超大规模图计算必须在有限的时间和资源内完成的需求而诞生的。根据腾讯提供的公开资料，针对 10 亿个顶点的超大规模图，最少只需 10 台服务器即可实现分钟级别的任务计算。图 9-3 是腾讯提供的基于相同任务下 Plato 和 Spark 的计算耗时与资源占用对比。可以明显看到，Plato 的计算耗时和资源占用更少。

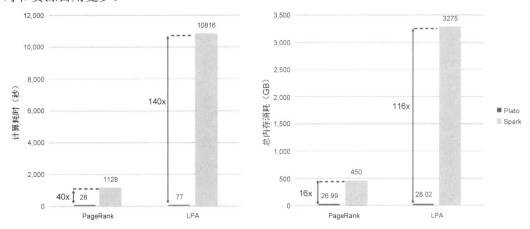

图 9-3　Plato 和 Spark 的计算耗时与资源占用对比

Plato 提供了包含图特征分析、社区发现、图表示学习、网页排序等众多算法和功能，尤其在社区质量和社区度量上提供了更多精细化的计算方法，如多种模块中心性计算、图特征计算等。

Plato 也有国内巨头公司的背书，因此值得关注。但该项目与 GraphScope 相同，开源时间较短，仍然需要一定时间的观察和检验。另外，该项目的社区活跃度低，版本迭代更新较慢。

6．Networkx

Networkx 是一个基于 Python 的用于复杂网络关系分析的开源计算库。它提供了丰富的算法和计算组件，用于创建、计算和展示复杂的网络关系，再加上 Python 特性的加持，使之具有广泛的易用性、便利性、可跨平台操作等特征。

Networkx 适合中小数据量级下的图计算工作，尤其适合单机资源限制内的计算任务。如果图规模较大，那么 Networkx 由于无法进行架构层面的集群水平扩展，因此很难胜任。

7. igraph

igraph 是另一个基于 C 的开源图计算工具库，与 Networkx 的功能非常类似，但提供 Python API，可供使用。igraph 和 Networkx 在特定场景下存在一些不同点。

- 在计算效率上，igraph 更优秀。Networkx 是基于 Python 实现的，而 igraph 是基于 C 实现的。
- igraph 支持的语言更多，除了支持 Python（库名为 python-igraph），还支持 R、Mathematica 语言，适用场景更广。

因此，在单机模式下，数据量级如果较大，那么优先推荐选择 igraph。

8．CuGraph

CuGraph 相对于之前的图计算引擎和工具库，是一个特别的存在。其他的图计算引擎或工具库基于 CPU 计算，而 CuGraph 则基于 GPU 计算。

CuGraph 可以与 RAPIDS 的其他库，如 cuDF、cuML 无缝结合，实现基于 GPU 的数据获取、清洗、计算、建模等完整操作。

在使用上，CuGraph 提供了与 Pandas、Networkx 类似的语法和逻辑，使得 Python 工作者几乎能无缝衔接，而无须从头学习其语法和知识。

除了上述常用开源图计算工具或技术，还有一些图计算框架或工具，这里仅列出名称，有兴趣的读者后续可以跟进学习并使用：GraphLab、Pregel、Gemini、PowerGraph、Gephi。

9.2.2　图计算选型的 8 个技术因素

在图计算选型过程中，主要考虑的技术因素包括扩展和并行计算、开发易用性、计算效率、算法丰富度、适合的顶点规模、大技术框架生态、社区活跃度、技术成熟度。

1．扩展和并行计算

图计算技术能够支持服务器节点的水平扩展，以满足海量计算需求下的硬件资源需求；每个服务器节点都支持多核心、多进程或多线程并行计算。扩展性和并行计算是在海量数据计算需求下满足计算需求、提高计算效率的必要条件。

2．开发易用性

图计算技术支持的语言越多、封装的 API 越完善，就越能满足更多的开发需求；同时，如果能够提供针对 Python 这种高易用性的开发语言的支持，甚至能够提供与流行的第三方库类似的语法（如 Python 中的 scikit 风格：scikit-learn、scikit-image），那么将极大地提高开发易用性。

3．计算效率

计算效率指在面对相同的计算任务时，图计算技术返回计算结果的快慢。计算效率越高，提供数据结果的时效性就越强，也就越能满足低延迟、实时分析决策等场景需求。

4．算法丰富度

图计算支持的算法通常分为两种：一种是图分析算法，另一种是机器学习类算法。在图分析算法中，常见的包括三角形计数、连通分量、社区质量和紧密型度量、最短路径规划等；机器学习类算法包括 PageRank、社区发现、SVD++、标签传播等。图计算支持的算法越多，越能满足不同场景下的计算和优化需求。

5．适合的顶点规模

这里的顶点指的是计算图中的顶点，如用户、城市、帖子内容等。不同的企业的顶点规模也有极大的差异。大数据框架在中小数据规模下的计算效率会低于单机。因此，不同技术框架都有各自最适合的顶点规模。

6．大技术框架生态

图计算属于数据计算的一种，如果能够将图计算技术与现有大数据平台结合起来，那么将极大地降低学习成本、提高开发效率、降低新集群的需求并提高资源的利用率。

7．社区活跃度

对于开源产品，社区活跃度体现在功能版本的迭代更新频率、开发者和应用者的问题反馈与讨论活跃度、第三方相关库或工具的拓展开发广泛度等。社区活跃度越高，技术的更新和迭代就会越快，越能提供成熟、先进、稳定的技术支持。

8．技术成熟度

技术成熟度指技术是否经过大规模、多行业、复杂场景的交叉验证，很多开源社区项目最初开源时可能存在很多问题，但经过复杂场景的锤炼之后，都会进入相对成熟且可靠的阶段。同时，开源项目的 star 数、fork 数也在一定程度上代表了市场对该项目的关注程度和应用认可。

9.2.3 图计算选型总结

这里总结本节涉及的图计算技术及技术选型维度，如表 9-1 所示。

表 9-1　图计算选型总结

图计算技术框架	扩展和并行计算	开发易用性	计算效率	算法丰富度	适合的顶点规模	大技术框架生态	社区活跃度	技术成熟度
Apache Giraph	强	中，支持 Java	中	低	大	Hadoop	低	高

续表

图计算技术框架	扩展和并行计算	开发易用性	计算效率	算法丰富度	适合的顶点规模	大技术框架生态	社区活跃度	技术成熟度
Spark GraphX	强	强，通过第三方库扩展	高	高	大	Hadoop、Spark	高	高
Flink Gelly	强	中，仅支持 Java	高	低	大	Flink	高	中
GraphScope	强	强，支持 Python	高	高	大	无	中	中
Plato	强	弱，基于 C/C++	高	高	大	无	低	中
Networkx	弱	强，支持 Python	低	高	小	无	高	高
igraph	弱	强，支持 Python 等多种 API	中	高	中	无	低	高
CuGraph	中，取决于具体算法	强，支持 Python 等多种 API	高	高	中	无	低	中

针对各个技术框架的特点，这里汇总其适用场景。

- Apache Giraph：适合已经有 Hadoop 应用的企业，对数据计算的时效性没有太高的要求，一般是 T+1 就能满足需求；图顶点数据量级比较大，图计算的算法需求场景单一；技术栈以 Java 为主。
- Spark GraphX：适合已经有 Spark 应用的企业，对数据时效性要求更高；图顶点数据量级较大，对图计算的算法需求是需要满足多种计算场景的需求。
- Flink Gelly：与 Spark GraphX 需求定位类似，区别主要在于适合已经有 Flink 应用的企业。
- GraphScope 和 Plato：可以作为新型项目的尝试性技术，同时企业对新技术具有一定的包容性。
- Networkx 和 igraph：适合 Python 技术栈，企业的数据量级较小，单机内存就能够支持；同时，适合对图计算和分析的算法复杂度、丰富度要求较高的场景。
- CuGraph：适合于 GPU 资源丰富的企业，同时企业内部也有很多其他 GPU 配置、部署、开发和应用经验。

9.3 Python 操作 GraphFrames 实现图计算

9.3.1 安装配置

1. Spark 准备

关于 Hadoop 和 Spark 的安装与配置，会在附录 B 中介绍，这里不再赘述。

2. PySpark 配置

PySpark 的配置用于提供更好的交互开发体验，具体方法已经在第 8 章流处理中介绍过了，这里不再赘述。

3. GraphFrames 配置

GraphFrames 构建在 Spark DataFrames 之上，能利用 DataFrame 良好的扩展性和强大的性能，同时为 Scala、Java 和 Python 提供了统一的图处理 API。

GraphFrames 的配置包括 Python 和 Spark 集群两方面。

（1）Python 配置。Python 使用 pip 完成 GraphFrames 的安装和配置，具体命令为 pip3 install graphframes。

（2）Spark 集群配置。在 Spark 中使用 GraphFrames 时，无须做额外安装，只需下载 GraphFrames 对应到 Spark 版本的 jar 包，并放到 Spark 的 jars 目录下即可。具体方法如下。

第一步，找到 Spark 的 jars 目录并切换工作目录，本书中的目录为 cd /bigdata/libs/ hadoop/spark-3.1.2-bin-hadoop3.2/jars。

第二步，在相应的采访工具库的官网中下载与 Spark 版本对应的 jar 包。本书使用的 Spark 版本是 3.1.2，但 GraphFrames 至成书时的最新版本支持到 Spark 3.0，因此下载 3.0 版本到 jar 包目录，读者可在随书附件中的"随书文件"目录（电子资源）中找到该 jar 包。

9.3.2 构建图

本实例基于 PySpark 交互窗口实现。在系统终端输入"pyspark"（如果系统没有设置环境变量，则需要输入 PySpark 的绝对路径）。在交互窗口中，具体代码如下（先导入库，再创建 PySpark 初始环境，最后构建图）：

```
1    from pyspark import SparkConf
2    from pyspark.sql import SparkSession
3    from graphframes import *
4    from pyspark.sql import functions as fn
5    conf = SparkConf().setAppName("social_analysis")
6    spark = SparkSession.builder.config(conf=conf).getOrCreate()
7
8    def build_graph():
```

```
9        raw_data = spark.read.csv('/bigdata/test/pyspark/follow_data.csv', sep=',', header=True,
inferSchema=True)
10       v = raw_data[['id']].union(raw_data[['follow_id']]).drop_duplicates()
11       e = raw_data.selectExpr('id as src', 'follow_id as dst')
12       return GraphFrame(v, e)
13
14   graph = build_graph()
```

代码 1 到代码 4 分别导入 PySpark 的环境配置方法、会话构建方法、GraphFrames 中的所有方法及 Spark SQL 中的函数库。

代码 5 和代码 6 分别配置 PySpark 会话的名称为 social_analysis 并基于该配置初始化会话对象 spark，后续操作都基于该 spark 对象产生。

代码 8 到代码 12 构建了一个名为 build_graph 的函数，用于初始化图。其中的代码 9 使用 Spark 的 read_csv 方法读取文件系统的文本文件，通过 sep=','指定分隔符，通过 header=True 设置使用首行数据作为标题，通过 inferSchema=True 设置自动创建表结构。

原始表数据为用户关注（follow）结果，其中，id 表示用户 ID，follow_id 表示被关注者的 ID，follow_time 表示关注动作发生的时间。下面的数据示例表示 ID 为 1 的用户关注了 ID 为 2742 的用户，关注时间为 2021 年 5 月 28 日 15 点 26 分 21 秒。

```
id,follow_id,follow_time
1,2742,2021-05-28 15:26:21
```

代码 10 中的 v（vertices）代表图的顶点，在数据中表示用户（以 id 表示）；该代码将前项 id 和后项 follow_id 整合，使用 drop_duplicates 去重，最终得到唯一的用户 ID 列表。

代码 11 中的 e（edges）代表图的边，在数据中，基于关注关系，构建从 id 到 follow_id 的边。这里使用 Spark DataFrame 的 selectExpr 方法，以类 SQL 的方法为 id 和 follow_id 重命名。

代码 12 使用 GraphFrame 方法构建图对象并返回。

代码 14 初始化函数并获得图对象。

9.3.3 视图分析

1. 定义展示函数

为了展示方便，这里先定义一个 display 函数，用于对 DataFrame 做展示并统计行数；同时，在展示之前增加了排序功能（该展示函数后面可以被共享）：

```
1   def display(df, sort=False, sort_col=None, ascending=False):
2       print(f'========== DataFrame count: {df.count()} =========== ')
3       df.show(3) if sort is False else df.orderBy(sort_col, ascending=ascending).show(3)
```

代码 1 函数中的 df 即 Spark DataFrame 对象，sort 用来控制是否排序（默认为 False），sort_col 即排序时使用的字段，ascending 控制排序规则是正序还是倒序。

代码 2 打印输出 DataFrame 的行数。

代码 3 使用条件表达式控制是否排序输出，默认不排序，并使用 show 方法展示前 3 条数据。

2. 定义视图分析函数

视图分析用来查看视图的顶点、边和三元组视图：

```
5  def view_analysis(g):
6      display(g.vertices)   # 顶点视图
7      display(g.edges)      # 边视图
8      display(g.triplets)   # 三元组视图
```

代码 5 构建了一个函数，接收的参数为图对象。

代码 6～代码 8 分别调用图的 vertices 方法、edges 方法、triplets 方法展示图的顶点、边和三元组，并使用 display 方法展示结果。

上述代码定义完成后，在交互窗口输入 view_analysis(graph)，得到如下结果：

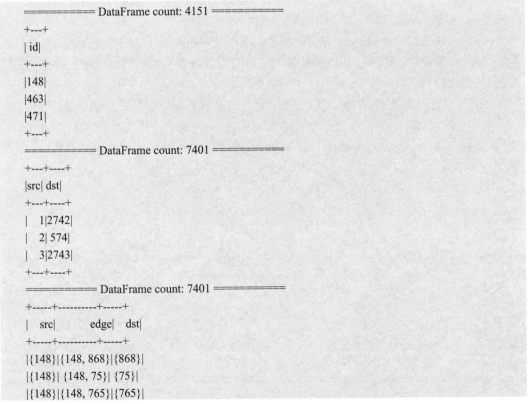

```
============ DataFrame count: 4151 ============
+---+
| id|
+---+
|148|
|463|
|471|
+---+
============ DataFrame count: 7401 ============
+---+----+
|src| dst|
+---+----+
|  1|2742|
|  2| 574|
|  3|2743|
+---+----+
============ DataFrame count: 7401 ============
+-----+----------+-----+
|  src|      edge|  dst|
+-----+----------+-----+
|{148}|{148, 868}|{868}|
|{148}| {148, 75}| {75}|
|{148}|{148, 765}|{765}|
```

在上述结果中，分别显示了顶点、边和三元组（由起点、终点组成）的预览信息及行数。

9.3.4　子顶点、子边和子图过滤

子顶点、子边和子图是图的基本构成，这里进行基本分析。下面是示例代码：

```
1   def sub_graph(g):
2       display(g.dropIsolatedVertices().vertices)
3       display(g.filterVertices('id <200 and id >5').vertices)
4       display(g.filterEdges('src between 10 and 200 and dst <200').edges)
5       display(g.filterVertices('id > 1000 ').filterEdges('dst = 2752').dropIsolatedVertices().triplets)
```

代码 1 构建了一个函数，接收的参数为图对象。

代码 2 调用图的 dropIsolatedVertices 方法去掉孤立点，展示顶点信息和顶点数。由于示例中每个顶点都是根据关注关系得到的，因此不存在孤立点；如果直接从数据库中读取所有数据，就可能存在没有关注和被关注的孤立用户。

代码 3 调用图的 filterVertices 方法过滤顶点，条件是 id<200 且 id>5，展示顶点信息和顶点数。示例中的数据字段只有 ID，而在真实客户数据中会有更多用户标签和画像，此时都可以用来过滤。例如，过滤出访问量>3 且订单价值>100 的顶点。条件表达式的写法使用 Spark SQL 的逻辑。

代码 4 调用图的 filterEdges 方法过滤边，条件是 source 顶点在 10 到 200 之间、目标顶点<200 的边，展示边信息和边的数量。这里的边是关注关系，可以把符合条件的关注关系过滤出来。

代码 5 将顶点过滤和边过滤，以及孤立点过滤结合起来，输出三元组关系。

上述代码定义完成后，在交互窗口输入 sub_graph(graph)，得到如下结果：

```
============ DataFrame count: 4151 ============
+---+
| id|
+---+
|148|
|463|
|471|
+---+
============ DataFrame count: 194 ============
+---+
| id|
+---+
|148|
| 31|
| 85|
+---+
============ DataFrame count: 183 ============
+---+---+
```

```
|src|dst|
+---+---+
| 11|122|
| 14|122|
| 14|159|
+---+---+
========== DataFrame count: 92 ==========
+------+-----------+------+
|   src|       edge|   dst|
+------+-----------+------+
|{1238}|{1238, 2752}|{2752}|
|{1352}|{1352, 2752}|{2752}|
|{1650}|{1650, 2752}|{2752}|
+------+-----------+------+
```

对比视图分析中的结果可以看到，图的顶点和边数据已经经过过滤且记录数量减少了。

9.3.5　度分析

度是顶点分析的基本维度。这里实现针对度的分析，包括度汇总、入度和出度。下面是示例代码：

```
1    def degree_analysis(g):
2        display(g.degrees, True, 'degree')
3        display(g.inDegrees, True, 'inDegree')
4        display(g.outDegrees, True, 'outDegree')
```

代码 1 构建了一个函数，接收的参数为图对象。

代码 2 调用图的 degrees 方法得到度的结果，按 degree 倒序排序。度是顶点对应的所有边的数量。

代码 3 调用图的 inDegrees 方法得到入度的结果，按 inDegree 倒序排序。入度是从一个顶点指向其他顶点的边的数量。

代码 4 调用图的 outDegrees 方法得到出度的结果，按 outDegree 倒序排序。出度是从其他顶点指向当前顶点的边的数量。

上述代码定义完成后，在交互窗口输入 degree_analysis(graph)，得到如下结果：

```
========== DataFrame count: 4151 ==========
+---+------+
| id|degree|
+---+------+
|237|   569|
|311|   241|
|123|   224|
```

```
+---+------+
============= DataFrame count: 1618 =============
+----+--------+
| id|inDegree|
+----+--------+
|2752|     158|
|2782|     134|
|2067|      96|
+----+--------+
============= DataFrame count: 2741 =============
+---+---------+
| id|outDegree|
+---+---------+
|237|      566|
|123|      212|
|311|      204|
+---+---------+
```

从上述结果中可以看到不同顶点（用户）的度、出度和入度数据。以 id237 为例，其度比较高，主要是因为他关注的人很多；而真正被关注的意见领袖（按次数汇总）则是 id 为 2752 的用户，其入度为 158。

9.3.6　模体查找

模体查找用来在图中找到符合特定模式和规则的关系。

在模体查找中，使用特定的表达式（Domain-Specific Language，DSL）来描述规则。主要规则如下。

- 规则中最基本的单元是顶点和边，如"(a)-[e]->(b)"表示一条从 a 到 b 构成的边 e。其中，a 和 b 表示顶点，a/b/e 这些字母代号可以使用其他有意义的字符串代替，如使用 abc/oi2e/wongo 代表顶点和边也是可以的。但是，其中最主要的语法是顶点使用()表示，边使用[]表示（这个规则与 Python 的元组和列表类似）。
- 规则中可以使用多个边组合而成。例如，"(a)-[e]->(b); (b)-[e2]->(c)" 表示两条边，它从 a 到 b 再到 c，多个边的规则使用分号分隔开；按照同样的逻辑，可以组合 3 条边、4 条边甚至更多条边。
- 规则中可以使用否则语法，即不包含特定边。例如，"(a)-[]->(b); !(b)-[]->(a)"表示边从 a 到 b，但是不能从 b 到 a，这在有向图中经常用到。其中的!表示否定，即不包含。下面是示例代码：

```
1   def motif_find(g):
2       display(g.find('(node1)-[e]->(node2)'), True, 'node1')
```

```
3          display(g.find('(node1)-[e1]->(node2); (node2)-[e2]->(node3)'), True, 'node1')
4          display(g.find('(node1)-[e1]->(node2); (node2)-[e2]->(node3); (node3)-[e3]->(node4)'), True,
'node1')
5          display(g.find('(node1)-[e1]->(node2); (node2)-[e2]->(node3); !(node1)-[]->(node3)'), True,
'node1')
```

代码 1 构建了一个函数，接收的参数为图对象。

代码 2 使用图的 find 方法定义了一个从顶点 node1 到 node2 的查找模式，并按 node1 倒序排序。

代码 3 使用图的 find 方法定义了一个从顶点 node1 到 node2 再到 node3 的查找模式，并按 node1 倒序排序。

代码 4 使用图的 find 方法定义了一个从顶点 node1 到 node2 再到 node3 再到 node4 的查找模式，并按 node1 倒序排序。

代码 5 使用图的 find 方法定义了一个从顶点 node1 到 node2 再到 node3，但是排除从 node1 直接到 node3 的查找模式，并按 node1 倒序排序。

上述代码定义完成后，在交互窗口输入 motif_find(graph)，得到如下结果：

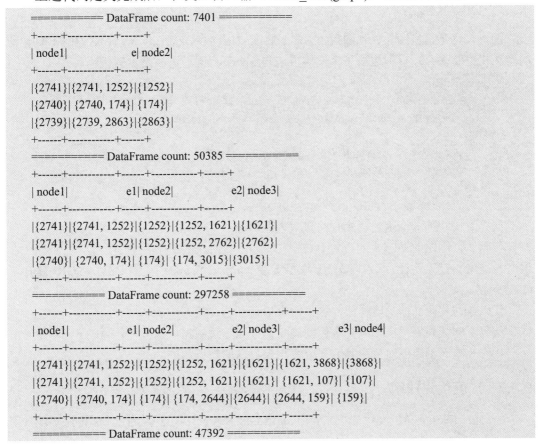

```
=========== DataFrame count: 7401 ===========
+------+-----------+-----+
| node1|          e| node2|
+------+-----------+-----+
|{2741}|{2741, 1252}|{1252}|
|{2740}| {2740, 174}| {174}|
|{2739}|{2739, 2863}|{2863}|
+------+-----------+-----+
=========== DataFrame count: 50385 ===========
+------+-----------+-----+-----------+-----+
| node1|         e1| node2|         e2| node3|
+------+-----------+-----+-----------+-----+
|{2741}|{2741, 1252}|{1252}|{1252, 1621}|{1621}|
|{2741}|{2741, 1252}|{1252}|{1252, 2762}|{2762}|
|{2740}| {2740, 174}| {174}| {174, 3015}|{3015}|
+------+-----------+-----+-----------+-----+
=========== DataFrame count: 297258 ===========
+------+-----------+-----+-----------+-----+-----------+-----+
| node1|         e1| node2|         e2| node3|         e3| node4|
+------+-----------+-----+-----------+-----+-----------+-----+
|{2741}|{2741, 1252}|{1252}|{1252, 1621}|{1621}|{1621, 3868}|{3868}|
|{2741}|{2741, 1252}|{1252}|{1252, 1621}|{1621}| {1621, 107}| {107}|
|{2740}| {2740, 174}| {174}| {174, 2644}|{2644}| {2644, 159}| {159}|
+------+-----------+-----+-----------+-----+-----------+-----+
=========== DataFrame count: 47392 ===========
```

```
+------+-----------+------+-----------+------+
| node1|         e1| node2|         e2| node3|
+------+-----------+------+-----------+------+
|{2741}|{2741, 1252}|{1252}|{1252, 1621}|{1621}|
|{2741}|{2741, 1252}|{1252}|{1252, 2762}|{2762}|
|{2740}| {2740, 174}| {174}| {174, 3429}|{3429}|
+------+-----------+------+-----------+------+
```

上述结果打印出来的是符合规则的边结果，后续有需要可以进一步过滤特定 ID 的边。例如，过滤出 node1=2741 的 3 条边的结果，或者过滤出 node1=2741 且 node3=1621 的结果。对比代码 3 和代码 5，其边的结果分别是 50385 和 47392，说明很多从 node3 到 node1 的边已经被过滤掉。

提示：在查找规则中，可以指定边或顶点留空，这样，数据字段就不会显示在结果中了。但在两种情况下用法有限制：一是在否定规则中（如代码 5），边必须留空；二是不允许边和顶点全部为空，如"()-[]->()"及"!()-[]->()"。

9.3.7　图持久化

图持久化是指将图保存到硬盘中，方便后续数据同步、迁移、二次调取使用。Spark 图的持久化主要保存顶点和边信息，具体方法与 Spark 相同。下面是示例代码：

```
1   def graphIO(g):
2       g.vertices.write.parquet("pyspark/graph/vertices", mode='overwrite')
3       g.edges.write.parquet("pyspark/graph/edges", mode='overwrite')
4
5       same_v = spark.read.parquet("pyspark/graph/vertices")
6       same_e = spark.read.parquet("pyspark/graph/edges")
7
8       same_g = GraphFrame(same_v, same_e)
```

代码 1 构建了一个函数，接收的参数为图对象。

代码 2 调用图的 vertices 获得顶点信息，调用 write 方法进行写操作，通过 parquet 设置写入类型并设置路径、写入模式等。除了支持 Parquet，Spark 还支持 CSV、JSON、JDBC、ORC 等格式。

代码 3 与代码 2 的功能类似，这里用来保存图的边信息。

代码 5 和代码 6 用于读取持久化到硬盘的顶点与边数据。

代码 8 重新创建图对象，其数据内容与保存前的数据相同。

9.3.8　广度优先搜索

GraphFrames 支持广度优先搜索（Breadth-First Search，BFS），通过 bfs 方法实现，用

来计算并返回符合规则的最短路径。bfs 的基本语法结构如下：

```
bfs(fromExpr, toExpr, edgeFilter=None, maxPathLength=10)
```

其中各参数的含义如下。

- fromExpr：基于 Spark SQL 的起始顶点规则表达式，表示搜索起点。
- toExpr：基于 Spark SQL 的结束顶点的规则表达式，表示搜索终点。
- edgeFilter：基于 Spark SQL 的边的过滤条件，即需要忽略的边。
- maxPathLength：搜索路径的固定长度。

下面是示例代码：

```
1    def bfs_search(g):
2        display(g.bfs('id = 237', 'id = 2989', maxPathLength=1))
3        display(g.bfs('id = 237', 'id = 2989', maxPathLength=2))
```

代码 1 构建了一个函数，接收的参数为图对象。

代码 2 和代码 3 调用图的 bfs 方法，设置搜索起点为 id=237，搜索终点为 id=2989，搜索长度分别为 1 和 2。

上述代码定义完成后，在交互窗口输入 bfs_search(graph)，得到如下结果：

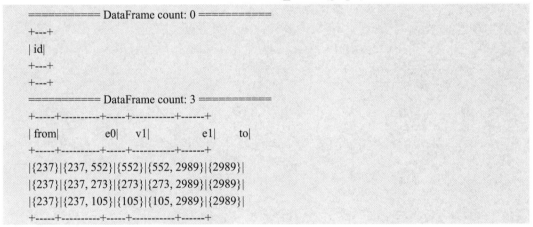

上述结果显示，对于同样的搜索条件，当最大长度为 1 时，不存在边，即 237 无法直接到达 2989（两者之间没有关注关系）；当最大长度为 2 时，存在 3 条边，即可以分别通过 552/273/105 到达 2989。如果原始数据是车站，那么说明两个车站无法直达，但可以通过中间 3 个车站（车站 ID 是 273/552/105）作为中转站，能间接到达目的地。

9.3.9　最短路径搜索

GraphFrames 支持最短路径搜索，通过 shortestPaths 方法实现，用来计算并返回每个顶点到特定顶点的距离。在 GraphFrames 中，不支持返回最短顶点路径，仅能返回距离。它基于 Dijkstra 算法实现单源最短路径搜索。shortestPaths 的基本语法结构如下：

```
shortestPaths(landmarks)
```

其中，landmarks 是顶点集合，可指定多个顶点用于批量计算。

下面是示例代码：

```
1    def shortest_search(g):
2        result = g.shortestPaths(landmarks=['2752', '2782'])
3        display(result)
4        display(result.select(result.id.alias('source_id'), fn.explode('distances').alias('target_id', 'distance')))
```

代码 1 构建了一个函数，接收的参数为图对象。

代码 2 调用图的 shortestPaths 方法，指定要计算的顶点为 2752 和 2782，返回 DataFrame 对象 result。

代码 3 展示最短路径原始结果，结果中每个距离输出都采用 map 方式。

代码 4 将 map 方法拆分为数据行模式，方便查看。这里使用 Spark SQL 的 explode 方法将距离字段拆分为行，并将 map 中的 key 和 value 分别命名为 target_id 与 distance；同时，将原始的 id 更名为 source_id。

上述代码定义完成后，在交互窗口输入 shortest_search(graph)，得到如下结果：

```
================ DataFrame count: 4151 ============
+----+--------------------+
|  id|           distances|
+----+--------------------+
|1200|          {2752 -> 1}|
|2200|                  {}|
|2400|{2782 -> 4, 2752 ...|
+----+--------------------+
================ DataFrame count: 2088 ============
+---------+---------+--------+
|source_id|target_id|distance|
+---------+---------+--------+
|     1200|     2752|       1|
|     2400|     2782|       4|
|     2400|     2752|       4|
+---------+---------+--------+
```

在代码 3 的打印结果中，包含了 id 和 distances 两个字段，其中 distances 为 map 格式，map 中的 key 为目标 ID；value 为距离，表示从前项起点 ID 到达该项的终点 ID 的距离。

代码 4 将 map 类型转换后，打印输出起点 ID 和终点 ID 的距离。由于 shortestPaths 方法并未提供具体路径，所以可以使用 bfs 进行解析。例如，基于 source_id=2400、target_id=2752、distance=4 这个规则，可以使用 graph.bfs('id = 2400', 'id = 2752', maxPathLength=4).show() 语句输出最短路径信息：

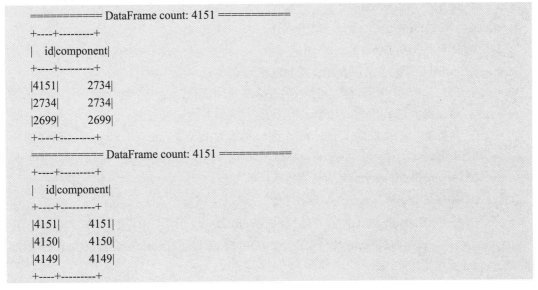

```
+------+---------+----+-------+-----+----------+-----+----------+------+
| from|       e0| v1|     e1|   v2|        e2|   v3|        e3|   to|
+------+---------+----+-------+-----+----------+-----+----------+------+
|{2400}|{2400, 78}|{78}|{78, 107}|{107}| {107, 52}| {52}| {52, 2752}|{2752}|
|{2400}|{2400, 78}|{78}| {78, 84}| {84}|  {84, 52}| {52}| {52, 2752}|{2752}|
|{2400}|{2400, 78}|{78}|{78, 107}|{107}|{107, 637}|{637}|{637, 2752}|{2752}|
|{2400}|{2400, 78}|{78}|{78, 107}|{107}|{107, 187}|{187}|{187, 2752}|{2752}|
+------+---------+----+-------+-----+----------+-----+----------+------+
```

9.3.10　连通分量和强连通分量

本示例实现连通分量和强连通分量计算。下面是示例代码：

```
1    def connected_components(g):
2        spark.sparkContext.setCheckpointDir('checkpoint/cc')
3        display(g.connectedComponents(), True, 'component')
4        display(g.stronglyConnectedComponents(maxIter=8), True, 'component')
```

代码 1 构建了一个函数，接收的参数为图对象。

代码 2 设置 Spark 检查点。3.0 版本以后的算法需要使用检查点（Checkpoint），在使用之前，要设置检查点目录。

代码 3 和代码 4 分别计算连通分量、强连通分量并按 component 倒序排序。

上述代码定义完成后，在交互窗口输入 connected_components(graph)，得到如下结果：

```
=========== DataFrame count: 4151 ===========
+----+---------+
|  id|component|
+----+---------+
|4151|     2734|
|2734|     2734|
|2699|     2699|
+----+---------+
=========== DataFrame count: 4151 ===========
+----+---------+
|  id|component|
+----+---------+
|4151|     4151|
|4150|     4150|
|4149|     4149|
+----+---------+
```

9.3.11　标签传播

本示例实现标签传播计算。下面是示例代码：

```
def label_propagation(g):
    display(g.labelPropagation(maxIter=5), True, 'id')
```

上述代码定义了一个函数，通过图对象的 labelPropagation 方法实现标签传播计算。

上述代码定义完成后，在交互窗口输入 label_propagation(graph)，得到如下结果：

```
============ DataFrame count: 4151 ============
+---+-----+
| id|label|
+---+-----+
|  1| 2742|
|  2|  107|
|  3| 2743|
```

上述结果显示，每个顶点都有一个 label，该 lable 可以理解为一个社区虚拟 ID，处于相同社区的 label 值相同。对于 g.labelPropagation(maxIter=5)的输出结果，可以进一步基于 label 字段并使用 drop_duplicates().count()命令来统计社区数量；或者使用条件筛选，基于特定 label 值找到相同社区的顶点（用户 ID）。

9.3.12 通用网页排名和个性化网页排名

本示例实现 PageRank 计算，包括通用网页排名和个性化网页排名。这里用到了两个方法：pageRank 和 parallelPersonalizedPageRank。

pageRank 的基本语法结构如下：

```
pageRank(resetProbability=0.15, sourceId=None, maxIter=None, tol=None)
```

其中各参数的含义如下。

- resetProbability：表示顶点被设置为随机顶点的概率。
- sourceId：可选，用于设置个性化网页排序的源顶点，用于个性化网页排序。
- maxIter：最大迭代次数。如果设置了 tol，则该参数无须设置。
- tol：容忍度。如果设置了 maxIter，则该参数无须设置。maxIter 和 tol 二选一进行设置即可。

parallelPersonalizedPageRank 的基本语法结构如下：

```
parallelPersonalizedPageRank(resetProbability=0.15, sourceIds=None, maxIter=None)
```

parallelPersonalizedPageRank 的参数与 pageRank 基本一致，不一样的参数为 sourceIds。在 pageRank 中，只能通过 sourceId 指定一个 ID；而 parallelPersonalizedPageRank 则可以通过 sourceIds 指定多个 ID。

下面是示例代码：

```
1    def page_rank(g):
2        pr = g.pageRank(resetProbability=0.15, maxIter=10)
3        display(pr.vertices, True, 'pagerank')
```

```
4         display(pr.edges, True, 'weight')
5
6    def personal_page_rank(g):
7         pr2 = g.pageRank(resetProbability=0.15, sourceId='237', maxIter=10)
8         display(pr2.vertices, True, 'pagerank')
9         display(pr2.edges, True, 'weight')
10
11   def parallel_personal_page_rank(g):
12        pr3 = g.parallelPersonalizedPageRank(resetProbability=0.15, sourceIds=['237', '1201', '147'],
maxIter=10)
13        display(pr3.vertices, True, 'pageranks')
14        display(pr3.edges, True, 'weight')
```

上述代码中一共有 3 个函数, 分别用于实现网页搜索、个性化网页搜索、并行个性化网页搜索。由于这 3 个函数的功能实现逻辑完全相同, 所以这里以第一个函数为例介绍其执行过程。后续有差异的地方进行单独介绍。

- 代码 1 构建了一个函数, 接收的参数为图对象。
- 代码 2 调用图的 pageRank 方法计算 PageRank 值。
- 代码 3 和代码 4 分别输出计算后的顶点的 pr 值及边的权重值。

第 2 个函数与第 1 个函数的区别在于, 通过 sourceId='237' 设置源顶点 ID; 第 3 个函数与第 1 个函数的区别在于调用的是 parallelPersonalizedPageRank 方法, 通过 sourceIds 指定了多个源顶点 ID。

第 1 个函数定义完成后, 在交互窗口输入 page_rank(graph), 得到如下结果:

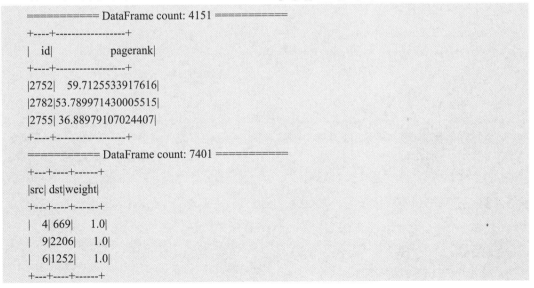

第 2 个函数定义完成后, 在交互窗口输入 personal_page_rank(graph), 得到如下结果:

```
================ DataFrame count: 4151 ================
+---+-------------------+
| id|           pagerank|
+---+-------------------+
|237| 0.49766038645066857|
|107|0.003039411879013605|
|765|0.002456655854463...|
+---+-------------------+
================ DataFrame count: 7401 ================
+---+----+------+
|src| dst|weight|
+---+----+------+
|  4| 669|   1.0|
|  9|2206|   1.0|
|  6|1252|   1.0|
+---+----+------+
```

第 3 个函数定义完成后，在交互窗口输入 parallel_personal_page_rank(graph)，得到如下结果：

```
================ DataFrame count: 4151 ================
+---+-------------------+
| id|          pageranks|
+---+-------------------+
|237|(3,[0,1,2],[0.497...|
|107|(3,[0,1,2],[0.003...|
|765|(3,[0,1,2],[0.002...|
+---+-------------------+
================ DataFrame count: 7401 ================
+---+----+------+
|src| dst|weight|
+---+----+------+
|  4| 669|   1.0|
|  9|2206|   1.0|
|  6|1252|   1.0|
+---+----+------+
```

9.3.13　三角形计数

本示例实现三角形计数计算。具体代码如下：

```
1  def triangle_count(g):
2      display(g.triangleCount(), True, 'count')
```

代码调用图对象的 triangleCount 方法计算每个顶点参与的三角形边的数量。在交互窗口输入 triangle_count(graph)，得到如下结果：

```
============ DataFrame count: 4151 ============
+-----+---+
|count| id|
+-----+---+
|  571|107|
|  400|171|
|  333|237|
```

在上述结果中，每个顶点（用户 ID）参与的三角形越多，其 count 值越大，该顶点与其他顶点的联系也就越紧密。在本示例中，由于是基于关注关系形成的边，因此不能说明值越大，用户越重要。以 id=107 为例，count 值大是因为其对外关注的人很多，由此导致其间接参与的三角形也就越多。

9.3.14 技术要点

图计算的语法本身非常简单，应用场景也非常明确。整个案例的核心技术要点如下。

- 子顶点、子边和子图过滤，以及广度优先搜索等算法中都涉及 Spark SQL 语法，因此，掌握 Spark SQL 语法是提高图计算效率、保证输出符合预期的基础。
- 模体查找中涉及的 DSL 语法规则虽然简单，但由于它可以灵活指定起/终点规则，因此经常使用。
- GraphFrame 可以和 Spark GraphX 相互转换，目前只能基于 Scala API 完成。

9.4 案例：基于用户社交行为的分析

1. 案例背景

本案例企业是一个国内手机品牌商，除了提供在线商城，还通过社区来增加用户黏性、提高用户活跃度、增大用户全生命周期价值。在社区中，用户具有众多行为特征，包括针对用户、帖子、事件、活动等主体的关注、转发、创建、评论、分享、收藏。

该企业的社区每天有超过 100 万个活跃用户，并且通过社区的长期运维，已经积累了大量忠实粉丝。现在需要通过对社区内的用户的社交行为的分析来挖掘用户关系和特征，用于改善用户体验、提升用户活跃度。

2. 技术选型

该企业由于数据量较大，所以所有的用户互动数据均基于 Hadoop 存储于 HDFS 中，并通过 Hive 进行结构化表管理。企业内部的分析师团队使用的主要技术栈是 Python。基于这些基本背景，该企业选择使用 PySpark+GraphFrames 实现社交行为分析，主要原因如下。

- Spark 框架只需在原有的 Hadoop 平台上进行简单部署和配置，即可实现与 Hadoop 的集成，包括从 Hive 获取数据、在 Spark 中进行社交行为分析，以及将最后结果重写到 Hive 中。
- 原有的分析师团队可直接使用 Spark 提供 PySpark+GraphFrames（Python 技术栈）。
- 分析师团队除了做社交行为分析，还需要用到多种其他数据处理、分析及算法，Spark 提供的 DataFrame、Spark SQL 及 Spark ML 是最佳集成方案。一个框架内就可以覆盖多种应用场景。
- 社交行为分析的结果除了用于日常经营和辅助决策，该企业还希望能应用到更多自动化和智能化产品的开发中，包括数据源、数据结果及分析思路。因此，Hadoop+Spark 框架可以为技术开发提供一站式开发、分析、决策、运维和管理服务。

3．项目实施

（1）原始数据采集。

该企业的原始用户行为数据通过 Google Analytics 埋码采集实现。社区内的所有用户行为在前端埋点后，统一发送到 Google Analytics 的数据服务器中。

针对社区的所有网页的公共模块、个人账户操作、帖子列表、意见反馈、帖子详情页、帖子搜索页、签到和抽奖、评论和回复等所有模块进行数据监测和采样。图 9-4 是部分监测内容示例（由于涉及客户隐私，所以这里将示意图截图压缩并模糊处理）。

（2）将数据同步到 Hadoop 中。

将数据同步到企业的 Hadoop 中主要分为 3 步，如图 9-5 所示。

第 1 步，原始数据采集并存储在 Google Analytics 中。该过程已经在上面完成。

第 2 步，将数据同步到 Google BigQuery 中。在 Google Analytics 中进行配置并将原始数据存储于 Google BigQuery（Google 云数据库）中，在 Google BigQuery 中，可以查询、下载、处理原始明细级别的数据。

第 3 步，将数据同步到 Hadoop 中。通过 Google BigQuery 客户端、API 等多种方式，将 Google BigQuery 中的表以文件的方式保存下来，并同步到企业的 Hadoop 中。将文件同步到 Hadoop 中有很多方案可以选择，该企业选择使用 DataX 直接从远程 FTP 服务器上读取文件并同步到 Hadoop 中的技术方式。

同步后的原始数据格式包括如下 5 个核心字段。

- fullvisitorid：用户匿名的 CookieID，该 ID 可以和其他 map 表关联得到 UserID。
- page_url：用户社交行为所在的网页。
- event_type：互动类型，包括投票、收藏、点赞、评论、发帖、回复等。

- detail：事件对象的 ID，针对不同的 event_type，这里是互动的对象，如人或帖子的 ID。
- event_time：事件发生的时间。

编号	监测模块	监测位置	监测内容	监测示意截图
51		Go to the first unread	此按钮点击	
52		Watch Thread	Watch Thread / Cancel	
53		回到顶部	Back to top按钮	
54		帖子操作 - Report	Report按钮点击	
55			成功Report / Cancel	
56		帖子操作 - 点赞	Like / Unlike	
57		帖子操作 - Quote	+Quote/-Quote	
58		帖子操作 - Reply / Quick Reply	Reply / Quick reply入口	
59		帖子操作 - Share	分享渠道选择	
60		评论操作 - Report	Report按钮点击	
61			成功Report	
62		评论操作 - 点赞	Like / Unlike	
63		评论操作 - Quote	+Quote/-Quote	
64		评论操作 - Reply	Reply按钮点击	
65		评论操作 - edit (仅针对自己发布的post)	编辑评论	
66		评论操作 - delete (仅针对自己发布的post)	删除评论	
67	社区首页模块	帖子精选	精选帖子点击入口	
68		帖子展示模式切换	Recent, Recommended, Most liked	
69			Enter Raffle按钮点击	
70			Confirm Entry按钮/加入成功	
71	Raffle模块	参与抽奖活动	查看规则（Raffle rules按钮）	
72			How to get points按钮	
73			View entries按钮	
74		查看抽奖结果	See results按钮点击	
75		Suggestion/Bug入口	入口点击	
76	Feedback模块	Submit suggestion	Submit/成功submit	
77		Submit bug	Submit /成功Submit	
78		Bug report	Bug report 入口	
79		Follow/Ignore/Report	各按钮点击	
80		Post	发布Post/成功发布	
81	发帖人模块	Awards	查看奖章	
82		Following	查看关注用户	
83		Followers	查看关注用户	

图 9-4 部分监测内容示例

图 9-5 将数据同步到 Hadoop 中的过程

行为数据示例如表 9-2 所示。

表 9-2 行为数据示例

fullvisitorid	page_url	event_type	detail	event_time
1473669487800583035	/details/724636.html	vote	724636	2021-05-28 16:22:26
7368862588071906047	/details/838742.html	comment	838742	2021-05-28 23:27:03

当然，除这些用户行为的事实表外，还有其他一些表用于辅助分析，用来扩展社交行为分析中涉及的人或内容的维度。例如：

- CookieID 和 UserID 的关系对应表。
- 用户属性映射表。

- 帖子/活动/事件属性映射表。

（3）基于 Spark 的社交行为分析。

在基于 Spark 的社交行为分析中，主要用到的与图计算相关的技术点和场景如下。

- 基本属性分析。包括用户和内容的度的分析、出度和入度的分析，以及基本顶点、边和子图的分析等。
- 挖掘社区意见领袖。将 PageRank 得分高的人群划分为意见领袖群体，并针对该群体建议单独的用户运营管理和分析群组，做更深入的分析和社区引导。
- 虚拟社区分组运营。基于标签传播得到的分组建立虚拟社区，针对该社区内用户的喜好创建更加细分的运营策略。
- 关注用户推荐。基于标签传播得到的社区群组，推荐相同群组内 PageRank 得分更高的用户，以增加社区间用户的联系。
- 社区关系紧密度分析。将用户的三角形计数、PageRank 得分、强连通分量等结果作为用户社区内关系紧密程度的一个评估维度，以更全面地分析用户价值。
- 热门内容推荐。除内容本身的评论、回复、转发、分享等互动因素的统计外，还将基于内容产生的用户之间的互动行为结果作为评估指标，加入热门内容推荐和排序中。
- 多度好友分析和推荐。常见的多度好友包括一度好友、二度好友、三度好友。在用户关系分析中，基于用户的好友（一度好友）、用户的好友的好友（二度好友）、用户的好友的好友的好友（三度好友）进行分析，以找到不同用户的好友关系和层次分布，并作为用户关注好友推荐的一种逻辑。

（4）数据分析工作的自动化。

上面的社交行为分析除了临时性的分析没有必要自动化实现，其他常规性的分析都能做成自动化程序实现。因此，将上面的挖掘社区意见领袖、虚拟社区分组运营、关注用户推荐、社区关系紧密度分析、热门内容推荐等都写成脚本，通过 crontab 每天自动化执行，并将结果写入 Hive 库中。而其他应用则直接从 Hive 中定时读取或同步数据并使用。

4．案例小结

用户社交行为分析既可以使用网页的埋码采集实现，又可以基于数据库中的自有数据实现。两者的区别在于，基于网页的埋码采集可以检测到更多的数据维度，因此可以分析的角度也就更多。

社交行为分析只是一个孤立的点，需要将分析结果与业务运营、产品自动化和智能应用结合起来，只有这样才能最大化社交行为分析的数据价值。

本案例的社交行为分析侧重于图计算相关的应用，除此以外，还可以有更多分析角度。例如：

- 用户转发和分享路径的分析。

- 内容裂变的关键顶点、传播周期、传播衰减的规律分析。
- 用户不同行为间的关系分析，如从发帖到评论、转发、分享的周期，行为类型间的行为模式分析。
- 用户、内容的相似度分析，基于用户社交行为建立相似度矩阵，可以使用 UCF 和 ICF 实现。

9.5　常见问题

1. 通用图计算引擎和垂直图计算引擎哪类好

图计算引擎的实现一般分为两类：一类是基于现有的计算引擎做二次开发实现的，如 Giraph 基于 Hadoop、GraphX 基于 Spark；另一类是为图计算单独开发的计算引擎，如 GraphScope、Plato 等。

这两类计算引擎到底哪类更好呢？

基于通用图计算引擎可以实现一站式的数据处理、挖掘和应用；但是，由于要兼顾的场景多，也就无法针对图算法做特定优化，因此在特定场景下可能出现劣势，如超大规模图数据处理的性能可能较差。而垂直图计算引擎则对很多场景进行了特定的优化，但缺点在于仅仅能完成图计算任务。

因此，这个问题的本质是通用计算能力和图计算能力的平衡问题。如果对图计算引擎没有特定需求，那么通用图计算引擎更加合适；相反，如果有特定需求，则需要选择满足需求的垂直图计算引擎。因此，合适的才是最好的。

2. 图数据库和图计算引擎如何选择

如果图数据库和图计算引擎都能满足图计算需求，那么应该选择图数据库还是图计算引擎呢？图数据库和图计算引擎在具体用途上的差异非常明显。

- 定位不同：图数据库是非关系数据库，其核心还是数据的存储和管理；而图计算引擎的作用则仅侧重于图计算。
- 功能不同：图数据库是可以实现数据的存储、管理、分析和计算的数据库；而图计算仅能实现分析和计算功能，不带有数据存储和管理功能。
- 场景不同：现在很多图数据库可以实现图计算的功能。例如，Neo4j 已经支持几乎所有的图计算引擎的常用算法，因此可以实现一站式的数据存储、管理、计算和应用，是专门围绕图数据场景而生的；而图计算引擎则主要针对计算场景而生，其他图数据相关需求无法满足。
- 优化不同：图数据库在图结构存储、语义关系管理、图计算等各个场景下都已经经过特殊优化，因此在很多场景下的执行效率相对较高；而图计算由于需要适配不同的数据源，因此，图计算之前的抽取、转换、清洗等工作效率要低于图数据库。当然，某些图计算引擎在海量图计算场景下，由于处理时间主要体现在计算上，因此经过优化的效率会高于图数据库。

综上，只要清楚了二者的差异，根据需求选择合适的方案即可。

第**10**章

人工智能

知识导览
- 人工智能概述
- 人工智能的技术选型
- PySpark ML的应用实践
- 案例：某B2C企业推荐系统的搭建与演进

10.1 人工智能概述

人工智能（Artificial Intelligence，AI）是计算机科学的一个分支，是研究、开发用于模拟、延伸和扩展人的智能的理论、方法、技术及应用系统的一门新的技术科学。

《新一代人工智能发展规划》重新定义了智能化基础设施。人工智能正在成为我国在世界舞台上发挥关键价值及获取竞争优势的核心因素之一。

10.1.1 人工智能的 4 种应用场景

在企业中，人工智能的应用场景较多，主要场景如下。

- **智能营销与推荐**：根据广告主、广告资源及受众的特征匹配，智能定位并找到接触用户，借助程序化的方式精准投放广告资源；或者当用户到达企业的数字平台（如网站、App、小程序等）时，根据用户的历史行为推测用户可能喜欢的内容，实现用户站内转化引导及流量智能分发。

- **图像识别**：一个应用场景的统称，细分到具体场景，包括人脸识别（如人脸打卡、刷脸支付）、基于人工智能的 OCR（Optical Character Recognition，光学字符识别）、生物特征核验（如人脸二次验证）、智能辅助驾驶等。

- **语音识别**：主要指人类自然语言产生的声音的识别，广泛应用于语言转文本、同声翻译、语音合成、智能客服助手等领域。

- **文本分析与自然语言处理**：主要指基于人类自然语言的文本应用，如文本搜索推荐、自然搜索优化、智能问答机器人、智能客服等。

10.1.2　人工智能的 12 类常用算法介绍

提示：在很多场景中，我们会混用算法和模型两个名词，本节提到的模型和算法指代相同，都是人工智能中算法的代称。

- **线性回归**。线性回归（Linear Regression）是一类简单的算法。它是用来确定两个或两个以上变量间相互关系的一种统计分析方法。线性回归的应用非常广泛，因为线性模型容易拟合，且拟合后的算法理解与评估更加容易。线性回归不是一种算法，而是一类算法的统称。很多时候，线性回归会使用最简单的最小二乘法进行拟合，因此会被误解为线性回归就等于最小二乘法回归；但除了最小二乘法，还包括最小二乘法回归、岭回归、Lasso、Elastic-Net 等。图 10-1 是使用最小二乘法实现的回归预测。

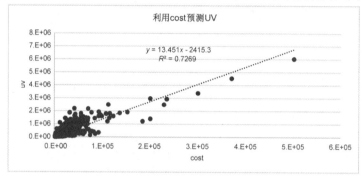

图 10-1　使用最小二乘法实现的回归预测

- **逻辑回归**。逻辑回归（Logistic Regression）是广义线性回归的一种变体，也属于广义线性回归的一种。逻辑回归具有众多优点，因此在工业界应用广泛。例如，它不仅可以预测得到类别，还能得到不同类别的概率值；可用于分布式系统，并行度高；在海量稀疏特征下的适应性非常好等。逻辑回归适于解决分类问题，包括二分类和多分类问题。如图 10-2 所示，其中，$\mathrm{sig}(t)$ 表示逻辑回归的结果，t 表示输入的特征。$\mathrm{sig}(t)$ 越接近于 1，表示概率越大；$\mathrm{sig}(t)$ 越接近于 0，表示概率越小。

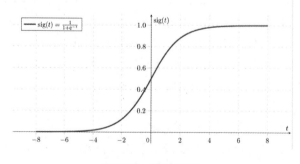

图 10-2　逻辑回归

- **ARIMA 算法**。ARIMA（Autoregressive Integrated Moving Average）模型是常用的时间序列预测算法之一。它主要用于基于时间特征的预测，且适用于历史数据表现出相对平稳的时间序列关系的特征（数据变化与时间紧密相关，且相关关系相对稳定）。例如，ARIMA 算法适用于大型成熟企业基于过去 20 年的按月销售数据来预测未来半年的销售数据的场景；而不适合于预测股票数据，原因是股票数据是不稳定的，受政策和新闻的影响巨大，而且波动特性非常明显。

- **KNN**。KNN（K-Nearest Neighbor）也被称为 K 近邻。它是最简单的分类算法之一。KNN 算法的计算逻辑简单明了，复杂度低，适合中小数据量下各个类别的分布相对均匀的场景应用。K 近邻的分类思想贴近于"近朱者赤，近墨者黑"。例如，在图 10-3 中，中心的圆形未知图形（假设为 x）是什么形状？使用 KNN 算法的解决思路是：如果 K=3（取 3 个最近的样本点），那么 x 是长方形（因为 K=3 区域内的长方形最多）；如果 K=6（取 6 个最近的样本点），那么 x 是三角形（因为 K=6 区域内的三角形最多）。

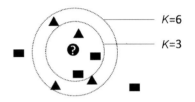

图 10-3　KNN 算法

- **协同过滤**。协同过滤（Collaborative Filtering，CF）是专门用于推荐系统的一类算法。它的朴素思想是"物以类聚，人以群分"。如果某些用户属于同一类人，那么他们喜欢的东西也是类似的。协同过滤是个性化推荐系统中非常基础且重要的推荐算法，主要由于其原理简单、并行度高、可以推荐新奇物品、整体推荐结果相对不错、适合于海量数据的推荐使用。如图 10-4 所示，用户 A 喜欢物品 A/B/C，用户 B 喜欢物品 B，用户 C 喜欢物品 B/C；由于用户 A 和用户 C 喜欢的物品更接近，因此，可以为用户 C 推荐用户 A 喜欢的物品（除了用户 C 本身已经喜欢的物品 B/C，为用户 C 推荐物品 A）。

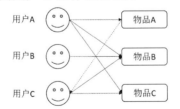

	物品A	物品B	物品C
用户A	√	√	√
用户B		√	
用户C	√[推荐]	√	√

图 10-4　协同过滤

- **贝叶斯**。贝叶斯是一类算法的统称，是利用概率统计知识进行分类的算法。这类算法均以贝叶斯定理为基础，故统称为贝叶斯分类。在很多实际应用中，贝叶斯理论非常实用且好用，如垃圾邮件分类、文本分类。事实上，在文本分类上的应用场景正是贝叶斯算法最有价值的应用场景之一。常见的贝叶斯算法包括朴素贝叶斯、高斯朴素贝叶斯、标准多项式朴素贝叶斯、伯努利朴素贝叶斯等。

- **K-Means 算法**。K-Means 算法是一种聚类算法。它的基本思想也是"物以类聚，人以群分"。K-Means 算法是所有聚类算法中应用场景最为广泛的算法之一，主要应用于探索性的数据化应用，以及数据特征的预处理过程中。针对超大规模的数据集，在聚类时，推荐使用 Mini Batch K-Means 聚类算法。该算法通过抽样来解决大规模数据计算的耗时问题，但带来的是一定程度上类别划分精度的下降。如图 10-5 所示，在相同的数据量下，Mini Batch K-Means 算法比 K-Means 算法大幅度降低耗时，同时只带来少量的距离结果差异。

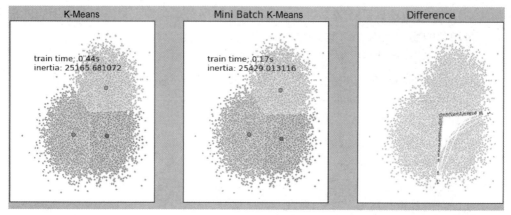

图 10-5　两种聚类算法结果差异性

- **决策树**。决策树是一类逻辑简单但非常实用的算法。它通过构造多层的决策分支形成一个树状决策规则树，因此称为决策树算法。决策树包括众多算法，如 ID4、C5.0、CART（分类回归树），其中 CART 是使用场景较多的决策树算法。决策树算法最大的价值在于它不仅能预测数据，还能分析数据。而分析数据的关键就在于决策树本身。图 10-6 就是一个决策树分类的结果，其中①为树的根节点，②为决策过程，③和④为决策结果，这就是一个简单的决策过程： 当 UnifSize<=2.5 时，类别 2 的样本量占比为 96.743%（见图 10-6 中的③）。

- **Bagging 算法**。Bagging 算法是一类集成算法的统称，而并不是指某一种算法。在众多 Bagging 算法中，随机森林（Random Forest）由于能有效解决过拟合问题，具有并行度高、算法准确度稳定（注意：不是精准，而是稳定）等优点使用最为广泛，可以应用到分类和回归任务中。

- **Boosting 算法**。Boosting 算法是另一类集成算法，它是当前工业界在实际生产中使用最广泛的算法类型之一，常见的算法包括 GBDT、XGBoost、LightGBM 等。Boosting 算法和 Bagging 算法是最常用的两类集成算法，二者的最大区别在于 Boosting 算法优化的方向是降低偏差，因此模型往往更加准确；与之相对的，Bagging 算法优化的方向是降低方差，因此模型会更加稳定。方差在预测结果中指的是预测结果的离散或波动程度，偏差指的是预测结果相对于真实结果（真实值）的偏离程度。图 10-7 展示了不同方差和不同偏差的 4 个交集。Bagging 算法追求的是低方差，而 Boosting 算法追求的是低偏差。

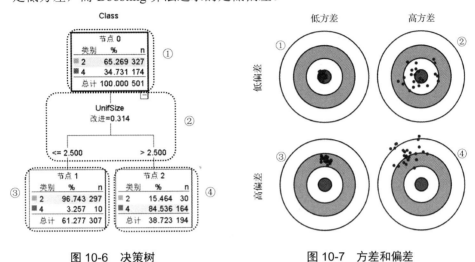

图 10-6　决策树　　　　　　　图 10-7　方差和偏差

- **频繁项集算法**。频繁项集算法也可以称为关联算法。它主要用来挖掘频繁出现的项目的集合及规律，主要应用于特征行为间的关联关系的挖掘。这类算法的原理非常简单，却是最早使用且非常实用的一类算法。频繁项集的挖掘侧重于行为关系的处理分析，如浏览、购买、点击、评论等动作，所有的同类动作，以及跨类别的动作之间都可以做频繁项集的挖掘。企业中使用最多的频繁项集算法是 FP-Growth 和 PrefixSpan。图 10-8 展示了用户经常购买的商品的频繁项目的集合，其中，confectionery 和 wine（见图中的①）、fish 和 fruitveg（见图中的②）、frozenmeal 和 beer（见图中的③）等的关联程度非常高（图中的线条更粗），表示用户经常一起购买这些商品。表 10-1 展示了关联算法挖掘得到的数据结果。

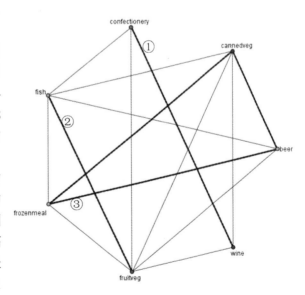

图 10-8　频繁项集（商品）

表 10-1　关联算法挖掘得到的数据结果

后　　项	前　　项	支持度百分比/%	置信度百分比/%	增　　益
frozenmeal	beer	29.3	58.02	1.921
cannedveg	frozenmeal	30.2	57.285	1.891
frozenmeal	cannedveg	30.3	57.096	1.891
cannedveg	beer	29.3	56.997	1.881
beer	frozenmeal	30.2	56.291	1.921
beer	cannedveg	30.3	55.116	1.881
wine	confectionery	27.6	52.174	1.818
confectionery	wine	28.7	50.174	1.818

- **神经网络算法**。神经网络通过多个抽象层及各个元素的连接，以及连接强度或权重的自动调整来输出预测结果，如图 10-9 所示。

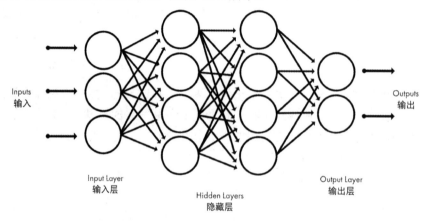

图 10-9　神经网络

10.2　人工智能的技术选型

在企业中，人工智能的框架选择需要综合考虑工业应用广泛度，以及可靠性、与现有数据项目的技术栈整合能力、技术开发和维护的易用性、数据扩展能力、算法丰富度等。这里重点推荐 TensorFlow、SparkML 和 sklearn。

10.2.1　常见的 3 种技术框架

（1）TensorFlow。

TensorFlow 是当前非常热门的开源人工智能框架之一。它由 Google 开发并维护，是工业界应用广泛且经过验证的应用框架。该框架基于 Python 封装，提供了稳定的 Python

和 C++ 的 API 支持；同时提供了针对 C、JavaScript、Java、Go 和 Swift 等语言的支持。

TensorFlow 的核心优势如下。

- 它是工业界经过广泛验证的可在大规模数据下稳定使用的人工智能框架。
- 被广泛集成到 GCP、AWS、阿里云等各种基础云服务中，同时与英特尔、英伟达等 CPU、GPU 集成度非常高。
- 提供流行 Python API 支持，开发周期短、可移植性强、兼容性强、开放性广泛。
- 同时支持 CPU、GPU、TPU 训练模式，适应的硬件设备广泛。
- 最新版本同时提供基础 API 及高阶 API 封装，并内置了 kears，同时满足底层开发和上层应用开发需求，开发便利性强、灵活性高。
- 除了基于服务器的 TensorFlow 部署方式，还提供 TensorFlow.js、TensorFlow Lite、Swift for TensorFlow 等应用支持，可以满足服务器、前端网页、移动和嵌入式设备等多应用部署场景需求。

但是，TensorFlow 也存在一定的缺点，这些缺点主要是由于它处于快速发展阶段导致的，如前后大版本之间（v1 和 v2）的很多功能语法不兼容、开发文档逻辑性差且接口混乱等。另外，还存在调试困难、易用性不如 PyTorch 等问题。

（2）Spark ML。

Spark ML 是一个开源的、分布式的机器学习框架（其中也内置了神经网络等各种算法）。该框架基于 Apache Spark 及 Hadoop 生态产生，因此具有 Spark 及 Hadoop 天然集成的生态优势。

- 可实现一站式的数据清洗、数据入库、数据仓库搭建、机器学习、人工智能、模型部署和应用服务，这是 Spark ML 最大的优势之一。
- 与 Spark SQL、Spark DataFrame、GraphX 结合，数据处理能力强大。
- 自带常用且完善的算法，面向的应用场景非常广泛。
- 提供基于 Python、Java、Scala、R 等语言的 API。

当然，Spark ML 也有自己的不足，它提供了高度封装的算法，如果用户想要自定义或优化底层细节，则需要重新开发或编译，只有这样才能实现，否则就只能调节参数；对于神经网络类的算法支持较少，目前仅支持 MLP 等少数算法。

（3）sklearn。

sklearn 与 Spark ML 类似，都是开源的机器学习库，并且 sklearn 提供的算法的完善度要远高于 Spark ML。sklearn 本身除了带有常用的机器学习算法，还在神经网络方面提供 MLP、RBM（受限玻耳兹曼机）两种算法。sklearn 的优势如下。

- 数据处理是完全基于单机内存的，因此在中小数据量上的处理速度更快。
- 带有读取数据、数据清洗、特征处理、机器学习、人工智能众多算法，能够满足绝大多数企业对人工智能算法的应用需求。
- 基于 Python 语言开发，生态开源、扩展性强。

- 提供统一的 API 规范，便利性高、开发周期短、项目上线快。

sklearn 的不足之处如下。

- 它是完全单机的，因此对于大规模数据不适用。
- sklearn 完全基于 Python 开发，计算效率要远低于由 Java、Scala、C 等开发的框架。

以上 3 种框架是企业在中小规模数据下使用最多的。但实际上，人工智能的框架众多，除了上面 3 种框架，还包括以下几种。

- PyTorch：主要适用于学术研究、科研领域，企业领域大规模使用较少。
- Mxnet：Amazon 主推的人工智能框架，但国内使用的企业比较少。
- Flink ML：作为 Flink 生态的一部分，天然与 Flink 的其他应用集成性更好；但是在算法层面上的支持非常有限，因此人工智能领域的应用场景比较受限。
- PaddlePaddle：百度开源的分布式人工智能框架，国内企业使用较少。
- CNTK：微软开源的人工智能框架，更新速度非常慢，维护持续性非常差。

另外，还包括 Theano、Caffe、Torch 等，这些离成为主流的应用还有较远的距离。

10.2.2　人工智能选型的 6 个因素

在进行人工智能框架选型时，主要考虑的因素如下。

（1）技术生态与集成性。

人工智能在大多数企业中都不是一个独立的应用框架，很多时候会基于现有的大数据生态构建人工智能应用，因此，基于当前的数据生态架构搭建人工智能应用会极大地降低硬件采买成本、新技术学习成本、后期多集群环境管理和运维成本，同时能大大提升开发效率、缩短项目开发周期。

从目前企业内的大数据生态来看，Hadoop+Spark、Flink 是主要的大数据技术生态，中小数据规模下的数据应用也主要以 Python 数据分析、机器学习、人工智能的应用为主。

如果新的人工智能框架与原有的技术框架的集成工作存在较大的困难（如依赖环境差异、功能版本差异、数据读/写限制、API 语言限制、资源管理和统一调度难以整合），那么会导致人工智能应用的开发难度极大。

（2）框架成熟、稳定。

作为企业级的应用，企业一般不希望自己成为新技术的"小白鼠"。经过广泛验证（特别是海量数据规模的检验）的技术框架在技术稳定性、成熟度、性能表现等各方面更给人信心。除技术上成熟稳定外，还需要有完善的开发文档或手册支持、在线论坛或社区资源，以及通过成熟且快速的迭代机制来解决框架自身的问题。

因此，人工智能框架的成熟、稳定、可靠是选型的重要参考因素。这一因素对很多企业来讲通常是首要因素。例如，银行、保险、金融等领域的企业会把成熟、稳定作为选型的最主要因素之一；而对那些虽然比较流行，但是没有经过大规模检验的框架则会慎之又慎。

（3）开发便利性。

毫无疑问，人工智能领域的第一开发语言是 Python。无论何种技术框架，都需要提供 Python API 来满足开发的便利性。

在 API 开发中，需要有统一的 API 规范来解决不同功能间的重复导入、异构语法等问题，方便使用统一的规则和语法来实现不同的功能。

当遇到问题时，能够有可交互的调试界面（或类似功能）或监控系统运行过程的执行状态，满足开发、测试需求。

（4）算法丰富度。

算法是人工智能的核心，也是解决问题的关键因素。不同的算法在不同问题上的优化侧重点不同，因此在面对不同的问题时，通常需要不同的算法支持。

本章提到的线性回归、逻辑回归、ARIMA 算法、KNN 算法、协同过滤、贝叶斯、K-Means 算法、决策树、Bagging 算法、Boosting 算法、频繁项集算法、神经网络算法都是企业内经常用到的算法。人工智能框架支持的算法越多越好。

（5）扩展性与灵活性。

虽然不同的技术框架会预先封装众多功能，但在特定环境下，企业可能需要一定的扩展性来满足更多的场景需求。因此，对人工智能框架而言，这种扩展性支持包括以下两个层级。

- 在开发上，支持针对底层原始和上层高度封装的 API 的调用，以及提供针对第三方库、包的集成支持。
- 在集群上，支持通过水平节点调整（扩大或缩小）的方式来满足不同数据量级下的数据处理和计算需求。

（6）部署与运维便利性。

在企业级应用中，系统的部署与运维是非常重要的工作，并且系统要想产生持续效果，除需要能覆盖尽量多的应用终端外，还需要对部署环境、执行状态、资源占用等信息进行监控；在人工智能应用需要依赖其他第三方应用或将人工智能应用作为整体企业级应用的一环时，还需要能够实现多环境、多系统、多任务的统一任务调度和管理。

10.2.3　人工智能选型总结

这里总结本节涉及的人工智能技术选型维度，如表 10-2 所示。

表 10-2　人工智能选型总结

因　　素	TensorFlow	Spark ML	sklearn
技术生态与集成性	Python 栈，可通过第三方组件配置与 Spark、Flink 集成	Hadoop+Spark 生态栈无缝集成使用	Python 栈，无特定生态，可直接集成 TensorFlow，通过第三方库与 Hadoop、Spark 集成

因　　素	TensorFlow	Spark ML	sklearn
框架成熟、稳定	中，目前仍然处于快速发展中	高	高
开发便利性	中，开发接口和文档的完整性、逻辑性、可调试功能有待增强	高，所有 API 语言内的开发规则统一，文档完善，调试方便	高，sklearn 模式 API 规范已经成为一种流行规范
算法丰富度	中，以神经网络算法为主	中，以传统机器学习算法为主，神经网络算法较少	中，以传统机器学习算法为主，神经网络算法较少
扩展性与灵活性	高，支持不同层级的自定义调度及集群灵活扩展	中，提供的高级 API 封装、自定义功能需要重写和编译	低，仅针对单机环境的数据进行计算，且 API 封装度高，自定义需要重写底层逻辑
部署与运维便利性	中，一次开发，简单修改后可以多终端部署；提供针对集群级别情况的监测指标，但监测范围和详细程度有待提升	高，一次开发，多系统应用部署（仅支持服务器端）；集群监控、资源管理等监控情况详细	低，一次开发，多个系统应用；部署和实施需要自定义实现

综上来看，这 3 种企业级应用框架适合的场景如下。

- TensorFlow：适合企业内部的数据治理、数据结构、标签及清洗工作都已经完成的情况，仅需少量的预处理和特征工程即可进行应用开发；算法需求以神经网络为核心的深度应用；企业内部需要有专门的数据科学部门，以及数据科学人才来进行算法的优化与提升。TensorFlow 框架是大中型企业在人工智能应用上的首选框架。
- Spark ML：适合已经拥有 Hadoop 及 Spark 框架应用的企业，直接基于原有的技术框架进行人工智能开发；对数据处理的需求除了众多算法建模应用，还包括数据清洗、数据治理、数据仓库构建等工作。因此，人工智能处理框架需要具备完善的"端到端"的功能，Spark ML 更能满足这类场景的需求。Spark ML 是在 Hadoop+Spark 技术框架的延续性上的首选框架，也是满足多功能数据处理需求的主要框架。
- sklearn：适合企业的数据量级较小，通过单机（或高性能主机）可以实现算法处理；企业的数据应用以 Python 技术栈为主，对扩展性、并发性和计算效率等没有过高的要求。

10.3　PySpark ML 的应用实践

由于 Spark 在各个企业中几乎都是"开箱即用"的，因此，这里先介绍基于 Spark 的人工智能操作。在 Spark 中，提供了基于 Python 的 API 封装，即 PySpark。本节介绍基于 PySpark 的算法实践过程。

（1）主要算法类。

- 特征工程算法：广义上的特征工程包括特征的选择、过滤、Embedding、转换、降维、衍生等，主要目的是最大限度地从原始数据中提取有用特征信息供算法和模型使用。我们经常说特征决定了算法的上限，而算法仅仅是逼近这个上限，意思就是特征保留的信息是真正意义上进入算法的完整信息，算法仅仅是从这些信息中学习规律并推广到新数据中。特征工程的过程也可以称为转换过程。
- 核心算法："10.1.2　人工智能的 12 类常用算法介绍"中介绍的算法主要为了解决特定的应用或业务场景问题，如分类、回归等具体应用。

（2）算法的核心过程。

在 PySpark 中，算法类对象的应用方法是类似的，主要操作步骤是先训练后转换或预测。

- 训练：将数据放入模型中学习，一般是 fit 方法对应的过程。
- 转换：特征工程中的算法，是在数据基本清洗和处理工作完成后对数据做进一步转换的过程。该过程包括 fit（训练）和 transform（转换）两个阶段。
- 预测：核心算法的应用过程，不仅包括分类及回归算法，还包括聚类、推荐、频繁项集等。不同类型的算法的预测应用的方法有差异，如 PrefixSpan 对应的是 findFrequentSequentialPatterns，FPGrowth 对应的是 freqItemsets，RandomForest 和 LinearRegression 对应的是 predict，ALS 对应的是 recommendForAllUsers 或 recommendForAllItems。

（3）算法的其他应用。

上面介绍的训练、转换和预测都是算法的核心应用方法，除了这些方法，不同的算法还有更多其他方法用来处理数据；同时，可以获得算法对象的属性并可以将训练好的模型实例持久化保存到硬盘中，以便于同步到其他环境。

本节介绍如何使用 PySpark 进行人工智能应用实践。

10.3.1　准备数据

（1）导入库。

本节应用实例中会共享很多库，这里统一导入：

```
1   import pandas as pd
2   from pyspark.sql.functions import collect_set, size
3   from pyspark.ml.feature import OneHotEncoder, MinMaxScaler, VectorAssembler
4   from pyspark.ml.clustering import KMeans
5   from pyspark.ml.regression import RandomForestRegressor, RandomForestRegressionModel
6   from pyspark.ml.classification import LogisticRegression, LogisticRegressionModel
```

```
7    from pyspark.ml.evaluation import ClusteringEvaluator, RegressionEvaluator, BinaryClassification
Evaluator
8    from pyspark.ml.tuning import TrainValidationSplit, CrossValidator, ParamGridBuilder
9    from pyspark.ml.recommendation import ALS
10   from pyspark.ml.fpm import FPGrowth
11   from pyspark.ml import Pipeline, PipelineModel
```

代码 1 导入的 Pandas 库用于读取本地数据，后续可以转换为 Spark DataFrame。

代码 2 从 pyspark .sql 中导入了 collect_set 和 size，collect_set 用于实现基于用户 ID 将 Item 记录做聚合操作并转换为唯一列表构成的 Array，size 用于判断 Array 中元素的数量。

代码 3 从特征库中导入了 OneHotEncoder、MinMaxScaler、VectorAssembler，分别用于实现哑编码转换、数据归一化及特征转换向量（或将多个向量组合为一个向量）。

代码 4 从聚类库中导入了 K-Means 聚类方法，用于实现聚类计算。

代码 5 从回归库中导入了随机森林和随机森林模型，用于实现回归计算及模型持久化操作。

代码 6 从分类库中导入了逻辑回归和逻辑回归模型，用于实现分类计算及持久化操作。

代码 7 从评估库中导入的 ClusteringEvaluator、RegressionEvaluator、BinaryClassification Evaluator 分别用于进行聚类算法评估、回归算法评估、二分类算法评估。

代码 8 从 tuning 中导入的 TrainValidationSplit、CrossValidator、ParamGridBuilder 分别用于拆分训练集和测试、实现 N 折交叉检验、构造检验参数。

代码 9 从推荐库中导入了 ALS 算法，用于协同过滤推荐算法。

代码 10 从 FPM 库中导入了 FPGrowth，用于挖掘关联频繁项集。

代码 11 从机器学习库中导入了管道对象 Pipeline、PipelineModel，用于管道式算法的应用及持久化操作。

（2）读取数据。

本节的算法用到了两份数据，这里统一读取和准备：

```
1    df_google = spark.createDataFrame(pd.read_csv('第 10 章/google_data.csv'))  # 注意改为实际数据路径
2    print(df_google.dtypes)
3    df_event = spark.createDataFrame(pd.read_csv('第 10 章/event_data.csv'))  # 注意改为实际数据路径
4    print(df_event.dtypes)
```

上述代码实现了读取本地的两份数据，并加载到 Spark 中创建 DataFrame。

代码 1 实现了从本章目录下的 google_data.csv 中读取数据并返回为 Pandas 格式的 DataFrame，使用 Spark 的 createDataFrame 方法将 Pandas 的 DataFrame 转换为 Spark DataFrame。

代码 2 打印读取数据的基本类型，结果如下：

```
[('Source', 'string'), ('WeekDay', 'bigint'), ('IsWeekEnd', 'bigint'), ('Users', 'bigint'), ('NewUsersRate', 'double'),
('BounceRate', 'double'), ('SessionDepth', 'double'), ('SessionDuration', 'double'), ('Revenue', 'double'),
```

('GoalComplete', 'bigint')]

上面显示了数据对象 df_google 的字段名和字段类型，其中各参数的含义如下。

- Source：渠道，这里统一都是字符串"google"。
- WeekDay：星期几，用数字表示分类特征。
- IsWeekEnd：是否为周末，如果 WeekDay 的值为 6/7，那么 IsWeekEnd 的值就为 1，否则为 0。
- Users：用户数量，数值型。
- NewUsersRate：新用户的比例，浮点数值型。
- BounceRate：跳出率，表示用户到达网站后直接离开的比例，浮点数值型。
- SessionDepth：访问深度，表示用户在一次会话内平均访问多少个页面，浮点数值型。
- SessionDuration：访问时长，表示用户在一次会话内平均访问的时间，以秒为单位，浮点数值型。
- Revenue：收入，表示用户下单的金额，浮点数值型。
- GoalComplete：是否达成业务目标，达成为 1，否则为 0，数值型。

提示：该数据将用于后面的"10.3.2 特征工程和处理"及"10.3.3 核心算法应用"中的前 3 个数据示例。

代码 3 和代码 4 的逻辑与代码 1 和代码 2 的逻辑一致，只是读取的数据有差异。代码 4 的打印结果如下：

[('UserID', 'bigint'), ('EventTime', 'string'), ('SKU', 'bigint')]

上面显示了 df_event 的数据类型信息，其中各参数的含义如下。

- UserID：表示用户 ID，数值型表示 ID 标识。
- EventTime：事件时间，字符串类型表示。
- SKU：商品编码，数值型表示 ID 标识。

提示：该数据将用于"10.3.3 核心算法应用"中的最后两个示例。

10.3.2　特征工程和处理

在 PySpark 中，原始特征经过特征工程处理后，只有首先将多个分散的特征整合为一个向量特征，然后才能放到模型中进行计算；而某些特征工程的处理动作同样需要处理的对象是向量。

在"7.4.4 使用 Spark MLlib + DataFrame 进行特征工程"中，已经介绍了如何使用 PySpark 进行二值化、数据分桶。这里介绍另外两个特征处理操作：哑编码转换和数据归一化。

（1）哑编码转换：

```
1    num_features = ['IsWeekEnd', 'Users', 'NewUsersRate', 'BounceRate', 'SessionDepth', 'SessionDuration']
```

```
2    str_features = ['WeekDay']
3    ohe_cols = ['ohe_'+i for i in str_features]
4    df1 = OneHotEncoder(inputCols=str_features, outputCols=ohe_cols, dropLast=False).fit(df_google).
transform(df_google)
5    df1[['WeekDay', 'ohe_WeekDay']].limit(2).show(2)
```

代码 1 定义了数值型特征列表，用于后面的数据归一化处理。

代码 2 定义了字符串特征列表，这里只有一个分类特征。

代码 3 定义了哑编码转换后的名称，通过在原始特征前增加 ohe_前缀来标识。

代码 4 使用 OneHotEncoder 方法进行哑编码转换。该代码可以拆分以下过程。

- OneHotEncoder(inputCols=str_features, outputCols=ohe_cols, dropLast=False)用来构建模型对象。inputCols 和 outputCols 用于指定哑编码转换的列表；dropLast=False 用来指定不丢失最后一个哑编码转换后类别的值，用来降低转换后特征的线性相关性，这点与 sklearn 不同。
- 调用 fit 方法进行训练。
- 调用 transform 方法进行数据转换。

代码 5 将转换后的对象的原始字符串特征和转换后的特征打印输出，其中，limit(2)表示限制 2 条，show(2)表示展示前 2 条记录，这样限制是为了提高计算效率。具体结果如下：

```
+-------+-------------+
|WeekDay|  ohe_WeekDay|
+-------+-------------+
|      5|(8,[5],[1.0])|
|      6|(8,[6],[1.0])|
+-------+-------------+
```

在 Spark 中，使用索引+值的方式表示数据稀疏矩阵。例如，第一条数据中的(8,[5],[1.0])表示该矩阵的空间长度为 8，其中索引为 5 的位置的值为 1；其余位置的值为 0。

（2）数据归一化：

```
1    df2 = VectorAssembler(inputCols=num_features, outputCol='num_features').transform(df1)
2    df3 = MinMaxScaler(inputCol='num_features', outputCol='mm_features').fit(df2).transform(df2)
3    df3[['num_features', 'mm_features']].limit(2).show(2, truncate=False)
```

在 Spark 中，归一化操作的数据对象必须是向量类型，因此需要先将原始特征转换为向量，再进行归一化。

代码 1 通过 VectorAssembler 方法将数值型特征转换为向量，其中，inputCols 和 outputCol 用于指定转换前的数值型特征的列表及转换后的向量名称；VectorAssembler 没有 fit 方法，直接使用 transform 方法进行转换。

代码 2 首先调用 MinMaxScaler 进行归一化，其中，inputCol 和 outputCol 用于指定归一化前的向量名称及转换后的向量名称，这里需要注意输入名称需要与代码 1 中的输出名称一致；然后调用 fit 方法做训练，用 transform 方法做归一化。

代码 3 打印输出归一化前和归一化后的向量值，并显示前 2 条数据；这里使用 truncate=False 表示不截断数据，显示全部打印结果：

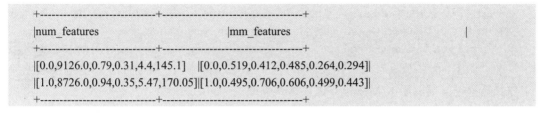

```
+-----------------------------+-----------------------------------+
|num_features                 |mm_features                        |
+-----------------------------+-----------------------------------+
|[0.0,9126.0,0.79,0.31,4.4,145.1]  |[0.0,0.519,0.412,0.485,0.264,0.294]|
|[1.0,8726.0,0.94,0.35,5.47,170.05]|[1.0,0.495,0.706,0.606,0.499,0.443]|
+-----------------------------+-----------------------------------+
```

为了节省版面，对于上面 mm_features 的数值，这里手动保留了 3 位小数，实际显示的结果位数更多。从上面的输出结果可以发现，num_features 中的向量将原来的数值型特征组合为 1 个单一向量；mm_features 中的结果经过归一化处理后，数值分布在[0,1]区间。

（3）所有向量合并：

```
1    df4 = VectorAssembler(inputCols=['ohe_WeekDay', 'mm_features'], outputCol='features').transform(df3)
2    df4[['features']].limit(2).show(2, truncate=False)
```

在 Spark 中，进入核心算法的向量只能有 1 个，因此，这里需要将上面的哑编码转换及归一化后的向量合并为 1 个向量。

代码 1 先使用 VectorAssembler 进行合并，输入的特征为上面哑编码转换和归一化后的向量输出的名称，输出的向量字段名为 features；然后进行转换。

提示：在 Spark 中，默认的算法输入的向量名称是 features，如果手动指定其他名称，则需要在后续算法应用时指定相同的向量名称。

代码 2 输出合并后的特征，结果如下：

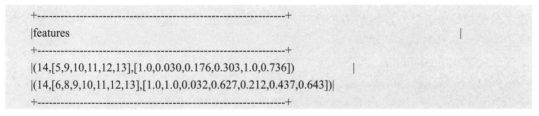

```
+----------------------------------------------------------------+
|features                                                        |
+----------------------------------------------------------------+
|(14,[5,9,10,11,12,13],[1.0,0.030,0.176,0.303,1.0,0.736])        |
|(14,[6,8,9,10,11,12,13],[1.0,1.0,0.032,0.627,0.212,0.437,0.643])|
+----------------------------------------------------------------+
```

从上述打印结果中可以发现，features 的向量空间长度为 14（从 ohe_WeekDay 哑编码转换的向量空间中得到 8，从 mm_features 归一化转换的向量空间中得到 6）；后面的两个列表分别是向量的位置索引值，以及对应位置的实际值。

以第一条记录为例，向量空间长度为 14，其中 index 值为 5 的位置上的值为 1.0，index 值为 9 的位置上的值为 0.030，依次类推。

10.3.3　核心算法应用

本节介绍 5 个算法应用示例。所有的 PySpark 中的使用逻辑类似，区别仅在于不同算法的属性、方法，以及对数据源的要求。

示例 1，K-Means 的应用：

```
1    df_kmeans = KMeans(featuresCol='features', predictionCol='kmeans_label', k=5).fit(df4).predict(df4)
2    df_kmeans[['features', 'kmeans_label']].limit(2).show(2, truncate=False)
3    print(ClusteringEvaluator(featuresCol='features', predictionCol='kmeans_label').evaluate(df_kmeans))
```

在"10.3.1 准备数据"和"10.3.2 特征工程和处理"中，已经完成了数据准备和处理工作。这里仅需要调用 K-Means 算法实现聚类应用即可。

代码 1 调用 K-Means 算法指定特征名称为 features，预测的值为 kmeans_label，同时设置聚类类别数量为 5。

代码 2 打印输出特征及预测的聚类结果值，显示结果如下：

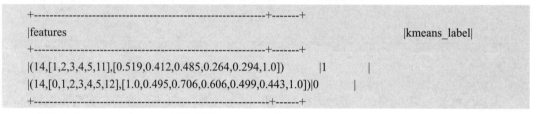

```
+-----------------------------------------------------------+-------+
|features                                                   |kmeans_label|
+-----------------------------------------------------------+-------+
|(14,[1,2,3,4,5,11],[0.519,0.412,0.485,0.264,0.294,1.0])    |1          |
|(14,[0,1,2,3,4,5,12],[1.0,0.495,0.706,0.606,0.499,0.443,1.0])|0        |
+-----------------------------------------------------------+-------+
```

结果中的 kmeans_label 即聚类类别 index 值。

代码 3 通过轮廓系数方法检验 K-Means 的聚类的质量度。代码首先调用了 ClusteringEvaluator 算法，指定输入特征为 features（与聚类输入特征一致），聚类预测特征为 kmeans_label（与聚类输出字段一致）；然后调用 evaluate，对输入聚类计算的 DataFrame 进行检验计算，结果为 0.6005131857334998。

好的聚类结果应该是不同群组之间的距离最大化，同时群组内部的样本之间的距离最小化。轮廓系数是聚类算法的常用检验指标。轮廓系数的结果范围是[-1,1]，值越大说明聚类结果越好。通常，当结果>0.5 时，认为聚类的质量度可以接受。因此，单纯从数据意义上来说，该聚类结果是比较好的。

示例 2，RandomForest 应用：

```
1    df_rf = df4.withColumn('label', df4['Revenue'])
2    rf = RandomForestRegressor(featuresCol='features', labelCol='label')
3    grid = ParamGridBuilder().addGrid(rf.numTrees, [30]).build()
4    evaluator = RegressionEvaluator(metricName='r2')
5    rf_cv_model = TrainValidationSplit(estimator=rf, estimatorParamMaps=grid, evaluator=evaluator,
     trainRatio=0.75).fit(df_rf)
6    print(rf_cv_model.validationMetrics[0])
```

本示例基于"10.3.1 准备数据"和"10.3.2 特征工程和处理"得到的结果。

代码 1 基于特征工程和处理后的 DataFrame，将 Revenue 设置为 label（目标），以便于实现本示例的回归计算应用。这里用到了 Spark DataFrame 的 withColumn 方法，用来设置字段。

代码 2 调用 RandomForestRegressor 构建随机森林模型，指定输入特征和目标字段名。

代码 3 构建了一个网格搜索的参数集合，用于交叉检验指定参数。在 ParamGridBuilder 对象后，使用 addGrid 可以增加多个参数及可选值范围，最后使用 build 完成构建。

提示：PySpark 中的交叉检验除了将数据按照指定比例拆分为训练集和测试集，还增加了针对指定的候选模型参数进行调优的功能，因此需要单独设置 grid。该设置经常用于自动调参的实现，关于该内容，会在后面进行介绍。

代码 4 构建了一个用于回归评估的评估器对象。使用 RegressionEvaluator 指定评估指标为 r2，其他可选指标包括 rmse（默认值）/mae/mse 等。

代码 5 构建了一个交叉检验的对象并完成训练过程。通过 TrainValidationSplit 实现数据集的拆分，指定 rf 为检验模型对象，指定 grid 为网格搜索的参数集合，指定 evaluator 为评估器，指定训练集的比例为 75%（剩余 25%用于测试）；最后调用 fit 方法完成训练过程。

代码 6 打印输出交叉检验的结果值：0.8450410399079773。在 r2（决定系数）的取值中，最大值为 1，最小可能会出现负值，值越大越好。本示例的结果表示该模型质量比较好。

示例 3，逻辑回归应用：

```
1    df_lr = df4.withColumn('label', df4['GoalComplete'])
2    lr = LogisticRegression()
3    grid = ParamGridBuilder().addGrid(lr.maxIter, [100]).build()
4    evaluator = BinaryClassificationEvaluator(metricName='areaUnderROC')
5    lr_cv_model = TrainValidationSplit(estimator=lr, estimatorParamMaps=grid, evaluator=evaluator,
trainRatio=0.75).fit(df_lr)
6    print(lr_cv_model.validationMetrics[0])
```

本示例基于"10.3.1 准备数据"和"10.3.2 特征工程和处理"得到的结果。由于本示例与示例 2 的使用逻辑完全相同，因此相同的内容这里不再赘述，仅介绍有差异的部分。

代码 1 将特征工程和处理的 GoalComplete 设置为 lable，原因是这里要进行分类算法应用。

代码 2、代码 3 构建了逻辑回归对象及网格搜索参数集合。

代码 4 构建用于分类（二分类）的评估指标，设置评估指标为 areaUnderROC（默认），还可以设置为 areaUnderPR。

代码 5 构建交叉检验模型并完成训练过程。

代码 6 打印输出检验结果：0.9891928402566701。

在 areaUnderROC（可以简称 AUC）检验中，AUC 的结果范围是[0,1]，一般以 0.5 作为模型效果优劣的基准线。当 AUC 值>0.5 时，表示模型的分类质量好，并且对分类的预测结果有提升价值。这里的值表示分类模型效果已经非常好了。

示例 4，ALS 推荐应用：

```
1    data_gb = df_event.groupby(['UserID', 'SKU']).agg({'EventTime': 'count'})
2    als = ALS(userCol='UserID', itemCol='SKU', ratingCol='count(EventTime)')
3    model = als.fit(data_gb)
4    user_recs = model.recommendForAllUsers(3)
5    user_recs.limit(2).show(2, truncate=False)
6    item_recs = model.recommendForAllItems(3)
7    item_recs.limit(2).show(2, truncate=False)
```

本示例的数据集依赖于"10.3.1 准备数据"中的 df_event。

代码 1 针对用户 ID 和 SKU 做计数统计，目的是获得每个用户针对每个商品的互动次数，得到的汇总值是用户对 SKU 的"互动得分"。使用 DataFrame 的 groupby 方法，针对 UserID 和 SKU 做汇总，汇总的指标是 EventTime，汇总计算方式为 count。

代码 2 调用 ALS（Alternating Least Squares，交替最小二乘法）实现协同过滤推荐计算，指定输入的用户字段为 UserID、Item 字段为 SKU、评分字段为 count(EventTime)。

代码 3 使用 ALS 模型做训练。

代码 4 针对所有的用户推荐 Item，这里指定为每个用户推荐 3 个 Item。

代码 5 展示用户推荐结果，如下：

```
+------+------------------------------------------------------+
|UserID|recommendations                                       |
+------+------------------------------------------------------+
|44052 |[[12087, 1.2474171], [12059, 1.206069], [12237, 1.109259]]|
|43923 |[[12241, 1.7065074], [12039, 1.128232], [12226, 1.1272]]  |
+------+------------------------------------------------------+
```

在上述结果中，第一列为用户 ID，第二列的 recommendations 为推荐结果。推荐结果是一个 Array 格式，Array 中是一些列表，其数量等于上面设置的推荐结果的数量（3）。每个列表包含两个元素，第一个元素是 Item（这里是 SKU），第二个元素是推荐评估得分。推荐结果以推荐评估得分倒序排名输出。

针对特定用户可以获取推荐 Item 列表，如获取用户 ID 为 44052 的推荐 Item 列表 item_recs.where(item_recs.UserID == 44052).select("recommendations.item")。如果只想计算特定用户（或用户组）的推荐结果，则可以使用 recommendForUserSubset 方法。例如：

```
user_subset = data_gb[data_gb.UserID.isin(44052,43923)] # 过滤出特定用户组
model.recommendForUserSubset(user_subset, 3) # 针对每个用户推荐 3 个 Item
```

代码 6 和代码 7 针对所有的 Item，为每个 Item 推荐 3 个用户，其逻辑与代码 4 和代码 5 正好相反。代码 4 和代码 5 用来实现为用户推荐 Item，代码 6 和代码 7 用来实现为 Item 推荐用户。

代码 6 调用 recommendForAllItems 方法为每个 Item 推荐 3 个用户，代码 7 打印输出

结果：

```
+-----+------------------------------------------------+
|SKU  |recommendations                                 |
+-----+------------------------------------------------+
|12046|[[43631, 3.1129465], [43730, 3.001854], [43772, 3.001854]]    |
|12139|[[43631, 2.5078537], [43915, 2.1063802], [43823, 1.8354053]]|
+-----+------------------------------------------------+
```

在打印输出结果中，第一列是 SKU，第二列是推荐结果。推荐结果的格式与之前相同，都是由列表组成的 Array。每个列表包含两个元素，第一个元素是 UserID，第二个元素是推荐评估得分。

与 recommendForUserSubset 类似，ALS 也提供了使用 recommendForItemSubset 方法来只针对特定 Item 集计算推荐用户的功能。应用方法与 recommendForUserSubset 类似，这里不再赘述。

示例 5，FPGrowth 频繁项集应用示例：

```
1    df_event_gb = df_event.groupby(['UserID']).agg(collect_set('SKU'))
2    df_event_gb = df_event_gb.withColumn('pv', size(df_event_gb['collect_set(SKU)']))
3    df_event_filter = df_event_gb.filter(df_event_gb['pv'] >= 2)
4    df_event_filter.limit(3).show(3, truncate=False)
```

本示例的数据集依赖于"10.3.1 准备数据"中的 df_event。

代码 1 针对每个 UserID，将其互动的商品汇总起来。这里调用 groupby 实现汇总，汇总列是 UserID；使用 agg 方法做聚合，聚合中指定使用 Spark SQL 中的 collect_set 方法对 SKU 做汇总。

这里需要注意的是，需要使用 collect_set（而不能使用 collect_list）方法进行汇总，因为后续算法要求 SKU 的集合必须是唯一值的集合。如果使用 PrefixSpan 算法做序列关联挖掘，那么必须使用 collect_list 方法，因为它除会保留所有 SKU 记录外，还会保持不同元素间的序列关系，这在序列关联挖掘中至关重要。当然，为了保持 SKU 基于时间戳互动的序列关系，需要先将时间戳从字符串格式转换为时间戳格式，再基于时间戳排名，方法是：

```
from pyspark.sql.types import TimestampType # 导入时间戳类型
# 将 EventTime 转换为时间戳
df_event = df_event.withColumn('EventTime', df_event['EventTime'].astype(TimestampType()))
df_event_order = df_event.orderBy(['UserID', 'EventTime']) # 按每个用户的时间戳排名数据
```

代码 2 实现计算每个用户互动的 SKU 的数量。这里使用 DataFrame 的 withColumn 方法新建一个字段 pv，计算逻辑是统计 collect_set(SKU)中的 SKU 的个数；这里使用针对 Array 类型的 size 方法统计 Array 中对象的个数。

代码 3 实现数据过滤。这里仅过滤出 pv>=2 的记录数，这样做的目的有两个：一是降

低后续关联算法的计算量，提高计算效率；二是挖掘稀疏规则，保障更多个规则能够出现。这里使用 DataFrame 的 filter 方法过滤出 df_event_gb['pv'] >= 2 的记录。

代码 4 打印输出预览结果：

```
+------+--------------------+---+
|UserID|collect_set(SKU)    |pv |
+------+--------------------+---+
|43684 |[12091, 12153]      |2  |
|43796 |[12109, 12155]      |2  |
|43525 |[12146, 12061, 12155]|3 |
+------+--------------------+---+
```

下面开始频繁项集的挖掘工作：

```
5    fpm = FPGrowth(minSupport=0.01, minConfidence=0.01, itemsCol='collect_set(SKU)').fit(df_event_
filter)
6    fpm.freqItemsets.limit(3).show(3, truncate=False)
7    ass_rules = fpm.associationRules
8    rules_keep = ass_rules.select(ass_rules['antecedent'].alias('pattern_items'), ass_rules['consequent'].alias
('target_items'),ass_rules[' confidence '], ass_rules['lift'])
9    rules_keep.limit(3).show(3, truncate=False)
```

代码 5 先使用 FPGrowth 构建关联规则模型，其中，minSupport 表示支持度，minConfidence 表示置信度，itemsCol 表示 Item 字段；然后使用 fit 进行模型训练。

代码 6 调用 FPM 的 freqItemsets 方法找到频繁项集，这里展示前 3 条结果：

```
+--------------+----+
|items         |freq|
+--------------+----+
|[12050]       |40  |
|[12136]       |34  |
|[12136, 12084]|11  |
+--------------+----+
```

上面结果中的 items 是频繁项集，freq 是频繁项集出现的频数（次数）。

代码 7 使用 fpm.associationRules 方法得到关联规则。

代码 8 从结果集中选择字段，并重命名字段。使用 DataFrame 的 select 方法选择字段并结合 alias 方法重命名。将 antecedent 重命名为 pattern_items（该字段的意思是前面的项目集合模式），将 consequent 重命名为 tartget_items（后项的目标项目集合）；选择 confidence（置信度）和 lift（支持度）字段。

代码 9 打印输出前 3 条结果：

```
+--------------------+------------+----------+----------------+
|pattern_items       |target_items|confidence|lift            |
+--------------------+------------+----------+----------------+
```

[12036, 12040, 12136]	[12084]	1.0	9.176470588235293
[12036, 12040, 12136]	[12050]	1.0	7.800000000000001
[12036, 12040, 12136]	[12051]	1.0	26.0
+------------------+----------+--------+----------------+

　　上面的结果展示了不同的关联规则，以及对应推荐的后项 Item。在实际应用中，可按照 confidence、lift 进行排序，这样可以按照应用需求选择出 confidence 或 lift 更高的规则；如果有需求，则可以在上一步代码中将 support 也拿出来做初步参考。

10.3.4　Pipeline 式应用

　　Pipeline 的意思是管道，在人工智能应用中，通过将多个处理环节使用管道的方式组合起来，就形成了 Pipeline 式的应用。

　　例如，在"10.3.2 特征工程和处理"中，分别使用了哑编码转换、数据归一化操作；在"10.3.3 核心算法应用"中，用到了逻辑回归。如果使用 Pipeline 操作模式，则可以将这些过程写到一个 Pipeline 对象中，统一执行处理，如图 10-10 所示。

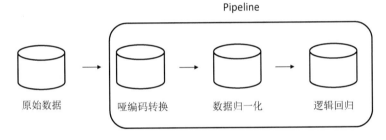

图 10-10　Pipeline 操作模式

Pipeline 式应用相比于原始的每个处理过程单独开发有什么优势呢？

- 开发更方便。在一个 Pipeline 中，只需调用 1 次 fit 和 transform 就能代替之前需要针对每个特征处理与算法的处理过程。例如，上面的操作过程中涉及哑编码转换、数据归一化和逻辑回归 3 个算法，需要分别调用 3 次 fit 和 transform（predict）；而在 Pipeline 中只需调用 1 次。
- 状态管理更方便。如果涉及训练过程和预测过程相分离，就需要将 fit 后的 model 对象持久化保存到硬盘中（该过程会在"10.3.5 训练和预测拆分及持久化操作"中详细介绍）。如果是每个对象分别处理，则需要 3 次 save 和 3 次 load 过程；而在 Pipeline 中则只需 1 次。
- 超参数调参时更方便。在调参时，假设需要分别针对每个过程做参数调整，在 Pipeline 中只需通过统一的 ParamGridBuilder 构建及管理即可。该过程会在 10.3.6 节中详细介绍。
- 更安全的数据状态管理。在进行交叉检验时，通过统一的 Pipeline 管理，能使得训练集和测试集的划分逻辑统一并应用到所有的处理环节中。如果将多个处理对象分开处理，则可能导致训练集的信息泄露到测试集中，从而导致交叉检验失效。

总之，Pipeline 的出现使得算法的开发和使用更加安全、方便和快捷。下面通过一个示例说明如何构建 Pipeline。

```
1    num_features = ['IsWeekEnd', 'Users', 'NewUsersRate', 'BounceRate', 'SessionDepth', 'SessionDuration']
2    str_features = ['WeekDay']
3    ohe_cols = ['ohe_'+i for i in str_features]
4    df_pipe = df_google.withColumn('label', df_google['GoalComplete'])
5    ohe = OneHotEncoder(inputCols=str_features, outputCols=ohe_cols, dropLast=False)
6    va1 = VectorAssembler(inputCols=num_features, outputCol='num_features')
7    mm = MinMaxScaler(inputCol='num_features', outputCol='mm_features')
8    va2 = VectorAssembler(inputCols=["ohe_" + i for i in str_features] + ['mm_features'], outputCol=
'features')
9    lr = LogisticRegression()
```

首先准备数据及 Pipeline 中用到的模型对象。本示例用到的数据依赖于"10.3.1 准备数据"中得到的 df_google。

代码 1、代码 2 和代码 3 分别用于指定数值型特征、分类特征及哑编码转换后的分类特征的名称。该规则与前面的特征工程和处理环节完全相同。

代码 4 基于 df_google 新建了一个 DataFrame，同时复制 GoalComplete 为新的字段 goal。

代码 5、代码 6/8、代码 7、代码 9 分别用到了前面特征工程，以及核心算法应用中的 OneHotEncoder 、VectorAssembler、MinMaxScaler、LogisticRegression 且用法完全相同。

完成上述准备工作后，构建 Pipeline：

```
10    stages = [ohe, va1, mm, va2, lr]
11    pipeline = Pipeline(stages=stages)
12    pipeline_model = pipeline.fit(df_pipe)
13    df_pipe_result = pipeline_model.transform(df_pipe)
14    print(df_pipe_result.dtypes)
15    df_pipe_result[['ohe_WeekDay','num_features',
'mm_features','features']].show(2, truncate=False)
16    df_pipe_result[['rawPrediction','probability',
'prediction']].limit(2).show(2, truncate=False)
```

代码 10 将上面构建的单独的模型对象组合为一个列表。这里需要注意的是，列表内模型对象的顺序必须是算法执行的顺序。

代码 11 使用 Pipeline 构建 pipeline 对象，指定代码 10 中的算法列表为执行过程。

代码 12 和代码 13 调用 fit 和 transform 方法完成模型的训练与转换过程。

代码 14 打印输出转换后的数据类型，结果如下：

[('Source', 'string'), ('WeekDay', 'bigint'), ('IsWeekEnd', 'bigint'), ('Users', 'bigint'), ('NewUsersRate', 'double'), ('BounceRate', 'double'), ('SessionDepth', 'double'), ('SessionDuration', 'double'), ('Revenue', 'double'), ('GoalComplete', 'bigint'), ('label', 'bigint'), ('ohe_WeekDay', 'vector'), ('num_features', 'vector'), ('mm_features', 'vector'), ('features', 'vector'), ('rawPrediction', 'vector'), ('probability', 'vector'), ('prediction', 'double')]

代码 15 输出哑编码转换、数据归一化之前和归一化之后、合并后的特征值。需要注意的是，这里不使用 limit，而使用 show 直接查看前两条记录，结果如下：

```
+------------+--------------------------------+----------------------------------+-------------------------------
----------------------+
|(8,[5],[1.0])|[0.0,9126.0,0.79,0.31,4.4,145.1]
|[0.0,0.519,0.412,0.485,0.264,0.294]|(14,[5,9,10,11,12,13],[1.0,0.519,0.412,0.485,0.264,0.294])           |
|(8,[6],[1.0])|[1.0,8726.0,0.94,0.35,5.47,170.05]|[1.0,0.495,0.706,0.606,0.499,0.443]|(14,[6,8,9,10,11,12,13
],[1.0,1.0,0.495,0.706,0.606,0.499,0.443])|
+------------+--------------------------------+----------------------------------+-------------------------------
----------------------+
```

提示：上面的代码输出结果可以与特征工程和处理输出的 df4 的数据做对比。读者可通过 df4[['ohe_WeekDay','num_features','mm_features','features']].show(2, truncate=False) 输出查看并对比上述结果。为了保障二者输出的记录一致，不能使用 limit 方法限制读取记录数，因为 limit 会随机选择数据集，不能保障展示的数据与上述代码输出一致。

代码 16 输出原始预测值、预测后的概率值、预测标签，结果如下：

```
+------------------+-------------------------------------+----------+
|rawPrediction     |probability                          |prediction|
+------------------+-------------------------------------+----------+
|[8.027,-8.027]    |[0.9996735549864691,3.2644501353081945E-4]|0.0    |
|[6.236,-6.235]    |[0.9980442209701221,0.0019557790298877873]|0.0    |
+------------------+-------------------------------------+----------+
```

上述构建的 Pipeline 可随机通过 stages 方法获得特定的算法环节和对比。

- 通过 print(pipeline_model.stages) 可以打印输出 stages 列表：[OneHotEncoder_796c5713f5c7, VectorAssembler_2daf2eb7323a, MinMaxScaler_0cd09f9288d9, VectorAssembler_fa7e2a601884, LogisticRegressionModel: uid = LogisticRegression_b058533039cd, numClasses = 2, numFeatures = 14]。
- 通过列表索引可以获取特定阶段算法对象：print(pipeline_model.stages[0])。这里会输出第一个算法对象 OneHotEncoder_796c5713f5c7。
- 通过算法对象的属性可以获取对应属性的值：print(pipeline_model.stages[2].originalMax)。这里会输出 Maxmin 标准化 DenseVector([1.0, 17056.0, 1.09, 0.48, 7.75, 263.29]) 的原始最大值向量。

10.3.5　训练和预测拆分及持久化操作

在企业人工智能应用中，很多场景需要将训练和预测阶段拆分开并分别应用到离线训练与在线预测上，主要目的是做到应用隔离、资源隔离、数据隔离，保障在线服务器的实时性和低延迟，同时提高两套集群服务器的使用效率和资源复用率。

例如，在实时推荐系统中，离线训练阶段首先将训练完成的粗排序模型同步到在线生产环境；然后在在线生产环境中加载训练好的模型，针对新进入的实时数据完成特征构造后，使用模型实现实时预测；最后结合精排序或重排序过程进行实时调整，通过 API 输出推荐结果。在在线生产环境中，整个任务的执行延迟是毫秒级别的，因此无法完成在线训练过程。

（1）模型持久化。

训练和预测过程的拆分需要两个条件：一是完成模型训练过程，二是将训练后的模型对象持久化到硬盘中。

下面通过示例说明训练和预测过程的拆分及持久化操作：

```
1    pipe_path = '/hdfs/models/pipe'
2    pipeline_model.write().overwrite().save(pipe_path)
3    pipeline_model_new = PipelineModel.load(pipe_path)
4    print(pipeline_model.uid == pipeline_model_new.uid)
5    print(pipeline_model.stages, '\n', pipeline_model_new.stages)
```

代码 1 定义了要存储的 HDFS 路径，该路径是持久化的目录。

在"10.3.4 Pipeline 式应用"中，已经完成了 Pipeline 的 fit 过程，因此，在代码 2 中使用 pipeline_model 可以直接持久化对象。持久化方式有以下两种。

- 针对新的存储路径，可以直接使用 save(pipe_path)方法保存，但该方法要求目标目录必须是新的，而不能是已经存在的。
- 针对已有的存储路径，可以使用 write().overwrite().save(pipe_path)，即使用覆盖模式存储，之前已经存在也可以通过覆盖实现保存。

提示：*为了保持历史模型的可追溯性、可分析性，建议每次都按照时间规律新建一个目录，这样每次只需同步最新版本的模型对象到在线服务器环境中即可。*

为了验证保存的模型对象与原始模型对象一致，可以通过 Model 对象的 load 方法加载。代码 3 使用导入的 PipelineModel 调用 load 方法加载模型对象。

代码 4 打印两个模型对象的 uid 来输出标志符号，得到的结果为 True。

代码 5 打印输出两组 Pipeline 的 stages 属性（所有的 Pipeline 模型对象），输出结果如下：

```
[OneHotEncoder_796c5713f5c7,    VectorAssembler_2daf2eb7323a,    MinMaxScaler_0cd09f9288d9,
VectorAssembler_fa7e2a601884,    LogisticRegressionModel:    uid    =    LogisticRegression_b058533039cd,
```

numClasses = 2, numFeatures = 14]

　　[OneHotEncoder_796c5713f5c7,　　　VectorAssembler_2daf2eb7323a,　　MinMaxScaler_0cd09f9288d9, VectorAssembler_fa7e2a601884,　LogisticRegressionModel:　uid　=　LogisticRegression_b058533039cd, numClasses = 2, numFeatures = 14]

　　上面的输出结果说明持久化前和持久化后的对象的信息是一致的。

　　如果针对新的模型对象未做完 fit 过程，则只有先完成 fit 过程才能保存。例如，核心算法应用中的随机森林的持久化，代码如下：

```
rfm = rf.fit(df_rf) # 必须先 fit
rfr_path = '/hdfs/models/rfm'
rfm.savewrite().overwrite().save(rfr_path) # 再保存
# 加载的对象是 RandomForestRegressionModel
rfm_new = RandomForestRegressionModel.load(rfr_path)
print(rfm.uid == rfm_new.uid)
print(rfm.featureImportances, '\n', rfm_new.featureImportances)
```

　　提示：在 PySpark 中，模型实例在加载时必须导入对应的 Model。例如，前面 Pipeline 加载时导入的是 PipelineModel，随机森林导入的是 RandomForestRegressionModel，每个模型都有自己对应的 Model 对象。

　　（2）在 HDFS 上查看持久化的文件对象。

　　在 HDFS 上，通过 hdfs 管理命令查看存储的文件对象。

　　例如，通过 hdfs dfs -ls /hdfs/models/ 查看模型对象目录，得到如下结果：

```
drwxr-xr-x    - hadoop hadoop  0 2022-01-11 09:36 /hdfs/models/pipe
drwxr-xr-x    - hadoop hadoop  0 2022-01-11 09:29 /hdfs/models/rfm
```

　　可以查看特定目录的更细目录的文件。例如，使用 hdfs dfs -ls /hdfs/models/pipe 查看 pipe 下的文件或目录：

```
drwxr-xr-x    - hadoop hadoop  0 2022-01-11 09:36 /hdfs/models/pipe/metadata
drwxr-xr-x    - hadoop hadoop  0 2022-01-11 09:36 /hdfs/models/pipe/stages
```

　　查看 meta 目录文件信息——dfs dfs -ls /hdfs/models/pipe/metadata：

```
-rw-r--r--    1 hadoop hadoop 0 2022-01-11 09:36 /hdfs/models/pipe/metadata/_SUCCESS
-rw-r--r--    1 hadoop hadoop 297 2022-01-11 09:36 /hdfs/models/pipe/metadata/part-00000
```

　　查看 meta 文件详情——hdfs dfs -cat /hdfs/models/pipe/metadata/part-00000 | head -100：

```
{"class":"org.apache.spark.ml.PipelineModel","timestamp":1642073885531,"sparkVersion":"2.4.4","uid":"
PipelineModel_10588bd07d5e","paramMap":{"stageUids":["OneHotEncoder_796c5713f5c7","VectorAssemble
r_2daf2eb7323a","MinMaxScaler_0cd09f9288d9","VectorAssembler_fa7e2a601884","LogisticRegression_b05
8533039cd"]},"defaultParamMap":{}}
```

　　查看 stages 详情信息——hdfs dfs -ls /hdfs/models/pipe/stages：

```
drwxr-xr-x    - hadoop hadoop          0 2022-01-13 11:38 /hdfs/models/pipe/stages/0_OneHotEncoder_
```

796c5713f5c7

    drwxr-xr-x   - hadoop hadoop   0 2022-01-13 11:38 /hdfs/models/pipe/stages/1_VectorAssembler_
2daf2eb7323a

    drwxr-xr-x   - hadoop hadoop   0 2022-01-13 11:38 /hdfs/models/pipe/stages/2_MinMaxScaler_
0cd09f9288d9

    drwxr-xr-x   - hadoop hadoop   0 2022-01-13 11:38 /hdfs/models/pipe/stages/3_VectorAssembler_
fa7e2a601884

    drwxr-xr-x   - hadoop hadoop   0 2022-01-13 11:38 /hdfs/models/pipe/stages/4_LogisticRegression_
b058533039cd

每个 stages 文件也都包含了 meta data 信息，都可以进一步查看其详情。

（3）将模型同步到其他集群环境中。

当数据已经存在于 HDFS 之后，后续的操作就是集群间的同步，可以使用 distcp 方法
实现。例如：

```
hadoop distcp -overwrite hdfs://source_master:8020/hdfs/models/pipe hdfs:target_master:8020/hdfs/models/
pipe
```

通过-overwrite 指定覆盖同步到的目录，hdfs://source_master:8020/hdfs/models/pipe 是
持久化模型的 HDFS 源目录，hdfs:target_master:8020/hdfs/models/pipe 是同步到的目标集
群环境目标。

后续在新生产环境中加载新的模型持久化文件时，引用的文件路径是/hdfs/models/
pipe，如 pipeline_model_new = PipelineModel.load('/hdfs/models/pipe')。

10.3.6 超参数优化的实现

超参数优化（Hyper-Parameter Tuning 或 Hyper-Parameter Optimization）是不依赖人工
调参，而通过一定的方法找出算法或模型中最优超参数的一类方法。

当将人工智能应用到具体任务中时，大多以自动化程序的方式执行，因此，人工经验
在参数调整中更多的是设置优化方法、参数区间或范围；通过生成多组超参数并放到算法
模型中不断训练，根据获取的评价指标调整超参数的值，并放入系统中再训练。

除了人工直接指定参数，超参数优化的自动化实现方式通常有以下两种。

- 非模型类优化方法：如基于随机搜索、网格搜索的搜索，通过设置参数区间或范围，
  随机地或完全遍历每个参数组合，从而找到最优参数。
- 模型优化方法：如进化算法、遗传算法、粒子群算法、贝叶斯优化等。这种方法通
  过在每次参数训练后的评估指标的基础上构建二次模型（基于 meta 信息建模，输
  入为模型参数，输出为评估指标）来找到最优参数。

超参数优化能够找到算法对应的最优参数，意味着能够获得更好的预测结果。但是，
它存在一定的问题。

- 当面对大模型、大数集、复杂的机器学习或算法时，需要强大的硬件资源支持。

- 需要消耗大量的时间来产生"测试数据"并以此来优化，实现周期长。

因此，超参数优化只有在一定的"物力"和"时间"的保障下才能获得理想的结果。在某些场景下（如中小数据规模、日常应用场景等），人工调参的效果和效率要远高于超参数优化。基于这些原因，在中小型企业中，超参数优化的应用比较少。

这里简单介绍 PySpark 支持的基于网格搜索的优化方式。

```
1    paramGrid = ParamGridBuilder().addGrid(pipeline.stages[0].dropLast, [True, False]).addGrid
(pipeline.stages[-1].regParam, [0.0, 0.5]).addGrid(pipeline.stages[-1].aggregationDepth, [2, 3]).build()
2    evaluator = BinaryClassificationEvaluator(metricName='areaUnderROC')
3    pipe_grid_model = CrossValidator(estimator=pipeline, estimatorParamMaps=paramGrid, evaluator=
evaluator,parallelism=4).fit(df_pipe)
4    print(evaluator.evaluate(pipe_grid_model.transform(df_rf)))
```

这里的超参数优化基于 10.3.4 节中介绍的 Pipeline（管道）。

代码 1 构建参数的方法与核心算法应用中的随机森林和逻辑回归的应用逻辑相同，差异在于这里使用了 Pipeline 对象构建参数。针对 Pipeline 的第一个对象（OneHotEncoder），设置其 dropLast 候选值列表为[True,False]；针对 Pipeline 的最后一个对象（逻辑回归），设置其 regParam 候选值列表为[0.0, 0.5]，设置 aggregationDepth 的候选区间为[2, 3]。这样，一个候选列表区间就设置好了。

代码 2 设置了二分类评估器，与逻辑回归的设置方式一致。

代码 3 设置了交叉检验模型对象 CrossValidator，该对象与 TrainValidationSplit 类似，区别在于 CrossValidator 是 N 折交叉检验，而 TrainValidationSplit 是一次交叉检验，即 CrossValidator 中包含了多次 TrainValidationSplit。这里设置评估器为 Pipeline（注意：是 fit 前的对象），estimatorParamMaps 为上面构建的网格参数，evaluator 为二分类评估器，parallelism 为并发数量（指定为 4）；最后调用 fit 方法进行训练。

代码 4 打印输出结果：0.9914381762790209。在大多数情况下，超参数设置的参数越多、越详细、区间越大，理论上能够获得的效果越好；但需要越多的时间去做训练。

注意：由于原始逻辑回归模型的效果已经非常好了，所以这里即使设置了超参数优化，其效果也不一定比原始默认参数效果好。并且由于不同环境下执行的随机种子不同，因此可能出现由于数据集拆分及算法初始化状态的不同，导致出现不同状态下得到的逻辑回归和超参数检验的 Pipeline 结果不能直接对比的情况。

10.4　案例：某 B2C 企业推荐系统的搭建与演进

该企业是世界 500 强的 B2C 企业，主要面向企业级客户提供大宗商品销售服务，其客户以线下的企业类型客户为主，而且商品交易形成也主要产生于线下。该企业想要在线上通过搭建私域社区来将其客户的核心联系人聚集起来，并通过社区间的互动、活动、社群关系、内容分享等沉淀客户，最终实现促进客户拉新、激活、留存、活跃，以及对线下销售线索的促进。

从 2018 年起，该企业一步步搭建起完善的推荐系统应用场景，逐步覆盖了线上社区内容推荐、线下销售商品推荐、活动商品推送、精准营销推送等个性化应用场景；覆盖的业务范围从内容运营相关的 BGC 到 PGC、UGC，商品运营相关的内容推送、新闻和资讯推送，以及社群推送等运营主体；推荐的载体也从 Web 端覆盖到 Web+H5、小程序、手机移动站点、App 及线下门店；推荐服务的工作内容包括数据同步、数据清洗、计算、提供推荐结果及 API，提供了端（数据端）到端（推荐 API 端）的完整推荐服务。

10.4.1　总体设计思想

基于我们的推荐系统工作经验，推荐系统不仅仅是一个技术工程，更是一个综合性工程，其中涉及几方面核心内容。

（1）目标设计。

推荐系统简单说可以直接以销售、活跃度、留存等核心 KPI 的提升为目标，但只有这些核心 KPI 显然不够，原因是核心 KPI 的提升不应该是孤立的，而应该是综合的、立体的。例如，销售额的提升不仅要看推荐系统工作期间的短期效果，还要看对企业的长期贡献效果；除了销售额的提升，企业通常还会有其他运营目标，而这些运营目标都应该被纳入推荐系统的目标设计中。否则，可能会为核心 KPI"拼命"优化系统工程，从而导致以牺牲其他指标来换取核心 KPI 指标的情况发生，这种做法是不可持续的且对企业未来的发展没有长期贡献价值。

推荐系统目标是整个推荐系统工作的起点，也是评估推荐系统是否达标的唯一准则。只有目标设计准确、恰当，推荐系统的开展才不会偏离方向。

（2）数据梳理。

推荐系统的正常开展离不开数据支持。该企业推荐系统相关的数据包括如下 5 个主体。

- 用户行为数据。该数据来自 Global 统一采购的 Google Analytics 360，但是数据埋点的规划、设计、代码部署、测试、校验都需要重新梳理，以更加贴近推荐需求。
- CRM 数据。该企业有几千万个客户（指有成交记录的客户），同时拥有庞大的线下团队管理业务及客户服务业务主体，涵盖了客户属性、价值、消费、活动、服务、营销、普通行为等众多领域的数据。这些数据需要被纳入推荐系统中。
- 内容数据。内容数据包括内容、商品、新闻资讯等主体 Item 的基本属性、类别、产地、标签、生产者及其他内容属性，这是推荐系统的核心输出对象。
- 销售数据。销售是整个企业的核心目标，线上的业务主体也需要为企业的核心目标服务。销售涉及小样发放、团购和大宗购买、普通购买等多种购买模式。
- 营销活动和运营数据。营销活动和运营数据主体主要通过特定的营销活动，在站内、站外及第三方平台或店铺中开展营销活动，从而促进特定活动目标的达成。

除了梳理数据情况，数据安全、合规及符合法律法规的要求也是服务过程中的核心注意点。尤其对于客户个人隐私数据，只有做到二级甚至三级验证、审批或授权才能处理。

数据是推荐系统的基础，没有数据，推荐系统无法工作。在实际应用时，需要综合考虑并谨慎处理数据安全、应用需求、应用便利性之间的关系。

（3）架构设计。

虽然该企业起步不久，但基于其对推荐系统的未来展望，我们建议在进行总体规划和设计时，从长远、可复用、可持续迭代升级的角度来设计总体架构。

整个架构的设计需要既能满足短期快速见效的短、平、快式的应用落地，又能为以后更加复杂、多应用、海量数据、高并发、实时需求等场景提供可持续升级的能力。

在架构设计上，通过网络拓扑、硬件架构、软件架构、功能架构、应用架构、数据架构、组件架构等方面的综合设计，以 MM（在具有最强硬件能力的同时实现最低的投入成本）为核心原则，设计了一套可复用、可插拔、可升级、可拓展的整体架构。它能够满足企业在不同状态下的灵活应用需求。

（4）工程能力。

工程能力是现在大多数开发者或工程师更关注的领域。推荐系统设计完成后就进入实际开发阶段，在该阶段，就需要正式进入工程实践中。

工程能力主要包括以下 3 方面的能力。

- 系统开发能力。按照总体架构设计思想及模块定义，使用特定开发语言或技术框架进行开发，从而完成推荐系统的工程开发。
- 算法优化能力。在推荐系统中，算法是核心保障之一。在一定程度上，算法的优劣是决定推荐系统成败的主要因素之一。因此，对于算法的选择、调参、优化至关重要。
- 持续运维能力。推荐系统正式上线后并不能确保一定达到 KPI 预期目标，并且即使达到了预期目标，也需要不断优化，该过程涉及持续运维、不断迭代优化。

10.4.2　PoC：验证想法

PoC（Proof of Concept）即概念验证，这是业界流行的针对客户应用的验证性测试。该企业最开始对于推荐系统能否产生效果尚没有一个清晰的结论，因此需要通过 PoC 来验证。

除了验证推荐系统是否对网站转化目标有促进作用，还需要验证完成推荐系统所需的综合成本（含硬件成本、开发成本、运维成本）、开发周期、内部资源协调、触脉的综合能力（包括项目管理能力、工程开发能力、项目规划和统筹能力、架构设计能力）等方面。

基于实际情况，我们为该企业提供了如下 PoC 方案：在网站的一个场景中增加推荐栏位，并观察推荐栏位对核心 KPI 的达成是否有贡献，或者贡献程度如何。

PoC 方案的核心内容如下。

- 推荐场景：商品推荐。
- 核心 KPI：为了快速验证短期效果，直接以网站的核心运营目标（销售提升）为 KPI。
- 项目分工：推荐系统负责产生针对用户的个性化推荐结果，并将推荐结果写库；前端负责将推荐结果同步到 Web 服务器的数据库中，同时开发一个新的推荐 API，用于调用库中的结果并在前端展示。
- 项目周期：总 PoC 阶段周期为 8 周。其中，开发周期在 2 周左右，与前端（Web端）开发的 AB 分组、API 联调开发、数据埋点、数据校验等需要 2 周，后续 4 周观察推荐结果。
- 硬件资源：以该企业现有的一台服务器为基础做推荐应用，无须投入新的硬件资源。
- 推荐逻辑：主要算法为基于协同过滤（Model Based）的推荐、关联算法（FPGrowth和 Prefixspan）及少量精排序逻辑。
- 开发技术：以 Python 为开发语言，基于 sklearn 和第三方 Python 库。

该 PoC 设计方案具有如下特点。

- 周期短：从立项到开发完成大概耗时 4 周，后面 4 周为效果观察周期。
- 见效快：从第 5 周开始就已经有数据和基本结论了。
- 成本低：整个过程无须额外投入硬件资源成本，仅需增加少量的工时。
- 风险低：该 PoC 只上线了一个场景的推荐栏位，即使推荐效果差，对网站整体的影响范围也有限，风险可控。

为了对比和测试，期间前端对网站进行 A、B 组分流，A 组为原始展示的内容，B 组为推荐展示的内容。分组期间，A、B 组的用户固定，即不会出现今天既看到 A 组商品，后续访问时又看到 B 组商品的问题。通过 PoC 上线后的 A、B 组对照和分析，已经达到了预期目标。

10.4.3　推荐系统的起步

经过 PoC 阶段之后，该企业已经对推荐系统的基本效果、成本投入、资源协调及触脉的服务能力有了基本的信心。从此进入推荐系统正式起步阶段。

这里之所以说是正式起步，原因是从这一阶段开始，推荐系统就单独立项并且拥有单独的预算、资源来持续推进与落地了，并且推荐的场景开始逐步完善。

在正式起步阶段，我们基于企业需求为企业设计的基本方案如下。

- 推荐场景：社区内容推荐，包括 BGC、PGC、UGC 内容及商品推荐。
- 核心 KPI：包括点击、内容互动度和销售贡献 3 个维度，每个维度下又细分多个指标。
- 项目分工：直接以 API 的方式为企业提供推荐结果，前端只需调用 API 即可。该项目（包括后续的项目）需要完成数据同步、数据清洗、推荐计算、API 开发的全部过程；同时 AB 分组的逻辑也由我们统一设计并返回。

- 项目周期：该阶段周期为 3 个月左右。集群准备和环境搭建大概耗时 1 周，架构设计大概耗时 2 周（并行开展），代码开发大概耗时 5 周，与前端（Web 端）的 API 联调测试、数据埋点、数据校验等耗时 1 周，后续 4 周观察推荐结果。

- 硬件资源：推荐计算使用 4 个节点（基于 EMR 服务）、数据缓存使用 1 个节点（基于 Redis 服务）、API 服务器使用 3 个节点。另外，为了合规，单独采购了 ELB（负载均衡服务）来连接 API 集群并分发和管理请求；还有 1 个负责集群监控、同步数据的节点。一共 9 个节点和 1 个服务。

- 推荐逻辑：除数据同步和数据清洗过程外，还包括初始召回、融合过滤、粗排序、精排序、重排序 5 个核心环节。初始召回包含了基于人相似度的召回、Item 相似度召回、个人行为互动召回、社区信息召回、行为模式召回、统计召回。融合对多路召回算法进行融合取并集，过滤根据特定业务和推荐规则去掉不推荐的 Item。粗排序使用 Learn2Rank 的模式，预测每个用户对推荐 Item 的响应概率。精排序和重排序分别在推荐及 API 阶段实现，用于实现热度降权、互动过的降权及特定业务规则等。

- 开发技术：以 PySpark（推荐算法相关）、HiveSQL（数仓数据清洗的核心）为开发语言，基于 Hadoop+Spark 框架完成主要的开发过程；期间在 NLP 阶段辅助以 sklearn、结巴分词等 Python 第三方库；API 开发使用 Java 相关框架和服务。

该方案具有如下特点。

- 框架和结构完整：无论是硬件、软件、技术、应用还是推荐实现流程，都使用了业内主流的实现模式。

- 可扩展和升级：使用分布式架构及弹性云服务，可以应对后续升级到更多场景、更大计算量级下的弹性扩展问题。

- 数据及应用合规：数据的流转及应用服务的选择均以该企业的安全审查和合规机制为基准。

- 效果迭代和优化可控：项目几乎涵盖了所有推荐系统所需的数据、代码、服务和功能，无论是 AB 分组还是推荐算法、数据集成或清洗处理，都能直接在项目内直接调整，为后续的持续调优提供基础。

- 端到端的服务：对于该企业的前端应用，每个新场景都只需根据推荐需求新增一个请求来调用我们提供的 API 即可，其他所有逻辑都无须变更或重新开发，提供了从数据进入到推荐结果输出的完整服务。

经过这一阶段的项目工作，推荐系统已经进入正轨且具有了可持续完善的基础结构。随着持续的优化迭代，推荐效果将持续提升。

10.4.4　完善线上与线下推荐

除了内容和商品推荐，搜索也是站内用户互动的重要功能。根据我们的工作经验，有搜索行为的用户的目标转化要比普通用户高几倍到几十倍。因此，针对搜索功能的推荐需求应运而生。同时，该企业在线上经常做活动（Campaign），线下也经常需要针对大型客户做拜访销售，因此也需要针对线上活动及线下客户提供推荐服务。

在该阶段中，我们基于企业需求为企业设计的基本方案如下。

- 推荐场景：针对内容、商品、用户的搜索推荐，以及线上和线下营销活动的推荐。
- 核心 KPI：包括搜索有效性评估、内容互动度、间接销售贡献、直接销售贡献 4 个维度，每个维度下又细分多个指标。
- 项目分工：这次的分工与之前的项目相同，触脉提供完整的数据同步、数据清洗、推荐计算、API 开发、AB 分组的所有功能和数据出口；同时根据线下应用需求将结果回写到目标库。
- 项目周期：该阶段周期大约为 2.5 个月。其中，新 ES 集群准备和环境搭建大概耗时 1 周，架构设计大概耗时 1 周（并行开展），代码开发大概耗时 3 周，与前端（Web 端）的 API 联调测试、数据埋点、数据校验等耗时 2 周，后续 4 周观察推荐结果。
- 硬件资源：在之前项目的硬件基础上（9 个节点和 1 个服务）新增了 ES 集群资源（3 个节点），用于关键字搜索召回；同时新增了 1 个节点，用于搜索的精排序预测服务。
- 推荐逻辑：在搜索场景中，整个过程仍然包括初始召回、融合过滤、粗排序、精排序、重排序 5 个核心环节。在搜索相关场景中，初始召回通过 ES 检索内容返回召回集，融合过滤、粗排序、精排序、重排序的逻辑与之前类似，差异点在于这里的初始召回是根据用户输入的搜索词实时发生的，因此预测（粗排序的环境）是实时在线发生的。其他场景与上一个项目的逻辑类似。
- 开发技术：以 PySpark（核心推荐计算）、HiveSQL（数据仓库清洗）为开发语言，基于 Hadoop+Spark 框架完成主要的开发过程；期间在 NLP 阶段辅助以 sklearn、结巴分词等 Python 第三方库；API 开发使用 Java 相关框架和服务；搜索主要引擎是 ES。

该阶段的项目方案的主要特点与正式起步阶段项目方案的主要特点相同，差异点如下。

- 全场景覆盖。线上所有的用户互动的场景都已经被推荐覆盖了，包括站内的首页信息流、详情页的相关 Item、列表页的推荐、搜索结果列表页的推荐、搜索词下拉联想等；站外（含线上和线下）的营销推广和客户销售支持活动。
- 增加了在线实时计算功能。之前方案中的推荐结果基本都是通过预计算完成的，这个特点主要体现在预测（LearnToRank）的过程是离线发生的。而在该方案中，搜索的预测行为是在线实时发生的。
- 线上和线下的应用联动。当线下客户具有线上行为时，可以基于线上的行为反推到线下推荐场景中；反之，当用户有线下的销售等行为数据时，也可以反作用到线上。在线下的推荐中，区域喜好、行业特点、跨区域销售政策、地区价格保护等对推荐的影响更大，这也是在线下地推中尤其需要注意的。

到这一项目阶段，推荐系统所能覆盖的站内的私域场景已经完善了。通过 AB 对照，以及与历史的数据对比，推荐系统对网站的用户活跃度、留存贡献、销售贡献都稳定在 10% 以上。

10.4.5　在线实时计算

实时对推荐系统的意义非常大。对于该企业，主要表现在如下几方面。

- 实时用户：当用户是新注册或新访问用户时，由于预计算时没有该用户的信息，所以不会产生计算推荐。针对这类用户，就会使用冷启动推荐机制，这种效果和体验是不够友好的。
- 实时 Item：作为一个社区型站点，每时每刻都会产生新的内容；如果没有实时数据做保障，那么新的内容往往无法被更多地分发出去。
- 实时行为：在线的用户行为产生的实时喜好应该反馈在每次的推荐展示结果中。例如，上次用户关注了 A 商品，那么下次应该展示更多与 A 商品相关的内容。

针对以上问题，该企业希望能够将实时数据、实时计算等内容加入推荐系统中，预期目标如下。

- 即使是新注册的用户也能有个性化推荐，而不是走冷启动推荐机制。
- 即使是新产生的内容也能被分发出去，而不是间隔几个小时甚至隔天才能被推出来。
- 用户的最新行为需要体现在推荐的整个计算过程和逻辑中。

在该阶段中，我们基于企业需求为企业设计的基本方案如下。

- 推荐场景：覆盖所有线上和线下的网站、促销活动相关的内容、商品、用户的推荐。
- 核心 KPI：在保持之前的点击、搜索、互动度和销售贡献的基础上，增加了实时性、多样性、新鲜度等评估指标。
- 项目分工：与之前的项目相同，触脉提供完整的数据同步、数据清洗、推荐计算、API 开发、AB 分组的所有功能和数据出口。
- 项目周期：该阶段周期大约为 3.5 个月。其中，新实时计算集群准备和环境搭建大概耗时 1 周；架构设计大概耗时 2 周（并行开展）；将计算拆分为在线和离线两个过程，在线功能从离线功能中分离并重写部分功能，大概耗时 3 周；在线功能的调用、集成、预测和推断等新功能开发大概耗时 4 周；前端需要以消息队列的方式提供数据源，后端的实时数据接收和清洗、计算大概耗时 2 周；与前端（Web 端）的 API 联调测试、数据埋点、数据校验等耗时 1 周，后续 4 周观察推荐结果。
- 硬件资源：在之前项目的硬件基础上（13 个节点和 1 个服务）新增了 3 个新的节

点，用于实时计算（实时数据采集，以及实时传输相关工作和资源支持，由企业内其他部门完成，我们负责从拿到数据开始的相关计算支持）。

- 推荐逻辑：在搜索场景中，整个过程仍然包括初始召回、融合过滤、粗排序、精排序、重排序 5 个核心环节。与之前的差异点在于整个过程将分别在离线环境和在线环境中实现，离线环境负责实现基于海量数据的特征提取、处理、模型训练和评估；在线环境负责实时数据处理、特征提取与离线特征组合、推荐预测，以及实时精排序、重排序。

- 开发技术：以 PySpark（离线推荐计算）、HiveSQL（数据仓库清洗）为离线开发语言，主要框架保持 Hadoop+Spark 不变；以 Java 为 API 和在线开发语言，主要流处理框架为 Flink。

该阶段的项目方案与之前的方案对比，主要差异点在于突出了实时性，而且该实时性的过程体现涵盖了推荐系统的全部过程。为了保障实时性，在开发技术、开发架构、应用架构上都做了较大的调整或适配。

- 开发技术：Spark 框架更适合于离线功能开发或准实时功能开发，即使使用 Spark Streaming 或 Spark Structured Streaming，数据处理的延迟仍然不如 Flink，因此，对于在线开发的应用服务，选择 Java 及 Flink 做开发。

- 开发架构：单一环境中的系统组件、服务间的信息可直接通过模块、函数或值调用；在拆分后的环境中，不同环境将通过消息队列、API、PMML 等方式做服务或数据交换。

- 应用架构：在单一的离线环境中，所有处理环节都可以通过近似 Pipeline 操作模式序列完成；而拆分后的架构将把原有的序列分开，此时，离线环境负责针对历史海量数据的处理和计算，在线环境负责实时数据的处理和计算。

在我服务的客户中，推荐系统都是从无到有、从小到大逐步完善形成的，而不是在一开始就能建立完整、庞大的推荐项目。通过每个阶段的项目成果为项目的持续投入增加信心，同时能够达到降低项目整体风险、减少一次性投入、成果持续提升等目的。

另外，在大多数情况下，推荐系统刚上线的效果可能不够好，这非常普遍且正常。实际上，大多数推荐系统都需要一定的时间来训练和提升，并且需要经过不断地迭代优化，只有这样才能达到预期目标。

10.5 常见问题

1．如何将离线训练模型应用于在线生产环境

将离线训练模型应用到在线生产环境中在训练环境和预测环境拆分场景下经常用到。本章"10.3.5 训练和预测拆分及持久化操作"中提到可以直接先将模型持久化到硬盘中，

然后同步到在线生产环境中使用的方法。但这种方法有一个限制条件：离线训练环境和在线生产环境必须一致，包括开发语言一致、组件和版本一致、系统环境一致等。

例如，离线训练环境是 Spark2.4，那么在线生产环境也必须是 Spark2.4，如果在线生产环境使用了更高的版本（如 Spark3.0），那么可能会导致出现问题，因为不同版本下的程序包可能有差异。例如，在 Spark2.4 中，OneHotEncoder 使用 inputCol 指定输入 1 个字符串名称，这种模式只允许每个 OneHotEncoder 针对 1 个特征做处理；而在 Spark3.0 中，OneHotEncoder 使用 inputCols 指定输入 1 个字符串名称列表（而不支持 inputCol），即可以批量处理多个字符串特征。

如果离线训练环境和在线生产环境的开发语言不一致，那么模型更不能跨语言调用。为了解决这个问题，就需要一种所有算法程序都能识别的模型文件，PMML 文件就能满足这一需求。

PMML（Predictive Model Markup Language，预测模型标记语言）是一种可以呈现预测分析模型的事实标准语言。PMML 的好处就是，所有的程序环境都可以通过直接读取其中的标准语法来获得模型的关键信息，并应用到其实际环境中。例如，用 Python 做算法测试，用 Java、Spark 做正式环境的预测应用。因此，它是典型的应用于两个环境，是不同的开发语言的场景下的文件。

在离线训练环境中完成模型训练后，直接使用 PMML 相关方法导出为 PMML 文件，并将其同步到在线生产环境中加载调用即可。

2．如何集成第三方 Python 包到 PySpark 中

在默认情况下，我们都是基于 Spark 自有的算法和工具完成数据计算过程的。那么，如何将自己开发的 Python 包集成到 Spark 任务中呢？

在 PySpark 中集成自己开发的工具包，需要首先在 Spark Context 初始化环境时引入对应的工具包，然后导入引用即可。具体流程如下。

- 第一步：将开发好的自定义包封装为 Python 文件，如果是多个类或多个 Python 文件，则需要打包为 zip 格式。
- 第二步：将 py 文件或 zip 文件上传到 Spark 启动节点上，或者上传到 Spark 集群可访问的 HTTP、FTP 或 HDFS 中。
- 第三步：在 Spark 程序中引用自定义包。

下面通过一个示例说明如何实现上述过程。

假设现在已经开发了一个名为 uitls 的自定义功能，其中有两个功能文件，分别是 base1.py 和 base2.py，每个文件中各有一个函数，如图 10-11 所示。

现在将这两个文件所在的 Python 本地库文件打包为 zip 文件，如图 10-12 所示。

为了便于管理及排除网络对程序的影响，先将 uitls.zip 上传到一个 Web 服务器中，然后将其下载到 Spark Master 节点上。登录服务器，使用 wget 命令下载到本地。

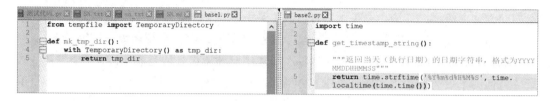

图 10-11 自定义的 Python 包

图 10-12 将自定义的 Python 包打包为 zip 文件

提示：如果 Spark Master 服务器可以直接通过 FTP 访问，则直接采用 FTP 上传更方便。

下载完成后，进入 PySpark 中，输入如下代码：

```
1    file = '/mnt/test/utils.zip'
2    conf = SparkConf().setAppName("utils_test")
3    spark = SparkSession.builder.enableHiveSupport().config(conf=conf).getOrCreate()
4    spark.sparkContext.addPyFile(file)
5    from utils.base1 import mk_tmp_dir
6    print(mk_tmp_dir())
7    from utils.base2 import get_timestamp_string
8    print(get_timestamp_string())
```

代码 1 定义了服务器中的 utils.zip 的文件路径。

代码 2 和代码 3 初始化 conf 并获得 spark 对象。

代码 4 调用 spark.sparkContextt 的 addPyFile 方法，将代码 1 定义的库引入 Spark 环境中。

代码 5、代码 6 从自定义库的 utils.base1 中导入定义好的方法，调用方法并打印结果如下：

```
/tmp/tmp8fpjuw5m
```

代码 7 和代码 8 从自定义库的 utils.base2 中导入定义好的方法，调用方法并打印结果如下：

```
20220115071557
```

3．人工智能到底有多智能

人工智能的大规模成功目前主要集中于棋牌游戏类领域。而类似于图像识别、语音识别、NLP 等领域，人工智能虽有建树，却没有达到让人惊艳的地步。

　　传统意义上认为，智能应该是能够独立思考、独立规划和独立行为的集合，目前的人工智能能够达到这个层次的也仅有棋牌游戏类领域而已。因此，人工智能仍然属于特定、少数、垂直领域的智能。

　　短期内，它无法达到类似于人类智能的程度，哪怕在略微带有社会背景的事务处理上，人工智能也是无法处理的。下面提出两个基础性限制因素供读者参考。

　　（1）数据量化的认知。我们知道，数据是人工智能的基础，没有数据就谈不上算法和训练。在人类社会中到底有多少主体、对象、反馈或元素能够被量化为数据呢？被量化为数据的比例是人工智能所能达到的人类智能的上限，假如现在有 10%的人类主体被量化为了数据，那么人工智能也最多能达到人类智能的10%而已。在我们看来，能够被量化的对象比例仍然非常小，这是"人工智能"无法"智能"的根本性限制因素。

　　（2）数据并不是一切。人类智能决策的因素包括感性因素和理性因素两种。数据代表的仅仅是理性因素，而感性因素则在现阶段内无法通过机器识别、模拟、反馈和交互。假设数据能够量化 100%的客观世界，并且能够通过算法学习到相关知识，那么机器能够掌握的仍然是"机器智能"，即属于客观理性的决策部分，而人类的感性因素则无法加入决策中，也就不是"人工智能"。

　　因此，人工智能并不是万能的，短期内无法超越人类，也不能解决所有问题。目前，它的价值仅存在于特定领域。合理地使用人工智能方法和技术，辅助人类的生产和生活的效率、效果的提升才是现阶段使用人工智能的最大期望所在。

第 **11** 章

数据产品开发

知识
导览

数据产品开发概述

数据产品的路线选型

数据产品自研的技术选型

基于Django的产品开发

案例：某企业基于Django构建内部用户画像标签产品

11.1 数据产品开发概述

数据产品是以数据为核心，通过使用数据实现最终目标的产品，主要功能是围绕数据的收集、管理、查询、分析、可视化等，既可以面向外部（如 G 端、B 端、C 端用户）释放数据价值；又可以服务于内部（如业务部门），使其可以灵活运用数据产生衍生价值。

Google Analytics（GA）就是一款典型的数据产品，包含了以下几种典型功能。

- 数据的收集、处理：例如，基于测量协议从用户端收集数据，并在后台自动对数据进行处理，形成可供使用的数据。
- 数据的查询、导出：例如，根据日期、维度、筛选条件对报表进行查询或使用自定义报表（通过系统内部定义的查询维度、指标进行拖曳式组合）进行数据查询，同时支持对查询数据的多形式导出（如 CSV 格式、PDF 格式等）。此外，一些其他产品还可以支持使用类 SQL 语句进行数据查询、报表生成（GA 工具本身暂不支持，但是可以结合 BigQuery 实现）。
- 数据分析、决策支持：例如，基于数据的常规分析、建模，并根据数据建模、分析情况给出智能建议等。最简单的分析、决策支持如自动预警，根据数据变化的波动，基于预设的条件、规则自动预警，辅助用户决策。数据产品由于本身的数据优势（经过用户授权后对用户数据进行使用）、技术优势、平台优势等，往往可以构建非常复杂、大型、工业级的算法模型，并应用于数据产品中，进一步提升数据价值。

398

- 自动化运营、决策：GA 本身并不具备该能力，但是使用 GA+其他工具，如 GA+广告投放工具，进行自动化广告投放，如基于 GA 进行自定义开发，构建自动化推荐系统等，此类功能在数据分析、决策支持基础上更进一层，使数据分析、建模输出的结果直接作用于业务系统，大范围地取代了原有的人为决策。

数据产品的开发是针对上述功能从技术角度的综合实现。相较于数据平台，数据产品开发的核心差异在于面向外部的交互性能力，以 GA 为例，如果数据在内部处理完毕了，但是无法通过 Web/App/邮件等形式呈现给用户或允许用户进行相关操作，则本身难以产生价值，而如果呈现给用户的是单调的数字或原始数据形式，没有可视化的图表，那么也难以让其价值得到充分发挥。

一些常见的数据产品如下。

- 数据仪表盘（汇总、统计、呈现企业的关键 KPI 数据）。
- 推荐系统（基于用户行为、特征数据预测并推荐用户相关产品）。
- 用户画像标签系统、人群圈选系统。

从广义角度上看，数据产品构建应该包含从数据采集、存储、处理、分析到建模等的全环节，这些内容在本书的其他章节中有所体现；而从狭义的角度看，数据产品主要从产品化角度出发，关注于交互性能力，具体来说可以表述如下。

- 提供面向外部的接口，有允许对数据进行操作（增、删、改、查）的能力。
- 将数据转换为易于接受理解的形式，有可视化的能力。

在当前阶段，数据可视化通常交由大前端处理，而 Python 则主要作为后端服务、提供面向外部的接口，本章对此部分功能进行简单说明。

11.2　数据产品的路线选型

企业构建、应用数据产品目前主要有以下 3 种形式。

- 应用商用数据产品或在商用数据产品的基础上进行二次开发。
- 基于开源技术方案搭建数据产品。
- 自研、自建数据产品。

关于商用、开源、自研各自的优势与劣势，本书中已多次提及，但就数据产品来说，在方案的选择上仍然存在一些独特于其他产品的要点。

仍以用户行为分析数据产品 Google Analytics 为例，对于大部分企业，即使是对于自身数据安全非常重视的企业，仍可能在某些业务上使用 Google Analytics，但对于其他技术产品（如 ERP/CRM 产品），这种情况是不可能出现的，绝大多数企业都会出于隐私、数据安全、数据完整性、功能定制化需求等原因而选择自研、自建的技术方案。

产生上述这种现象的原因颇为复杂，以 Google Analytics 为例，可以概括如下。

- 对某数据体系的依赖：例如，企业想要在 Google 中投放广告，如果要应用 Google 的人群数据、行业数据，则不得不接入 Google Analytics。
- 自身技术能力有限：Google Analytics 中提供了上百种不同的数据报表，并基于 Google 的人工智能技术，提供智能化、自动化的数据分析。这种技术能力对于一般企业是难以实现的。
- 某业务领域的通用性、普适性：对于网站用户行为分析，Google Analytics 中的数据维度、指标、形成的报表基本涵盖了该领域中数据分析、使用需求的绝大部分，绝大多数企业的业务需求都可以通过该工具得到满足。
- 所包含的数据虽然重要，但并不是企业中最核心、最重要的部分：企业网站、应用中的用户的行为数据虽然十分重要，但与企业的财务、人力数据对比，并不是最核心、最重要的部分，同时，加密混淆的机制、开放的出口也进一步打消了企业的顾虑。

但是，针对推荐系统、用户画像等产品，大部分企业又会考虑采用开源或完全自建的方案，原因在于，对于推荐系统、用户画像这类数据产品，其数据源通常来自企业内外部的其他系统，并需要尽可能地汇总大量数据进行统一管理，这通常会在企业内部产生比较强烈的数据安全担忧。此外，由于数据源不同，对数据进行处理、计算的方案也往往差异巨大，操作数据的人员素质也千差万别，也导致了需要进行更加定制化的开发（近些年，一些商用本地化部署的方案也陆续出现，但对于资金雄厚的大型企业，其仍很少被选择、采用）。

综上，对于数据产品的路线选型，其核心点在于数据，需要针对数据的特性进行具体分析。

11.3 Python 数据产品自研的技术选型

Python 进行相关数据产品的开发主要用来提供 Web 服务。Python 本身并不擅长构建桌面应用（虽然 Python 也提供桌面开发库），在可视化领域也缺乏竞争力，因为前端的可视化以 JS（JavaScript）/CSS 为主导开发路线。

当然，Django 等库可以实现"一站式"的 Web 开发和应用，包括前端和后端系统，但在大型数据产品方案中，一般将 Python 作为 Web API 的提供者，作为前后端分离架构中的后端服务；而将数据可视化、交互等相关工作交由前端负责，前端可根据产品需求，选择 Vue、React、AngularJS 等不同框架。这种解耦、专业化分工能极大地提高工程开发效率，降低功能和技术耦合，同时发挥各自技术栈的优势。

针对后端服务角度，Python Web 领域有多种技术方案可供选择，其中最为知名且应用广泛的开源方案为 Flask、Django。

1．Flask——高可拓展性、高自由度的微型框架

Flask 是一个轻量级的、可拓展的微型 Web 框架，依赖于提供路由、调试和 Web 服务器网关接口（WSGI）的 Werkzeug 与模板引擎 Jinja2。相对于功能全面的全栈框架，Flask 仅提供了简单的核心功能并确保其便于拓展。例如，Flask 没有自带的数据库引擎、表单系统或后台管理系统，但其支持以拓展的形式将这些功能添加到应用中，而作为最为流行的 Web 框架之一，Flask 拥有极为丰富和活跃的社区，并为其提供了海量的拓展应用，以允许用户选择、搭配。

2．Django——开箱即用、功能强大的全栈框架

Django 是一个重量级的 Web 框架，其内置了大量的标准功能，如数据库引擎、ORM 系统、内置的模板引擎、后台管理系统、表单系统等，以支持开发人员以"开箱即用"的形式，在最短时间内构建一个安全和可维护的网站。

Django 与 Flask 分别体现了两种开发设计的理念，Flask 崇尚简约、自由，围绕它，可以自由搭配组合，针对业务与技术场景需要，构建出符合自己所需的应用；而 Django 遵循 DRY（Don't Repeat Yourself）原则，为开发人员提供现成的、组合搭配适当的一站式解决方案，使开发人员可以专注于业务逻辑。

一般来说，Flask 适合个人学习、测试或小型团队使用，其入门上手简单，同时在使用的过程中可以深入相关技术细节，更利于理解和掌握，搭配丰富的周边生态；也可以自由组合适配各类需求，在代码实现上，Flask 的开发也相对更为简单一些。

Django 更适合中大型项目使用，在安全性、性能上，其相较于 Flask 有着更高的下限（虽然 Flask 也完全可以构建出安全、高性能的应用，但并不如 Django 那么简单），其功能极其丰富，足以满足各类常规需求，但对一些小型项目来说，这也意味着功能的溢出。另外，Django 的学习曲线较为陡峭，相对于 Flask 较难入门；同时，虽然 Django 层次化的抽象也允许对于拓展的支持，但还是难以媲美 Flask 的高自由度。

3．其他

除了 Django 和 Flask，Python 领域还有诸多 Web 框架可供读者选择，如拥有极佳性能表现的 FastAPI、Sanic，以及老牌的 Tornado 等。

11.4　基于 Django 的产品开发

鉴于 Django 的成熟生态，以及开箱即用的低门槛，本节重点介绍基于 Django 的产品开发。

11.4.1　安装配置

读者可以通过 pip3 install Django 进行 Django 的安装，截至写书时，Django 已发布了 4.0 版本，由于其核心功能的向后兼容性，读者在进行 Django 的学习时，既可以使用新发布的 4.0 版本，又可以使用诸如 pip3 install Django==3.2.3 的命令来安装特定版本 Django。本书中使用的库版本为 3.2.3 版本，该版本为当前最新的长期支持（LTS）版本，将持续维护至 2024 年，适合生产环境使用。

提示：为了避免依赖冲突，一般情况下会选择在某个 Python 的虚拟环境下独立安装 Django，读者也可以使用 Docker 启动一个空白的 Python 镜像，在镜像中进行开发练习，如 docker container run -dit -p 8000:8000 -w /home/based_on_django --name based_on_django python:3.8.5。上述命令基于 Python 官方镜像开启了一个名为 based_on_django 的容器，创建了工作目录/home/based_on_django，并将容器端口 8000（用于提供 Django 服务）映射到宿主机。

后续可以使用 exec 命令进入容器内部，并在容器内部进行练习。

11.4.2　基本示例

本节通过一个简单的示例展示 Django 的基本使用方式。

1．创建项目

执行命令 django-admin startproject data_product，用于在指定（默认当前）目录下初始化一个 Django 项目，项目名称为 data_product。

此时，可以看到当前目录下新增了一个名为 data_product 的文件夹，如图 11-1 所示，其中需要关注的文件如下。

- settings.py：项目配置文件，包括应用注册、后端数据库配置、缓存配置、开启开发模式等在内的有关项目层级配置信息都在此处配置。
- urls.py：项目全局路由配置文件，简单来说，就是决定了某个 URL 由哪个相应的函数来处理。
- manage.py：用于 Django 项目管理的命令行。

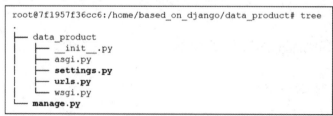

图 11-1　初始化 Django 项目目录结构

2. 启动服务

进入 data_product 文件夹，执行命令 python manage.py runserver 0.0.0.0:8000，用于在本地启动一个轻量级的开发用 Web 服务器，此时可以看到命令行中出现如图 11-2 所示的内容。

```
root@e77735ff9fdb:/home/based_on_django/data_product# python manage.py runserver 0.0.0.0:8000
Watching for file changes with StatReloader
Performing system checks...

System check identified no issues (0 silenced).

You have 18 unapplied migration(s). Your project may not work properly until you apply the
migrations for app(s): admin, auth, contenttypes, sessions.
Run 'python manage.py migrate' to apply them.
February 06, 2022 - 08:53:58
Django version 3.2.3, using settings 'data_product.settings'
Starting development server at http://0.0.0.0:8000/
Quit the server with CONTROL-C.
```

图 11-2　使用 runserver 命令启动本地 Web 服务器

注意：该 Web 服务器仅适用于本地开发、测试环境，不应该在生产环境下使用。

在图 11-2 中，还有一句加黑的日志，此日志提示我们项目中存在部分未应用的迁移〔unapplied migration(s)〕，如果不迁移，则项目无法正常运行，此时可以执行 python manage.py migrate 命令来迁移。迁移是 Django 中的一个重要概念，稍后会涉及。

此时访问 localhost:8000，如果查看到如图 11-3 所示的内容，则说明项目已正常启动，同时在命令行中应该可以看到请求该网页的相关日志信息，如[06/Feb/2022 08:58:16] "GET / HTTP/1.1" 200 10697 等。

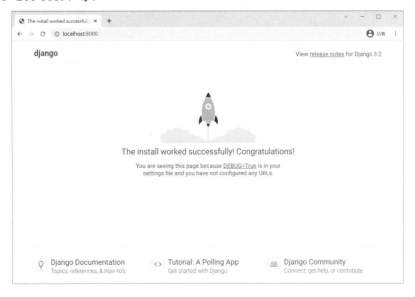

图 11-3　Django 安装成功提示页

此时不做其他变更，编辑 data_product 目录下的 settings.py 文件，修改 LANGUAGE_CODE 值为 zh-hans，修改 TIME_ZONE 值为 Asia/Shanghai，并保存修改，直接刷新 localhost:8000 页面，此时应该可以看到原先显示为英文的安装成功提示页目前已经更新为了中文。同时，在命令行输出的日志中，可以查看到诸如/home/based_on_django/data_product/data_product/settings.py changed, reloading. 的日志输出，表明开发服务器发现了 settings.py 文件的变更，并自动重载了，该特性在实际开发中避免了频繁、重复的手动重启工作，使得在大多数情况下对项目的修改都可以自动、立即生效。

最后，如日志提示，执行 CONTROL-C 命令，即可退出当前服务。

3．创建应用

仍在项目目录下执行命令 python manage.py startapp example。该命令类似于 startproject，会在当前项目下初始化一个名为 example 的应用目录，并包含 models.py / views.py 等文件。

项目可以理解为一个完整的数据产品，此处假设为一个用户画像标签管理产品，则应用可以理解为该产品中一个结构完整、独立的功能，如标签管理应用、评论管理应用、产品配置应用等。该方式可以降低系统的耦合性，且一些比较典型、独立的应用（如评论管理应用）可以抽象出来，并复用于其他项目中，减少重复开发。

接下来需要对项目中的几个文件进行修改。

（1）example/views.py。

修改 example/views.py 文件的内容：

```
1    from django.shortcuts import render
2    from django.http import HttpResponse
3
4    def index(request):
5        return HttpResponse("Hello, world.")
6
7    def hi(request):
8        return render(request, template_name="hello_world.html", context={"msg":"Hello, world."})
```

（2）在 example app 文件夹下新建 urls.py 文件，并写入如下内容：

```
1    from django.urls import path
2    from . import views
3
4    urlpatterns = [
5        path('', views.index),
6        path('hi', views.hi),
7    ]
```

这是一个应用层级的 URL 声明。

（3）修改 data_product/settings.py 文件，在 INSTALLED_APPS 中添加应用 example，

此时，INSTALLED_APPS 中的内容应该如下述代码所示：

```
1    INSTALLED_APPS = [
2        'django.contrib.admin',
3        'django.contrib.auth',
4        'django.contrib.contenttypes',
5        'django.contrib.sessions',
6        'django.contrib.messages',
7        'django.contrib.staticfiles',
8        "example"
9    ]
```

INSTALLED_APPS 是一个配置项，表示本项目中所有被启用的应用程序，所添加的为应用的名称，应用名称默认情况下为应用的文件夹名。

（4）修改 data_product/urls.py 文件，如下述代码所示：

```
1    from django.contrib import admin
2    from django.urls import path, include
3
4    urlpatterns = [
5        path('admin/', admin.site.urls),
6        path('example/', include("example.urls")),
7    ]
```

此处引入了 include 方法，并增加了一个路由配置，将应用 example 中的 URL 声明配置引入项目中。

（5）在 example 应用目录下创建文件夹 templates 并在其中新建文件 hello_world.html，写入如下内容：

```
<h1>{{ msg }}</h1>
```

此时，在项目目录下，再次执行命令 python manage.py runserver 0.0.0.0:8000，此时访问 http://localhost:8000/example/，会呈现如图 11-4 所示的页面。

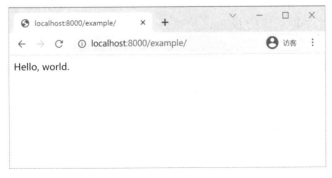

图 11-4　http://localhost:8000/example/页面

405

还可以访问 http://localhost:8000/example/hi，区别于图 11-4，会呈现如图 11-5 所示的页面。

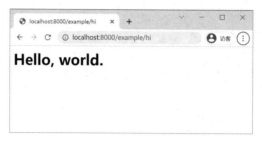

图 11-5　http://localhost:8000/example/hi 页面

所请求的两个页面和刚才修改的文件的关系如图 11-6 所示。

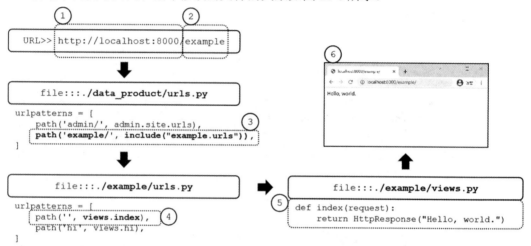

图 11-6　所请求的两个页面和刚才修改的文件的关系

① 在浏览器中请求 URL——http://localhost:8000/example，首先通过协议、主机名、端口找到监听本地 8000 端口的 Django 项目。

② 通过路径指定请求的具体服务，此处路径为 /example/。

③ 在 Django 的 urls.py 中存储了路径和相应的处理方法的映射关系。在默认情况下，首先查看项目同名文件夹下的 urls.py，此处即 data_product 中的 urls.py 文件。Django 会在 urlpatterns 中遍历查询符合查询条件的映射关系。此处通过 example 找到了第一层路径的映射，该映射使用 include 函数将应用 example 中的 urls.py 的映射关系引入，并作为 example 路径下的下一级路径进行匹配。

④ 继续进入 example 的 urls.py 文件中查询符合条件的映射关系，下级路径只需匹配路径 /，即可满足 /example/ 的匹配关系，符合条件的是 path(' ', views.index)，此处的 path

函数接收了两个参数。

- 参数一为 route，是一个用于匹配 URL 的准则，此处的 `''` 可以匹配 `/`。
- 参数二为 view，表示视图函数，此处对应 views.index，即在 ./example/view.py 中定义的 index 函数。

⑤ 找到上述 index 函数，该函数返回了一个 HttpResponse("Hello, world.")，HttpResponse 代表一个请求的响应，响应内容即传入的字符串 "Hello, world."

⑥ 返回的响应经过浏览器处理后在网页中显示。

提示：在实际应用中，从请求到响应、渲染过程远比上述示意的内容复杂得多，本书中为便于初次接触者理解，简化了其中的 Django 框架自动执行、实现的部分，仅体现了在开发中需要关注的部分内容，实际上这也是 Django 强大的原因之一，其封装了诸多不需要我们关心的细节，使我们可以更加集中注意力于核心业务内容。

对于 http://localhost:8000/example/hi 的请求，前几步与图 11-6 类似，但在步骤④中匹配了 path('hi', views.hi)，即使用了 views.py 中的 hi 函数进行处理。

在 hi 函数中，返回结果为 return render(request, template_name="hello_world.html", context={"msg":"Hello, world."})。

render 函数与 HttpResponse 函数类似，同样返回一个 HTTP 响应，但区别在于其使用一个模板文件，并填充传入上下文，以使用特定传值构造响应。

此处使用的模板文件对应 template_name="hello_world.html"，即在 ./example/templates 中创建的 hello_world.html 文件，对于该文件的寻径，在 settings.py 的 TEMPLATES 参数中有定义。

hello_world.html 文件中目前仅有一句 `<h1>{{ msg }}</h1>`，对于熟悉 HTML 语言的读者，自然可以看出 `<h1></h1>` 定义了一个标题，而 `{{ msg }}` 则为标题内容，但需要注意的是，由于被 Django 模板引擎加载，所以此处的 `{{...}}` 对应一个上下文变量，而不仅仅是一个字符串，此处的上下文对应 render 函数中的 context，`{{ msg }}` 对应 context 中的 msg 的值，在替换后，Django 将渲染后的值 `<h1>Hello, world.</h1>` 作为请求的响应返回，并在前端被浏览器识别成 HTML 语言，完成渲染。

至此，完成了一个最简单应用的构建。

4．关联数据库

Django 提供了一个抽象的模型（model）层，用于结构化和操作数据库。

在 Django 中使用模型层，基本包括如下几步。

（1）进行数据库配置，主要发生在 settings.py 文件中。

（2）定义模型，发生在各应用的 models.py 文件中。

（3）激活模型，即将 Django 定义的抽象模型迁移到数据库中。

（4）使用抽象模型操作（增、删、改、查）数据。

下面以一个简单的计数器为例进行说明。该计数器会在数据库中创建一个表，用于存储 /example/hi 被访问的次数（每次访问，计数器+1）。

（1）进入 settings.py 文件进行数据库配置，搜索关键字 DATABASES，其值如下：

```
1    DATABASES = {
2        'default': {
3            'ENGINE': 'django.db.backends.sqlite3',
4            'NAME': BASE_DIR / 'db.sqlite3',
5        }
6    }
```

此处 Django 默认使用了 SQLite3 数据库，也可以在此处配置连接其他数据库，如 MySQL / PostgreSQL / Oracle 等。由于不同数据库引擎在 Django 实际使用中被统一抽象管理，核心功能并不会有太大的差异，所以此处为方便起见，保持原有配置不变，使用 SQLite3 数据库。

（2）进入 example/models.py 文件，并添加如下内容：

```
1    class Counter(models.Model):
2        pageviews = models.IntegerField("pageviews", default=0)
```

该方法定义了一个模型类 Counter 及其属性 pageviews，在 Django 中，模型类对应数据库表，属性对应字段。

此处使用 models.IntegerField 定义该字段为一个整数字段，除了 IntegerField，其他常用的字段还有 CharField（字符串字段）、DateField（日期字段）、DateTimeField（日期时间字段）、EmailField（邮箱地址字段）、FileField（文件上传字段）、FloatField（浮点数字段）、TextField（长文本字段）、ForeignKey（多对一关系）、ManyToManyField（多对多关系）、OneToOneField（一对一关系）等。在 Django 中，字段是对数据库字段的抽象表现，屏蔽了不同数据库字段的细节，被处理成了统一的接口，并且赋予了字段相应的检查、管理方法。例如，EmailField 本质上在数据库中仍是以字符串形式存储的，但是 Django 为其设置了验证器（validator）以检查输入数据是否为有效的电子邮件格式，从而为邮件存储这一常见需求提供了便捷的入口。

（3）在项目目录下，执行命令 python manage.py makemigrations，正常情况下，命令行会输出如下内容：

```
Migrations for 'example':
    example/migrations/0001_initial.py
        - Create model Counter
```

而且应用 example 目录下的 migrations 文件中会出现系统自动创建的文件 0001_initial.py。

makemigrations 命令会自动检测 models.py 中发生的变动，并将修改部分以迁移文件的形式存储于各应用相应的 migrations 目录下。

但此时迁移文件并没有真正生效，还需要继续执行 python manage.py migrate 命令以完成迁移，如果执行正常，则会输出如下日志内容：

```
Operations to perform:
    Apply all migrations: admin, auth, contenttypes, example, sessions
Running migrations:
    Applying contenttypes.0001_initial... OK
    Applying auth.0001_initial... OK
...
```

迁移可以理解为将定义的模型的变化同步到数据库中的过程，当每次创建、更新 models.py 文件内容时，即对模型的定义发生变化时，都需要迁移，以使模型和数据库中实际的数据结构保持统一。

在 Django 中，迁移文件被设计为易于理解、修改的形式，一般情况下，无法手动管理迁移文件，但在一些特殊情况下，可以自定义迁移文件，并使其生效，这也是将迁移过程设计为创建迁移文件（makemigrations）、迁移（migrate）两步的原因之一。

迁移后，在项目根目录下的系统自动创建的 SQLite3 数据库中，会发现如图 11-7 所示的表被自动创建，其中大部分表是系统默认自动生成的，example_counter 是应用 example 中模型类 Counter 对应的表（默认格式为<应用名>_<类名>），表中包含了 id/pageviews 两个字段，id 为模型类中在未指定主键的情况下系统自动生成的主键，pageviews 对应定义的模型类属性 pageviews。

图 11-7　SQLite3 数据库中的表

（4）接下来需要修改视图文件，使在每次访问 /example/hi 页面时，对 pageviews 的值+1，且返回增加后的值，显示在页面上。如图 11-8 所示，保持其他代码不变，修改方法 hi 的内容，如图中加黑字体所示。

```
1    from example.models import Counter
2    def hi(request):
3        record = Counter.objects.get_or_create(id=1)[0]
4        record.pageviews = record.pageviews + 1
5        record.save()
6        return render(request, template_name="hello_world.html",
     context={"msg":f"Hello, world. {record.pageviews} times."})
```

图 11-8 hi 方法变更内容示意图

- 代码 1 将模型类 Counter 引入。
- 代码 3 使用 Counter.objects.get_or_create 方法来尝试查询数据库表中是否存在满足 id=1 的行记录，如果有就返回，如果没有就创建。Django 中提供了很多功能强大的数据库查询方法。
- 代码 4 更新代码 3 中获取的记录的 pageviews 字段中存储的值，使其+1，此处语法和第 5 章中的内容相似，这里不再赘述。
- 代码 5 对所做的更新进行保存，使其刷新到数据库中。
- 代码 6 在返回值中传入 record.pageviews 的值，以在前端显示当前页面被访问的次数。

保存更改，此时再次执行 python manage.py runserver 0.0.0.0:8000 命令，并访问 http://localhost:8000/example/hi 页面，会发现原先的内容变成了 Hello, world. 1 times.，且随着刷新页面操作，该数字不断增加。

作为 Python 领域当前功能最为丰富、强大的 Web 开发框架，至此，本书所介绍内容仅仅触及了 Django 核心功能的一部分，但仍足以作为一个数据产品的基础，完成将经过批处理、流处理后输入数据库中的结果数据（通过 models 模型管理）按照特定规则（URL 路由）处理（view 视图层）并返回前端的完整过程。

11.4.3　Django REST Framework

Django REST Framework （DRF）是一个基于 Django 的拓展模块，用于创造标准化、规范化的 RESTful API，常用于前后端分离项目。事实上，前后端分离是现在网站开发的主要技术路线和技术标准，尤其适用于大型项目和网站开发。

提示：前后端分离的核心思想是前端通过动态调用后端的 RESTful API 接口并使用某种格式的数据（如 JSON）进行交互，使前后端解耦，彼此可以专注于各自的领域；基于接口文档并行开发，提高效率；基于数据进行交互，同时应用在 Web、App、应用等多端，提高复用性。

本节通过一个简单的示例展示 DRF 的使用方式。

1. 安装 DRF

执行命令 pip install djangorestframework，安装 DRF。

2．定义序列化器

在 example 文件夹下创建 serializers.py 文件，并写入如下内容：

```
1    from rest_framework import serializers
2    from example.models import Counter
3
4    class CounterSerializer(serializers.ModelSerializer):
5        class Meta:
6            model = Counter
7            fields = "__all__"
```

serializers.py 用于盛放该应用下定义的序列化器。序列化器可以简单理解为将 Django 模型对象转换为期望格式的数据（如 JSON 格式的数据），或者将给定格式的数据转换为对应的 Django 模型对象。序列化器功能强大，是 DRF 的核心功能部分，如果不使用 DRF 序列化器，那么虽然可以手动从 Django 模型中取数，并使用 JSON 库转换为 JSON 对象，但需要额外写诸多代码。另外，DRF 序列化器还具有以下功能。

- 验证：在反序列化时，一个数据库字段要求最大长度为 255 个字符串，如果自写序列化器，那么还需要手动验证请求中的数据长度，而使用序列化器则可以自动发现、应用模型层的限制，并自动检查、抛出错误。
- 指定要包含的字段：例如，在上述代码中，fields 中为 "__all__"，即取模型的所有字段，但也可以通过指定字段名来筛选部分字段，如此，当对模型对象应用序列化器时，输出的内容只有指定字段对应的内容。以博客文章为例，即可以分别定义列表页序列化器（返回字段标题、创建日期、作者、摘要内容）、详情页序列化器（返回所有字段），以此来达到灵活控制的目的。
- 指定只读字段、指定嵌套字段、定义关系型字段等。

此处使用了 serializers.ModelSerializer 序列化器。该序列化器会自动创建一个请求信息与模型对象的映射关系，会自动根据模型字段生成序列化字段、验证器等，是最常用的序列化器。

也可以使用 DRF 提供的序列化字段自定义序列化器来满足特定的业务需求。

3．定义视图

在 example/views.py 中继续追加如下内容：

```
1    from rest_framework import viewsets
2    from example.serializers import CounterSerializer
3    class CounterViewSet(viewsets.ModelViewSet):
4        queryset = Counter.objects.all()
5        serializer_class = CounterSerializer
```

此处使用了 DRF 提供的 viewsets.ModelViewSet。viewsets 可以理解为一种基于类的视图，其中默认包括了几种操作，如 LIST/CREATE/RETRIEVE/UPDATE/PARTIAL_UPDATE/DESTORY，其分别对应一种 HTTP Method，如 GET / POST / PUT / PATCH / DELETE，两者的映射关系如图 11-9 所示。

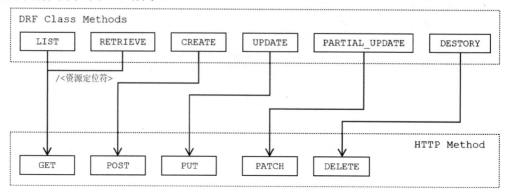

图 11-9　ModelViewSet 类方法与 HTTP Method 的映射关系

在该映射关系中，使用 URL 进行资源定位，使用 HTTP Method 作为操作资源的方法。

- LIST / RETRIEVE 都对应 GET 请求，都表示一种安全的、不修改对象的请求。其中，LIST 用于请求一组资源，RETRIEVE 用于请求某个指定资源（使用资源定位符指定，这里的资源定位符在 DRF 中默认为表主键值）。以博客为例，LIST 对应请求博客的文章列表，RETRIEVE 对应请求某篇博客详情。
- CREATE 对应 POST 请求，通常表述为创建某个资源，如创建一篇新的博客。
- UPDATE / PARTIAL_UPDATE 分别对应 PUT / PATCH 请求，通常表述为对某个资源的更新/部分更新。
- DESTORY 对应 DELETE 请求，表示对某个资源的删除。

ModelViewSet 即针对模型的视图集，提供了针对模型的 LIST / CREATE / RETRIEVE/ UPDATE / PARTIAL_UPDATE / DESTORY 方法。ModelViewSet 默认必须提供 queryset（模型查询结果数据集）和 serializer_class（序列化器类）两个属性。

此处定义 queryset = Counter.objects.all()，即表示查询数据集为 Counter 模型对象的所有数据，serializer_class 为上一步中定义的序列化器。

4. 创建路由

修改 example/urls.py:

```
1    from django.urls import path
2    from . import views
3    from rest_framework import routers
4
5    router = routers.DefaultRouter()
```

```
6    router.register(r'counter', views.CounterViewSet)
7
8    urlpatterns = [
9        path('', views.index),
10       path('hi', views.hi),
11       url(r'api/v1/', include(router.urls)),
12   ]
```

这里主要使用了 DRF 中提供的 routers，实现了对于视图类 CounterViewSet 自动路由的构建，并在 urlpatterns 中将其引入（代码 9）。

5. 修改配置，引入 rest_framework

修改项目配置文件 data_product/settings.py，在 INSTALLED_APPS 中添加 rest_framework，如下所示：

```
INSTALLED_APPS = [
    ...
    'rest_framework',
]
```

6. 启动并查看项目

执行命令 python manage.py runserver 0.0.0.0:8000，启动项目，并在浏览器中输入 URL，即 http://localhost:8000/example/api/v1/，此时会呈现如图 11-10 所示的内容，这是 DRF 自带的 Web Browsable API（网页端可浏览 API），该功能会根据视图、路由自动生成可互动操作的 API 文档，类似的工具如 Swagger。

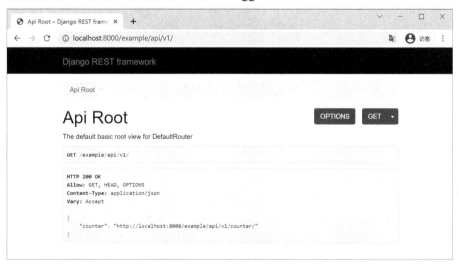

图 11-10　DRF Web Browsable API

单击图 11-10 中的 URL 链接，即可进入 URL 对应的 Counter 列表页，如图 11-11 所示。

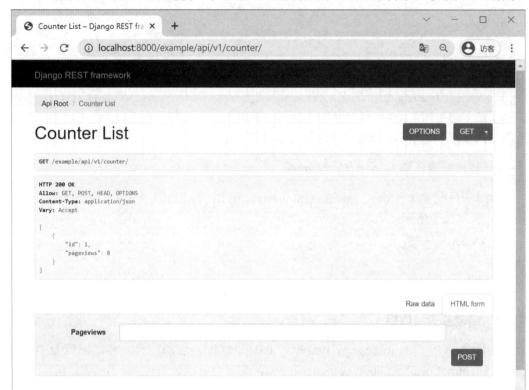

图 11-11　Counter 列表页

如图 11-11 所示，Counter 列表页由两部分组成，上方为 Counter 对象列表，Counter 对应数据库中的一个表，Counter 对象列表中的每个列表项对应表中的一行。

Counter 列表页下方有一个可输入的表单，此处对应一个 POST 请求中发送的字段（pageviews）；无须在 "Pageviews" 数值框中输入任何数字，直接单击 "POST" 按钮，刷新页面。此时，会发现 Counter 对象列表中新增了列表项，其 pageviews 值为 0。

此时，访问 http://localhost:8000/example/api/v1/counter/1/，可进入如图 11-12 所示的页面。

注意图 11-12 与图 11-11 的区别，图 11-11 为 Counter 列表页，URL 为 http://localhost: 8000/example/api/v1/counter/；而图 11-12 为 Counter 实例详情页，URL 为 http://localhost: 8000/example/api/v1/counter/1/，此处 1/ 对应 Counter 中主键（id）为 1 的实例对象。也就是说，Counter 列表页中呈现的是 Counter 所对应表中的所有行数据（在默认情况下，实际可以筛选、过滤、分页、控制想要呈现的内容），并可以通过 POST 请求添加对象；而 Counter 实例详情页中呈现的是某个具体实例（表中某行）的数据，可以对该实例数据进行查看（GET）、删除（DELETE）、更新（PUT/PATCH）。

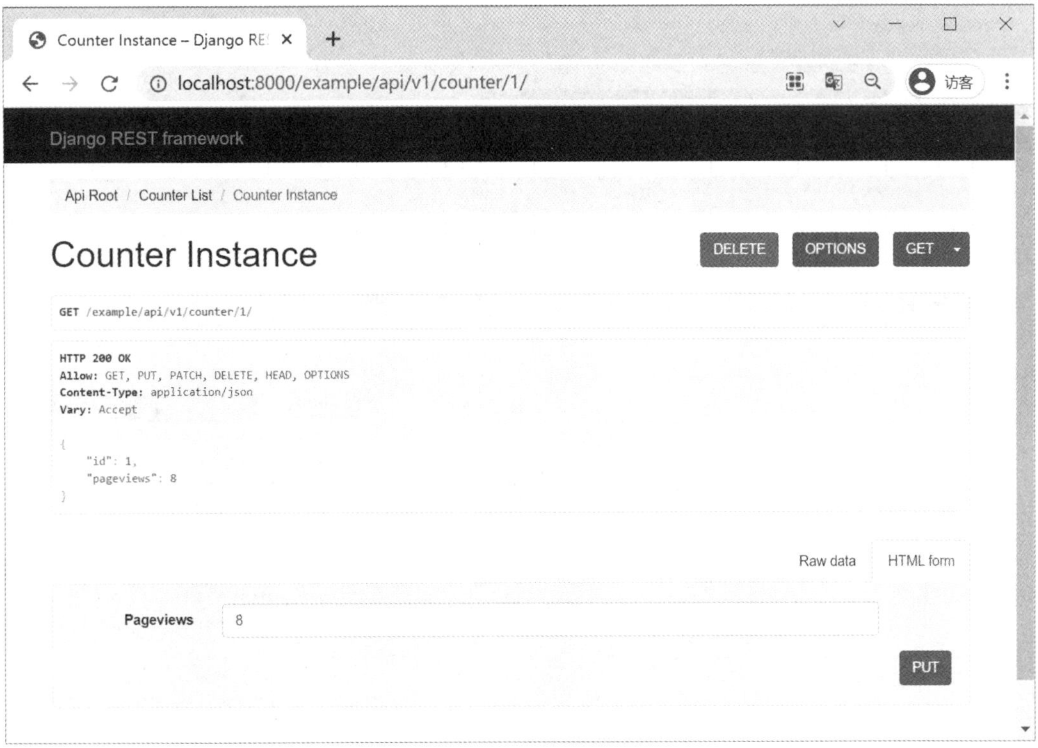

图 11-12　Counter 实例详情页

进入 http://localhost:8000/example/api/v1/counter/2/页面，按 F12 键打开开发者工具，首先选择"Network"选项卡，勾选"Preserve log"复选框；然后在"Pageviews"数值框中输入 111；最后单击"PUT"按钮，此时"Network"选项卡中会出现一条请求，如图 11-13 所示，单击该请求，可以看到，上述操作向 URL http://localhost:8000/example/api/v1/counter/2/ 发送了一条 PUT 请求，请求内容在 Payload 中为 "pageviews": 111。

注意：上述页面为我们操作、理解 DRF API 提供了可视化的界面，且自动生成，几乎不需要做额外的配置，功能十分强大，但是，该功能主要用于开发，在实际使用中，API 提供的并不是如之前所示的网页，而是 JSON 格式的数据。例如：

{"id":2,"pageviews":111}

一个示例请求如下所示：

curl -X GET http://localhost:8000/example/api/v1/counter/

此处使用 curl 命令对 URL（http://localhost:8000/example/api/v1/counter/）发起 GET 请求，其响应结果为

[{"id":1,"pageviews":8},{"id":2,"pageviews":111},{"id":3,"pageviews":0}]

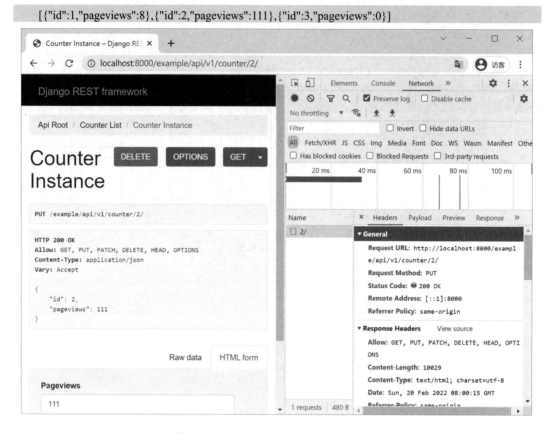

图 11-13　Counter 实例详情页 PUT 请求

11.4.4　技术要点

1. Django Admin

Django Admin 是 Django 默认提供的管理后台，是 Django 最受欢迎的功能之一，在前面所述项目中，也可以使用 Django Admin，输入 URL（http://localhost:8000/admin/），即可进入。

在第一次进入前，需要先在命令行中创建管理员用户，执行命令：

```
python manage.py createsuperuser
```

然后依次输入用户名、邮箱、密码，即可完成管理员用户的创建。

创建后，在 Admin 登录界面输入管理员用户、密码即可进入 Django Admin 管理后台，其内容如图 11-14 所示。

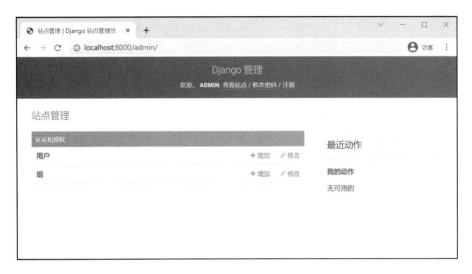

图 11-14　Django Admin 管理后台

此时修改 example/admin.py 文件，并在其中添加如下代码（用于在 Admin 中注册 Counter 模型对象，以允许在后台对其进行管理操作）：

```
from .models import Counter
admin.site.register(Counter)
```

保存并刷新当前 Django 后台页面，会发现页面变成了如图 11-15 所示的样子，此时可以对"Counters"进行添加、修改等操作。

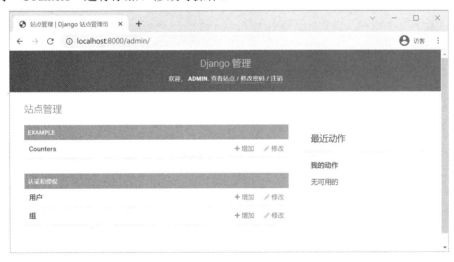

图 11-15　Counter 对象在 Django Admin 管理后台

限于篇幅，本书并未对该部分内容进行展开。Django Admin 功能强大、开箱即用。另外，还可以集成第三方库来实现更易用的 UI，图 11-16 集成了 Simple UI，并自定义一个

Dashboard 为 Admin 管理页的首页。

图 11-16　通过 Simple UI 自定义 Django Admin 管理后台

关于 Django Admin 的更多详细信息，可参考官方文档。

2．Django 关闭 Debug 模式

永远不要直接将测试环境的 Django 代码直接部署到生产环境中，Django 为了开发环境便捷性，默认在 settings.py 中设置 DEBUG=True，即开启调试模式。该模式的主要功能是显示详细的错误页面，包括错误的堆栈信息、环境的元数据、执行上下文等，这会暴露很多机密信息，如数据库配置，会产生巨大的风险。

图 11-17 是一个 DEBUG=True 时的错误页面示例。

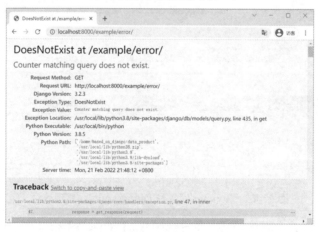

图 11-17　DEBUG=True 时的错误页面示例

除了需要将 DEBUG = True 修改为 DEBUG = False，还有很多细节问题有待检查，具体可参考官方文档，逐项核对。

3. Django 生产环境部署

Django 生产环境部署可以使用直接部署及容器化部署两类方式。

- 直接部署：按照先开通云服务器环境，再搭建系统环境，然后安装基础服务，最后初始化 Django 程序的顺序进行部署。
- 容器化部署：将 Django 用到的应用服务打包为镜像，并使用 Docker Compose 进行容器化编排和镜像部署。

在本章示例代码中，使用 python manage.py runserver 0.0.0.0:8000 直接启动程序，这种方式仅用于开发测试。在正式环境下，一般使用如下系统或服务进行组合部署。

- Gunicorn：Django 程序执行的容器，所有的 Django 程序都在该容器内执行，通过 Django 的（WSGI & ASGI）进行通信，类似的服务还有 uvicorn。
- Nginx：gunicorn 程序一般不会直接对外提供 Web 服务（包括 API 服务或 HTTP/HTTPS 服务），通过专门的 Web 服务做反向代理。除了 Nginx，还有 Apache、Tomcat 等。
- Supervisor：进程管理服务，用来管理 Gunicorn、Nginx 等服务，尤其在进程异常时自动拉起。

其他一些在生产环境中部署时的关键信息包括以下几点。

- 静态请求处理：对于 Django 中的静态文件（如用户上传的文件、静态 JS 和 CSS 文件等），一般使用 Nginx 等 Web 服务做处理，而不会使用 Django（Django 擅长处理动态数据）。
- HTTPS：能够最大限度地保障数据通信安全，这几乎是行业标准。
- CDN：对于一些静态文件，一般会选择使用 CDN 加速就近响应 Web 请求。
- Django 缓存：可以应用于数据、API 请求、网页等，通过缓存能够更快地响应数据。
- 异步任务：在前后端分离项目中，很多任务耗时比较长，如审计网站任务、网站截图任务、发送邮件任务等，此时使用异步任务可以实时返回请求后通过消息池做异步任务处理。
- 设置正确的 ALLOWED_HOSTS：将只允许指定的域名或网域访问 Django 程序，这对于异常访问特别重要。

使用 Django 开发数据产品及进行前后端分离开发是一个重要的话题，本章仅介绍其中部分知识，方便读者快速开始入门学习。

11.5 案例：某企业基于 Django 构建内部用户画像标签产品

1. 案例背景

该企业是一家车企，企业内部构建了大数据平台，通过从多源获取数据，经过离线批量计算与实时流式计算，为海量顾客、车辆打定标签，并用于后续的业务需求，如精准化营销、自动化推荐、智能风控预警等。

该企业希望基于大数据平台构建一个企业内部使用的用户画像标签产品，以支持业务部门使用，提供包括以下在内的功能。

- 标签管理：提供针对标签的元数据管理，包括标签的命名、注册，标签上下级关系的建立，标签的编辑、修改、删除等。
- 标签搜索、查看：提供标签的查看功能。例如，基于标签名称进行搜索，查看标签的上下级、标签的兄弟标签、标签关联的示例数据（车辆主数据、顾客主数据）等。
- 人群、车辆圈选：通过标签的组合（与、或、否等关系）筛选相对应的顾客或车辆，查看顾客或车辆相对应的细分数据（如标签组合对应的顾客年龄、性别、地区分布，或者车辆款式、车龄、行驶里程所在区间），或者将人群、车辆的唯一识别 ID 导出，以用于其他业务场景（如精准化广告投放、邮件或电话营销、为经销商提供跟进线索等）等功能。

2. 技术架构

该企业采用了前后端分离架构，由前端负责页面的呈现、数据的呈现、图表的渲染工作，后端通过 Restful API 提供管理、检索相关数据的接口。后端整体采用了 Nginx + Gunicorn + Django DRF + MySQL + Memcached+ ES 的技术方案。其中，由 Nginx 提供反向代理和静态文件服务，由 Gunicorn 提供 WSGI 服务，由 Django DRF 提供 Restful API，由 MySQL 提供业务数据和产品相关数据的存储、管理，由 Memcached 提供缓存，由 ES 提供搜索引擎，以支持对于标签的模糊搜索、匹配功能。

企业选择 Django 的原因在于其功能强大，可以一站式满足企业的相关业务需求，其自带的身份验证功能、后台管理功能可以大量节省企业开发时间，在安全性、性能上也完全可以满足企业需要。

3. 案例小结

该案例中的数据产品主要针对企业内部使用，因此性能并不是技术选型的重点，开发的简易性、功能的强大性、与数据系统的集成性、系统整体的安全性反而是更加需要关注的要点。在这些方面，Python 相对于其他语言拥有显著的优势，而作为最受欢迎的 Python Web 框架之一，Django 更是其中的佼佼者，因而在大量企业自研数据产品中出现。

11.6　常见问题

1. 数据作为产品和数据产品的区别是什么

如前所述，数据产品的定义无须赘述，而数据作为产品，这一和数据产品相近的概念在实际应用中往往会被混淆，对于"数据作为产品"，其更强调数据"本身"的产品性，其产品的消费者是企业内部的数据分析师、数据科学家、数据工程师等，而产品的提供商是企业内部数据的组织者，因而对数据提出如下要求。

- 可发现的：如产品一般，数据应该是便于发现、查找的，其他部门可以在无须相关数据管理员的支持下快速地探寻到相应的数据，并加以利用，一般来说，这具体体现为一个数据目录或数据搜索引擎。
- 自描述的：即"消费者"可以在无须第三方支持的情况下，通过数据的元数据、样本数据、数据操作示例、数据血缘关系、数据依赖等自主、正确地理解数据。
- 可信的：即数据的来源、组成应当是可信赖的，是可供消费者正常、直接使用的，而无须重复检验、排查。
- 安全的：主要体现在数据不被泄露、不被篡改的安全性上，通常体现为细化的权限管理方式，可回滚的数据操作，精细、可追溯的数据操作日志，定期、多重的数据备份等。

综上所述，数据作为产品，更多地追求对数据本身的管理，而数据产品更关注如何利用数据实现目标，两者有很大的不同，但是，秉持数据作为产品的理念，严格进行数据管理通常也是构建大型、综合数据产品的必备前提之一。

2. 数据产品和其他技术产品的区别在哪里

一个数据产品在技术架构上和其他技术产品可能并没有太大的不同，以上面的案例为例，对于构建一个企业内部用户画像标签产品的技术架构，基本也可以复用到一个电商、社区、新闻站点之上，但如果秉持着开发其他技术产品的思路开发数据产品，则会遇到很大的阻碍，甚至会遇到难以预期的失败。相较于其他技术产品，数据产品最大的不同体现在它通常只是整个数据平台中的一个应用层，依赖于底层系统的支持，如分布式文件系统、数据湖、数据仓库、批处理、实时处理、消息队列等，这意味着对于数据产品的开发，设计人员不能仅将目光专注于应用层，而需要对整个数据平台有统筹的理解。

附录 A

Docker 安装使用

1. 在 CentOS 上安装 Docker

本次示例中使用的设备为阿里云 ECS 虚拟机，操作系统为 CentOS 7.9 64 位。

在 CentOS 上，有多种方法可以安装 Docker，此处选择最为简单的方案，即使用 Docker 官方提供的开源的自动化安装脚本。

注意：该脚本需要安装用户具有 root 或 sudo 权限，在安装过程中，脚本会自动安装配置依赖项，并采用默认的安装参数，同时，所安装的 Docker 默认为最新稳定版本，基于上述原因，不建议直接在生产环境中使用该自动化安装脚本。

自动化安装脚本的使用方式如下：

```
1    curl -fsSL https://get.docker.com -o get-docker.sh
2    sudo sh get-docker.sh
```

首先使用 curl 命令从远程下载自动化安装脚本（get-docker.sh），然后在本地执行该脚本。此时命令行中会输出：

```
# Executing docker install script, commit: 93d2499759296ac1f9c510605fef85052a2c32be
…
```

安装需要一段时间，等待自动化安装脚本执行完毕后，可在命令行中输入 docker -v，如果出现诸如 Docker version 20.10.12, build e91ed57 等内容，则说明安装成功。

关于在 CentOS 上安装 Docker 的更多其他方法及细节，可参考官方文档。

Docker 安装完毕后，还需要安装 Docker-Compose。Docker-Compose 是用来定义、组织、运行多容器应用程序的工具。通过 Docker-Compose，可以使用 YML 配置文件，以声明式的形式构建由多个容器组织而成的服务，在本书的相关章节中，也有过相关 Docker-Compose 的使用示例。

对于 Docker-Compose，同样可以采用多种安装方式，本书采用 pip 的安装方式，在命令行中执行如下安装命令即可：

```
sudo pip3 install docker-compose
```

注意：如果安装过程中出现异常，请尝试使用 Python 虚拟环境 virtualenv，以避免依赖冲突，也可以尝试使用 pip3 install --upgrade pip 对 pip 进行升级，这通常可以解决大部分问题。

安装完毕后，在命令行中执行 docker-compose -v 命令，如果出现诸如 docker-compose version 1.29.2, build unknown 的内容，则说明安装成功。

最后，使用命令 systemctl start docker 启动 Docker 守护程序，并通过 systemctl status docker 命令查看运行状态，如果状态为 active(running)，则说明运行正常，可以正常使用。

2. 在命令行中操作 Docker

Docker 具有十分强大且丰富的功能，其中涉及的操作命令也十分繁杂，但一般来说，对于 Docker 的使用，主要集中在以下两方面。

（1）镜像的管理。常见功能及相应命令如下。

- 显示本地镜像列表：docker image ls 或 docker images，其返回结果及说明如图 A-1 所示，其中，REPOSITORY 表示镜像的仓库源，TAG 表示镜像的标签（如 Python 镜像拥有不同的标签 3.10.2 / 3.8.5 / 3.8.0，这里使用标签来区分不同版本的 Python），IMAGE ID 表示镜像的 ID。

```
[root@iZ2zehs86wfr5kxwb7kuxnZ home]# docker image ls
REPOSITORY   TAG      IMAGE ID       CREATED        SIZE
python       3.10.2   178dcaa62b39   2 hours ago    917MB
alpine       latest   c059bfaa849c   3 months ago   5.59MB
python       3.8.5    28a4c88cdbbf   18 months ago  882MB
python       3.8.0    0a3a95c81a2b   2 years ago    932MB
```

图 A-1　显示本地镜像列表

- 拉取新镜像：docker pull <image name>:<tag>，如 docker pull python 或 docker pull python:3.10.2。

- 删除镜像：docker image rm <image id>，如 docker image rm 178dcaa62b39。

- 构建镜像：docker build。该命令会默认寻找当前路径下的 Dockerfile 文件，并根据 Dockerfile 文件进行容器的构建。Dockerfile 中包含一组命令，用来告诉 Docker 如何进行镜像的构建。

（2）容器的管理。功能及对应的命令如下。

- 显示本地容器列表：docker container ls。

- 创建并运行容器：docker container run / docker run，如 docker container run -it python:3.8.5。run 命令是 Docker 使用中最为重要的命令之一，其本身也有众多参数，可以通过 docker container run --help 来查看其相关参数的具体说明。

- 在容器中执行命令：docker container exec / docker exec，docker exec 命令实际上常用于进入容器时执行，如 docker exec -it <container-id> /bin/bash。另外，还有一个进入容器的命令——docker container attach，但该命令应用较少。两者的区别在于

docker exec 会新起一个/bin/bash 进程，该/bin/bash 的关闭不会影响根进程（PID 1），而 attach 会直接使用（实际是附加于）根进程，此时退出容器，会导致根进程关闭，使容器关闭。

> 显示容器执行日志：docker container logs <container-id>。
> 停止容器：docker container stop <container-id>。
> 重启容器：docker container restart <container-id>。
> 删除容器：docker container rm <container-id>。
> 清理所有处于终止状态的容器：docker container prune。
> 在容器和本地文件系统间复制文件：docker container cp <local-path> <container-id>:<container-path>或 docker container cp <container-id>:<container-path> <local-path>。例如，docker container cp get-docker.sh ec6134eff55c:/，该命令将本地的 get-docker.sh 文件复制到了容器 ID 为 ec6134eff55c 的容器的/目录下。

此外，网络、卷也是较为常用的内容，关于此部分内容，可以通过 docker-help 命令来查看更多详细说明。

3．使用 Visual Studio Code 管理操作 Docker

通过命令行的形式管理 Docker 并不是很方便，此处推荐使用 Visual Studio Code 配合其 Docker 拓展工具来更加有效地管理 Docker。

关于 Visual Studio Code 及其安装使用方法，可参阅官方文档。

安装完毕后，可以在左侧活动栏中找到 Extensions（或通过快捷键 Ctrl+Shift+X 唤出），在搜索框中输入"docker"并搜索，正常情况下应该可以找到类似于图 A-2 中所示的拓展，单击"Install"按钮即可进行安装。

图 A-2　Visual Studio Code（认准 Microsoft tag 标识）

安装完毕后，左侧活动栏中会出现"DOCKER"图标，单击进入后，结果如图 A-3 所示，即可在其中对 Docker 进行管理。

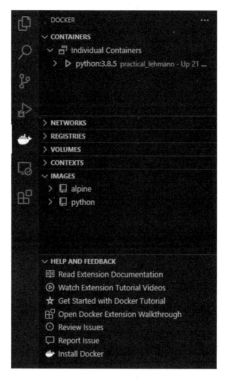

图 A-3　Docker Extension 管理界面

以"CONTAINERS"栏目为例，单击"python:3.8.5…"前的三角箭头，可以呈现"Files"，如图 A-4 所示，即 Docker 中的文件，可以在此处直接对其进行管理。右击容器，可以查看容器日志、通过命令行进入容器，或者新建 Visual Studio Code 窗口，在其中对 Docker 进行管理。这种方式无疑可以极大地提高使用效率。

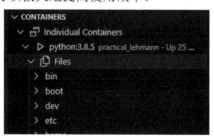

图 A-4　Containers 管理

此外，还可以在此拓展中对镜像、网络、卷等进行管理。

配合 Visual Studio Code 的远程控制功能，还可以通过 Docker 拓展在本地管理远程主机上的 Docker 容器。

使用 EMR 搭建 Hadoop 大数据集群

1. 选择何种方式构建 Hadoop 大数据集群

目前存在多种方式构建 Hadoop 大数据集群。

（1）使用发行版本（如 CDH/HDP/CDP）构建。发行版本安装简易、功能强大，CDH/HDP 之前均有社区版本，但如今随着 Cloudera 和 Hortonworks 的合并，以 CDP 为新的主推产品，并不再提供社区版本，即使应用旧版本的 CDH/HDP，通过官方途径也需要订阅（不再提供社区版本，只有商业版本），只有这样才可以使用，并不适合个人测试、试用。

（2）基于开源版本手动搭建。此处主要指人工安装、配置 Hadoop 大数据环境，手动安装包括 Hadoop/HBase/Hive/Spark/ZooKeeper 等核心组件。基于开源版本手动搭建的优势在于开源免费、安装配置的过程有助于增加对 Hadoop 大数据集群的理解，后期自由度高；缺点在于开源版本安装配置过程极为复杂，且对配置要求极高，容错率很低，效率也很低，在学习、试用阶段难以上手。

（3）使用云服务商提供的服务，如 AWS 或阿里云的 EMR（E-MapReduce）服务。本书建议采取这种方式，对于读者，该方式的优点如下。

- 大部分云服务商提供的方案都可以做到按量计费，可以随用随开，测试费用很低（百元以内），且一般主流云服务对于首次使用的用户，都会提供一定的活动赠金。例如，Google 曾提供过 300 美元的赠金方案，基本可以完全覆盖测试、试用需求。
- 云服务提供的方案基于稳定可靠的开源组件，并对组件进行了适配，避免了复杂的版本兼容性问题，且可以根据需要自由选择所用组件，可以做到开箱即用。
- 应用云服务、企业上云是当前企业数字化转型的一大趋势，已有大量企业将自己的大数据平台部署在了云上。

2. 基于云服务的 Hadoop 大数据集群的构建

下面以阿里云 EMR 为例说明开启、使用该服务的方法，除了阿里云，还可以选择谷歌云、微软云、亚马逊云等，均提供有类似服务（建议选择一个有活动、赠金的，各云的使用步骤差异不大）。

- 进入阿里云官网。
- 注册/登录阿里云账号。这里需要注意的是，需要预先在账户余额中充值（>100 元）。
- 在搜索框中搜索 EMR 或在导航栏中选择产品，并在大数据产品中选择<开源大数据平台 E-MapReduce>。
- 选择购买或开通 EMR 服务。
- 进入购买配置页面，选择自定义购买，选择集群类型为 Hadoop，并勾选可选服务 Spark/HBase/ZooKeeper，如图 B-1 所示。

图 B-1 EMR 软件配置

- 进行硬件配置，按需选择即可。本书示例中选择了默认的低档配置，使用费用约为 5.7 元/小时。
- 进行基础配置，此处建议选择挂载公网。
- 确认并完成创建。

集群创建完毕后，可以在集群管理列表中查看所创建的集群。需要注意的是，集群的初始化一般会耗费一些时间，需要等待一会儿。

3. 基于云服务的 Hadoop 大数据集群的使用

初始化完毕后，集群状态会显示为空闲，此时单击集群名/ID，即可进入集群管理页面，如图 B-2 所示。

对应地，此时在 ECS 中也会出现相对应的自动创建的 ECS 实例，这些实例共同构成了 EMR 集群，也可以在主机列表（见图 B-3）中找到 Master/Core 节点，并通过 SSH 连接 Master 节点（注意：如果连接失败，则可以查看安全组配置，查看是否配置了允许远程对 22 端口的访问，如图 B-4 所示）。

图 B-2　集群管理页面

图 B-3　集群主机列表页面

图 B-4　安全组配置

SSH 连接成功后，即可在 EMR 上执行相应的操作。例如，在 EMR 中使用命令 pyspark，进入 PySpark 交互窗口环境中，该操作与本书之前类似，在此不再赘述。

当然，读者也可以尝试使用 beeline / hive / yarn / hadoop 等命令。

除了直接通过 SSH 连接集群并进行管理，还可以在集群管理中使用公网访问链接，查看管理集群各组件的 UI 管理界面，如图 B-5 所示（注意：此处也需要在安全组中配置开放相关端口；同时增加用户访问授权，方法是先在"用户管理"中单击"添加用户"按钮，然后单击页面中的"添加用户依赖 RAM"按钮）。

图 B-5　EMR 公网访问链接

图 B-6 即访问公网链接的示意结果。

图 B-6　访问公网链接的示意结果

测试完毕后，可以选择释放集群，以停止按量计费，在"集群管理"→"集群基础信息"→"实例状态管理"中选择释放即可。